———— 中国科学院年度报告系列 ————

2021

高技术发展报告

High Technology Development Report

中国科学院

科学出版社

北京

图书在版编目（CIP）数据

2021高技术发展报告 / 中国科学院编 . —北京：科学出版社，2022.5

（中国科学院年度报告系列）

ISBN 978-7-03-071443-5

Ⅰ. ①2… Ⅱ. ①中… Ⅲ. ①高技术发展–研究报告–中国–2021 Ⅳ. ①N12

中国版本图书馆 CIP 数据核字（2022）第 024955 号

责任编辑：杨婵娟 吴春花 / 责任校对：韩 杨
责任印制：师艳茹 / 封面设计：有道文化

科 学 出 版 社 出版
北京东黄城根北街 16 号
邮政编码：100717
http://www.sciencep.com
天津市新科印刷有限公司 印刷
科学出版社发行 各地新华书店经销
*
2022 年 5 月第 一 版 开本：787×1092 1/16
2022 年 5 月第一次印刷 印张：23 1/4 插页：2
字数：474 000
定价：168.00元
（如有印装质量问题，我社负责调换）

自觉履行高水平科技自立自强的使命担当

（代序）

侯建国

习近平总书记在中国科学院第二十次院士大会、中国工程院第十五次院士大会和中国科协第十次全国代表大会上发表重要讲话，向全国科技工作者发出"加快建设科技强国，实现高水平科技自立自强"的伟大号召，并对强化国家战略科技力量作出部署要求。国家战略科技力量作为国家科技实力的主要载体和集中体现，要以高度的思想自觉和行动自觉，切实履行好高水平科技自立自强的使命担当。

一、深刻认识高水平科技自立自强的重大意义和丰富内涵

习近平总书记重要讲话，站在全面建设社会主义现代化国家的战略高度，紧扣新时代发展要求，准确把握国际发展大势和科技经济社会发展规律，全面部署了五个方面重大战略任务，深刻阐明了实现高水平科技自立自强"干什么""谁来干""怎么干"的总体要求，为推动我国科技创新工作提供了根本遵循和行动指南。

高水平科技自立自强具有深刻的历史逻辑。独立自主是我们党长期坚持的基本方针。新中国成立之初，党中央提出自力更生、艰苦奋斗的方针，发出向科学进军的号召。随着我国改革开放不断深入和经济全球化发展，党中央与时俱进提出科学技术是第一生产力，坚持走中国特色自主创新道路。党的十八大以来，以习近平同志为核心的党中央坚持创新是引领发展的第一动力，部署实施创新驱动发展战略，推动我国科技事业取得历史性

成就、实现历史性变革，进入创新型国家行列。加快实现高水平科技自立自强，既体现了与自力更生、自主创新、创新驱动一脉相承的精神实质，也体现了充分发挥我国科技发展已有良好基础和独特优势，在新的历史起点上向更高水平迈进的必然趋势和内在要求。

高水平科技自立自强具有鲜明的时代特征。当前，世界百年未有之大变局加速演进，世纪疫情影响深远，世界各国都把强化科技创新作为实现经济复苏、塑造竞争优势的重要战略选择，积极抢占未来科技制高点，科技创新成为大国博弈的主要战场。新一轮科技革命和产业变革正处于蓄势跃迁、快速迭代的关键阶段，加快重塑产业形态和全球经济格局，与中华民族伟大复兴进程形成历史性交汇，既为我国加快实现赶超提供了难得历史机遇，也提出了新课题新挑战。我们必须树立底线思维，把高水平科技自立自强作为应对各种风险挑战的"定海神针"，作为赢得可持续发展竞争优势的"制胜法宝"。

高水平科技自立自强具有明确的实践导向。立足新发展阶段、贯彻新发展理念、构建新发展格局、推动高质量发展，实现高水平科技自立自强是必然要求。当前，我国科技创新依然面临一些突出问题，如集成电路、高端制造、关键材料、基础软件等领域，一些底层技术和关键核心技术依然受制于人。加快实现高水平科技自立自强，构建自主、完备、高效、开放的新时代科技创新体系，形成基础牢、能级高、韧性强、可持续的科技创新能力，才能为增强国家发展力、引领力、生存力提供强大科技支撑。

高水平科技自立自强具有丰富的内涵要求。实现高水平科技自立自强，要求必须做到原创和引领力强，关键核心技术自主和安全性强，对经济社会发展的支撑和带动作用强，应急应变和应对重大风险挑战的能力强，既要能够解决"心腹之患"，也要能够解决"燃眉之急"。高水平科技自立自强是主动的战略选择，而不是被动的应对之策；是创新体系和创新生态的系统比拼，而不是单项的、点上的竞争；是更加开放的而不是封闭的，必须充分利用全球创新资源，深度融入全球创新网络。

二、国家战略科技力量在高水平科技自立自强中担当重要使命

习近平总书记深刻指出，"世界科技强国竞争，比拼的是国家战略科技力量。国家实验室、国家科研机构、高水平研究型大学、科技领军企业都是国家战略科技力量的重要组成部分，要自觉履行高水平科技自立自强的使命担当"，明确了四类国家战略科技力量的战略定位和任务要求。加快建设一支引领力强、战斗力强、组织力强的国家战略科技力量，是实现高水平科技自立自强的关键支撑。

各类国家战略科技力量要充分发挥优势、加强协同配合。党的十八大以来，以习近平同志为核心的党中央高度重视国家战略科技力量建设。近年来，国家实验室建设加快推进，中科院"率先行动"计划深入实施，高水平研究型大学"双一流"建设持续推进，企业创新主体地位不断强化，初步形成具有中国特色国家战略科技力量发展格局。当前，科技创新的复杂度越来越高，重大创新突破往往需要多学科领域深度交叉融合、多主体开放协同。各类国家战略科技力量由于各自的定位和特点，任务类型上各有分工，在创新链环节上各有侧重，要在明确分工的基础上强化协同、优势互补，加强从基本原理、原型、产品到规模市场化的有机衔接和紧密配合，共同履行好解决国家重大战略需求的使命任务。

国家战略科技力量要筑牢高水平科技自立自强的人才根基。国家战略科技力量承担国家重大科技任务、建设运行重大科技基础设施和创新平台，是培养集聚高水平科技人才的最好实践载体。近年来，我国通过载人航天、探月工程、北斗导航、深海探测等一批国家重大科技任务，迅速培养出一大批科技领军人才。实现高水平科技自立自强关键靠人才，国家战略科技力量要紧紧围绕新时代人才强国战略部署和要求，在创新实践中培养战略科学家、科技领军人才和创新团队，特别要大胆选拔和放手使用优秀青年人才，支持青年人才挑大梁、当主角，培养壮大卓越工程师队伍，加快打造培养高水平科技人才的战略支点。

国家战略科技力量要在创新体系建设中发挥骨干引领作用。国家战略科技力量和其它各类创新主体一起，共同构成了国家创新体系，各类创新

主体间的联系互动水平，特别是国家战略科技力量的带动作用，决定着创新体系的整体效能。国家战略科技力量要做基础研究的引领者，产出更多重大原创性成果，加快建设原始创新策源地；要做关键核心技术攻关和产学研合作的领头雁，产出重大战略产品和系统解决方案，带动我国创新链产业链向中高端攀升；要打造集约高效、开放共享的创新平台，加强公共科研平台、中试转化平台、重大科技基础设施等建设，促进科学数据共享共用；做参与国际科技合作的主要代表，牵头发起大科学计划和大科学工程，参与国际科技组织和重点领域与新兴技术标准、规则制定，深度融入全球创新网络，加快提升我国国际科技治理话语权。

三、国家科研机构要努力打造国家战略科技力量主力军

习近平总书记 2013 年到中国科学院考察工作时，要求中国科学院要牢记责任，率先实现科学技术跨越发展、率先建成国家创新人才高地、率先建成国家高水平科技智库、率先建设国际一流科研机构；在 2019 年致中国科学院建院 70 周年的贺信中，要求中国科学院"加快打造原始创新策源地，加快突破关键核心技术，努力抢占科技制高点"。中国科学院深入贯彻落实习近平总书记重要指示要求，明确"定位"、准确"定标"、科学"定事"，加快打造国家战略科技力量主力军。

明确"定位"，以国家战略需求为导向强化使命担当。始终坚持"国家科学院""人民科学院"的定位，时刻牢记作为"国家队""国家人"，必须心系"国家事"、肩扛"国家责"，始终胸怀"国之大者"，秉持国家利益和人民利益至上，树立创新科技、服务国家、造福人民的思想，坚决与习近平总书记对科技创新的重要指示和要求、与党中央国务院的重大决策部署对标对表，聚焦主责主业，把精锐力量整合集结到原始创新和关键技术攻关上来。

准确"定标"，以更高标准衡量创新贡献。将充分体现国家意志、有效满足国家需求、代表国家最高水平，作为做好"国家事"、担好"国家责"的衡量标准，打造专业领域科技"国家队"。充分发挥体系化、建制化优

势，在国家最紧急最紧迫的关键核心技术攻关上，产出用得上、有影响的重大技术和战略性产品；在基础交叉前沿研究上，努力取得一批世界领先水平的重大原创突破，始终走在科学的前沿，体现独特优势和核心竞争力，在国际科技竞争赛场上与强者同台竞技、奋勇夺金。

科学"定事"，聚焦主责主业狠抓落实。明确将"强基础、抓攻关、聚人才、促改革"作为重点任务。在基础研究方面，将定向性、体系化基础研究作为主攻方向，改革选题机制、组织模式和管理方式，加快产出"从0到1"的重大原创成果。在关键核心技术攻关方面，加强多学科交叉和大兵团协同作战，积极承担和高质量完成国家重大科技任务。在人才队伍建设方面，重点抓好战略科学家和青年科技人才，带动人才队伍整体能力提升和全面协调发展。在深化改革方面，推动体系化重构、系统化重塑、整体性变革，加快提升科研院所治理体系和治理能力现代化水平。

四、努力在高水平科技自立自强中做好"四个表率"

习近平总书记要求两院院士做"四个表率"，这也是对广大科技人员的共同要求，更是履行好高水平科技自立自强使命担当的精神力量。我们要不断增强"四个意识"，坚定"四个自信"，做到"两个维护"，在思想上政治上行动上始终同以习近平同志为核心的党中央保持高度一致，以实际行动践行"两个确立"。

做胸怀祖国、服务人民的表率。我国科技事业70多年取得辉煌成就，最根本、最重要的一条经验，就是广大科研人员在党的领导下，始终把国家和人民的需要作为科技创新的根本出发点和落脚点。实现高水平科技自立自强，必须传承好老一辈科学家心系人民、爱国奉献的优良传统，大力弘扬科学家精神，以国家民族命运为己任，始终保持深厚的家国情怀和强烈的社会责任感，把个人的科技追求融入到国家发展和民族振兴的伟业之中，努力在新时代建功立业。

做追求真理、勇攀高峰的表率。实现高水平科技自立自强，需要有敢为天下先的创新自信和勇气，树立攻坚克难、勇攀高峰的雄心壮志，凝聚敢为人先、追求卓越的"精气神"，在破解重大科技难题上担当作为，在解决国家重大需求中要敢于啃硬骨头、打硬仗，摆脱跟踪惯性和跟风惰性，走出"舒适区"，勇闯"无人区"，做出更多重大战略性和原创性贡献。

做坚守学术道德、严谨治学的表率。良好的科研道德和作风学风是科技创新的生命线。要积极倡导重实干、重实绩的评价导向，坚决破除"四唯"，让想创新、能创新的人才有舞台，使科研队伍中的老实人不吃亏、投机者难得利。引导广大科研人员坚守科研伦理，发扬学术民主，践行学术规范，对学术不端"零容忍"，让学术道德和科学精神真正内化于心、外化于行，努力营造风清气正的科研环境。

做甘为人梯、奖掖后学的表率。青年科技人才决定着科技创新的活力和未来。要紧紧围绕2035年建成世界重要人才中心和创新高地的战略目标，把政策重心放在青年科技人才上，为他们提供更多成长机会、搭建更好的创新平台，着力解决好工作生活方面的实际困难，让青年科技人才全身心干事创业，加快脱颖而出，为高水平科技自立自强打下坚实的人才基础。

（本文刊发于 2022 年 5 月 1 日出版的《求是》杂志，收入本书时略作修改）

前　言

2020 年，面对复杂严峻的国内外环境，特别是突如其来的新冠肺炎疫情以及世界经济深度衰退，中国政府坚持以习近平新时代中国特色社会主义思想为指导，全面贯彻落实党的十九大精神，坚持稳中求进工作总基调，统筹疫情防控和经济社会发展，成功实现了经济正增长。我国深入实施科教兴国战略、人才强国战略和创新驱动发展战略，立足科技自立自强，通过强化国家战略科技力量，加快建设科技强国，努力建设国际科技创新中心和综合性国家科学中心，成功组建首批国家实验室，加强关键核心技术攻关，取得了抗击疫情科技攻关、"天问一号"、"嫦娥五号"、"奋斗者"号和北斗系统全面建成等突破性成果，有力地支撑了现代化产业体系的构建和产业的转型发展。

《高技术发展报告》是中国科学院面向决策、面向公众的系列年度报告之一，每年聚焦一个主题，四年一个周期。《2021 高技术发展报告》以"生物技术"为主题，共分六章。第一章"2020 年高技术发展综述"，系统回顾 2020 年国内外高技术发展最新进展。第二章"生物技术新进展"，介绍基因编辑、干细胞与再生医学、合成生物学、生物信息、环境生物、工业生物、绿色材料的生物制造、纳米生物、免疫治疗、病原体防治和生物安全等方面技术的最新进展。第三章"生物技术产业化新进展"，介绍疫苗与生物创新药、现代中药、生物育种、工业生物制造、生物质能源、环保生物资源挖掘与利用、食品生物等方面技术的产业化进展情况。第四章"医药制造业国际竞争力与创新能力评价"，关注我国医药制造业国际竞争力和创新能力评价与演化。第五章"高技术与社会"，探讨了脑机接口技术的伦理挑战、实验空间与有限责任、当代新兴增强技术及其社会影响、基因增强技术的伦理担忧、新冠病毒疫苗研发中的社会协作等社会公众普遍关心的热点问题。第六章"专家论坛",邀请知名专家就我国生物信息安全战略、传染病防控领域健康医疗大数据应用存在的问题及对策、我国新冠病毒疫苗发展战略、新时期开展科技外交的影响因素和政策、"十四五"时期促进生物经济发展的思考与建议等重大问题发表见解。

《2021 高技术发展报告》是在中国科学院侯建国院长的指导和众多两院院士及有关专家的热情参与下完成的。中国科学院发展规划局、学部工作局、科技战略咨询研究院的有关领导和专家对报告的提纲和内容提出了许多宝贵意见,李喜先、康乐、高志前、王昌林、赵万里、胡志坚等专家对报告进行了审阅并提出了宝贵的修改意见,在此一并表示感谢。报告的组织、研究和编撰工作由中国科学院科技战略咨询研究院承担。课题组组长是穆荣平研究员,成员有张久春、杜鹏、蔺洁、苏娜、王婷、赵超和王孝炯。

中国科学院《高技术发展报告》课题组

2021 年 12 月 20 日

目　录

CONTENTS

第一章

2020 年高技术发展综述

Overview of High Technology Development in 2020

2020 年高技术发展综述

张久春

（中国科学院科技战略咨询研究院）

2020 年，面对席卷全球的新冠肺炎疫情，以及世界经济深度衰退和贸易保护主义等不利因素的影响，主要国家高度重视科技创新，围绕新冠病毒疫苗开发、战略高技术发展以及新的科技革命与产业变革可能取得突破的重要方向展开激烈竞争。美国发布《关键和新兴技术国家战略》（National Strategy for Critical and Emerging Technologies），重新确定 20 项关键和新兴技术，全力保持并强化美国在人工智能、量子信息科学和技术、通信网络技术、半导体和微电子技术、航天技术等领域的全球领导地位；推出《无尽前沿法案》（Endless Frontier Act），明确在未来 5 年投入 1000 亿美元，推进人工智能与机器学习、半导体和先进计算机硬件、量子计算和信息系统、先进通信技术等十大关键技术领域的研究。欧盟发布《2021—2027 年度财务框架》（EU Multiannual Financial Framework For 2021-2027）、《人 工 智 能 白 皮 书》（White Paper on Artificial Intelligence）、《欧洲数据战略》（A European Strategy for Data）和《欧洲氢能战略》（EU Hydrogen Strategy）等一系列战略举措，投入资金重点支持人工智能、超级计算、量子通信和计算、网络安全工具、新冠病毒疫苗研发及治疗、数字技术、核能、空间技术等战略性技术的发展。英国重视发展 5G、量子技术、新冠病毒疫苗和药物、数字技术和人工智能等领域，在国防部的《2020 年科学技术战略》（MOD Science and Technology Strategy 2020）中提出，至少将国防预算的 1.2% 直接投资于科技。德国修订《德国联邦政府人工智能战略》（Artificial Intelligence Strategy of the German Federal Government），通过《国家氢能战略》（National Hydrogen Strategy）、《国家生物经济战略》（National Bioeconomy Strategy）、《德国联邦政府可信与可持续的微电子学研究和创新框架计划 2021—2024》（Microelectronics Trustworthy and Sustainable for Germany and Europe-The German Federal Government's Framework Programme for Research and Innovation 2021-2024），重点支持发展人工智能、氢能、生物技术和微电子等领域。日本发布《综合创新战略 2020》（Integrated Innovation Strategy 2020），阐述日本 2020 年的创新战略，重点推进先进计算、人工智能、生物技术、量子技术、材料等基础技术领域以及防灾、传染病应对、网络安全等应用技术领域的发展。中国持续深入实施科教兴国战略、人才强国战略和创新驱动发展战略，立足科技自立自强，强化国家战略科技力量，加快建设科技强国，取得了抗击新冠肺炎疫情科技攻关、"天问一号"、"嫦娥五号"、"奋斗者"号和北斗系统全面建成等突破性成果。

一、信息和通信技术

2020 年，以 5G、人工智能、量子计算和量子通信技术等为代表的信息和通信技术取得许多突破。在集成电路方面，制备出高密度、高纯度、高度定向的半导体碳纳米管阵列，世界上首块 10 层增材制造（3D 打印）电路板，高效超小型电光调制器，首个微芯片内集成式液体冷却系统，二维黑磷材料制造的防逆向工程的场效应晶体管，碳纳米场效应晶体管接近商业化应用。在先进计算方面，出现了非冯·诺依曼体系结构的光子计算机、性能强大的 NVIDIA A100 GPU 芯片、高容量可重写的生物存储器、神经元规模最大的类脑计算机、高性能"天枢"系列处理器。在人工智能方面，生成式预训练模型、高准确率把脑电波译成英文的人工智能解码系统、含 19 个类脑神经元和 7.5 万个参数的小型神经网络、神经网络加速器 IMG Series4 相继诞生；TikTok 公布其推荐算法，人工智能系统精确预测蛋白质的三维结构。在云计算和大数据方面，提供关键气候、环境和农业信息的大数据工具"Earth Map"、Azure Orbital 服务和超大容量的新存储磁带值得关注。在网络与通信方面，主要围绕速率、距离和安全问题，突破了常规电话线传输超高频信号、网络传输速率的世界纪录，研发出超高速等离子芯片、世界上通信距离最远的 NFC 系统和"Air-Fi"无线数据窃取技术。在量子通信与量子计算方面，量子保密通信实现了大量数据的实时传输，刷新了长距离量子纠缠的世界纪录，发现了将量子态的持续时间延长 1 万倍的新方法，构建出 8 用户无可信节点的中继量子网络、5 米长的微波量子链路、量子计算机原型机"九章"，完成了量子互联网的测试实验。在传感器方面，开发出可检测物体内部温度的"深度热成像"技术、超精确形变传感器、可缩小量子设备的"超表面光学芯片"、微型防撞传感器、灵敏度超高的新型微波辐射传感器、使数据传输速度提高 100 倍的光纤传感器。

1. 集成电路

5 月，中国北京大学与湘潭大学、浙江大学等机构合作，制备出高密度、高纯度、高度定向的半导体碳纳米管阵列[1]。批量化制备碳纳米管集成电路需要先制造出超高纯度、高度定向、高密度、大面积均匀的半导体碳纳米管阵列薄膜。研究者首先利用聚合物多次分散和提纯（multiple dispersion and sorting process）技术，获得超高纯度碳纳米管溶液；再结合维度限制自排列法（dimension-limited self-alignment，DLSA），在 10 厘米晶圆上制备出高密度、高纯度、高度定向的半导体碳纳米管阵列，并以此为基础首次制备出性能超越相同尺寸传统硅晶体管的碳纳米场效应晶体管。新成果突破了长期以来碳纳米管电子学发展的瓶颈，首次在实验中展示出碳纳米管器件和集成电路优于传统技术的性能，这有利于碳基集成电路走向实用化。

5 月，德国 HENSOLDT 公司与 Nano Dimension 公司合作，利用 3D 打印技术，采用介电聚合物油墨和导电油墨，成功组装出两面可焊接高性能电子结构的世界上首块 10 层 3D 打印电路板 [2]。电子电路的 3D 打印是一种高度敏捷和个性化的工程方法，比传统印刷电路板（printed circuit board，PCB）工艺有很多优势，可大大缩短开发的时间和降低开发的成本，提高产品质量。新技术不仅打印出 10 层的电路板，而且使电路板实现了电子元器件的双面焊接，是利用 3D 打印技术开发高性能电子元器件的里程碑式的突破。

6 月，美国麻省理工学院（Massachusetts Institute of Technology，MIT）与亚德诺半导体公司（Analog Devices，Inc.）等机构合作，通过优化碳纳米管沉积制造技术，使碳纳米场效应晶体管接近商业化应用 [3]。与硅晶体管相比，碳纳米场效应晶体管具有很多优势。然而，碳纳米场效应晶体管一直无法实现大规模量产。研究者通过优化碳纳米管的沉积制造技术，使碳纳米管的沉积和分解的速率保持相对平衡，成功将碳纳米场效应晶体管的制造速率提高 1150 倍以上，同时降低了生产成本。新技术未来可在工业环境中用于构建不同类型的集成电路，有助于探索 3D 芯片的新功能。

8 月，美国罗切斯特大学（University of Rochester）利用铌酸锂开发出高效超小型电光调制器 [4]。光子集成电路比传统的电子电路有更高的速度、更大的带宽和更高的能源效率，但其体积不够小，因而无法与传统电子电路竞争。调制器是光芯片的关键部件。研究者在光子晶体纳米束谐振器的基础上，把一层薄薄的铌酸锂粘在层状二氧化硅上，构建出超小体积的电光调制器。新器件具有更快的数据传输速度、更低的能耗和成本，有助于缩小光芯片的体积，为实现大规模光子集成电路奠定了基础，进而促进光子通信、量子光子学等的发展。

9 月，瑞士洛桑联邦理工学院（École Polytechnique Fédérale de Lausanne，EPFL）研发出世界第一个微芯片内集成式液体冷却系统 [5]。电子电路的冷却是未来电子产品的最主要挑战之一。此前的冷却方法通常需要消耗巨大的能量和水，且对环境产生很大的影响。新系统采用一种全新的集成式微流控冷却方法，把基于微流体的散热器与电子器件设计在一起，并在同一个半导体衬底内制造，使液体冷却功能直接嵌入电子芯片的内部，以有效控制芯片产生的热量，其最高冷却功率达到此前最先进的传统冷却技术的 50 倍。新系统应用前景可观且可降低成本，有利于缩小电子设备的体积进而扩展摩尔定律。

12 月，美国普渡大学（Purdue University）与圣母大学（University of Notre Dame）合作，用黑磷（black phosphorus）伪装成高效、低电压二维场效应晶体管，来阻止黑客对芯片展开逆向工程[6]。对于包含数百万个晶体管的芯片，黑客可采用施加电压的方式来判断晶体管的类型，再通过分析其工作原理复制出芯片。研究者利用片状黑磷制造晶体管，并在晶体管中建立起安全密钥，使黑客无法采用电压检测的方式获知晶体管的类型。黑磷是原子级材料，实现隐藏电路所需的黑鳞晶体管数量较少，因而占用空间更少、功耗更低且可在室温、低电压下工作，在芯片安全领域有很好的应用潜力。

2. 先进计算

1 月，中国上海交通大学与中国科学技术大学、南方科技大学合作，构建出一种结合集成芯片、光子概念和非冯·诺依曼体系结构的光子计算机[7]。经典计算机的计算能力不足以解决子集和问题（subset sum problem，SSP），寻求潜在新型计算方式是进一步提高其计算能力的重要途径，光计算就是其中之一。在新构建的光子计算机中，研究者利用飞秒激光直写技术将 SSP 映射到三维光波导网络中，使光子芯片内作为计算载体的光子在光波导网络中演化，并通过并行搜索所有可能的演化路径来寻求解，最终完成计算过程。新光子计算机不依赖脆弱的量子特性，而是借助光子的优势，在特定计算问题上表现出超越经典计算机的潜力，为发展超越经典计算机的计算能力提供了新思路。

5 月，美国英伟达（Nvidia）公司推出当时性能最强大的 NVIDIA A100 GPU 芯片[8]。训练 AI 模型越大，需要芯片的计算性能越高。英伟达采用其通用的负载加速器 A100 重构 GPU，以其第八代 NVIDIA Ampere 架构为基础，采用弹性计算方法，将每个芯片分为多达 7 个独立的实例，以执行推理任务。NVIDIA A100 GPU 芯片是一种端到端的机器学习加速器，可以把人工智能的训练和推理能力提高 20 倍以上，这是巨大的性能飞跃，使人类首次可在单个架构中对横向扩展和纵向扩展的负载进行加速。此外，NVIDIA A100 GPU 芯片还可以降低数据中心的成本，非常适合应用在人工智能、数据分析、科学计算和云图形等领域。

8 月，中国科学院上海微系统与信息技术研究所与中国科学院大学、上海科技大学、美国石溪大学（Stony Brook University）和得克萨斯大学（University of Texas）等机构合作，首次实现了基于蚕丝蛋白的高容量可重写的生物存储[9]。蚕丝蛋白如果用于制造存储器，可以很容易掺杂各种功能分子从而增加信息存储的维度，因而有望用于制备下一代高容量、高可靠的信息存储器。研究人员以生物兼容性良好、易于掺杂功能分子、降解速率可控的天然蚕丝蛋白为信息的存储介质，以先进的近场红外纳米光刻技术为数字信息的写入方式，验证了图像和音频文件的准确记录、存储和"阅读"。新存储器稳定性好，其存储容量可达每平方英寸 [①] 64 吉字节。

9 月，中国浙江大学与之江实验室联合，开发出基于具有自主知识产权的类脑芯片的世界上神经元规模最大的类脑计算机（Darwin Mouse）[10]。类脑计算机的工作原理类似生物的神经元行为，可利用脉冲传递信号，进行高度并行的运算，可以有效提高计算效率。新类脑计算机拥有 792 颗浙江大学研制的达尔文 2 代类脑芯片，可容纳最多 1.2 亿个脉冲神经元和近千亿个神经突触，其神经元数量与小鼠大脑相当，典型运行功耗为 350～500 瓦。同时，研究者还开发出该类脑计算机专用的"达尔文类脑操作系统"。未来通过迭代升级达尔文芯片和操作系统，可以进一步提高性能。

12 月，中国上海赛昉科技有限公司自主开发出全球性能最高的基于 RISC-V 的处理器内核——"天枢"系列处理器[11]。高性能计算要求更高性能和能效的芯片。"天枢"系列处理器优化了基于 RISC-V 指令集架构的 64 位超高性能内核，具有乱序执行、超标量设计、支持向量运算和虚拟化技术等特点，可提供大小核、multi-cluster（多集群）和众核等多种应用方案，是当时基于 RISC-V 性能的世界最强的处理器内核，性能优异。新处理器内核是通往高端处理器内核的里程碑式的成就，在数据中心、PC、移动终端、高性能网络通信和机器学习等领域有广泛的应用前景。

3. 人工智能

3 月，美国加利福尼亚大学（University of California）利用人工智能解码系统，以高达 97% 的准确率成功把脑电波转译成英文句子[12]。说话是人类最复杂的动作之一。此前帮助失语者恢复语言功能采用的是脑-机接口，但每分钟最多患者打出 8 个单词。研究者把电极阵列植入患者大脑表层，采用两阶段解码的人工智能方法，把大脑皮层活动中产生的电脉冲记录转换成语言，每分钟可转译 150 个单词，接近正常人水平。这项里程碑式的成就将为失语者恢复语言功能奠定基础。

5 月，美国 OpenAI 公司推出语言参数高达 1750 亿个的生成式预训练模型（GPT-3）[13]。具有写作和对话功能的大规模自然语言模型可以使人工智能更好地理解人类的自然语言。GPT-3 有 1750 亿个参数，是当时参数最多、规模最大、能力最强的语言模型，它利用大量的互联网文本数据和书籍进行模型训练，对人类自然语言的模仿极具真实性，是当时令人印象最深刻的语言模型。然而，GPT-3 模型也存在一些问题，如有时会生成不可控或有偏见的内容，需要大量的算力、数据和资金投入，且会

---

① 1 英寸 =2.54 厘米。

导致大量的碳排放。尽管如此，GPT-3 对人工智能领域的影响是深远的，使人类向构建出可理解人类并与人类互动的 AI 迈出了一大步。

6 月，中国北京字节跳动科技有限公司旗下的 TikTok 短视频社交平台公布其推荐算法[14]。TikTok 是全球增长最快的社交媒体平台之一，其吸引力增长的关键是 TikTok 推荐算法。TikTok 推荐算法采用机器学习技术，可以满足每个用户具体的细分兴趣需求，不再只强调追随热点的"从众效应"。它可以把视频持续推荐给与视频博主有共同兴趣爱好或特定身份的用户，从而促进优质创作内容的快速传播。是否被推荐取决于视频标题、声音和标签，以及用户拍摄的内容、点赞的视频领域等，而不是视频博主有多少粉丝、是否走红等因素。TikTok 推荐算法可以精准地为用户推荐感兴趣的视频，帮助用户拓展与其有交集的新领域。

10 月，美国麻省理工学院的计算机科学与人工智能实验室（Computer Science and Artificial Intelligence Laboratory，CSAIL）与奥地利维也纳工业大学（Vienna University of Technology）、奥地利科技学院（Institute of Science and Technology Austria）等机构合作，基于小型动物的大脑开发出可控制自动驾驶汽车的一种小型神经网络[15]。此前控制自动驾驶汽车的神经网络需要数百万个神经元。研究者受到秀丽隐杆线虫等小型动物大脑的启发，构建出含 19 个类脑神经元和 7.5 万个参数的小型神经网络；再把它与摄像头连接起来，就可以控制自动驾驶汽车。新成果说明，人工智能可以在相对简单的系统中实现。该小型神经网络未来可用于构建仓库用的自动化机器人等。

11 月，英国芯片设计商 Imagination Technologies 公司推出自动驾驶用的第三代神经网络加速器——多核的 IMG Series4[16]。车辆实现高度自动驾驶需要高性能、低延迟和高能效的人工智能。IMG Series4 由全新的多核架构组成，具有多核的可扩展性和灵活性、超高性能（600 TOPS①）、超低延迟、满足行业安全性要求以及可节省大量带宽等优点，可执行完整的网络推理，在自动驾驶汽车领域有巨大的应用前景。

11 月，美国谷歌公司（Google）下属的"深度思维"公司推出的新一代人工智能系统"阿尔法折叠 2"（AlphaFold 2），在国际蛋白质结构预测竞赛中获胜，精确预测了蛋白质的三维结构[17]。多年来，破译蛋白质的三维结构通常采用 X 射线晶体学技术或冷冻电子显微镜（cryo-EM），但耗时数月甚至数年都未必见效。"阿尔法折叠 2"具有与冷冻电子显微镜、X 射线晶体学技术等相媲美的准确性，可以很快精准预测蛋白质的三维结构，甚至可以预测细胞膜的蛋白质结构，而此前的 X 射线晶体学技术很难做到。"阿尔法折叠 2"有助于加快研发新药，创造出耐旱植物和更便宜的生物燃料，将改变结构生物学和蛋白质研究的未来。

---

① TOPS 是 Tera Operations per Second 的缩写，1TOPS 代表处理器每秒钟可进行一万亿次操作。

4. 云计算和大数据

9 月，美国谷歌公司和联合国粮食及农业组织（Food and Agriculture Organization of the United Nations，FAO）合作，开发出创新性的大数据工具 "Earth Map"，免费为上网的用户提供关键气候、环境和农业信息[18]。Earth Map 可以提供多时空和准实时的卫星图像和地理空间数据集，还可利用更多的行星尺度分析能力对所提供的数据进行补充，用于探测、量化和监视地表的变化和趋势。该新工具允许任何可以上网的用户使用，不需用户掌握复杂的编码技术，因而降低了发展中国家的使用门槛，使小农户获益。此外，基于卫星及 FAO 的农业数据，Earth Map 还可为成员国提供高效、快速、廉价和有说服力的判断。

9 月，美国微软公司新推出 Azure Orbital 服务，帮助用户把数据从卫星直接传输至 Azure 云并进行处理和存储[19]。Azure Orbital 是一项具有全面管理特点的 "地面站即服务"（ground station as a service），等于把基础设施上移到天空，使每个用户都能在 Azure 里直接接触到卫星数据和云服务。美国联邦通信委员会（Federal Communications Commission，FCC）已在此前向微软公司授予一项实验性许可，允许从对地观测卫星 "德莫斯 -2"（Deimos-2）下载相关数据。这项新成果标志着微软公司与亚马逊公司在把卫星通信网络连入云基础设施方面的竞争进入新阶段。

12 月，美国 IBM 公司（International Business Machines Corporation）与日本富士胶片公司（Fujifilm）合作，开发出一款每盒可存储 580 太字节未压缩数据的新存储磁带[20]。与硬盘驱动器相比，磁带有其独特的存储优势（成本低且可以与网络分离）。磁带的行业标准产品长期是每盒可存储数据达 12 太字节的 LTO-8 型磁带。新磁带用锶铁氧体颗粒制备，配有可精确定位的低摩擦磁头来精确读取数据，其记录磁道为 56.2 纳米，数据密度为每英寸 317 吉字节。一盒新存储磁带尺寸与手掌相当，而成本低于硬盘驱动器。随着全球数据产生量的爆炸式增长，这种大容量存储磁带将有用武之地。

5. 网络与通信

1 月，美国布朗大学（Brown University）与美国 ASSIA 公司合作，用常规电话线传输超高频信号，成功获得超高传输速率[21]。研究者在实验中利用普通电话电缆的有金属护套的双绞线，持续发送 200 吉赫兹的超高频信号，使信号以多通道分配的方式遍布整个信道空间，并在 3 米的范围内以 10 太比特 / 秒以上的速率传输数据；在 15 米的范围内，传输速率达到 30 吉比特 / 秒。这些数据说明，在同等距离的情况下，新方法的超高频传输速率超过基于光纤的传输速率。下一步的研究将努力降低随传输数据距离的增加所带来的能量损失，将系统扩展到更大的应用范围。

7月，瑞士苏黎世联邦理工学院（Swiss Federal Institute of Technology in Zurich）与德国、美国、以色列、希腊等国的机构合作，开发出把快速电子信号直接转换为超快光信号且信号质量几乎无损失的超高速等离子芯片[22]。此前的光电转换芯片把光子组件和电子组件分别放置在不同的芯片上并用线路连通，存在光子与电子设备尺寸差异大、造价昂贵和信号损耗大等不足。研究者采用"单片协同整合"（monolithic co-integration）的结构，首次直接将电子和光子组件紧密叠放在同一个芯片上，以消除光子与电子设备之间的尺寸差异，并将能耗降至极低；再用等离子技术压缩光波，之后将四个较低速传输的信号捆绑后放大，以形成高速的电信号，最后把它转换为高速的光信号。新芯片可以100吉比特/秒的速率传输数据，是光传输数据效率的一项新突破，为光通信数据的高速传输铺平了道路。

7月，中国阿里巴巴公司在近场通信（near-field communication，NFC）技术上取得新突破，开发出"世界上通信距离最长的NFC系统"[23]。交通卡、银行卡和手机支付等都采用NFC技术。NFC是一种短距离的高频无线通信技术，可实现电子设备之间的非接触式点对点数据传输，比其他近距离无线通信技术（如蓝牙等）具有更高安全性和较低成本等优势，通信距离在20厘米以内。新系统成功将NFC的感知距离从此前的20厘米增加到3米，实现了当时世界上通信距离最长的近场通信。新系统解决了此前实现自动化物流的关键问题，扩展了NFC技术的应用场景，未来可广泛用于较远距离、大规模、全品类识别货品信息的场景中。

7月，日本KDDI综合研究所与英国Xtera公司和伦敦大学学院（University College London，UCL）等机构合作，使网络传输速率达到当时世界最快水平——178太比特/秒[24]。为实现这个传输速率，研究者在以下几方面做出了改进：采用16.83太赫兹的带宽，约为现有大多数网络基础架构所用带宽的4倍；把几种不同的放大器技术集成在一起，以提高信号的功率；设计新的几何形状的星座结构，以操纵各个单波长的属性，从而最大化信号的传输速度和质量并避免干扰。这样做可把更多的信息集中在同一空间并更快地实现高质量传输。新技术是一项重要突破，比此前日本创造的150太比特/秒的传输速度快约20%，可融入现有的光纤基础设施中，满足未来不断增长的数据传输速率需求，同时降低网络传输的成本。

12月，以色列本·古里安大学（Ben-Gurion University）开发出名为"Air-Fi"的无线数据窃取技术[25]。Wi-Fi连接的网络安全一直是信息技术界关注的重点。在没有联网的情况下，新技术Air-Fi根据电脑电子设备在通电工作时产生电磁波的原理，利用植入未联网的密封电脑中的恶意代码或软件，操纵计算机随机存取存储器（random access memory，RAM）中的电流以产生特定频率的电磁信号；这样做相当于把RAM

变成临时的 Wi-Fi 卡，使黑客可以在相隔几米远的范围内，以 100 比特 / 秒的速率窃取设备的数据。新技术尽管攻击的范围小，但对接收端的设备要求很低，智能手机、笔记本电脑、智能手表及物联网设备均可用于接收信息。

6. 量子通信与量子计算

1 月，日本东北大学（Tohoku University）与东芝公司（TOSHIBA）合作，开发出可用于实时传输大量数据的量子保密通信技术 [26]。量子保密通信技术利用量子技术对信息进行加密传输，具有保密性好等优势。研究者借用 7 千米长的专用光纤线路，采用一次一密的顺序加密（sequential encryption）方式，在 2 分钟内传输完数百吉比特的人类基因组数据。新成果首次运用量子保密通信技术传输大量数据，突破了以往的量子保密通信传输数据量小的限制。新技术证明量子密码技术的实用性，有助于在安全性不可或缺的医疗、金融等领域尽早获得实际应用。

2 月，中国科学技术大学与中国科学院上海微系统与信息技术研究所、济南量子技术研究院等机构合作，凭借两种实验方案分别实现了 22 千米和 50 千米的量子纠缠，刷新了长距离量子纠缠的新世界纪录 [27]。量子纠缠具有长距离通信的能力。科技界一直在努力实现长距离的量子纠缠，此前已实现 1.3 千米的量子纠缠。新实验创新地开发出光纤内低损耗传输的高效光传输与原子纠缠技术，做到了存储器光源经长光纤传输后的远程干涉，降低了长距离量子纠缠实验中的高损耗，从而实现了双光子干涉最远 22 千米和单光子干涉最远 50 千米的量子纠缠。新成果有望促进量子通信技术向传输距离更远、更稳定的方向发展。

3 月，瑞士苏黎世联邦理工学院与瑞士保罗谢勒研究所（Paul Scherrer Institute）合作，成功构建出当时世界最长（5 米）的微波量子链路 [28]。将几台较小的计算机通过"量子链路"连接，可构建出功能强大的量子计算机。研究者在几厘米宽的金属腔体中创建出传导路径，在两个超导振荡器间传递微波光子，实现了量子力学中的叠加态，进而创建出 5 米长的微波量子链路，创造了新的世界纪录。该技术是一项里程碑式的成就，可用于创建未来的量子计算机网络，也可用在基础量子物理学实验中，下一阶段研究的目标是创建长达 30 米的量子链路。

8 月，美国芝加哥大学（University of Chicago）与日本国家量子和放射科学与技术研究所（National Institutes for Quantum and Radiological Science and Technology）合作，提出将量子系统中量子态的持续时间延长 1 万倍的新方法 [29]。为实现可用的量子计算，需减少量子噪声，常见的方法是将系统与嘈杂的环境隔离，或提高量子系统材料的纯度，但较复杂且成本高。新方法采用"欺骗"量子系统的方式，使系统认为没有噪声。研究者把连续交变磁场与常规的电磁脉冲结合起来，再精确调节交变磁场以加速电子自旋，使量子噪声"相对"消失。新方法最大限度地消除了温度波动、物理振动和电磁噪声带来的不良影响，成功将量子系统的相干时间提高 1 万倍（达到 22 毫秒），有望从根本上变革量子通信、计算和传感技术。

9 月，英国布里斯托尔大学（University of Bristol）与中国国防科技大学、奥地利维也纳量子科学和技术中心（Vienna Center for Quantum Science and Technology）等机构合作，成功开发出 8 用户无可信节点的中继量子网络[30]。可拓展性是量子互联网实现大规模实际应用的关键。此前量子互联网采用可信中继的方式共享信息，这就需要很多额外的硬件且易泄露信息。新成果利用多路复用技术创建出一个可扩展的网络架构，在连接层上基于纠缠构建出复杂的拓扑网络，而在物理层上只采用简单的线性可扩展策略连接节点，从而将所需资源最小化。这是一个无可信节点的中继量子网络，具有可扩展、构建时间短、构建成本相对低和无法攻破的优点，可取代可信中继网络。新突破是量子互联网领域的重大进步，可拓展为更大规模量子通信网络。

12 月，美国加州理工学院（California Institute of Technology）与费米国家加速器实验室（Fermi National Accelerator Laboratory）等机构合作，构建出 44 千米的量子网络试验台，成功完成量子互联网测试实验[31]。量子网络的一个关键特征是量子隐形传态的保真度和传输距离。新量子网络试验台采用最先进的单光子探测器和紧凑的光纤网，具备近乎自主的数据采集、控制、监控、同步和分析功能，在 44 千米的范围内实现了连续精确地传送量子信息，使量子隐形传态的保真度超过 90%；且与现有的电信基础设施及新兴的量子处理和存储设备兼容。新成果是量子互联网的重要突破，未来有望变革安全通信、数据存储、精密传感和计算等领域。

12 月，中国科学技术大学与中国科学院上海微系统与信息技术研究所、清华大学等机构合作，成功构建出一台 76 个光子 100 个模式的量子计算机原型机"九章"[32]。此前美国谷歌公司宣布研制出 53 个量子比特的计算机"悬铃木"，在全球首次实现了量子优越性。"九章"使我国成为全球第二个实现量子优越性的国家，其处理"高斯玻色取样"的速度比目前最快的日本超级计算机"富岳"快 100 万亿倍。与"悬铃木"相比，"九章"有三个优势：速度更快、不需要很多超低温设备、在小样本和大样本上都快于超级计算机。这是一项里程碑式的突破，将极大地推动全球量子计算的发展，为构建解决有重大实用价值问题的规模化量子模拟机奠定了技术基础。

7. 传感器

1 月，荷兰艾恩德霍芬理工大学（Eindhoven University of Technology）开发出可识别小于单个原子尺寸形变的超精确形变传感器[33]。速度更快的计算机需要更小的芯片。用于制造芯片的晶圆非常硬，但受到重力的作用依然会产生细微的变形，从而影响到芯片的质量。研究者基于玻璃纤维，利用光纤布拉格光栅的原理，制造出可精确测量出激光频率偏差的超精确形变传感器。该传感器在芯片制造过程中可测出小于原子宽度的形变，使机床根据形变的量做出补偿形变的动作，从而提高芯片的制造精度。新形变传感器具有很低的生产成本且几乎没有重量，其准确率是过去的十倍，为生产出更微小的芯片奠定了坚实的基础。

3 月，美国威斯康星大学麦迪逊分校（University of Wisconsin-Madison）开发出可检测物体内部温度的"深度热成像"技术[34]。红外热成像可把热辐射信息转换为可见的图像，传统的热成像技术通过检测物体的红外辐射量的多少来测量其表面温度的高低，但无法测量物体内部的温度。新技术采用温度检索算法，分析从物体不同深度发出的红外线，可远程测量出物体表面以下数十到数百微米深度的温度。该技术可用于监测半导体器件和反应堆的工作状态。

7 月，英国伯明翰大学（University of Birmingham）与中国南方科技大学以及德国帕德博恩大学（Paderborn University）等机构合作，开发出缩小量子设备的"超表面光学芯片"[35]。此前的量子传感器常利用激光在较大的空间捕获和冷却原子，因而具有较大的体积。新芯片把单束激光衍射分成五束性能均衡且强度均匀的激光，用于捕获和冷却原子。这种芯片占用的空间很小，在功能上可以替代此前复杂且体积较大的量子传感器。新芯片有望缩小量子设备的体积，拓展其应用范围。

8 月，印度甘露大学（Amrita Vishwa Vidyapeetham University）与美国宾夕法尼亚州立大学（Pennsylvania State University）合作，模仿蝗虫的避障能力开发出微型防撞传感器[36]。此前的自动驾驶汽车配备的防撞传感器往往又大又重又耗能。蝗虫在成群结队飞行时，能在几百毫秒内做出避障动作。基于蝗虫的专属神经元 LGMD（lobula giant movement detector）的避障机制，研究者通过把单层硫化钼堆叠在具有非易失性且可编程的浮栅存储器上，开发出光探测器；在此基础上再制造出尺寸只有纳米规模的防撞传感器。该传感器放在可编程的电路上，只需耗费少量的能量就可模拟蝗虫飞行时的神经元反应，并在两秒内做出响应。新传感器具有智能化、低成本、任务特定、节能和小型化的特点，有望用于开发无人机、机器人和自动驾驶汽车的防撞技术。

11 月，美国陆军研究实验室（Army Research Laboratory，ARL）与哈佛大学（Harvard University）、美国麻省理工学院、韩国浦项科技大学（Pohang University of Science and Technology）等机构合作，制造出比此前的商业传感器灵敏度高 10 万倍的新型微波辐射传感器[37]。新型微波辐射传感器通过测量传感器吸收光子后的温度增高来检测电磁辐射，具有很高的灵敏度，能检测到自然界中最小的能量——单个微波光子，可用于提高雷达、夜视、激光探测与测距系统和通信等电磁信号探测系统的性能，还可促进量子信息科学、热成像和寻找暗物质等新领域的快速发展。

11 月，瑞士洛桑联邦理工学院与中国北京邮电大学等机构合作，开发出将光纤传感器的数据传输速度提高 100 倍的新方法[38]。光纤传感器常用于灾害检测系统中，用于检测管道的裂缝、土木工程结构中的变形及山体的潜在滑坡等。传统的光纤传感器只能在一个给定的光纤位置进行测量。新方法采用特殊的遗传优化算法，对整条光纤记录的数据进行编码和解码，从而使传感器能够接收到更多和更高能量的信号，然后更快地解码信号。新成果具有使用简单且成本低的特点，有助于以更快的速度在更大的范围内进行测量，并把信号快速转换为可用的数据。

二、健康和医药技术

2020 年，围绕疾病的诊疗，健康和医药技术领域取得众多的成果。在基因与干细胞方面，克隆出小麦"癌症"赤霉病的克星，开发出精准的基因编辑工具"DdCBEs"，公布了可调节基因表达的分子元件的完整目录，利用人类干细胞和生物工程支架成功重建了人类胸腺。在个性化诊疗方面，绘制出覆盖面最广的癌症全基因组分析图谱、全球首个大脑皮层遗传图谱、最详细的人类心脏细胞和分子图谱，制造出世界首个体外生物打印活体动脉瘤模型、世界首个体外重构的类器官。在重大新药方面，具有广谱抗菌能力的抗生素分子、治疗新冠肺炎的药物（Ab8）、有效杀死癌细胞的基于脂质纳米颗粒的新型递送系统、针对新冠病毒的 mRNA 疫苗 BNT162b2 相继诞生，发现皮质类固醇激素地塞米松可有效降低新冠肺炎危重患者的死亡率，基因治疗产品 SynOV1.1 获美国食品药品监督管理局（Food and Drug Administration，FDA）临床试验许可。在重大疾病的诊疗方面，发现"激活"并杀死隐藏的艾滋病病毒（HIV）的两种方法、将肿瘤与最佳药物组合匹配使用的人工智能（AI）系统，开发出数字接触追踪技术"暴露通知"；采用基因编辑技术治疗血液遗传病、利用异种交叉循环技术恢复人肺受损功能，已取得可喜的成果。在医疗器械方面，制造出治疗银屑病等皮肤疾病和某类癌症的星形微针、硬币大小的脑-机接口设备、功能强大的仿生机械手、约 10 分钟内识别出新冠病毒的低成本 3D 打印传感器，单粒子冷冻电子显微镜首次达到原子分辨率，新开源软件 UNCALLED 彻底改变了 DNA 测序方式。

1. 基因与干细胞

5 月，中国山东农业大学与北京诺禾致源科技股份有限公司等机构合作，首次从小麦近缘植物长穗偃麦草中克隆出小麦赤霉病的克星——主效基因 *Fhb7*[39]。小麦赤霉病是全球极具毁灭性且难以防治的真菌病，有小麦"癌症"之称。新克隆出的抗赤

霉病的主效基因 *Fhb7* 可以移入小麦品种，由 30 多家单位进行的广泛试验证明，*Fhb7* 在小麦抗病育种中有稳定的抗赤霉病作用，同时还有广谱的解毒功能。新成果为预防小麦"癌症"赤霉病找到了有效的方法。

7 月，美国博德研究所（Broad Institute）利用细菌毒素 DddA（一种脱氨酶），构建出世界首个用于精准编辑线粒体 DNA 的工具"DdCBEs"[40]。DNA 上的"点突变"常导致线粒体病，而常用的 CRISPR 基因编辑器因体积过大而无法进入线粒体内，从而难以对线粒体 DNA 进行修饰。DddA 可有效催化双链 DNA 解开时发生的脱氨反应，研究者利用它开发出能精确切断并破坏线粒体双链 DNA 的新编辑工具 DdCBEs。DdCBEs 可将线粒体 DNA 中的碱基对 C·G 修改为 T·A。这是人类首次不采用 CRISPR 基因编辑器对线粒体 DNA 进行的精准编辑。新工具有利于研究进而治疗由线粒体 DNA 突变引起的疑难疾病。

7 月，美国劳伦斯伯克利国家实验室（Lawrence Berkeley National Laboratory，LBNL）公布"DNA 元件百科全书"（The Encyclopedia of DNA Elements，ENCODE）计划的重要成果——可调节基因表达的分子元件的完整目录[41]。人类基因组中 98% 的碱基为非编码区，可调控基因表达的分子元件就在其中。美国国家人类基因组研究所发起的 ENCODE 的目的之一，就是阐明这些非编码区的功能。新绘制的完整目录为深入研究人类基因（特别是非编码区域基因）提供了一种快速有效的途径，有助于科学界阐明特殊基因序列何时、何处发挥功能以及影响哪些基因表达，助力人类生物学的发展。

12 月，英国弗朗西斯·克里克研究所（Francis Crick Institute）与伦敦大学、意大利圣拉斐尔科学研究所（San Raffaele Scientific Institute）等机构合作，利用人类干细胞和生物工程支架成功重建了人类胸腺[42]。研究者先从人类供体中提取出胸腺上皮细胞和胸腺间质细胞，并在此基础上培养出数十亿个胸腺干细胞群落；再让这些细胞在利用新的微血管外科方法获得的胸腺结构支架上继续生长，5 天后发育出与出生 9 周后的胎儿相似的胸腺。发育出的胸腺植入小鼠体内后，75% 以上受体的胸腺支持淋巴细胞的发育，并使其发挥免疫功能。这是世界首次成功地重建出完整的人类胸腺，是研究和治疗严重免疫缺陷的重要成果，使人类向培养出可移植的人造器官迈出了重要的一步。

2. 个性化诊疗

2 月，泛癌全基因组图谱分析（Pan-Cancer Analysis of Whole Genomes，PCAWG）联盟完成了当时覆盖面最广的癌症全基因组分析[43]。泛癌全基因组图谱分析联盟把来自世界 4 大洲 744 个机构的科学家分成 16 个小组，每个小组分别专注于肿瘤基因的不同方面，采用多种算法处理海量数据，通过研究可导致癌症的变异基因，绘制出这些基因的全图谱。图谱包括 38 种不同类型肿瘤的 2658 个全基因组。新成果是癌症研究和云计算的一个里程碑，为癌症研究收集到丰富的基因数据，大大丰富了人类对癌症的认识，有利于早期癌症的检测和制订相应的治疗方案。

3 月，世界 ENIGMA（Enhancing Neuro Imaging Genetics through Meta-Analysis）联盟的 184 个机构合作，绘制出全球首个大脑皮层遗传图谱[44]。大脑皮层是大脑中相对较薄、折叠的外部"灰质"层，其表面积大小和厚度与很多精神疾病有关，但相关的研究成果较少。来自这些机构的 360 多位科研人员，通过分析 5 万多人的 DNA 和磁共振成像（magnetic resonance imaging，MRI）扫描结果，确定了 306 种影响大脑结构变化的遗传变异，进而阐明遗传因素导致个体大脑皮层产生差异的机制。该遗传图谱有助于解释一些基因如何影响大脑的物理结构和个体神经系统。

9 月，美国哈佛医学院（Harvard Medical School）与布列根和妇女医院（Brigham and Women's Hospital）、英国和德国的机构合作，构建出当时最详细的人类心脏细胞和分子图谱[45]。新成果是"人类细胞图谱"（Human Cell Atlas）项目的组成部分。研究者利用单细胞分析、机器学习和成像技术，分析近 50 万个细胞，在此基础上构建出当时最详细的人类心脏细胞和分子图谱。新图谱首次实现了从单细胞层面观察人类的心脏，表明了细胞的多样性及其在静动脉中的不同位置和适应压力的方式，描绘出将血液泵送到全身的心脏细胞内分子的细节。该图谱有利于更好地了解心脏疾病，进而开发出高度个性化的治疗方法，推动心脏病学走向精准医学时代，并支撑再生医学疗法的发展。

11 月，美国劳伦斯利弗莫尔国家实验室与杜克大学（Duke University）等机构合作，制造出世界首个体外生物打印活体动脉瘤模型[46]。为了评估治疗脑动脉瘤方法的效果以及为临床医生提供动手的训练机会，最佳的选择是事先在大脑的替代品上试用。研究人员采用动物胶－纤维蛋白水凝胶 3D 打印出动脉瘤模型，并植入人类大脑微血管内皮细胞，使细胞扩散分布在动脉瘤内，从而首次制造出具有人体细胞构造的有生命的动脉瘤，而后对其成功进行了医疗操作程序。该动脉瘤模型可用于研究动脉瘤形成或破裂的生物物理机制，为动脉瘤的个性化治疗奠定坚实的基础。

12 月，韩国浦项科技大学与国立首尔大学医院（Seoul National University Hospital）和成均馆大学医学院（Sungkyunkwan University School of Medicine）合作，开发出世界上首个体外重构的类器官[47]。类器官是在实验室利用干细胞培养出来的类似器官的组织，可以模拟人体器官的结构和功能，是构建人造器官或开发新药的有潜力的技术。研究人员将干细胞与组织基质中的各种类型细胞放在一起，在体外经过三维重组构建出类器官。该类器官是一种拥有上皮细胞、基质细胞和肌细胞的组装结构，在单细胞水平上具有的细胞组成和基因表达与成熟成体器官一样，可精确模拟人体组织和体内肿瘤的病理特征。新成果可为患者提供定制的人体器官，有助于发展个性化医疗和开发治疗疑难病的药物。

3. 重大新药

2 月，美国麻省理工学院与哈佛大学、加拿大麦克马斯特大学（McMaster University）等机构合作，采用一种独创的机器学习方法，开发出具有前所未有广谱抗菌能力的抗生素分子[48]。抗生素的耐药性产生了巨大的危害，而此前新抗生素的研发速度无法跟上耐药性发生的速度。采用人工智能的方法开发新的抗生素成为一种有效路径。新方法首次在无人类任何事先假设的条件下，仅在几天内就从超过 1 亿个分子中，成功筛选出抗菌能力强大的新抗生素分子 Halicin；Halicin 可有效杀死多种世界上最难对付的致病菌。这是人类首次完全采用人工智能的方法开发新抗生素，且耗时很短，标志着发现新抗生素的范式发生了转变。此外，新方法还可用于开发治疗癌症、神经退行性疾病等其他类型疾病的药物。

6 月，英国康复中心协调办公室（Recovery Central Coordinating Office）证明，皮质类固醇激素地塞米松可有效降低新冠肺炎危重患者（需吸氧或呼吸机）的死亡率[49]。新冠肺炎重症患者死亡率高。初步临床试验表明，廉价药物地塞米松可使需用呼吸机治疗的患者的死亡率降低约 1/3，使需氧气治疗的患者的死亡率降低约 1/5，但对新冠肺炎轻症患者（不需吸氧或呼吸机）无效。

9 月，美国匹兹堡大学医学院（University of Pittsburgh School of Medicine）与北卡罗来纳大学（University of North Carolina）等机构合作，开发出通过中和新冠病毒来治疗新冠肺炎的药物（Ab8）[50]。此前世界尚无治疗新冠肺炎的特效药。研究者利用分离出来的可中和新冠病毒的最小体积的生物分子，构建出体积很小的药物 Ab8。小鼠试验显示，药物 Ab8 易在体内扩散，甚至能采用吸入的方式服用，可以有效抑制新冠病毒的复制，且产生副作用的可能性较小。Ab8 不仅有治疗新冠肺炎的潜力，还可以预防感染新冠病毒。

11 月，以色列特拉维夫大学（Tel Aviv University）与美国哈佛医学院等机构合作，开发出可有效杀死癌细胞的基于脂质纳米颗粒（lipid nanoparticle，LNP）的新型递送系统[51]。CRISPR/Cas9 基因编辑具有永久破坏肿瘤存活基因的潜力，但对某些肿瘤还存在基因编辑效率相对较低等问题。研究者以 Cas9 mRNA 替代质粒 DNA，并对其和 sgRNA 进行修饰，以增强 RNA 的稳定性，同时降低免疫原性；此外，还用带 4 个可电离阳离子的脂质封装修饰后的 Cas9 mRNA 和 sgRNA，从而开发出把 CRISPR/Cas9 基因编辑的效率提高到 84% 以上的新型递送系统。该递送系统能明显抑制肿瘤的生长，使活体动物的存活率提高 80%。新成果首次证明 CRISPR 基因编辑可使治疗后的活体动物的癌细胞永久失活且不产生副作用，为癌症的治疗和研究提供了新方法，也为其他慢性病毒性疾病的治疗提供了新的可能性。

11 月，中国北京合生基因科技有限公司开发的首款基因治疗产品 SynOV1.1 获美国 FDA 临床试验许可[52]。合成生物学药物如同一台分子机器，重点关注分子层面的可控、稳定和性能。研究者基于合成生物学技术，先设计合成出可精准识别肿瘤、改善免疫环境、有效提高杀伤肿瘤能力的基因，然后将其插入腺病毒载体，构建出新型溶瘤病毒基因治疗药物平台——SynOV 系统。SynOV1.1 是其第一款产品，是世界首次将经过合成生物学技术优化、改造的免疫疗法，用于治疗包括中晚期肝癌在内的甲胎蛋白阳性实体瘤，其治疗效果和安全性均显著高于已上市的肝癌一线治疗药物和其他溶瘤病毒治疗产品。

12 月，美国辉瑞公司（Pfizer Inc.）与德国 BioNTech 公司合作，开发出针对新冠病毒的 mRNA 疫苗 BNT162b2[53]。mRNA 携带编码蛋白遗传信息，是细胞内"蛋白工厂"生产的"指导员"。用于预防新冠肺炎的疫苗 BNT162b2 完成了三期临床试验。同月，该疫苗获得英国药品和医疗产品监管署的应急使用授权；随后，该疫苗获得美国 FDA 应急使用授权。新疫苗需在 -70 ℃ 条件下存储，这明显增加了其物流和存储的难度。尽管如此，新疫苗依然促进了此前从未获批在医疗中使用的 mRNA 技术的发展，为 mRNA 技术用于治疗更多疾病奠定了基础。

4. 重大疾病的诊疗

2 月，美国埃默里大学（Emory University）与北卡罗来纳大学等机构合作，发现"激活"隐藏的 HIV 的两种方法，从而显著提高病毒的清除效率[54]。HIV 可以在细胞中潜伏以"躲避"免疫系统，此前"激活"隐藏病毒的方法一直不成功。研究者设计出"激活并杀死"HIV 的两种方法，将潜伏的病毒从受感染细胞中激活再进行清除。两种方法在两种动物模型中的结果是一致的。新方法是当时最强大的逆转潜伏病毒的方法，如与适当药物结合使用，可以显著提高清除 HIV 的效率。这为进一步理解 HIV 在人体内的维持机制开辟了新途径，使治疗艾滋病的研究向前迈出了"令人震惊"的一步。

5 月，美国苹果公司和谷歌公司合作，推出数字接触追踪技术——基于 iOS 和安卓操作系统的智能手机应用"暴露通知"（Exposure Notification）[55]。新冠肺炎疫情给世界带来了灾难，催生了用于追踪新冠肺炎患者的密切接触者的数字追踪技术"暴露通知"。其工作原理是：手机利用应用程序和蓝牙功能，匿名连接附近运行相同程序的其他手机，记录高风险接触行为；如果用户被确诊为感染新冠病毒，其接触过的其他用户将收到通知。这种数字接触追踪技术有利于尽早对新冠病毒感染者进行排查和隔离，比传统的流行病学调查方式高效且成本低，但需要用户的积极参与。类似的技术还有韩国的"新冠肺炎疫情智能管理系统"、新加坡的"TraceTogether"，以及中国的"健康码"和"通信大数据行程卡"等。

6 月，美国 CRISPR Therapeutics 公司与 Vertex 公司合作，在临床试验中采用基因编辑技术治疗血液遗传病取得明显的成效[56]。镰状细胞贫血和 β- 地中海贫血都是基因缺陷导致的疾病，常见的治疗方法是输血或输入铁螯合剂，但容易导致中毒；移植造血干细胞虽然可以根治，但匹配的捐赠者少且移植后的并发症会随时发生。因此，采用基因编辑的方法纠正致病基因成为新的选择。新成果采用 CRISPR/Cas9 基因编辑疗法 CTX001™，分别治疗上述两种血液病，发现两位 β- 地中海贫血症患者在分别治疗 15 个月和 5 个月后，都不再需要输血治疗；镰状细胞贫血患者在治疗 9 个月后，也不再需要输血治疗。这次临床试验使基因编辑技术实现了精准的靶向治疗，为将来成功治愈基因缺陷性疾病提供了可能。

7 月，美国哥伦比亚大学（Columbia University）与范德比尔特大学（Vanderbilt University）等机构合作，采用人与一只活体猪共享其循环系统的方法，成功使一个受损的人肺恢复功能[57]。此前对人肺进行修复的技术主要是体外肺灌注（*ex vivo* lung perfusion，EVLP），它在正常体温的条件下最多只能使用 6 小时，因此对维持机体自我修复功能的作用很有限。新技术的基本原理与 EVLP 类似，它是一种异种（跨物种）交叉循环的技术，可维持足够长的时间，使机体充分发挥自我修复机制的作用，修复严重受损的肺，因而其治疗功效优于 EVLP。新技术在临床中使患者与一只活体猪共享其循环系统，成功修复一个用 EVLP 也无效的严重受损的人肺，是当时对交叉循环平台最严格的验证，显示了广阔的临床应用的前景。

10 月，美国加利福尼亚大学圣迭戈分校（University of California，San Diego，UCSD）和普渡大学等机构合作，开发出将肿瘤与最佳药物组合匹配使用的 AI 系统"DrugCell"[58]。机器学习技术有望更好地预测药物的反应，但很少进入临床实践。此前研究者已经利用酵母细胞基因和突变信息构建出预测所有细胞行为的 AI 系统"DCell"，DrugCell 是其二代产品。DrugCell 是一种可解释的人类肿瘤细胞的深度学习模型，有超过 50 万个细胞系 / 药物的配对；在输入相关的肿瘤数据后，会预测对药物治疗的反应，进而了解药物反应的生物学机制，并提供治疗恶性肿瘤的最佳药物组合。新成果可以直接引导设计出有协同作用的药物组合，有助于构建可解释的预测医学模型。

5. 医疗器械

3 月，美国佐治亚理工学院（Georgia Institute of Technology）开发出用于治疗银屑病等皮肤疾病和某类癌症的星形微针[59]。微针可以把药物直接送入表皮或真皮中，比透皮贴剂递送药物更有效。此外，微针在使用中可避免与神经末梢接触，从而实现无痛注射和血液测试。星形微针混入治疗性霜剂或凝胶中，利用针头在皮肤上形成的轻微穿孔，促进治疗药物的渗透，以治疗银屑病等皮肤病。微针如与无线通信设备结合，可以通过测量生物分子来确定并提供适当的药量，有助于更好地实现个性化医疗。

8 月，美国脑－机接口公司 Neuralink 利用三只小猪，成功操作了可实际运作的只有硬币大小的脑－机接口设备 Link V0.9[60]。脑－机接口技术是人机交互的热点，可用于解决脑部／脊椎损伤问题。新设备 Link V0.9 为一个硬币大小，含 1024 个通道，可无线充电，续航能力为 24 小时，由配套的专用外科手术机器人植入大脑。实验小猪植入 Link V0.9 后，其脑部活动状态在现场被读取，其行为轨迹被成功预测。Link V0.9 比 2019 年的原型更成熟，由专用外科手术机器人植入大脑，耗时短且无须麻醉，患者当天出院，有望用于医疗领域，使人类能够更好地治疗记忆力衰退、颈脊髓损伤以及癫痫、抑郁、帕金森病等神经系统的疾病。

9 月，意大利理工学院（Istituto Italiano di Tecnologia）和 INAIL（Istituto Nazionale per l'Assicurazione contro gli Infortuni sul Lavoro）机构合作，开发出功能强大的仿生机械手 Hannes[61]。开发出与人手具有同等能力和效率的人工设备，是科技界长期面临的一个挑战。新仿生机械手 Hannes 是一种多关节上肢假肢系统（包括手和腕），重量为 450 克，可利用传感器检测手臂下部或较高部位的残存肢体的肌肉活动，做到动态适应要抓握物体的形状，最终实现精确的类似人手的抓握动作。Hannes 可利用专门的软件连接蓝牙。用户通过自定义 Hannes 的运动精度和速度等操作参数，可使上肢截肢的患者恢复 90% 以上的手部功能。与此前的其他仿生手比，Hannes 具有易操作、坚固、成本低，且握力和外观可与人手相媲美等显著的优势。

10 月，美国加州理工学院与加利福尼亚大学洛杉矶分校海港医学中心（Harbor-UCLA Medical Center）合作，开发出可在约 10 分钟内识别出新冠病毒的低成本 3D 打印传感器 SARS-CoV-2 RapidPlex[62]。严峻的新冠肺炎疫情需要更快更有效的检测手段，此前的检测时间可能需要数小时。研究者采用 Optomec 公司的专利气溶胶喷射印刷工艺，3D 打印出小型金电极传感器。利用新传感器，可以从一小滴血液中迅速准确地检测出病毒抗体，进而全面了解感染的情况。新传感器极大地加快了病毒检测的速度，在认识 COVID-19 大流行的途径和集中程度方面起到重要作用，还可拓展用于检测寨卡病毒、埃博拉病毒和 HIV 等其他病毒。

10 月，分别由德国马克斯·普朗克生物物理化学研究所（Max Planck Institute for Biophysical Chemistry）和英国剑桥大学（University of Cambridge）牵头的团队采用不同的途径，均使单粒子的冷冻电子显微镜（cryo-EM）技术首次达到原子分辨率[63]。核磁共振（nuclear magnetic resonance，NMR）、X 射线晶体学技术和 cryo-EM 是三种主要的结构生物学技术。其中，cryo-EM 是解析生物大分子三维结构的有力手段。此前用于绘制蛋白质最微小部分的 cryo-EM 具有较低的分辨率。研究者借助电子束技术、探测器和软件，成功把 cryo-EM 的分辨率提高到可以计算出单个原子的位置（分辨率为 1.25 埃或更小）。新 cryo-EM 目前仅适用于异常坚硬的蛋白质，未来改进后将以同样的分辨率观察刚性较小且体积较大的蛋白质复合物（如剪接体）。

11 月，美国约翰斯·霍普金斯大学（Johns Hopkins University）与冷泉港实验室（Cold Spring Harbor Laboratory）合作，开发出能够彻底改变 DNA 测序方式的新开源软件 UNCALLED[64]。以往的基因测序耗时长且成本高。软件 UNCALLED 有很多优点：因为不需要制备样品或描绘周围的遗传物质就可以定位、收集和测序特定基因，从而将基因分析的时间从 15 天以上减少到 3 天，节约了时间和成本；用于纳米孔测序的标准硬件中，不需要特殊的试剂或加速器，完全由软件选择基因及基因组且可随时更改。新软件与便携式测序设备同时使用，加快了基因测试的速度，提高了实验室外的诊断能力。

三、新材料技术

2020 年，新材料依旧呈现出结构与功能的一体化、器件智能化、功能增强、生产过程绿色化、生产成本降低的发展趋势。在纳米材料方面，开发出可破坏神经毒性物质的纳米材料织物、新型纤维素纳米纤维板（cellulose nanofiber plate，CNFP）、用于制造高温陶瓷部件的新毛状纳米粒子材料以及合成三维纳米碳的新方法，首次构建出超均匀纳米晶材料，利用 DNA 自组织构建出指定组织的三维超导纳米结构材料。在二维材料方面，制备出二维冰、超平整石墨烯薄膜、三层石墨烯结构、高质量二维单晶超导材料——二硒化铌，发现了生产二维蓝磷材料的新工艺。在金属及合金材料方面，更高抗拉强度和屈服强度的合金、低成本超高强度和韧性的"超级钢"、具有超高抗冲击性能的纳米晶铜 - 钽合金、3D 打印用的新型超级镍基合金、轻量化液态金属复合材料相继问世，高强度铝合金的疲劳寿命提高了 25 倍。在半导体材料方面，制造出六方相硅锗合金、高能效二维隧穿晶体管、世界上最小的半导体激光器、不存在已知母体材料的全新二维范德华层状材料、可承受 8000 伏特以上电压的新型超薄超宽禁带氧化镓晶体管。在先进储能材料方面，开发出超级电容器、超稳定的三维铂铜纳米线网、稀土 - 铂合金纳米催化剂、多次快速充放电的锂离子电池负极材料、存储太阳能多至数月的固态复合材料，发现了生产高度稳定钙钛矿材料的新方法。在生物医用材料方面，构建出防御生物和化学战剂的智能透气面料、黑色生物活性陶瓷、非常逼真的体外培养的人类皮肤类器官，3D 打印出可正常运转的厘米级人类心脏泵，首次使人类细胞可控、可逆地变透明。相继出现了水凝胶防结冰涂层、熔点 4000 ℃以上的超高温陶瓷材料、低成本且环保的高性能防辐射聚合物复合材料、全天候自愈合材料以及可观察到常温（约 15 ℃）超导现象的氢化物材料。

1. 纳米材料

1 月，美国西北大学（Northwestern University）与中国香港理工大学（The Hong Kong Polytechnic University）等机构合作，开发出可破坏神经毒性物质的纳米材料织物[65]。以往的金属有机框架（metal-organic framework，MOF）复合材料用于解毒时，需要加入液体水和有毒的挥发性碱。新材料是纺织纤维与基于锆的 MOF 结合体，不需要液体水和有毒的挥发性碱，可在几分钟内降解 VX 和梭曼（GD）等有毒化学物，长时间暴露于汗水、污染物、二氧化碳等环境后仍不丧失降解能力，有望取代此前常用于解毒的活性炭和金属氧化物，是国防相关应用的理想选择材料。

5 月，中国科学技术大学成功开发出新型低成本、高效能且环境友好的纤维素纳米纤维板（cellulose nanofiber plate，CNFP）[66]。发展航空航天等高技术，需要研制性能全面超越工程塑料、陶瓷和金属材料等传统结构材料的新型轻质高强材料。新材料 CNFP 是一种生物基的纳米纤维素，具有极高的热尺度稳定性、非常低的密度（钢的1/6）、极低的热膨胀系数、高的抗冲击性能、高损伤容限和能量吸收性能以及环境友好的优点；在受到剧烈热冲击情况下，能保持高度稳定的力学性能与尺寸。其单位密度下的强度、韧性均超过传统的合金、陶瓷和工程塑料。新材料具有多方面的综合优异性能，在轻量化抗冲击防护和缓冲材料、空间材料、精密仪器结构件等方面有广阔的应用前景。

8 月，日本名古屋大学（Nagoya University）与分子科学研究所（Institute for Molecular Science）等机构合作，成功开发出合成三维纳米碳的新方法[67]。每种纳米碳材料都有自己优异的特性，而理论上预测三维纳米碳应该有比金刚石更优越的性能，但此前其合成仍是一个极大的挑战。新方法用钯作催化剂，把多环芳烃连接成八边形结构，成功地合成了三维纳米碳分子。这是一种全新的三维纳米碳合成法，是有机合成化学、材料科学和催化剂化学领域的飞跃。利用该方法合成的纳米碳拥有比金刚石更优的性能，有望广泛应用于超硬材料及燃料电池等领域。

9 月，美国莱特·帕特森空军基地（Wright-Patterson Air Force Base）开发出用于制造高温陶瓷部件的新毛状纳米粒子材料[68]。在陶瓷基复合材料的制备过程中，产生的裂缝和空隙需要重新填充。毛状纳米粒子材料由固体纳米粒子核与外层聚合物构成，用于制造高性能纤维和复合材料。新毛状纳米粒子采用含硅的无机物作为外层聚合物，加热后可获得更易流动的黏稠液体，再把它渗透到陶瓷基复合材料中可填充裂缝或空隙。此前采用最先进的工艺，材料经过 6～10 次循环渗透才能制造出密度符合要求的陶瓷，而采用新材料可将渗透循环次数减少约一半，从而降低了成本，提高了效率。利用新材料制造的高性能陶瓷纤维和复合材料，可用于制造喷气发动机和高超声速飞行器的高温部件。

9 月，美国麻省理工学院与宾夕法尼亚大学（University of Pennsylvania）和中国兰州大学等机构合作，首次提出超均匀纳米晶材料的概念并进行理论分析和实验论证[69]。纳米晶材料具有独特的微结构和优异的性能，其微结构的均匀性对工程可靠性至关重要，但缺乏足够的研究。研究者指出，如果在块体材料烧结致密化的过程中能够维持较大的晶粒生长指数，就可能获得超均匀多晶体材料。在实验中，他们采用两步烧结法，在氧化铝纳米晶陶瓷中成功获得超均匀微结构；此外，还在难熔金属、复杂氧化物等许多体系中制备出致密均匀的纳米晶和超细晶材料。新成果是块体纳米晶和超细晶材料领域的重要进展，对纳米晶材料的开发及应用具有重要的指导作用。

11 月，美国布鲁克海文国家实验室（Brookhaven National Laboratory）与哥伦比亚大学和以色列巴伊兰大学（Bar-Ilan University）等机构合作，基于 DNA 自组织构建出指定组织的三维超导纳米结构材料[70]。三维纳米结构材料具有超导体的无电阻导电的特性，可用于制造量子设备。但传统的制造技术（如光刻技术）仅能用于构建一维和二维纳米结构。研究者首先设计出八面体形状的 DNA 折纸"框架"，再采用 DNA 可编程策略，把该框架组成所需的晶格结构；然后在 DNA 晶格结构上涂覆二氧化硅，固化原本柔软的结构，并在液体中使其三维结构保持完整。这种方法可称为分子光刻技术，所生产的三维超导纳米结构材料可用于制备量子计算设备和量子传感器件。

2. 二维材料

1 月，美国宾夕法尼亚大学与中国北京大学、中国科学院物理研究所等机构合作，首次制备出二维冰[71]。此前的研究只是利用计算机模拟了二维冰以不同的方式在物体表面生长。此次研究利用高分辨原子力显微镜技术，首次在实验中获得二维冰，并在原子级分辨率上拍摄到二维冰的形成过程，从而揭示了其独特的生长机制。新成果有利于理解冰在低维和受限条件下的形态及其生长过程，在高温超导电性、深紫外探测、冷冻电镜成像等方面具有广阔的应用前景，将促进材料科学、摩擦学、生物学、大气科学以及行星科学等的研究。

1月，中国南京大学成功制备出超平整石墨烯薄膜[72]。在采用化学气相沉积法（chemical vapour deposition，CVD）等方法制造石墨烯的过程中，石墨烯的表面会发生起伏的形变，从而导致其电子迁移率下降。研究人员在采用CVD制造石墨烯薄膜的过程中，在高温的条件下利用氢离子处理褶皱化的石墨烯薄膜，可以逐步减弱甚至消除褶皱；如把氢引入石墨烯的生长过程中，可使石墨烯完全没有褶皱。这种质子辅助的CVD方法可以推广到柔性电子学、高频晶体管等更多重要的研究领域。

3月，新加坡国立大学（National University of Singapore）与中国科学技术大学合作，开发出制备二维蓝磷材料的新工艺[73]。二维蓝磷材料有较宽的带隙，广泛应用在光电器件领域。研究者在金的晶面上沉积一层黑磷，同时不断加热金的表面，先制备出单层蓝磷-金材料；再加热硅材料，硅原子会自发地嵌入蓝磷-金材料中，以形成硅-金缓冲层；缓冲层会破坏磷和金原子之间的分子键，最终在表面生成单层的二维蓝磷材料。新工艺未来有望助力蓝磷材料的研究和开发。

10月，美国哥伦比亚大学与华盛顿大学（University of Washington）等机构合作，制备出三层石墨烯结构[74]。新三层石墨烯结构通过单层石墨烯片与双层石墨烯片的叠放并扭曲得以实现。新材料表现出一种罕见的磁性：与传统的磁铁通过电子自旋形成磁性不同，其磁性由电子的集体旋转形成。此外，新材料还具有可能变革信息存储方式的拓扑结构，有望在量子计算或新型节能数据存储平台中得到应用。

11月，中国复旦大学与中国同济大学、英国曼彻斯特大学（University of Manchester）、日本东京大学（The University of Tokyo）等机构合作，制备出厚度为1~5纳米的高质量二维单晶超导材料——二硒化铌[75]。二维层状单晶超导材料在新功能纳米器件方面有巨大的应用潜力，但相关功能器件的研发尚处在起步阶段。研究者采用胶带机械剥离法，成功解离出新的高质量二维单晶超导材料——二硒化铌，然后在此基础上设计开发出具有纳米尺度的超导二硒化铌天线器件。新成果表明，二维层状单晶超导材料是发挥射频甚至更高频段的电磁波作用的优秀的器件材料。采用该材料制造出的纳米尺度的超导天线器件，可在极低温条件下工作，在超导量子计算电路中有实际应用的潜力。

3. 金属及合金材料

1月，澳大利亚皇家墨尔本理工大学（Royal Melbourne Institute of Technology，RMIT）与昆士兰大学（The University of Queensland）合作，采用超声波对合金晶粒进行细化，3D打印出具有更高抗拉强度和屈服强度的合金[76]。3D打印合金的微观结构由大型细长的晶体构成，具有较低的机械性能且在打印过程中易出现裂纹，从而限制了其工程应用。在 3D 打印合金的实验中，研究者采用超声波细化 Ti-6Al-4V 钛合金和 Inconel 615 高温合金的晶粒，使合金晶粒变得细小且等轴，从而把合金的抗拉强度和屈服强度提高 12% 左右。新技术有望用于提高 3D 打印的钢、铝合金、钛合金等大多数商用金属或合金的强度。

4 月，中国清华大学与中国科学院理化技术研究所合作，首次提出"轻质液态金属"概念，并展示了其特性和用途[77]。常温液态金属有流动性好、导电和导热性优异等优点，广泛应用在柔性电子、3D 打印、芯片冷却、生物医学以及可变形机器人等领域；但同时具有很高的密度，增加了器件与装备的重量，造成相应额外能耗，也削弱了使用的灵活性。为此，研究人员提出"轻质液态金属"概念，并在实验中以共晶镓铟合金及中空玻璃微珠为基础，成功制备出密度小于水的轻量化液态金属复合材料 GB-eGaIn。GB-eGaIn 具有低密度、高延展性和刚度变异性。新概念的提出具有基础科学意义和普适应用的价值，为研制新型液态金属功能材料提供了基本的实现途径。

6 月，中国香港大学与美国劳伦斯伯克利国家实验室等机构合作，成功研制出低成本超高强度和韧性的"超级钢"[78]。材料通常很难同时具备良好的强度、韧性和延展性。研究者采用新的变形分割方法，同时提高了材料的强度、韧性和延展性。新超级钢具备极高的屈服强度（2 吉帕）、极佳的韧性（102 兆帕·米$^{1/2}$）和良好的延展性（19%），此前的任何钢都不能与之相比，且其成本只是航空航天常用的马氏体时效钢的 1/5。新成果为"超级钢"的工业化应用奠定了基础，未来有望用于制造高级防弹衣、高强度桥梁缆索、轻量化的汽车及装甲运兵车，以及航空航天和建筑用的高强度螺栓和螺母等。

6 月，美国陆军研究实验室开发出具有超高抗冲击性能的纳米晶铜 - 钽合金[79]。这种材料具有极稳定的纳米晶结构，其弹性是预期的 3 倍多，可承受高达 15 吉帕的冲击载荷，具有出色的热机械强度，导热、导电、高温抗变形能力与抗核辐射能力，在航空发动机、装甲防护、深空探测航天器、交通运输工具和基础设施等领域具有广泛的应用前景。制备该纳米晶合金的技术以及大规模生产的工艺，可拓展用于制备铁基或镍基材料，并有望突破当前纳米晶金属的力学性能和功能的极限，为耐高温的超高强度纳米材料的开发开辟广阔空间。

10 月，澳大利亚莫纳什大学（Monash University）把高强度铝合金的疲劳寿命提高了 25 倍[80]。研究人员认为，高强度铝合金疲劳性能差的原因在于合金存在薄弱的连接环节——"析出相贫化区"（precipitate free zones，PFZs），因而提出了改进铝合金疲劳强度的设计新方法，即通过修改铝合金的微观结构，使其具有自行修复薄弱环节的功能。在实验中，采用商用铝合金，通过在疲劳的早期循环中注入材料的机械能，成功修复了合金中的薄弱环节，极大地延迟了疲劳裂纹的出现，大大提高了高强度铝合金的疲劳寿命。新成果是运输制造业的重大成就。

10 月，美国加利福尼亚大学与卡朋特技术公司（Carpenter Technology Corp.）、橡树岭国家实验室（Oak Ridge National Laboratory）等机构合作，开发出可用于 3D 打印的新型超级镍基合金[81]。3D 打印出的复杂形状的超高强度合金零部件，在能源、太空和核等极端高温和化学腐蚀环境中会裂开，因而限制了其应用。新合金包括基本等量的钴和镍，以及少量的其他元素，成功克服了开裂的问题，在其熔点 90% 的温度下仍然能够保持材料的完整性，而其他大多数合金在达到熔点 50% 的温度时就会裂开。新型超级合金可满足电子束熔融以及激光粉末床 3D 打印的要求，不仅适用于当前市场上多数的 3D 打印设备，同时也有助于 3D 打印出在高温、高压条件下使用的复杂结构件。

4. 半导体材料

4 月，荷兰艾恩德霍芬理工大学与德国慕尼黑工业大学（Technische Universität München）等机构合作，制备出直接带隙硅基材料——六方相硅锗合金[82]。传统的立方相结晶硅是间接带隙材料，不能直接发光。研究人员采用与此前制备六方相硅材料类似的方法，以采用 VLS（vapor-liquid-solid，气－液－固）法生长的砷化镓（GaAs）纳米线为模板，制备出六方相硅锗合金。六方相硅锗合金是一种理想的半导体材料，可以发光；通过调节其中锗与硅的比例，还可以提高发出的光子能量。新成果为大规模应用硅基光电集成芯片提供了可能。

4 月，瑞士洛桑联邦理工学院与苏黎世联邦理工学院合作，制备出效能几乎与人类神经元相当的高能效二维隧穿晶体管[83]。降低智能手机、笔记本电脑等设备中二极管的能耗可节约大量的能量。研究者基于二硒化钨/二硒化锡栅极结的能带对准机制，采用类似"山中开凿隧道"的方法，开发出高能效的二维隧穿晶体管；此外，所采用的新型混合双运输结构，进一步提高了器件的性能。新器件突破了电子器件的基本物理限制，其效能是传统晶体管的 10 倍左右，可用于构建类似大脑神经元的节能电子系统，有望应用在可穿戴设备和人工智能芯片领域。

6 月，俄罗斯圣彼得堡国立信息技术、机械与光学大学（ITMO University）与圣彼得堡国立大学（St. Petersburg State University），瑞典查尔姆斯理工大学（Chalmers University of Technology）等机构合作，研制出世界上最小的半导体激光器[84]。此前发光半导体存在"绿光能隙"问题，即用于制造发光二极管的传统半导体材料的量子效率在绿光部分急剧下降，因此，利用传统半导体材料制作室温纳米激光器就变得非常难。新激光器用金属卤化物钙钛矿材料制造，具有纳米粒子的尺寸（310 纳米），可在室温条件下输出绿色相干激光，在小型化方面有优势。新成果将积极推动光芯片、微传感器以及其他以光为信息传输和处理媒介的器件领域的发展。

8 月，中国科学院金属研究所与中国科学技术大学等机构合作，制备出不存在已知母体材料的全新二维范德华层状材料 $MoSi_2N_4$ [85]。此前从三维层状母体材料中可以剥离出二维层状材料，但不能从三维非层状材料中剥离出二维层状材料。三维 $MoSi_2N_4$ 是非层状材料。研究者在利用化学气相沉积法生长非层状氮化钼时，通过引入硅元素来钝化其表面悬键，从而制备出厘米级单层二维层状 $MoSi_2N_4$ 薄膜。二维层状 $MoSi_2N_4$ 拥有半导体性质以及优于 MoS_2 的理论载流子迁移率、力学强度和稳定性。新成果扩展了二维材料的物性及其应用，为制备全新二维层状材料开辟了方向。

8 月，美国纽约州立大学布法罗分校（University at Buffalo，the State University of New York）与斯坦福大学（Stanford University）合作，开发出可承受 8000 伏特以上电压的新型超薄超宽禁带氧化镓晶体管[86]。研究者采用聚合物钝化的方法打造钝化层，以铁掺杂的氧化镓晶体为衬底，以掺杂硅的氧化镓外延层为沟道层，制备出可承受超过 8000 伏特电压的新型超薄超宽禁带氧化镓晶体管。新产品是此前同类设备中可承受电压最高的晶体管，也是超宽禁带半导体氧化镓应用研究的里程碑，有助于开发出更小、更高效的电子系统，应用在电动汽车、机车和飞机等领域，可延长续航里程。

5. 先进储能材料

4 月，英国萨里大学（University of Surrey）与巴西的机构合作，开发出快速充电超级电容器技术[87]。如何更有效地开发和利用能源是全球都关注的问题，超级电容器是间歇性存储和大功率输送能源的有效途径之一。新超级电容器采用碳纳米管、聚苯胺（polyaniline，PANI）和水热碳三层复合材料制成，利用赝电容（pseudocapacitance）机制储存能量；其中具有导电性的廉价材料 PANI 作为电极，用于捕获离子以存储电荷。新电容器在电流密度增加 100 倍时仍有 98% 的电容保留率，能够以高功率存储和输送电力，从而减少电网中可再生能源的损失。

4 月，中国内蒙古大学与吉林大学、中国科学院化学研究所等机构合作，制备出新的催化剂——超稳定的三维铂铜纳米线网[88]。碳载铂基催化剂在燃料电池领域应用广泛，但具有稳定性差、成本高且反应动力学缓慢等缺点。因此，需要发展高效耐用的铂基电催化剂。研究者采用电化学刻蚀方法组装富含金属空位缺陷的高效电催化材料，制备出尺寸超细且具有自支撑刚性结构和富含铜空位缺陷的超稳态三维铂铜纳米线网。新催化剂的氧化还原反应和甲醇氧化反应的催化活性分别是此前性能最佳的商用铂催化剂的 14.1 倍和 17.8 倍。新成果为在电化学过程中调控活性位点以及研究金属空位缺陷、晶格应力提供了新思路。

5月，俄罗斯乌拉尔联邦大学（Ural Federal University）与印度中央电化学研究所（Central Electrochemical Research Institute）等机构合作，发现了工业上生产高度稳定钙钛矿材料的新方法[89]。作为能源和电子领域的新型材料，钙钛矿材料近年来获得广泛的关注，但此前的生产方法无法保障其稳定性，特别是在室温条件下，其薄膜会在几小时内降解。研究者利用高温反溶剂化学处理法，成功制备出一系列稳定性较高的钙钛矿粉末；这些钙钛矿粉末在一年的时间内没有发生特性的改变。新方法非常简单实用，增加了高效利用钙钛矿材料的可能性。

9月，韩国科学技术院与韩国仁荷大学（Inha University）等机构合作，采用介孔沸石成功制备出稀土-铂合金纳米催化剂[90]。此前广泛使用的铂-锡（Pt-Sn）双金属催化剂仍存在活性低和寿命不够长的问题。研究人员以孔径低于 0.55 纳米且具有均匀和连续空间结构的介孔沸石为载体，再加入稀土氧化物；稀土氧化物在该载体表面的骨架缺陷——硅羟基中以原子金属化合物形式存在，再经过加氢的热处理，与铂结合成具有特定结构的合金，从而制备出稀土-铂合金纳米催化剂。与 Pt-Sn 双金属催化剂相比，新催化剂的催化活性提高 10 倍以上，寿命延长 20 倍以上。新催化剂可替代 Pt-Sn 双金属催化剂，在石化工业中用作生产丙烯的催化剂。

9月，美国加利福尼亚大学圣迭戈分校与劳伦斯伯克利国家实验室等机构合作，开发出可以使锂离子电池在几分钟内完成数千次快速充放电循环的安全且长寿命的负极材料——无序岩盐[91]。新材料由锂、钒和氧原子随机排列构成，比此前通用的石墨负极更安全，比钛酸锂负极多储存 71% 的能量，在 6000 次快速充放电后容量几乎不衰减，且在 20 秒内可充入 40% 的电量。该负极材料在电动汽车、吸尘器和电钻等需要高能量密度和高功率电池的领域具有广阔的应用前景。

11月，英国兰开斯特大学（Lancaster University）发现一种可将太阳能存储数月的固态复合材料[92]。人类需要有效的能量存储方式，此前大多数光响应材料储能的时间只有几天或几周。研究人员将具有多孔结构的 MOF 材料与可吸收光的化合物偶氮苯分子结合，制备出固态新复合材料。这种复合材料化学稳定性好，易于制造，在室温下可将吸收的紫外线能量储存至少 4 个月，然后采用加热的方式释放存储的能量且无损失。该复合材料可为汽车风挡玻璃除冰，也可为家庭和办公室提供热量。

6. 生物医用材料

3月，美国明尼苏达大学（University of Minnesota）与亚拉巴马大学（University of Alabama）合作，在实验室 3D 打印出一个可以正常运转的厘米级人类心脏泵[93]。此前有研发人员曾成功 3D 打印出一颗具有细胞、血管、心室和心房的"人造心脏"，但这颗心脏不能像正常心脏一样搏动泵血，原因是其心脏肌肉细胞达不到可以真正发挥作用的密度。研究者先优化由细胞外基质蛋白制成的专用墨水，再将专业墨水与人类干细胞结合，3D 打印出有孔的三维结构；干细胞在这个有孔的结构中先扩增为高密度细胞，然后分化为心肌细胞，最终形成约 1.5 厘米长、像人类心脏一样跳动的心脏泵。新成果是研究心脏功能的重要工具，对心脏病的研究具有重要意义。

5 月，美国劳伦斯利弗莫尔国家实验室与麻省理工学院合作，开发出可防御生物和化学战剂的智能透气面料[94]。现有化学及生物防护装备有许多不足，不具备高透气性就是其中之一。新面料包含由数万亿个碳纳米管孔组成的基膜层，以及连到膜表面的具有威胁响应能力的聚合物层；碳纳米管可让水分子通过，但当化学或生物威胁因子试图穿过时，聚合物层会发生塌陷，堵塞管孔，从而阻挡住化学或生物威胁因子。新材料表现出极佳的透气性，可同时满足舒适与防护的要求，在医院及战场场景中可大大延长防护装备的佩戴时间。

6 月，美国哈佛医学院与波士顿儿童医院（Boston Children's Hospital）等机构合作，首次在人体外培育出非常接近真实人类皮肤的类器官[95]。培育出人类皮肤及其相关结构一直是医学界面临的一项重大挑战。研究人员利用人类多能干细胞，在开发出的类器官培养体系中，成功培育出含有毛囊、皮脂腺和神经元回路的人类皮肤类器官，首次在人体外培育出接近完整的真实皮肤。新技术已成功用于重建体内皮肤，为治愈秃顶带来希望，也为以后人类皮肤的发育、疾病建模和重建奠定了坚实的基础。

6 月，美国加利福尼亚大学与日本浜松光电公司（Hamamatsu Photonics）合作，在实验室首次成功将人类细胞可控、可逆地变透明[96]。很多动物（如乌贼）借助反光蛋白的聚集和分离，可以改变皮肤的颜色和透明度。研究者先通过改造人类胚肾细胞，表达出乌贼外套膜中的反光蛋白质 A1；再改变胚肾细胞周围液体的盐度，使细胞内的反光蛋白发生聚集（或分离），从而极大地降低（或提高）细胞的透明度。新技术可使观察者更清晰地观察到活细胞和活组织内部发生的所有活动，有利于开发材料科学和生物工程所用的特殊生物光子工具，将推进人类对多种生物系统的理解。

10 月，中国科学院上海硅酸盐研究所与德国德累斯顿工业大学（Technische Universität Dresden）等机构合作，开发出新一代"黑色生物活性陶瓷"[97]。生物陶瓷材料可用于修复人体硬组织。为了保证肿瘤治疗和组织再生的安全性，需要开发不加入外来添加剂的生物活性陶瓷材料。新"黑色生物活性陶瓷"是通过加热还原传统的白色生物活性陶瓷材料研制出的，含有大量的氧空位和结构缺陷，因而具有明显高于传统白色生物陶瓷的生物活性，可以更好地促进成骨细胞和皮肤细胞的黏附、铺展、增殖、迁移和分化等；此外，还具有优异的光热抗肿瘤作用，利用低功率的近红外光的照射，可杀死材料周围的肿瘤细胞。新材料有力地推动了生物陶瓷的研究与应用。

7. 其他材料

1 月，美国加利福尼亚大学与中国科学院化学研究所等机构合作，开发出一种全过程防结冰的水凝胶[98]。冰的形成包括三个过程：小的冰晶种子形成，随后生长，最终附着在物体表面上。已有的防止结冰的方案，只解决其中一个过程或只在某些类型的物体表面起作用。新水凝胶由无毒的聚二甲基硅氧烷和水组成，当喷洒到物体表面后，会形成一层薄且透明的涂层，涂层利用三种不同的方式防止结冰：降低表面水的冻结温度，延迟冰晶种子的生长，以及阻止冰附着在物体表面。新水凝胶在 −31 ℃的条件下成功防止结冰，创下新的纪录。该水凝胶价格低廉且耐用，可广泛应用于塑料、金属、玻璃、陶瓷等各种物体的表面，以防止飞机机翼等设备上的关键部件在低温下结冰。

3 月，俄罗斯国立科技大学（National Research Technological University of MISiS）与美国圣母大学等机构合作，开发出熔点在 4000 ℃以上的超高温陶瓷材料[99]。高超声速飞行或贯穿大气层，要求飞行器的发动机、翼面和整流罩能够耐受 2000 ℃以上的高温，同时能抵御外部环境的冲击。坚固难熔的陶瓷复合隔热材料符合这种高温的要求。此前世界最耐高温、最难熔化的人造物是钽铪碳化物（熔点接近 4000 ℃）。研究者采用自蔓延高温合成法，构建铪 – 碳 – 氮三重复合体系，从而获得了富氮的铪碳氮化合物。新材料可以耐受 4000 ℃以上的高温，且拥有 21.3 吉帕的硬度，可覆盖在飞机机头整流罩、喷气发动机和高超声速飞机的机翼前缘。

4 月，美国北卡罗来纳州立大学（North Carolina State University）开发出低成本且环保的高性能防辐射聚合物复合材料[100]。防辐射指利用辐射与物质发生作用来降低某地的辐射水平。传统的防辐射材料含铅，价格昂贵且重量重，对人体和环境有害。研发人员使用室温紫外线固化方法，而不是耗时长的高温技术，快速制造出嵌入三氧化二铋的聚合物复合材料。新材料具有重量轻、低成本且环保的优点，可有效屏蔽如伽马射线等电离辐射，替代传统的辐射屏蔽材料，应用在太空探索、医学成像和放射治疗等领域。

4 月，中国天津大学成功开发出"全天候自愈合材料"[101]。此前的自愈合材料不能经受极地严寒、深海水下、强酸强碱等极端条件。研究者利用不同动态键的协同作用，不依赖外界能源，使材料同时具备高弹性、高拉伸性和快速修复损伤的功能。实验表明，新自愈合材料在室温下 10 分钟内可以愈合，且愈合后可承受自身重量 526 倍的重量，在 −40 ℃过冷高浓度盐水甚至强酸强碱条件下都表现出高效的自愈合能力。新材料可用于机器人、深海探测器和极端条件下的各类高科技设备中。

10月，美国罗切斯特大学与内华达大学（University of Nevada）等机构合作，首次在开发出的碳氢化硫材料中观察到常温（约15℃）超导现象[102]。悬浮列车、粒子加速器等设备中使用的超导材料一般只能工作在极低的温度下，从而导致维护这些设备的成本变得非常高，因此实现常温超导变得非常重要。此前富氢材料在高压下实现超导的温度在−2℃左右。研究人员在约267吉帕压力下，利用光化学方法把氢、碳和硫元素合成为简单的碳氢化硫材料，然后在室温约15℃条件下在该材料中观察到超导现象。新成果是高温超导材料的突破性进展，使人类距离创造出最优效率电力系统的目标又近了一步。

四、先进制造技术

2020年，先进制造领域继续向数字化、精细化、绿色化和智能化方向快速发展。在增材制造方面，增材制造技术和装备不断创新，开发出新型3D打印技术"注射打印"、体积3D打印技术"Xolography"、3D打印的核反应堆堆芯原型，运行试验了"复合材料空间3D打印系统"和3D打印火箭发动机Aeon 1。在机器人制造方面，出现了各种不同功能、结构和材料的机器人，如世界第一个可编程的活体微型"异种机器人"、革新了软件的机器人Spot 2.0、5G防疫AI机器人、可识别疼痛并能够自我修复的智能机器人、拥有逼真人眼且无面部皮肤的机器人，拥有5G和AI功能的机器人平台RB5诞生。在微纳加工方面，开发出全新的等离子刻蚀技术平台Sense.i™、新型纳米级4D打印技术、可检测材料中纳米级缺陷的新技术，首次制备出拥有超高纳米粒子含量的银液，把氮化镓非接触式光辅助电化学的刻蚀速度提高10倍，刷新了X射线显微镜成像分辨率的世界纪录。在智能制造方面，5G、物联网、数字技术和云平台等赋能智能制造，"数字孪生"工具集成到制造执行系统中，具有工业领域实验频率的室内5G通信基础网络得以部署并运行，融合智能工业视觉平台TurboX Inspection以及一系列全新数字化技术和机器人自动化产品、解决方案和服务相继出现。在高端装备制造方面，600千米/时的高速磁浮试验样车、"超级高铁"、世界首列时速350千米的货运高速动车组、采用超强钛合金叶片的航空PD-14发动机、国际最低温度的无液氦消耗制冷机等高端装备制造接连不断取得优异的成绩。在生物制造方面，开发出可食用支架、具有分子逻辑门功能的人造蛋白质、人造叶绿体、全过程有效生产目标化合物的微生物，以及具有抗菌、抗反射、安全和自清洁特性的可生物降解纳米涂层。

1. 增材制造

5月，中国航天科技集团开发出搭载在新一代载人飞船试验船上的"复合材料空间 3D 打印系统"[103]。在太空中能够实现材料和设备的补给对人类探索太空非常重要。"复合材料空间 3D 打印系统"由我国自主研制，在试验船飞行期间自主打印出连续纤维增强复合材料的样件，实现了太空微重力环境下该系统的科学实验目标。这是我国首次在太空进行 3D 打印实验，也是国际上首次在太空进行连续纤维增强复合材料的 3D 打印。新成果在实现未来空间站长期在轨运行、超大型结构的空间在轨制造等方面具有重要意义。

5月，美国橡树岭国家实验室 3D 打印出核反应堆堆芯原型[104]。传统核反应堆具有很高的替换成本，且耗时最长需几十年。研究者利用 3D 打印技术，采用此前无法利用的技术和材料，在 3 个月内实现了反应堆原型的设计与制造。后续的研究工作是利用制造过程中的持续监测和人工智能技术，完善原型机的设计，进一步评估其材料和性能。新技术未来有可能给核能产业带来巨大变化。

7月，美国马萨诸塞大学（University of Massachusetts）开发出新型 3D 打印技术——"注射打印"[105]。常用的 3D 打印技术具有速度快的特点，但产品强度和精度的提高仍然存在困难。研究者先 3D 打印出外壳结构，然后向其空腔内注射聚合物，从而制造出产品。与传统的熔丝制造（FFF）技术相比，新方法的打印速度快了 3 倍，所打印零件的刚度、强度和应变失效性能分别提高了 21%、47% 和 35%；此外，大多数可采用 FFF 技术进行加工的热塑性聚合物都与注射打印兼容。新技术在生产更耐用的假肢、更坚固的飞机和汽车零件等领域具有应用的潜力。

11月，美国 3D 打印初创公司 Relativity Space 完成其 3D 打印火箭发动机 Aeon 1 的首次地面全周期点火运行实验[106]。3D 打印技术用于火箭发动机，可以节约时间和成本。传统的火箭发动机有数千个零部件，生产周期最短 6 个月左右，而新火箭发动机 Aeon 1 只有 100 多个零件，平均制造周期为一个月，成本和工序比传统发动机少很多。Aeon 1 以甲烷和液氧为动力，其单个发动机的最大推力为 23 000 磅①。此次实验的成功，说明 Aeon 1 的工作性能得到初步的验证，Aeon 1 已具备商用潜力。

12月，德国勃兰登堡应用科学大学（Brandenburg University of Applied Science）与 Xolo 股份有限公司等机构合作，开发出体积 3D 打印技术 "Xolography"[107]。体积 3D 打印技术是 3D 打印的一种全新形式。Xolography 是一种双光子技术，采用可切换的光引发剂，使两束不同波长的光交叉，在特定的范围内激发光敏树脂并使之发生局部聚合和固化。新技术具有高达 25 微米的特征分辨率和 55 毫米³/ 秒的固化速度，且

---

① 1 磅 =0.4536 千克。

在打印后不需要移除打印对象的支撑结构，其打印速度比先进的双光子聚合3D打印高出4～5个数量级。

2. 机器人

1月，美国佛蒙特大学（University of Vermont）与塔夫特大学（Tufts University）和哈佛大学合作，利用青蛙细胞构建出世界第一个可编程的活体微型"异种机器人"[108]。研究者先把从青蛙胚胎中提取的干细胞培养为成熟的细胞，再采用独特的算法对其进行编程，从而构建出活体机器人。新可编程活体机器人是世界第一例"完全从头开始设计的生物机器"，其长度不足1毫米，可承载一定重量的负重并移向目标，也可定制为各种造型，且切割后可以自愈。新机器人可用于人体内药物的递送和栓塞的清除，以及危险化合物或放射性污染物的发现。

5月，美国波士顿动力公司（Boston Dynamics）发布其已革新了软件的机器人Spot 2.0[109]。Spot 2.0为了增强机动性，通过改进拥有了任务API（application programming interface，应用程序接口）、更强的机动性、额外的有效负载、功能更全面的平台以及其他一些扩展的功能，还可以被用户和开发人员赋予更多样化的自主行为。随后，Spot 2.0开始出售，并在安防、巡检等领域表现出良好的应用前景。此外，美国麻省理工学院等机构为该机器人开发出"机器人辅助生命征采集平台"，使之可以替代医护人员监测新冠肺炎患者的生命体征，从而有效减少医护人员的感染风险，同时减轻其工作量。

5月，韩国移动通信运营商SK电讯与欧姆龙电子公司（Omron Electronics Korea）合作，开发出一种5G防疫AI机器人[110]。新冠肺炎疫情的暴发，促进了针对新冠病毒的防疫机器人的研发。新机器人采用AI、5G、自动控制等尖端技术，通过与搭载的5G网络服务器实时进行数据交换，执行在建筑物内进行喷洒消毒和紫外线灯灭菌，出入建筑物的访客体温的辅助检查，聚集人群的发现与驱散，安全社交距离的保持等任务。这款机器人已在SK电讯总部正式上岗执行任务。

6月，美国高通技术公司（Qualcomm Technologies，Inc.）开发出专用于设计机器人的拥有5G和AI功能的机器人平台RB5[111]。高通技术公司此前开发的平台RB3已成功用于开发机器人和无人机。RB3集成了高性能异构计算、4G/LTE连接、高通技术公司自研的人工智能引擎、用于侦测的高精度传感器和Wi-Fi等技术。RB5以RB3平台为基础，吸收了高通技术公司在5G和AI领域的独特技术，是当时最先进和具有高集成度的机器人平台，可支持开发者和厂商发展下一代高算力、低功耗、低时延、高吞吐量的机器人和无人机。利用RB5构建的更先进机器人将广泛用在各领域，推动工业的发展。

33

8 月，新加坡南洋理工大学（Nanyang Technological University）与意大利理工学院合作，利用"类脑"（brain-like）技术，开发出可识别疼痛并在受损时能够自我修复的智能机器人[112]。此前的机器人需要利用传感器把收集到的信息传输到中央处理单元进行处理，从而使机器人变得更复杂且具有较长的响应时间，也因易受损而提高了维护的成本。新机器人模仿人类的神经生物学功能，在传感器节点的网络中嵌入AI，使传感器节点像遍布在机器人皮肤上的"迷你大脑"，可以处理并响应压力引起的"疼痛"；此外，在皮肤轻微受伤时还可以自动检测并修复损伤，无须人工干预就可以自动恢复机械功能。与传统机器人相比，新机器人的布线和响应时间减少到原来的 1/10～1/5。新技术有利于促进市场快速发展新一代的机器人。

11 月，美国迪士尼研究院（Disney Research）与伊利诺伊大学（University of Illinois）、加州理工学院合作，开发出一款拥有逼真人眼且无面部皮肤的机器人[113]。大多数仿人机器人都将关注的重点放在人脸，但眼睛的注视才是最关键的社交互动信号。利用胸部的传感器，新机器人可与人类进行交互，其眼球可以模仿人类的真实眼神，做出快速眨眼、凝视、摇头等微小的表情。这种机器人的出现反映出未来机器人发展的精细化趋势。

3. 微纳加工

3 月，美国泛林集团公司（Lam Research Corp.）开发出全新的等离子刻蚀技术平台 Sense.i™[114]。Sense.i™采用该公司行业先进的工艺模块 Kiyo® 和 Flex® 制造，可持续提高芯片制造工艺的均匀性和刻蚀轮廓的控制能力，最大限度地提高工艺的成品率并降低晶圆成本。其主要应用优势包括：帮助半导体制造商收集和分析数据、识别发展模式和趋势，提出改进措施；具有自动校准和维护的功能，减少了停机时间和劳动成本；采用机器学习算法，以保证其自适应能力，最大限度地减小工艺的变化和提高晶圆的产量。Sense.i™拥有突破性节省空间的架构，有力支撑了紧凑、高密度架构的构建，支持未来一段时间内逻辑和内存器件的发展。

3 月，美国纽约市立大学（City University of New York）与美国西北大学合作，开发出新型纳米级 4D 打印技术——"聚合物刷超表面光刻"（polymer brush hypersurface photolithography）[115]。此前，没有一种平版印刷技术能够在生物分子的表面上，通过调整每个像素，制备出微米级分辨率的图案。新打印技术是一种无掩模光刻系统，结合了先进的纳米光刻技术、微流控技术和有机光化学技术，可以控制图案中每个像素的单体组成及其特征高度，从而大规模构建出具有精密复杂结构的有机物和生物体。新技术可以广泛应用在生物传感器、先进光学系统及新药开发等领域。

3 月，日本 SCIOCS 公司（SCIOCS Co Ltd.）与日本法政大学（Hosei University）

和日本北海道大学（Hokkaido University）合作，成功把基于硫酸根氧化的氮化镓（GaN）非接触式光辅助电化学（contactless photo-electrochemical，CL-PEC）技术的刻蚀速度提高 10 倍[116]。此前，非接触式光辅助电化学技术的刻蚀速度不能满足 GaN 器件的刻蚀工艺要求。研究者通过提高过硫酸盐离子溶液的温度，以及采用 254 纳米波长的紫外线照射等方式，把 CL-PEC 的刻蚀速度提高了 10 倍。

8 月，加拿大麦吉尔大学（McGill University）开发出可以检测材料中纳米级缺陷的新技术[117]。太阳能电池、手机、照相机等设备中的材料具有各种不同类型的纳米级别的缺陷，而这些缺陷很难被表征出来。新技术采用超快非线性光学方法与具有高空间分辨率的原子力显微镜，以高时空分辨率检测出材料中的纳米级缺陷。新技术可用于检测、分析进而控制这些纳米级缺陷，在微纳加工领域有广泛的应用。

12 月，德国埃朗根－纽伦堡大学（University of Erlangen-Nürnberg）与德国汉堡大学（Hamburg University）、瑞士巴塞尔大学（University of Basel）等机构合作，创造了 X 射线显微镜成像分辨率的新世界纪录[118]。研究者通过改进衍射透镜和精确定位样品，使 X 射线显微镜成像的空间分辨率达到 7 纳米。新技术可用于研究 5～20 纳米铁颗粒的磁场方向问题，有利于推动新能源材料和纳米磁性的研究，促进太阳能电池和新型磁性数据存储器技术的发展。

12 月，俄罗斯科学院西伯利亚分院（Siberian Branch of the Russian Academy of Sciences）在全球首次制备出具有超高纳米粒子含量的银液[119]。大量尺寸和外形可调制的纳米粒子广泛用于 3D 打印、生物医学、光电子学、复合纳米材料的合成等领域，但少有经济且安全的制备方法。新方法进一步完善了此前的银纳米粒子的合成方法，可生产出超浓缩液体。采用新方法制造出的液体，每升含 1500 克银纳米粒子，是此前已知此类液体所含银纳米粒子的 20 多倍。新方法有助于大规模、低成本地获取纳米粒子。

4. 智能制造

9 月，瑞士 ABB 集团（Asea Brown Boveri Ltd.）推出了一系列全新的数字化技术和机器人自动化产品、解决方案和服务[120]。新推出的产品、方案和服务及其应用包括以下几个方面。第一，全新的 IRB 1300 机器人。它拥有世界一流的负载能力、工作范围、路径精度、更快的速度和更紧凑的体型，可用在电子、物流和汽车零部件生产等许多领域。第二，使用柔性机器人的医院药房自动化系统，以及医疗实验室的协作工作站。第三，汽车行业用的智能产品和技术。第四，未来工厂所用的数字化解决方案，用于提高产品的性能和生产效率，助力传统工业的数字化转型。新成果有助于从根本上改变制造业的面貌，使之走向柔性制造。

9 月，法国施耐德电气公司（Schneider Electric）与法国电信运营商 Orange Business Services 联合宣布，已在法国勒沃德勒伊工厂运行了具有工业领域实验频率的室内 5G 通信基础网络[121]。5G 技术在工业领域可助力改善生产流程和工作方式。此次部署的室内 5G 网络有两项试验：一是把增强现实（augmented reality，AR）技术应用于工厂的运营和维护，二是利用远程机器人进行远程观察。在第一项测试中，平板电脑通过增强现实应用程序连接到 5G 网络，操作人员将实时数据和虚拟对象加入机柜、机器或整个工厂的运营中，在最低延迟和最高吞吐量下检验机柜、机器或工厂的功能。在第二项测试中，用 5G 驱动可移动的远程机器人，利用最低延迟且超高质量的视频和音频，实现远程参观整个工厂。经试验验证，5G 技术可促进信息技术和运营技术的融合，满足未来工业的需求。

11 月，美国 Authentise 公司与德国 Nebumind 公司合作，把可视化的"数字孪生"工具集成到制造执行系统中[122]。传统制造正在逐步转向 3D 打印制造，而 3D 打印的流程需要与数字化整合。"数字孪生"是物理对象的虚拟表示，可有效地用于检查或测试产品。Nebumind 公司利用可视化的"数字孪生"，把 3D 打印设备的参数、传感器的数据与原始零件的几何形状融合为一个工具，再集成到 Authentise 公司的制造执行系统中。这样做，有助于用户轻松识别各零件的问题区域，提高检查的效率，减少浪费，使返工需求的识别速度提高了 10 倍，废品的生产减少 90%。

12 月，法国施耐德电气公司和中科创达软件股份有限公司与亚马逊云服务（Amazon Web Services，AWS）合作，推出融合智能工业视觉平台 TurboX Inspection[123]。TurboX Inspection 由推理引擎、数据管理、算法库管理、训练管理、模型验证等子系统组成，依托中科创达软件股份有限公司的操作系统和 AI 技术，在云侧与 Amazon SageMaker 的算法框架进行深度融合，在端侧与施耐德电气公司的各类工业自动化设备进行无缝对接，可以快速、精准识别各种复杂的缺陷，实现智能操作系统、智能云和智能设备的合力。新平台拥有远超传统机器视觉的检测水平，可使制造企业的工作量减少 75%，产能提高 35 倍。

5. 高端装备制造

6 月，中国中车青岛四方机车车辆股份有限公司牵头研制的 600 千米 / 时的高速磁浮试验样车在试验线上试跑成功[124]。高速磁浮是新兴的高速交通模式，具有高速快捷、安全可靠、运输力强、舒适准点、绿色环保、维护成本低等特色。试验样车采用一系列中国自主研发的关键核心技术生产，成功进行从静态到动态的运行，积累了大量关键数据，初步验证了系统及核心部件的关键性能，为后续的研制工作奠定了重要的技术基础。新成果标志着中国高速磁浮的研制取得重要的突破，使人类向贴地飞行迈进了一大步。

9 月，中国北京大学成功制造出国际最低温度的无液氦消耗制冷机[125]。制冷机是实现低温环境、开展量子物态研究的关键设备。无液氦消耗核绝热去磁制冷，可使量子力学的低温研究不再依靠液氦，是目前制冷机研发的主流。此次研发人员成功制造出能获得 0.090 毫开极低温环境的无液氦消耗核绝热去磁制冷机。极低温设备的先进性主要体现在可获得低温的极限。此前有三套这种类型的制冷机：英国的 0.6 毫开、芬兰的 0.1 毫开和瑞士的 0.15 毫开无液氦消耗制冷机，而新制冷机获得的温度最低。

11 月，美国维珍超级高铁（Virgin Hyperloop）公司的"超级高铁"完成了首次载人测试[126]。"超级高铁"一般采用真空管道技术和磁悬浮技术，目的是使交通工具达到上千千米的时速，可能是未来交通工具的发展方向之一。维珍超级高铁公司在美国内华达州拉斯维加斯市外沙漠的一条直径 3.3 米、长 500 米的圆筒形测试轨道上，首次完成了"超级高铁"的载人测试，耗时约 15 秒，其时速约 172 千米。如果轨道足够长，该"超级高铁"的最高时速可超过 1000 千米，这是超高速运输系统发展中的一项重要成就。

12 月，中国中车唐山机车车辆有限公司牵头制造的世界首列时速 350 千米的货运高速动车组正式下线[127]。新动车拥有承载系统、走行系统、智能化装卸设备、快速装卸等多项快速货运轨道交通的关键技术，第一次采用高速货运列车大开度装载门、标准集装器谱系化产品及模块化货运专用地板等系列装卸设备，显著提高了装卸效率，做到了大载重、大容积、快速装卸及货物在途管理，5 小时能行走 1500 千米，其货物单位重量的能耗是飞机的 8% 左右。新动车组受环境影响比航空、公路运输小，具有经济快捷、智能高效、安全环保等优势。

12 月，俄罗斯国家技术集团（Rostec）公司开发出的装有超强钛合金叶片的航空PD-14 发动机在 MS-21 客机上试验成功[128]。叶片是 PD-14 发动机在高温下承受载荷最大的零件，需要具有高强度和抗蠕变性能。新叶片采用超强的钛合金制造，含有超细晶粒，能够承受巨大的振动压力、轴向和循环压力，其抗拉强度比此前的叶片提高约 20%，寿命延长 2～3 倍，可显著提高飞机发动机的可靠性和耐久性，减少维修时间和维修成本。此次试飞成功后，新 PD-14 发动机会装配到首批 MS-21 客机上。

6. 生物制造

3 月，以色列理工学院（Technion-Israel Institute of Technology）与以色列 Aleph农场有限公司（Aleph Farms Ltd.）合作，开发出用于培养"增强版人造肉"的可食用支架[129]。人造肉的制备需要可食用且有营养的 3D 支架，以便为细胞增殖提供支持并提供肌肉生长的环境。研究人员先制备出由组织化大豆蛋白构成的可食用支架，然后将牛肌卫星细胞植入支架并使之增殖形成组织，再经过与牛平滑肌细胞、牛内皮细胞的三重培养，最终生产出新型人造牛肉。人造牛肉烹饪后的味道、气味和纹理更接近真实的肉牛。新成果改善了人造肉的生产方法，增加了人类食用蛋白的来源，降低了人类对畜牧养殖的依赖。

4 月，美国华盛顿大学与加州理工学院等机构合作，成功合成具有分子逻辑门功能的人造蛋白质[130]。此前用 DNA、RNA 和修饰过的天然蛋白质制造出的逻辑门在使用中效果并不理想。科学家从头设计蛋白质，构建出以完全人工制造的蛋白质为基础的更加模块化且通用的逻辑门；利用该逻辑门，可以如计算机编程一样，在分子水平上实现对生命的控制。在验证试验中，成功调控了人类 T 细胞内基因的表达。新成果标志着人类迈出了从头开始设计复杂生物电路的关键一步，可广泛用于医学和合成生物学领域。

5 月，德国马克斯·普朗克陆地微生物研究所（Max Planck Institute for Terrestrial Microbiology）与法国保罗·帕斯卡研究中心（Centre de Recherche Paul Pascal）等机构合作，从零开始设计并构建出可高度模仿复杂的光合作用过程的全新的"人造叶绿体"[131]。以往的人造叶绿体不能重现植物叶绿体的复杂性和光合作用的效率。新叶绿体使用微流控技术，将菠菜进行光合作用的类囊体膜置入细胞大小的油滴中，使其与 16 种不同生物体的合成酶结合，实现 6 种类似光合作用的化学反应。该叶绿体可在细胞外收集阳光并将 CO_2 转化为富含能量的分子，具有比此前合成生物学方法吸收 CO_2 快 100 倍的速度，经进一步的改造，未来可完成复杂的生物合成任务，有助于创造出比现有作物生长速度更快的新品种。

9 月，俄罗斯远东联邦大学（Far Eastern Federal University）与瑞士苏黎世联邦理工学院等机构合作，模仿果蝇眼角膜覆盖层的纳米结构，开发出具有抗菌、抗反射、安全和自清洁特性的可生物降解纳米涂层[132]。研究者先将果蝇角膜的保护层"拆解"为视黄素蛋白和角膜蜡（脂肪），然后在室温条件下把它复制并覆在玻璃或塑料上，形成保护涂层；如果想用在其他材料上，视黄素蛋白需要与其他类型的蜡结合；如果想让涂层有更复杂的功能，需要对视黄素蛋白进行基因操作。与以往生产类似结构涂层的方法相比，新方法采用天然成分，不用能耗大的设备，无须严格的条件限制，是一种低成本环保的方法。新涂层应用范围非常广，可用于制造随视角改变颜色的"隐形斗篷"，用作医疗植入物的抗菌涂层，以及制造柔性微型晶体管等。

10 月，美国劳伦斯伯克利国家实验室与加利福尼亚大学、中国科学院深圳先进技术研究院等机构合作，利用计算模型和 CRISPR 基因编辑技术，构建出可有效生产目标化合物的微生物[133]。此前，科学界依靠试错的方法，来确定微生物合成目标化合物的性能基因；而经基因改造的微生物在生长到一定阶段后，才开始生产大量的目标化合物。新方法利用计算机算法和真实的数据，识别出"宿主"微生物中可关闭的基因，再采用 CRISPR 基因编辑技术使微生物发生代谢重组，从而在微生物的全部代谢过程与目标化合物的合成之间成功建立起关联，将微生物以往代谢掉的能量也转向合成目标化合物。该方法可加速可持续燃料和塑料替代品等尖端生物基产品的开发，推动生物制造工艺的快速发展。

五、能源和环保技术

2020年，能源和环保技术领域围绕绿色、高效、智能、安全等发展目标取得众多新成就。在可再生能源方面，开发出快速溶解植物纤维的新工艺、空气发电机、利用阳光照射双氧水制氢的新光催化技术、快速从醇中提取氢的高效催化剂，刷新了太阳能制氢转化效率的世界纪录。在核能与安全方面，"罗蒙诺索夫院士"号浮动式核电站正式投入商业运营，"617合金"列入美国机械工程师协会和美国国家标准协会联合颁布的《锅炉和压力容器规范》，全球最大的核聚变装置正式组装，"华龙一号"全球首堆并网成功，中国新一代"人造太阳"装置建成并首次放电，首次3D打印出铀-钼和铀-硅物体。在先进储能方面，开发出预测电池安全状况的机器学习方法、能量密度超过500瓦时/千克的锂金属软包电池、新型氟离子电池的原型、全新的固态锂金属电池。在节能环保方面，制备出低成本将 CO_2 转化为甲烷的新型铜-铁基催化剂、利用太阳光低成本将 CO_2 和水转变为碳中性燃料的设备、经济高效地把废弃食用油转变为生物柴油的微米级陶瓷海绵，设计并改进了把塑料废料快速转变为石墨烯薄片的新技术。

1. 可再生能源

1月，美国罗格斯大学（Rutgers University）与密歇根州立大学（Michigan State University）、橡树岭国家实验室合作，开发出快速溶解植物纤维的新工艺[134]。此前分解秸秆等植物废料中纤维素结晶的溶剂，有的价格昂贵，有的则需要在很高压力或温度下才能发挥作用。新工艺采用新开发的氨盐溶剂，可快速溶解纤维素结晶，在接近室温条件下制备出无定形的纤维素，如进一步水解可生产出用于制造乙醇的葡萄糖。与传统工艺比较，新工艺对反应条件要求低，使用超低量的酶就可以低成本快速生产出葡萄糖，从而大大降低了生物燃料的生产成本，具有广阔的应用前景。

2月，美国马萨诸塞大学开发出利用微生物地杆菌生产的蛋白质全天候发电的"空气发电机"[135]。利用空气收集能量，为清洁能源的发展带来新希望。新空气发电机包含厚度小于10微米且具有导电性的蛋白质纳米线薄膜，薄膜的底部有一个电极，上部有一个只覆盖薄膜部分表面的更小电极；从大气中吸收水蒸气后，产生一个可自我维持的水分梯度；以水分梯度为驱动力，成功产生出约 0.5 伏特的持续电压，以及约 17 微安 / 厘米 ^{2} 密度的电流。与太阳能、风能等可再生能源相比，新发动机具有无污染、可再生、低成本等明显的优势，对位置或环境条件无过多要求，未来可应用在可再生能源、气候变化和医学等领域。

6 月，澳大利亚国立大学（Australian National University）与阿卜杜拉国王科技大学（King Abdullah University of Science & Technology，KAUST）合作，刷新了太阳能制氢转化效率的世界纪录[136]。钙钛矿是太阳能行业最有吸引力的候选材料之一。研究者采用串联的光吸收器结构，把低成本的钙钛矿电池放在特制的硅电极的顶部，从而避免了传统制氢中直流电 / 交流电多次转换以及电能传输带来的能量损失，节约了大量的额外设施，最终把利用太阳能分解水制氢的转化效率提高到 17.6%，创下了新的世界纪录。新技术有助于绿色制氢的发展。

7 月，日本大阪大学（Osaka University）与熊本大学（Kumamoto University）合作，开发出可利用阳光照射双氧水（H_2O_2）制氢的新的光催化技术[137]。双氧水作为能量载体受到越来越多的关注，此前其水溶液一直采用磷酸作为稳定剂并通过歧化反应生产氢。研究人员把磷酸和非金属粉末催化剂加入双氧水溶液中，再经阳光照射，生产出氢气。新技术有助于实现新的能源循环，即储藏和运输含磷酸的双氧水溶液，在需要氢气时再利用廉价的非金属粉末催化剂现场生产。

11 月，美国劳伦斯伯克利国家实验室与加利福尼亚大学合作，设计并合成出快速从醇中提取氢的高效催化剂[138]。液体储氢用的高效催化剂通常由昂贵的金属制成，因而需要开发由储量丰富的金属制成的新催化剂。研究者先设计制备出由硼和氮制成的 2D 基底，该基底的结构为有凹槽的原子大小的网格；然后把 1.5 纳米的镍金属团簇沉积在 2D 基底上，使之均匀且牢固地嵌入凹槽中，从而制备出新的镍金属催化剂。新催化剂采用的是廉价且储量丰富的金属镍，可加快从液体氢载体中移除氢原子的化学反应，有助于提高从液体氢载体中释放出氢气的能力。

2. 核能与安全

5 月，俄罗斯建造的全球首座浮动式核电站"罗蒙诺索夫院士"号在俄远东地区楚科奇自治区（Okrug）佩韦克市（Pevek）正式投入商业运营[139]。该浮动式核电站总长 140 米，宽 30 米，排水量为 2.15 万吨，拥有两台 KLT-40C 破冰型核反应堆，每个反应堆的装机容量为 35 兆瓦，可以产生 105 吉焦 / 时的热能。它是"世界最北的核电站"，设计寿命有望从 36 年增加到 50 年，主要为俄罗斯极其偏远地区的工厂、城市及海上天然气和石油钻井平台供电。

5月，美国爱达荷国家实验室（Idaho National Laboratory）与阿贡国家实验室（Argonne National Laboratory）等机构联合开发的"617合金"被美国机械工程师协会批准列入《锅炉和压力容器规范》[140]。《锅炉和压力容器规范》由美国机械工程师协会和美国国家标准协会联合制定，规定了建设发电厂（包括核电厂）可用的材料。遵守其规范可保障部件的安全性和性能。"617合金"含镍、铬、钴和钼，是美国30年来第一个新添入规范的材料。此前规范中的高温材料在750℃以上无法使用，而"617合金"在950℃以下均可使用，可满足更高温度反应堆（如熔盐堆、高温堆、气冷堆或钠冷快堆）的设计要求。

7月，全球最大的核聚变装置——国际热核聚变实验反应堆（International Thermonuclear Experimental Reactor，ITER）在法国南部正式组装[141]。ITER项目的成员包括欧盟、英国、瑞士、中国、印度、日本、韩国、俄罗斯和美国。ITER极为复杂，部件数量达100多万个，大部分部件重达几百吨。中国负责提供磁体馈线、极向场线圈、底座等重要部件。8月底，开始低温恒温器下筒体的吊装工作，9月上旬在托卡马克内底座上就位。ITER核电站如果持续运行并接入电网，可提供大约200兆瓦的电能，供20万户家庭使用。ITER核电站是目前全球规模最大、影响最深远的大科学工程，对验证核聚变商业化的可行性具有重大意义。

11月，"华龙一号"全球首堆——中国核工业集团有限公司建造的福清核电站5号机组成功并网[142]。"华龙一号"是中国设计建设的具有完全自主知识产权的三代压水堆核电技术，其设计寿命是60年，电厂可利用率达90%，安全性达到国际最高安全标准。并网后良好的运行状态说明，5号机组的各项技术指标均达到设计要求，为后续机组的商业运行打下坚实的基础。新成就是世界第三代核电技术首堆建设的最好成绩，标志着中国正式成为世界核电技术的先进国家之一，对优化能源结构、实现碳中和具有重要意义。

12月，中国新一代"人造太阳"装置——环流器二号M装置（HL-2M）在成都建成并成功进行首次放电[143]。HL-2M由中国核工业西南物理研究院设计建造，是中国规模最大最先进的磁约束核聚变实验研究装置，采用了更先进的结构与控制方式，可使离子体体积达到国内现有装置的2倍以上，等离子体电流能力达到2.5兆安培以上，等离子体离子温度达到1.5亿℃，可实现高密度、高比压、高自举的电流运行。HL-2M的建成和首次放电，标志着中国掌握了大型先进托卡马克装置的设计、建造和运行技术，正式跨入世界可控核聚变研究的前列，为自主设计与建造核聚变堆奠定了坚实的基础。

12月，法国法马通公司（Framatome）与法国贝尔福－蒙贝利亚尔技术大学（University of Technology of Belfort Montbéliard）合作，在世界上首次成功3D打印出铀－钼和铀－硅物体[144]。研究人员利用激光熔化装置，逐层 3D 打印出铀－钼和铀－硅物体。新成果是里程碑式的成就，将加速开发反应堆用的金属铀燃料板和医用同位素辐照靶。

3. 先进储能

4 月，英国剑桥大学与纽卡斯尔大学（Newcastle University）等机构合作，设计出利用发送电脉冲和观察电池响应预测电池安全状况的机器学习方法[145]。锂离子电池的健康状况和剩余使用寿命是电动汽车广泛使用的关键。研究者先向电池发送电脉冲信号，同时利用设计出的新方法测量其响应以监测电池的老化迹象；再采用机器学习算法处理数据并训练模型，从而判断电脉冲响应信号与电池老化之间的关系。新方法是非侵入式的，可用于预测电池的健康状况和剩余的使用寿命，其准确率是此前方法的 10 倍，有助于开发更安全更可靠的电池。

7 月，中国南京大学开发出世界第一个能量密度超过 500 瓦时 / 千克的锂金属软包电池（Li-metal pouch-type full cell）[146]。经典的基于三元正极材料体系的锂电池，因受限于阳离子活性的容量，难以达到 500 瓦时 / 千克的能量密度。阴离子氧化还原活性有助于大幅提高电池的能量密度。基于阴离子氧化还原活性，研究人员开发出一种稳定的、大容量的正极材料体系，并把它用于锂金属软包电池中，从而使电池的能量密度超过 500 瓦时 / 千克。新电池稳定循环 100 余次后仍具有大于 400 瓦时 / 千克的能量密度，且具有更低的成本，因而更适于规模化生产，将推动电池产业和电动汽车的发展。

8 月，日本丰田汽车公司（Toyota Motor）与京都大学（Kyoto University）合作，开发出新型氟离子电池的原型[147]。锂离子电池的能量密度有其理论极限。氟离子电池在理论上有比锂离子电池更高的能量密度。新型氟离子电池的原型，拥有由氟、铜和钴组成的阳极，主要由镧组成的阴极，以及可传导氟离子的固体电解质。实验证明，新电池原型在理论上具有更高的能量密度，可使电动汽车的续航时间比此前的锂离子电池长 7 倍，一次充电可行驶 1000 千米。

12 月，美国硅谷的初创公司 QuantumScape 开发出全新的固态锂金属电池[148]。固态锂金属电池是极具发展潜力的下一代高能量密度电池。研发人员采用独特的锂金属阳极制造工艺，使锂金属阳极在电池充电时在原位形成，同时采用柔性陶瓷材料作为固态隔板，以防止枝晶的形成并允许锂离子自由穿过。新电池具有 1 千瓦时 / 升的容积效率（明显高于此前的锂离子电池），可使此前电动汽车的续航里程增加 80%；在 15 分钟内可将电量从 0 充到 80%；经历 800 次的充放电循环后仍保留 80% 以上的容量；在很宽的温度范围内（包括 -30℃ 的低温）也具有同样的性能。新成果有助于大规模利用和推广可再生能源，助力实现碳中和目标。

4. 节能环保

1 月，美国科罗拉多大学博尔德分校（University of Colorado Boulder）与美国国防高级研究计划局（Defense Advanced Research Projects Agency，DARPA）等机构合作，研制出充满光合细菌且可自我修复的"活混凝土"[149]。全球应用最广泛的混凝土存在污染严重、耗水量大、时间久会裂开等劣势。新混凝土由明胶、沙子和蓝细菌组成，吸收空气中的温室气体 CO_2 后会变得足够坚固；最初呈现绿色，随着细菌的死亡其颜色逐渐变淡，数周后细菌在适当条件下可以复活并繁殖；此外，切开后的结构加入沙子、水凝胶和营养物质还可以自我再生 3 次。新成果标志着新兴的工程生物材料取得新突破，未来可用于在火星上建造房屋。

1 月，美国密歇根大学与加拿大麦吉尔大学、麦克马斯特大学合作，开发出借助太阳光低成本将 CO_2 转化为甲烷的新型铜－铁基催化剂[150]。金属催化剂在太阳光照射下可把 CO_2 和水转化为燃料，但此前生产出的都不是广泛使用的燃料。研究者先用商用硅晶圆生出高 300 纳米、宽 30 纳米的氮化镓纳米线，然后采用电沉积方法在上面覆盖一层铜纳米颗粒和铁氧化物的混合物，从而制造出新金属催化剂。利用太阳光照射，新催化剂可把 CO_2 和水快速转化为甲烷，这是最接近人造光合作用的技术，也是当时使 CO_2 转化为甲烷的转化率和产量最高的光驱动催化剂。新催化剂进一步改善后，有助于降低人类对化石燃料的依赖。

1 月，美国莱斯大学（Rice University）与 C-Crete Technologies 公司合作，研发出将塑料废料快速转变为石墨烯薄片的新技术"闪蒸石墨烯"（flash graphene）法[151]。新技术在 10 毫秒内利用直流电把碳源加热至 2727℃，从而以低成本制得有价值的石墨烯薄片。10 月，研究人员进一步改进"闪蒸石墨烯"法，先将塑料等废料在高强度交流电中暴露 8 秒，再用直流电震荡，从而提高了把塑料转变为石墨烯的能力，得到了高质量的石墨烯；所生产的石墨烯可用于增强电子器件、复合材料、混凝土和其他材料中。新方法有利于解决食物浪费、白色污染等世界性难题。

8 月，英国剑桥大学与日本东京大学等机构合作，开发出不用借助任何额外组件或电力，仅利用太阳光就可以将 CO_2 和水低成本转变为碳中性燃料的设备[152]。利用太阳能将 CO_2 转化为燃料且不产生不需要的副产物仍有很大困难。此前开发的基于"人造树叶"（artificial leaf）的太阳能反应器，可以用阳光、CO_2 和水生成燃料合成气。新设备类似"人造树叶"，但具有不同的工作原理和产物。它仅利用嵌入廉价薄片上的钴基光催化剂，就可以直接捕获大气中的 CO_2 并利用太阳光使之与水发生化学反应，从而生产出氧气和清洁燃料甲酸。新设备使人类向实现人工光合作用迈出了重要一步，具有很大的产业应用潜力。

10 月，澳大利亚墨尔本理工大学与英国曼彻斯特大学等机构合作，开发出可以非常经济且高效地把废弃食用油转变为生物柴油的微米级陶瓷海绵[153]。此前同时促进多种化学反应进而把复杂分子转变为原材料的催化剂，通常具有较低的转化效率。新陶瓷海绵是一种超高效催化剂，拥有微米级的大小不同的多孔结构和不同类型的活性成分；食用油分子进入大容器中的陶瓷海绵后，经略微加热和搅拌，会先后在大和较小的孔中发生两次化学反应，从而将废弃食用油精准高效地转化为低碳的生物柴油。新材料具有低廉的生产成本和巨大的应用潜力，经进一步改进，可把农业废料、橡胶轮胎或藻类变成航空燃料。

六、航空航天和海洋技术

2020 年，空天海洋领域不断取得多项重大新成就，使人类的探索不断走向深空和深海。在先进飞机方面，高空太阳能无人驾驶飞机、世界首架氢燃料商用飞机成功完成首飞，全自动空中加油试验成功进行，制造出第一架利用数字技术设计的新型"e 系列"飞机"eT-7A 红鹰"。在空间探测方面，成功发射了"太阳轨道器"探测器、阿联酋"希望"号火星探测器、火星探测器"天问一号"和"毅力"号火星车，携带 1731 克的月球土壤样品的"嫦娥五号"和携带小行星岩石样品的探测器"隼鸟 2"号返回舱成功着陆。在运载技术方面，成功进行了空中抓取"电子"火箭第一级、空间发射系统（space launch system，SLS）火箭的最后一项以及"星船"飞行器 SN5 全尺寸原型首次高度 150 米的悬停测试试验，"龙"飞船首次商业载人轨道发射成功。在人造地球卫星方面，"星链"卫星发射总数达到 953 颗，有源低增益天线首次成功进入轨道卫星传输市场，低地球轨道卫星与地球上的普通移动电话的直接连接、利用射频光子传感和量子计量技术提高 GPS 的定位精度、"北斗三号"最后一颗全球组网卫星的发射以及多波段、多任务（multi-band，multi-mission，MBMM）相控阵原型天线的测试都取得成功。在海洋探测与开发方面，世界上首次利用水平井钻采技术成功试采天然气水合物，开发出新型机载声呐水下勘测系统、中国首款多波束一体化声学探测新装备，中国载人潜水器"奋斗者"号成功下潜 10 909 米，"海床 2030"项目绘制完成全球近 1/5 的海底地图。在先进船舶方面，世界首艘能源自给氢动力船"Energy Observer"号和俄罗斯 LK-60 级第四代核动力破冰船的首船"北极"号完成首次航行，"现代智能导航辅助系统"成功装备在散货船上，开发出可应对新冠肺炎疫情的虚拟数据仓库"融合单元"系统。

1. 先进飞机

2月，英国BAE公司与Prismatic公司联合开发的长航时低成本高空太阳能无人驾驶飞机（PHASA-35）在澳大利亚南澳大利亚州成功完成首次试飞[154]。PHASA-35是一种高空长航时运载工具，翼展35米，白天由太阳提供能量，晚上依赖电池提供动力，在平流层可飞行长达一年的时间，可替代卫星，为监控、监视、通信和安全应用提供持久、稳定的平台；如与其他技术结合使用，可为客户提供现有空中和太空平台不具备的能力；如承载5G或其他网络，可使传统通信设备在偏远地区也能使用。PHASA-35为未来进行持久的监视活动奠定了技术基础。

4月，欧洲空客公司（AirBus）的一架拥有"自动空中加油"（A3R）系统的试验加油飞机与葡萄牙空军的一架F-16战斗机，在大西洋上空成功进行了第一次全自动空中加油试验[155]。更准确和稳定的自动空中加油技术可提高加油机使用的安全性和可靠性。新A3R系统在使用时，不需要受油机使用额外的设备，可实时评估加油机与受油机之间的距离，进而调节套管的长度，实现加油套管与受油机的自动连接、供油与脱离。新A3R系统提高了安全性，降低了加油机和受油机的训练难度，以及训练对飞机寿命的消耗，有利于扩大空客公司加油机的市场。

9月，美国波音公司（Boeing Co.）开发出第一架利用数字技术设计的新型"e系列"飞机——"eT-7A红鹰"[156]。数字技术先采用虚拟建模和仿真工具来设计和测试物理原型，再进行产品测试和生产，因而可以减少开发新飞机的成本和时间。"eT-7A红鹰"飞机采用数字技术，包括工程模型和3D设计工具，在36个月内完成了建造；其中，组装时间减少80%，软件开发时间缩短一半。"eT-7A红鹰"为后续开发e系列装备奠定了基础。

9月，英国ZeroAvia航空公司与欧洲海洋能源中心（European Marine Energy Centre）和智能能源公司（Intelligent Energy）合作开发的世界首架由氢燃料电池提供动力的商用飞机，在英国克兰菲尔德（Cranfield）机场成功试飞[157]。新飞机由ZeroAvia航空公司Piper M级6座飞机改装而成，拥有与喷气飞机相当的飞行距离和有效载荷，但明显降低了运营成本。该飞机成功完成滑行、起飞、起落航线的飞行、着陆等试飞项目，有效展示了飞机的低碳动力技术，是全球零碳飞行史上里程碑式的事件。

2. 空间探测

2月，美国联合发射联盟公司（United Launch Alliance）利用"宇宙神-5"（Atlas V）运载火箭，在卡纳维拉尔角空军基地成功发射了"太阳轨道器"（Solar Orbiter）

探测器[158]。人类目前尚无法很好地预测太阳磁场爆发对地球产生影响的时间点和强度。此前，美国国家航空航天局（National Aeronautics and Space Administration, NASA）的帕克太阳探测器（Parker Solar Probe）已获得第一批观测成果。新探测器由欧洲太空局（European Space Agency, ESA）和 NASA 合作研制，搭载 10 种科学仪器，发射重量为 1750 千克，设计寿命为 7 年，借助地球和金星的引力飞行，预计需约 3.5 年进入日心大椭圆工作轨道，对太阳极区进行观测；此外，与帕克太阳探测器联手，可以高分辨率观测太阳最原始的高能粒子如何喷发出来，以及进入太阳系后的演变过程。新探测器有助于人类深入理解太阳的运行机制。

7 月，阿联酋"希望"号火星探测器（the Hope Probe）利用日本 H-2A 运载火箭，在日本种子岛宇宙中心成功发射[159]。"希望"号长 2.9 米，宽 2.37 米，重 1.5 吨，携带三组用于探测火星大气层和气候变化的设备，其太阳能电池板展开后宽达 8 米。"希望"号的任务类似气象卫星，抵达火星后，将绕火星做近赤道轨道飞行，以收集火星上不同区域在不同季节和不同时间的全天候气象数据，助力人类更全面地了解火星的气候条件。

7 月，中国利用长征五号遥四运载火箭，在文昌航天发射场首次成功发射火星探测器"天问一号"[160]。"天问一号"由环绕器和着陆巡视器组成，将对火星展开"环绕、着陆、巡视探测"等任务。其中，着陆巡视器由进入舱和火星车组成：进入舱承担火星进入、下降和着陆任务，火星车利用配置的多种科学仪器，在着陆区进行巡视探测。至 12 月 14 日，"天问一号"在轨飞行 144 天，飞行里程约 3.6 亿千米，距离地球 1 亿多千米，距火星约 1200 万千米，已成功完成地月合照、探测器"自拍"、三次中途修正、一次深空机动和载荷自检等许多工作，飞行顺利。"天问一号"的成功发射，使中国向独立开展火星探测和行星际探测迈出关键的第一步，开启了中国航天的新纪元。

7 月，美国"毅力"（Perseverance）号火星车利用"宇宙神-5"运载火箭，在佛罗里达肯尼迪航天发射中心成功发射[161]。"毅力"号是一辆六轮探测器，约 3 米长、2.7 米宽、2.2 米高，重 1025 千克，装有目前到达火星的最重、最大、最复杂的载荷，将测试降落伞的可靠性以及火星车样品保存系统的综合性能，携带的火星直升机将探测火星气候和杰泽罗陨石坑的地质特征，寻找远古的生命迹象，首次收集和保存火星岩心和尘埃样品。"毅力"号是 2020 年世界继阿联酋"希望"号和中国"天问一号"后发射的火星探测器，将为机器人和人类探索火星奠定基础。

11 月，中国利用长征五号运载火箭，成功发射"嫦娥五号"探测器并将其送入预定轨道[162]。"嫦娥五号"由轨道器、返回器、着陆器、上升器构成，历经地月转移、近月制动、环月飞行、月面着陆、自动采样、月面起飞、月轨交会对接、再入返回等多个阶段，于12月17日凌晨携带1731克的月球土壤样品成功着陆中国内蒙古。"嫦娥五号"任务是中国航天领域当时最复杂、难度最大的任务之一，在中国航天史上取得首次地外天体采样与封装、首次地外天体上的点火起飞、首次月球轨道无人交会对接与转移样品、首次携带月球样品高速再入式返回地球，以及首次中国月球样品存储、分析和研究系统的建立等重大的技术突破，完成了中国首次地外天体的采样返回。新成果标志着中国探月工程绕、落、回三步走规划的圆满完成，使中国航天向前迈进了一大步，对中国提高航天技术水平、开展月球及星际探测与研究工作，具有里程碑式的重要意义。

12月，日本小行星探测器"隼鸟2"号的返回舱在澳大利亚南部成功着陆[163]。"隼鸟2"号于2014年12月从日本种子岛宇宙中心发射升空，2018年6月飞抵距离地球约3亿千米的小行星"龙宫"附近进行探测，并第一次在该小行星上撞击出陨石坑，从而采集到其地表和地下岩石的样本，于2019年11月开始返回地球。这是人类第一次获得小行星地下的岩石样本，有助于人类研究太阳系的诞生。至此，时间长达6年、飞行总里程约50亿千米的小行星"龙宫"的探测任务胜利完成。

3. 运载技术

3月，美国火箭实验室公司（Rocket Lab）成功测试了其在空中抓取"电子"火箭第一级的试验[164]。火箭第一级的重复利用是降低运载成本的有效手段。此次抓取火箭第一级的试验是以往工作的继续。在试验中，一架直升机在空中把携带的"电子"火箭第一级的复制品进行投放，火箭的第一级与其他部分分离后再入回落，经历减速后打开降落伞；另一架直升机利用一个特殊的抓钩，在1500米高空抓取降落伞以捕获该级，随后带回到一艘船上。新成果使一级火箭的回收和重复使用迈出了关键一步。

5月，美国SpaceX公司利用"猎鹰9"火箭，成功向国际空间站发射了载有两名航天员的可重复使用的"龙"飞船[165]。该飞船高8.1米，宽4米，其太空舱体积9.3立方米，非加压货舱37立方米，发射和返回的有效载荷分别为6000千克和3000千克。这是世界首次商业载人轨道发射，标志着世界进入了商业载人航天的新时代。此外，这也是美国自2011年以来第一次利用国产火箭和飞船从本土运送航天员到空间站，标志着美国再度恢复了载人航天的发射能力。8月2日，载人"龙"飞船完成任务后成功返回并安全落在墨西哥湾海域。这是NASA 45年来成功进行的首次海上溅落任务，也是载人"龙"飞船实现的首次载人再入飞行。

6月，美国NASA成功进行了SLS火箭的最后一项测试——火箭液氧贮箱的极限压力测试[166]。SLS火箭是重返月球"阿尔忒弥斯计划"（Artemis Program）的重要组成部分,于 2011 年开始研制,2017 年 5 月以来一直进行各种测试并进行改进。在本次测试中,高 70 英尺 ①、直径 28 英尺的液氧贮箱的测试件被固定在重达 185 000 磅的马歇尔 4697 试验台底部的钢圈中,经液压缸校准后放入贮箱内,测试贮箱承受的极限压力。试验证明,液氧贮箱结构可以满足发射和飞行期间环境条件的严苛要求,也为设计人员积累了关键数据。对重返月球来说,这是一项里程碑式的成果。

8 月,美国 SapceX 公司火星移民用的"星船"飞行器 SN5 全尺寸原型首次成功进行了飞行高度 150 米的悬停测试[167]。SN5 采用不锈钢制造,配备一台 SapceX 公司的大推力"猛禽"发动机(Raptor engine)。在此次试飞中,SN5 点火后上升到预定的 150 米高度,然后横向移动到旁边的降落区,再缓慢下降并平稳着陆,整个过程耗时约 1 分钟。然而"星船"SN8 却于 12 月 9 日在 12.5 千米的高空试验中因下降速度过快在着陆时发生爆炸。未来的"星船"飞行器有 50 米高、9 米宽、1500 吨重,将配备 6 台"猛禽"发动机,并运送人员和货物前往月球或火星,返回地球后可重复使用。

4. 人造地球卫星

1 月,美国 SpaceX 公司成功发射了"星链"网络的第三组 60 颗卫星[168]。"星链"是 SpaceX 公司由约 1.2 万颗卫星组成的低轨宽带全球卫星互联网,将于 2024 年底前完成部署,可以从太空向地面任何地区提供高速互联网服务。此次部署的"星链"卫星单星重约 260 千克,部署轨道高度为 290 千米。此后至 12 月底,SpaceX 公司又陆续发射 13 批(每组 60 颗)"星链"卫星,使卫星总数达到 953 颗。其间,SpaceX 公司曾于 8 月与美国空军研究实验室(Air Force Research Laboratory,AFRL)合作,把"星链"卫星与地面站和飞机上的终端连接起来,测试后的结果显示,"星链"卫星宽带的传输速率明显高于美国空军飞机当时的数据传输速率,可达 610 兆比特/秒。

2 月,美国 Lynk 公司利用"太空蜂窝发射塔"(cell tower in space)技术,成功将低地球轨道卫星与地球上的普通移动电话直接连接起来[169]。此前,因为在世界各地建造和运营信号发射塔具有高昂的成本,所以无法在世界范围内(特别是人口稀少的地方)提供卫星与移动电话的连接。新技术解决了上述为全球提供移动宽带覆盖的问题,首次做到从太空向地面的移动电话直接发送短信,在自然灾害期间也可发送紧急警报。这是一项里程碑式的技术成就,是 Lynk 公司实现直接为全球有手机但不能连接到无线信号的人提供宽带连接的关键一步。

4 月,美国亚利桑那大学(University of Arizona)与美国通用动力任务系统公司(General Dynamics Mission Systems)合作,利用射频光子传感和量子计量技术成功提

① 1 英尺 =0.3048 米。

高了 GPS 的定位精度[170]。GPS 的定位精度取决于传感器测量射频信号的角度或延迟时间的精度。新方法先用一种电 – 光换能器把射频信号转变为光子信号，然后在 3 个传感器之间建立起量子纠缠，实现了 3 个传感器之间的互联和同步，从而大幅提高了 GPS 的定位精度。该方法可以扩展用在包含数百个传感器的网络，产生比传统传感器阵列更高的探测精度，也可用于构建校园内的纠缠光子网络。

6 月，中国利用长征三号乙运载火箭，在西昌卫星发射中心成功发射中国航天科技集团牵头研制的"北斗三号"最后一颗全球组网卫星[171]。北斗系统选择与其他全球卫星导航系统的单一轨道星座构型不同的混合星座，由卫星、火箭、发射场、测控、运控、星间链路、应用验证等七大系统构成，是中国目前规模最大、覆盖范围最广、服务性能最高的巨型复杂航天系统。北斗系统可向世界提供标准定位导航和授时服务，也可向中国及周边地区提供精度更高的星基增强和星基精密单点定位服务，定位精度可达到米级、分米级和厘米级。此次发射，标志着中国全面建成自主建设、独立运行的全球卫星导航系统，掀开了以高质量服务造福全世界的崭新篇章。

8 月，美国柯林斯航空航天系统公司（Collins Aerospace Systems）的机载高宽带的卫星通信（satellite communications，SATCOM）系统取得里程碑式的成就[172]。新型 SATCOM 系统仍在开发中，未来建成后将比旧 SATCOM 系统具有重量更轻、天线尺寸更小等优势，可明显减小飞机的阻力和降低能耗；配置低增益或高增益天线，可分别使 L 带宽的数据传输速率达到 176 千比特 / 秒和 704 千比特 / 秒。新成果使飞机利用新型有源低增益天线（active low gain antenna，ALGA），与轨道卫星铱星的 L 波段宽带服务之间成功建立起连接，实现了高速、无缝、安全的数据传输。这标志着有源低增益天线首次成功进入轨道卫星传输市场。

8 月，美国洛克希德·马丁（Lockheed Martin）和 Ball Aerospace 公司合作，成功测试了 MBMM 相控阵原型天线[173]。MBMM 相控阵原型天线是美国空军卫星控制网（Air Force Satellite Control Network，AFSCN）现代化改造计划的组成部分。与传统抛物面天线相比，相控阵原型天线可同时以多波段连接多个卫星，同时降低了大量的机械维护成本。MBMM 相控阵原型天线采用 Horizon ™先进卫星调度程序、模块化子阵列和面板设计以及先进数字信号处理技术，利用"积木"方法制造。MBMM 相控阵原型天线可以提高 AFSCN 的容量和吞吐量，缩小天线的规模，提高地面基础设施和卫星系统的韧性。新成果标志着 MBMM 在一个新的关键技术节点取得突破。

5. 海洋探测与开发

3 月，中国广州海洋地质调查局牵头，在世界上首次利用水平井钻采技术，在水深 1225 米的南海神狐海域成功进行了第二次天然气水合物的试采[174]。研发人员掌握了从"垂直井"到"水平井"开采的关键核心技术,自主研制出一套天然气水合物勘查开采的关键技术装备体系,建立了独特的环境保护和监测体系,以及环境风险防控技术体系。此次试采创造了两项新世界纪录——产气总量 86.14 万立方米、日均产气量 2.87 万立方米,标志着中国实现了从探索性试采向试验性试采的重大跨越,使中国成为世界第一个采用水平井钻采技术成功试采海域天然气水合物的国家,其总体技术水平达到国际领先。

6月,日本财团(The Nippon Foundation)资助的海洋总测深图(General Bathymetric Chart of the Oceans,GEBCO)的"海床 2030"项目已绘制全球近 1/5 的海底地图[175]。完整的全球海底地图将促进人类了解海洋环流、天气系统、海平面上升、海啸、潮汐、泥沙流移、底栖生物栖息地分布和气候变化等基本过程。2017 年推出的"海床 2030"项目吸引了 100 多个国际组织的支持,至此取得很多成果,已把 1450 万平方千米的新观测数据纳入最新的 GEBCO 网格中,绘制完成世界近 1/5 的海底地图。下一步将采取以下举措加速绘制海底地图:支持绘制未勘探区域的地图,利用众包模式收集数据,推广使用数据收集技术。

10月,中国哈尔滨工程大学与中国船舶集团有限公司合作,成功开发出首款可获得多元海底特性的多波束一体化声学探测新装备[176]。研究人员利用首次提出的海底地形、地貌与浅地层剖面共点同步探测方法,构建出探测多元海底特性的多波束一体化声学探测信号处理技术体系,制备出可同时探测海底地形、地貌及浅地层剖面等多元特征的多波束一体化声学探测新装备。新装备实现了多元海底特性同时、同步、共点测量,攻克了多源异步数据融合难、探测效率低、作业成本高等多个难题,总体达到国际先进水平,部分技术指标为国际领先。

10月,美国斯坦福大学开发出一种新型机载声呐水下勘测系统[177]。此前设备的声波、雷达因为水会吸收其能量而无法穿过水 - 空屏障有效传输信息,而船上探测海底的声呐设备又存在效率低、成本高且不适合大面积勘测的劣势。研究者发现一种光声结合的方法可以穿过水 - 空屏障传递信息,并在此基础上发明了足够灵敏的光声机载声呐系统,以检测、记录并用软件分析从水下向空气中传播的信号,进而构建出浸入水中物体的 3D 图像。该系统可应用在海床绘制和海洋生物勘测等领域。

11月,中国船舶重工集团有限公司第七〇二研究所牵头开发的万米级全海深载人潜水器"奋斗者"号,在西太平洋马里亚纳(Mariana)海沟成功下潜到 10 909 米,刷新了中国载人深潜的新纪录[178]。"奋斗者"号由中国国家"十三五"重点研发计划"深海关键技术与装备"专项支持研制,拥有安全稳定、动力强劲的能源系统,更先进的控制系统和定位系统,以及更耐压的载人球形舱和浮力材料;其核心部件的国产化率超过 96.5%。"奋斗者"号是人类历史上第 4 艘全海深载人潜水器,成功实施了世界上首次载人潜水器与着陆器在万米海底的联合作业，标志着中国在大深度载人深潜领域达到世界先进水平。

6. 先进船舶

2 月，世界首艘能源自给氢动力船 "Energy Observer" 号开始航行世界[179]。法国比赛用帆船 "Energy Observer" 号在加拿大制造，后经四次改造，现在的船全长 30.5 米，宽 12.8 米，重约 28 吨，航速为 8～10 节，装备日本丰田汽车公司的氢燃料电池，在航行中利用太阳能和风能从海水中零排放提取氢气，动力能源实现了自给自足。"Energy Observer" 号也可由太阳能、风能、波浪能等提供动力，具有绿色环保的优势，已成为真正的未来能源的一种实验平台。

4 月，韩国现代重工集团（Hyundai Heavy Industries）与韩国科学技术院合作开发的 "现代智能导航辅助系统"（HiNAS），成功装备到韩国航运公司 SK Shipping 的一艘载重为 25 万吨的散货船上[180]。自主航行船舶采用物联网、大数据和人工智能等多项先进技术，是世界海运业的未来。HiNAS 采用 AI 技术，分析船上红外摄像头（夜间和浓雾中也有效）拍摄的视频图像，从而获得与附近船舶相撞的风险大小，再利用 AR 发出通知。新系统在未来的无人船舶市场有广阔的应用前景。

5 月，美国海军信息战系统司令部（NAVWAR）舰队战备处开发出可应对新冠肺炎疫情的虚拟数据仓库 "融合单元"（Fusion Cell）系统[181]。利用信息技术等先进技术，可以有效应对 COVID-19 给舰艇带来的负面影响。"融合单元" 系统集成多种数据源，可以获取、融合、理解和分发人员信息、资源信息和其他受疫情影响的信息，使 NAVWAR 对环境变化做出快速反应。"融合单元" 系统可以解决各种复杂问题，可用在海军的指挥、控制、通信、计算机与情报系统中，能够满足紧急作战的需求。

11 月，俄罗斯第四代 LK-60 级核动力破冰船的首船 "北极" 号（Arktika）完成首次操作航行[182]。"北极" 号由俄罗斯国家原子能公司委托波罗的海造船厂建造，长 173.3 米，宽 34 米，配备两座 RITM-200 反应堆（每座热功率 174 兆瓦），自航力近 6 个月，可破除 3 米厚的冰层，是世界上体积和功率最大（60 兆瓦）的破冰船。"北极" 号拥有优秀的操纵性和吃水性，能够在北方航线最密集的航段中出色地完成护航任务，使俄罗斯在具有战略位置的北极走廊的竞争中居领先地位。

参考文献

[1] Liu L J, Han J, Xu L, et al. Aligned, high-density semiconducting carbon nanotube arrays for high-performance electronics. https://www.science.org/doi/full/10.1126/science.aba5980[2021-08-10].

[2] Carlota V. HENSOLDT and Nano Dimension create 10-layer 3D printed circuit board. https://

www.3dnatives.com/en/10-layer-3d-printed-circuit-board-210520204/#![2021-08-10].

[3] Bishop M D, Hills G, Srimani T, et al. Fabrication of carbon nanotube field-effect transistors in commercial silicon manufacturing facilities. Nature Electronics, 2020, 3: 492-501.

[4] Li M X, Ling J W, He Y, et al. Lithium niobate photonic-crystal electro-optic modulator. https://www.nature.com/articles/s41467-020-17950-7[2021-08-10].

[5] Erp R V, Soleimanzadeh R, Nela L, et al. Co-designing electronics with microfluidics for more sustainable cooling. https://www.nature.com/articles/s41586-020-2666-1[2021-08-10].

[6] Wu P, Reis D, Hu X S, et al. Two-dimensional transistors with reconfigurable polarities for secure circuits. https://www.nature.com/articles/s41928-020-00511-7[2021-08-10].

[7] Xu X Y, Huang X L, Li Z M, et al. A scalable photonic computer solving the subset sum problem. https://www.science.org/doi/10.1126/sciadv.aay5853[2021-08-10].

[8] NVIDIA. NVIDIA's New Ampere Data Center GPU in Full Production. https://nvidianews.nvidia.com/news/nvidias-new-ampere-data-center-gpu-in-full-production#:～:text=The%20NVIDIA%20A100%20GPU%20is%20a%20technical%20design,transistors%2C%20making%20it%20the%20world%E2%80%99s%20largest%207-nanometer%20processor[2020-05-14].

[9] Lee W, Zhou Z T, Chen X Z, et al. A rewritable optical storage medium of silk proteins using near-field nano-optics. https://www.nature.com/articles/s41565-020-0755-9[2020-08-10].

[10] 柯溢能, 吴雅兰, 卢绍庆. 我国科学家成功研制全球神经元规模最大的类脑计算机. http://www.news.zju.edu.cn/2020/0901/c23225a2190595/page.htm[2020-09-01].

[11] 于晓. 赛昉科技发布性能领先的 RISC-V 天枢处理器内核. http://www.chinanews.com/business/2020/12-10/9359146.shtml[2020-12-10].

[12] Makin J G, Moses D A, Chang E F. Machine translation of cortical activity to text with an encoder-decoder framework. https://www.nature.com/articles/s41593-020-0608-8[2020-03-30].

[13] Brown T B, Mann B, Ryder N, et al. Language Models are Few-Shot Learners. https://arxiv.org/pdf/2005.14165.pdf[2021-08-11].

[14] Hutchinson A. How TikTok's Algorithm Works-As Explained by TikTok. https://www.socialmediatoday.com/news/how-tiktoks-algorithm-works-as-explained-by-tiktok/580153/[2020-06-18].

[15] Lechner M, Hasani R, Amini A, et al. Neural circuit policies enabling auditable autonomy. Nature Machine Intelligence, 2020, 2: 642-652.

[16] Imagination. Imagination launches multi-core IMG Series4 NNA-the ultimate AI accelerator delivering industry-disruptive performance for ADAS and autonomous driving. https://www.imaginationtech.com/news/press-release/imagination-launches-multi-core-img-series4-nna-the-ultimate-ai-accelerator-delivering-industry-disruptive-performance-for-adas-and-autonomous-driving/?_hstc=32384097.0030

84b4e9392e9c809e0665ad5ef9b3.1605227239761.1605227239761.1605227239761.1&_hssc=
32384097.1.1605227239762&_hsfp=2478506110[2020-11-12].

[17] Callaway E. 'It will change everything': DeepMind's AI makes gigantic leap in solving protein structures. https://www.nature.com/articles/d41586-020-03348-4[2020-11-30].

[18] FAO. Google and FAO launch new Big Data tool for all. http://www.fao.org/news/story/en/item/1307921/icode/[2020-09-16].

[19] Pitsch Y. Introducing Azure Orbital: Process satellite data at cloud-scale. https://azure.microsoft.com/en-us/blog/introducing-azure-orbital-process-satellite-data-at-cloudscale/[2020-09-22].

[20] Fujifilm. Fujifilm develops technology to deliver the world's highest 580TB storage capacity*1 for magnetic tapes using strontium ferrite (SrFe) magnetic particles. https://www.fujifilm.com/jp/en/news/hq/5822[2020-12-16].

[21] Shrestha R, Kerpez K, Hwang C S, et al. A wire waveguide channel for terabit-per-second links. Applied Physics Letters, 2020, 116: 131102.

[22] Koch U, Uhl C, Hettrich H, et al. A monolithic bipolar CMOS electronic-plasmonic high-speed transmitter, https://www.research-collection.ethz.ch/bitstream/handle/20.500.11850/420206/2004_MonolithicTransmitter_AcceptedChanges.pdf?sequence=3&isAllowed=y[2020-08-11].

[23] Zhang P. Alibaba says its NFC technology extends distance from 20 cm to 3 meters. https://cntechpost.com/2020/07/22/alibaba-says-its-nfc-technology-extends-distance-from-20-cm-to-3-meters/[2020-07-20].

[24] Galdino L, Edwards A, Yi W T, et al. Optical fibre capacity optimisation via continuous bandwidth amplification and geometric shaping. IEEE Photonics Technology Letters, 2020, 32 (17): 1021-1024.

[25] Guri M. AIR-FI: Generating Covert Wi-Fi Signals from Air-Gapped Computers. https://arxiv.org/pdf/2012.06884v1.pdf[2020-08-11].

[26] Toshiba. World-first Demonstration of Real-time Transmission of Whole-genome Sequence Data Using Quantum Cryptography: Quantum encryption technology capable of large-capacity data transmission allows practical applications to genomic research and genomic medicine. https://www.global.toshiba/ww/technology/corporate/rdc/rd/topics/20/2001-01.html[2020-01-14].

[27] Yu Y, Ma F, Luo X Y, et al. Entanglement of two quantum memories via fibres over dozens of kilometres. Nature, 2020, 578 (7794): 240-245.

[28] Morsch O. Longest microwave quantum link. https://phys.org/news/2020-03-longest-microwave-quantum-link.html[2020-03-05].

[29] Miao K C, Blanton J P, Anderson C P, et al. Universal coherence protection in a solid-state spin

qubit. https://www.science.org/lookup/doi/10.1126/science.abc5186[2020-09-18].

[30] Joshi S K, Aktas D, Wengerowsky S, et al. A trusted node-free eight-user metropolitan quantum communication network. https://www.science.org/doi/10.1126/sciadv.aba0959#pill-con3[2020-09-22].

[31] Valivarthi R, Davis Sa I, Peña C, et al. Teleportation systems toward a quantum Internet. PRX Quantum, 2020, 1（2）: 020317.

[32] Zhong H S, Wang H, Deng Y H, et al. Quantum computational advantage using photons. https://www.science.org/doi/10.1126/science.abe8770[2020-12-18].

[33] Eindhoven University of Technology. Super accurate sensor could lead to producing even smaller chips. https://phys.org/news/2020-01-super-accurate-sensor-smaller-chips.html[2020-01-30].

[34] Xiao Y Z, Wan C H, Shahsafi A, et al. Depth thermography: noninvasive 3D temperature profiling using infrared thermal emission. ACS Photonics, 2020, 7（4）: 853-860.

[35] Zhu L X, Liu X, Sain B, et al. A dielectric metasurface optical chip for the generation of cold atoms. https://www.science.org/doi/10.1126/sciadv.abb6667[2020-07-29].

[36] Jayachandran D, Oberoi A, Sebastian A, et al. A low-power biomimetic collision detector based on an in-memory molybdenum disulfide photodetector. Nature Electronics, 2020, 3（10）: 646-655.

[37] Lee G-H, Efetov D K, Jung W, et al. Graphene-based Josephson junction microwave bolometer. Nature, 2020, 586（7827）: 42.

[38] Sun X, Yang Z, Hong X, et al. Genetic-optimised aperiodic code for distributed optical fibre sensors. https://www.nature.com/articles/s41467-020-19201-1[2020-11-13].

[39] Wang H W, Sun S L, Ge W Y.et al. Horizontal gene transfer of *Fhb7* from fungus underlies Fusarium head blight resistance in wheat. https://www.science.org/doi/full/10.1126/science.aba5435 [2021-11-19].

[40] Mok B Y, de Moraes M H, Zeng J, et al. A bacterial cytidine deaminase toxin enables CRISPR-free mitochondrial base editing. Nature, 2020, 583（7817）: 631-637.

[41] Kovner A. Comprehensive catalogue of the molecular elements that regulate genes. https://phys.org/news/2020-08-comprehensive-catalogue-molecular-elements-genes.html[2020-08-06].

[42] Campinoti S, Gjinovci A, Ragazzini R, et al. Reconstitution of a functional human thymus by postnatal stromal progenitor cells and natural whole-organ scaffolds. https://www.nature.com/articles/s41467-020-20082-7[2020-12-11].

[43] Nature. The era of massive cancer sequencing projects has reached a turning point. https://www.nature.com/articles/d41586-020-00308-w[2020-02-05].

[44] Grasby K L, Jahanshad N, Painter J N, et al. The genetic architecture of the human cerebral cortex.

https://www.science.org/lookup/doi/10.1126/science.aay6690［2020-03-20］.

[45] Monika L，Talavera-López C，Maatz H，et al. Cells of the adult human heart. https://www.nature.com/articles/s41586-020-2797-4［2020-09-24］.

[46] Jang L K，Alvarado J A，Repona M，et al. Three-dimensional bioprinting of aneurysm-bearing tissue structure for endovascular deployment of embolization coils. https://iopscience.iop.org/article/10.1088/1758-5090/abbb9b［2020-10-16］.

[47] Kim E，Choi S，Kang B，et al. Creation of bladder assembloids mimicking tissue regeneration and cancer. https://www.nature.com/articles/s41586-020-3034-x［2020-12-16］.

[48] Stokes J M，Yang K，Swanson K，et al. A deep learning approach to antibiotic discovery. Cell，2020，180（4）：688-702.

[49] The RECOVERY Collaborative Group. Effect of Dexamethasone in Hospitalized Patients with COVID-19-Preliminary Report. https://www.medrxiv.org/content/10.1101/2020.06.22.20137273v1.full.pdf［2020-06-22］.

[50] Li W，Schäfer A，Kulkarni S S，et al. High Potency of a Bivalent Human VH Domain in SARS-CoV-2 Animal Models. https://www.cell.com/cell/fulltext/S0092-8674（20）31148-X［2020-10-15］.

[51] Rosenblum D，Gutkin A，Kedmi R，et al. CRISPR-Cas9 genome editing using targeted lipid nanoparticles for cancer therapy. Science Advance，2020，6（47）：eabc9450.

[52] 清华大学合成与系统生物学研究中心. 重磅！全球首款基于合成生物学技术的基因治疗创新药获得美国 FDA 临床试验许可. http://www.cssb.tsinghua.edu.cn/zh/dongtai/item/336-fda［2020-12-02］.

[53] Pfizer. Pfizer and biontech achieve first authorization in the world for a vaccine to combat COVID-19. https://www.pfizer.com/news/press-release/press-release-detail/pfizer-and-biontech-achieve-first-authorization-world［2020-12-02］.

[54] Emory. In animal models，a 'shocking' step toward a potential HIV cure. http://news.emory.edu/stories/2020/01/yerkes_sivshock/index.html［2020-01-22］.

[55] Prado P. Google and Apple announce exposure notification API. https://www.androidauthority.com/google-apple-exposure-notification-1111379/［2020-05-20］.

[56] CRISPR Therapeutics. CRISPR Therapeutics and Vertex Announce New Clinical Data for Investigational Gene-Editing Therapy CTX001 ™ in Severe Hemoglobinopathies at the 25th Annual European Hematology Association（EHA）Congress. https://crisprtx.gcs-web.com/news-releases/news-release-details/crispr-therapeutics-and-vertex-announce-new-clinical-data［2020-06-12］.

[57] Hozain A E，O'Neill J D，Pinezich M R. et al. Xenogeneic cross-circulation for extracorporeal recovery of injured human lungs. https://www.nature.com/articles/s41591-020-0971-8［2020-07-13］.

［58］ Kuenzi B M, Park J, Fong S H, et al. Predicting drug response and synergy using a deep learning model of human cancer cells. Cancer Cell, 2020, 38（5）: 672-684.

［59］ Tadros A R, Romanyuk A, Miller I C, et al. STAR particles for enhanced topical drug and vaccine delivery. Nature Medicine, 2020, 26: 341-347.

［60］ Klender J. Neuralink details humane animal treatment during Link v0.9 testing. https://www.teslarati.com/neuralink-humane-animal-treatment-video/［2020-09-02］.

［61］ Laffranchi M, Traverso B N, Lombardi L, el al. The Hannes hand prosthesis replicates the key biological properties of the human hand. https://www.science.org/doi/10.1126/scirobotics.abb0467［2020-09-23］.

［62］ Torrente-Rodríguez R M, Lukas H, Tu J B, et al. SARS-CoV-2 RapidPlex: a graphene-based multiplexed telemedicine platform for rapid and low-cost COVID-19 diagnosis and monitoring. Matter, 2020, 3（6）: 1981-1998.

［63］ Herzik M A. Cryo-electron microscopy reaches atomic resolution. https://www.nature.com/articles/d41586-020-02924-y#: ～: text=Cryo-electron%20microscopy%20reaches%20atomic%20resolution%20A%20structural-biology%20technique, implications%20of%20this%20advance%3F%20Mark%20A.%20Herzik%20Jr［2020-10-21］.

［64］ Kovaka S, Fan Y F, Ni B H, et al. Targeted nanopore sequencing by real-time mapping of raw electrical signal with UNCALLED. https://www.nature.com/articles/s41587-020-0731-9［2020-11-30］.

［65］ Chen Z J, Ma K, Mahle J J, et al. Integration of Metal-Organic Frameworks on Protective Layers for Destruction of Nerve Agents under Relevant Conditions. Journal of the American Chemical Society, 2019, 141（51）: 20016-20021.

［66］ Guan Q F, Yang H B, Han Z M, et al. Lightweight, tough, and sustainable cellulose nanofiber-derived bulk structural materials with low thermal expansion coefficient. https://www.science.org/doi/10.1126/sciadv.aaz1114［2020-05-01］.

［67］ Matsubara S, Koga Y, Segawa Y, et al. Creation of negatively curved polyaromatics enabled by annulative coupling that forms an eight-membered ring. https://www.nature.com/articles/s41929-020-0487-0［2020-07-27］.

［68］ Pacinda M. Hybrid nanomaterials hold promise for improved ceramic composites. https://afresearchlab.com/news/hybrid-nanomaterials-hold-promise-for-improved-ceramic-composites/［2020-09-02］.

［69］ Dong Y H, Yang H B, Zhang L, et al. Ultra-Uniform Nanocrystalline Materials via Two-Step Sintering. https://onlinelibrary.wiley.com/doi/full/10.1002/adfm.202007750［2020-09-30］.

［70］ Shani L, Michelson A N, Minevich B, et al. DNA-assembled superconducting 3D nanoscale architectures. https://www.nature.com/articles/s41467-020-19439-9［2020-11-10］.

[71] Ma R Z, Cao D Y, Zhu C Q, et al. Atomic imaging of the edge structure and growth of a two-dimensional hexagonal ice. https://www.nature.com/articles/s41586-019-1853-4［2020-02-01］.

[72] Yuan G W, Lin D J, Wang Y, et al. Proton-assisted growth of ultra-flat graphene films. Nature, 2020, 577（7789）: 204-208.

[73] Zhang J L, Zhao S T, Sun S, et al. Synthesis of monolayer blue phosphorus enabled by silicon intercalation. ACS Nano, 2020, 14（3）: 3687-3695.

[74] Chen S, He M, Zhang Y-H, et al. Electrically tunable correlated and topological states in twisted monolayer-bilayer graphene. Nature Physics, 2020, 17, 374-380.

[75] Zhang E, Xu X, Zou Y-C, et al. Nonreciprocal superconducting $NbSe_2$ antenna. https://www.nature.com/articles/s41467-020-19459-5［2020-11-06］.

[76] Todaro C J, Easton M A, Qiu D, et al. Grain structure control during metal 3D printing by high-intensity ultrasound. https://www.nature.com/articles/s41467-019-13874-z［2020-01-09］.

[77] Yuan B, Zhao C J, Sun X Y, et al. Lightweight Liquid Metal Entity. https://onlinelibrary.wiley.com/doi/10.1002/adfm.201910709［2020-02-17］.

[78] Liu L, Yu Q, Wang Z, et al. Making ultrastrong steel tough by grain-boundary delamination. https://www.science.org/doi/full/10.1126/science.aba9413［2020-06-19］.

[79] Hornbuckle B C, Williams C L, Dean S W, et al. Stable microstructure in a nanocrystalline copper-tantalum alloy during shock loading. https://www.nature.com/articles/s43246-020-0024-3［2020-05-05］.

[80] Zhang Q, Zhu Y M, Gao X, et al. Training high-strength aluminum alloys to withstand fatigue. https://www.nature.com/articles/s41467-020-19071-7［2020-10-15］.

[81] Murray S P, Pusch K M, Pplonsky A T, et al. A defect-resistant Co-Ni superalloy for 3D printing. https://www.nature.com/articles/s41467-020-18775-0#Abs1［2020-10-02］.

[82] Fadaly E M T, Dijkstra A, Suckert J R, et al. Direct-bandgap emission from hexagonal Ge and SiGe alloys. https://www.nature.com/articles/s41586-020-2150-y#Abs1［2020-04-08］.

[83] Oliva N, Backman J, Capua L, et al. WSe_2/$SnSe_2$ vdW heterojunction Tunnel FET with subthermionic characteristic and MOSFET co-integrated on same WSe_2 flake. https://www.nature.com/articles/s41699-020-0142-2［2020-04-30］.

[84] Tiguntseva E, Koshelev K, Furasova A, et al. Room-temperature lasing from mie-resonant nonplasmonic nanoparticles. ACS Nano, 2020, 14（7）: 8149-8156.

[85] Hong Y L, Liu Z B, Wang L, et al. Chemical vapor deposition of layered two-dimensional $MoSi_2N_4$ materials. https://www.science.org/doi/full/10.1126/science.abb7023［2020-08-07］.

[86] Sharma S, Zeng K, Saha S, et al. Field-plated lateral Ga_2O_3 MOSFETs with polymer passivation and 8.03 kV breakdown voltage. IEEE Electron Device Letters, 2020, 41（6）: 836-839.

[87] Stott A, Tas M O, Matsubara, et al. Exceptional rate capability from carbon-encapsulated polyaniline supercapacitor electrodes. https://onlinelibrary.wiley.com/doi/10.1002/eem2.12083［2020-04-28］.

[88] Guo N K, Xue H, Bao A, et al. Achieving Superior Electrocatalytic Performance by Surface Copper Vacancy Defects during Electrochemical Etching Process. https://onlinelibrary.wiley.com/doi/epdf/10.1002/anie.202002394［2021-08-14］.

[89] Murugadoss G, Kumar M R, Shanmugam V M, et al. Rational design and development of perovskite materials: Analysis of structural, optical, morphological and phase transition. https://www.sciencedirect.com/science/article/pii/S1369800120300251［2020-05-07］.

[90] Ryoo R, Kim J, Jo C, et al. Rare-earth-platinum alloy nanoparticles in mesoporous zeolite for catalysis. https://www.nature.com/articles/s41586-020-2671-4#author-information［2020-09-09］.

[91] Liu H D, Zhu Z Y, Yan Q Z, et al. A disordered rock salt anode for fast-charging lithium-ion batteries. https://www.nature.com/articles/s41586-020-2637-6#Abs1［2020-09-02］.

[92] Griffiths K, Halcovitch N R, Griffin J M. Long-term solar energy storage under ambient conditions in a MOF-based solid-solid phase-change material. Chemistry Materials, 2020, 32（23）: 9925-9936.

[93] Kupfer M E, Lin W H, Ravikumar V, et al. In situ expansion, differentiation, and electromechanical coupling of human cardiac muscle in a 3D bioprinted, chambered organoid. circulation research, 2020, 127（2）: 207-224.

[94] Kovaleski D. LLNL researchers develop new fabric to protect against biological, chemical agents. https://homelandprepnews.com/stories/48817-llnl-researchers-develop-new-fabric-to-protect-against-biological-chemical-agents/［2020-05-08］.

[95] Lee J, Rabbani C C, Gao H, et al. Hair-bearing human skin generated entirely from pluripotent stem cells. https://www.nature.com/articles/s41586-020-2352-3［2020-06-03］.

[96] Chatterjee A, Sanchez J A C, Yamauchi T, et al. Cephalopod-inspired optical engineering of human cells. https://www.nature.com/articles/s41467-020-16151-6［2020-06-02］.

[97] Wang X C, Xue J M, Ma B, et al. Black Bioceramics: Combining Regeneration with Therapy. Advanced Materials, 2020, 32（48）: e2005140.

[98] He Z Y, Wu C Y, Hua M T, et al. Bioinspired Multifunctional Anti-icing Hydrogel. https://www.cell.com/matter/fulltext/S2590-2385（19）30408-4［2020-01-29］.

[99] BuinevichaA V S, Nepapusheva A, Moskovskikh D O, et al. Fabrication of ultra-high-temperature

nonstoichiometric hafnium carbonitride via combustion synthesis and spark plasma sintering. Ceramics International，2020，46（10）：16068-16073.

[100] Cao D，Yang G，Bourham M，et al. Gamma radiation shielding properties of poly（methyl methacrylate）/ Bi$_2$O$_3$ composites. https://www.sciencedirect.com/science/article/pii/S1738573319310940?via%3Dihub[2020-04-29].

[101] Guo H S，Han Y，Zhao W Q，et al. Universally autonomous self-healing elastomer with high stretchability. https://www.nature.com/articles/s41467-020-15949-8[2020-04-27].

[102] Snider E，Dasenbrock-Gammon N，McBride R，et al. Room-temperature superconductivity in a carbonaceous sulfur hydride. https://www.nature.com/articles/s41586-020-2801-z#Abs1[2020-10-14].

[103] 全晓书，喻菲. 中国首次在太空验证 3D 打印技术. http://www.xinhuanet.com/tech/2020-05/09/c_1125962502.htm[2020-05-09].

[104] OAK RIDGE. 3D-printed nuclear reactor promises faster，more economical path to nuclear energy. https://www.ornl.gov/news/3d-printed-nuclear-reactor-promises-faster-more-economical-path-nuclear-energy[2020-05-11].

[105] Kazmer D O，Colon A. Injection printing：additive molding via shell material extrusion and filling. Additive Manufacturing，2020，36：101469.

[106] Berger E. Relativity's 3D-printed engine has completed a mission duty cycle test-firing. https://arstechnica.com/science/2020/11/relativity-space-completes-full-duration-test-fire-of-its-aeon-1-rocket-engine/[2020-11-10].

[107] Regehly M，Garmshausen Y，Reuter M，et al. Xolography for linear volumetric 3D printing. https://www.nature.com/articles/s41586-020-3029-7[2020-12-23].

[108] Kriegman S，Blackiston D，Levin M，et al. A scalable pipeline for designing reconfigurable organisms. PNAS，2020，117（4）：1853-1859.

[109] Crowe S. Boston Dynamics' Spot 2.0 features improved autonomy and mobility. https://www.therobotreport.com/spot-20-launches-with-improved-autonomy-mobility/[2020-05-06].

[110] Brown P. 5G-powered autonomous robot helps fight COVID-19. https://electronics360.globalspec.com/article/15180/5g-powered-autonomous-robot-helps-fight-covid-19[2020-05-27].

[111] Oliver D. Qualcomm launches RB5：its most advanced 5G/AI robotics platform yet. https://www.5gradar.com/news/qualcomm-launches-rb5-its-most-advanced-5gai-robotics-platform-yet[2020-06-18].

[112] John R A，Tiwari N，Patdillah M I B，et al. Self healable neuromorphic memtransistor elements for decentralized sensory signal processing in robotics. Nature Communications，2020，11（1）：

4030.

[113] Pan M K X J, Choi S, Kennedy J, et al. Realistic and Interactive Robot Gaze. https://s3-us-west-1.amazonaws.com/disneyresearch/wp-content/uploads/20201021105209/root.pdf[2021-0814].

[114] Lam Research. Lam Research Breaks New Ground in Etch Technology and Productivity for Chipmaking Processes. https://investor.lamresearch.com/news-releases/news-release-details/lam-research-breaks-new-ground-etch-technology-and-productivity[2020-03-03].

[115] Carbonell C, Valles D, Wong A M, et al. Polymer brush hypersurface photolithography. https://www.nature.com/articles/s41467-020-14990-x[2020-03-06].

[116] Horikiri F, Fukuhara N, Ohta H, et al. Thermal-assisted contactless photoelectrochemical etching for GaN. Applied Physics Express, 2020, 13: 046501.

[117] Schumacher Z, Rejali R, Pachlatko R, et al. Nanoscale force sensing of an ultrafast nonlinear optical response. https://www.pnas.org/content/117/33/19773[2020-08-04].

[118] Rösner B, Finizio S, Koch F, et al. Soft x-ray microscopy with 7 nm resolution. Optica, 2020, 7 (11): 1602-1608.

[119] 董映璧. 俄制出超高纳米粒子含量银液. http://digitalpaper.stdaily.com/http_www.kjrb.com/kjrb/html/2020-12/08/content_459095.htm?div=-1[2020-12-08].

[120] CSN. ABB unveils solutions to accelerate intelligent manufacturing and healthcare at China International Industry Fair. https://cyprusshippingnews.com/2020/09/15/abb-unveils-solutions-to-accelerate-intelligent-manufacturing-and-healthcare-at-china-international-industry-fair/[2020-09-15].

[121] Orange. Orange and Schneider Electric Run Industrial 5G trials in French Factory. https://www.orange.com/en/newsroom/press-releases/2020/orange-and-schneider-electric-run-industrial-5g-trials-french-factory[2020-09-28].

[122] Authentise. Authentise and Nebumind integrate the DigitalTwin. https://www.authentise.com/post/authentise-and-nebumind-integrate-the-digitaltwin[2020-11-19].

[123] 中国工信部. 中科创达、施耐德电气联合发布基于 AWS 的融合智能工业视觉平台. http://www.cnii.com.cn/cyjj/202012/t20201211_238462.html[2020-12-04].

[124] 张旭东. 时速 600 公里高速磁浮试验样车成功试跑. http://www.xinhuanet.com/fortune/2020-06/21/c_1126141776.htm[2020-06-21].

[125] ICQM PKU. 北京大学搭建出国际最低温度的无液氦消耗制冷机. https://icqm.pku.edu.cn/xwdt/zxxw/923336.htm[2021-08-14].

[126] Virgin Hyperloop. First Passengers Travel Safely on a Hyperloop. https://virginhyperloop.com/press/first-passenger-testing[2020-11-08].

[127] 矫阳. 世界首列！国产时速350公里高速货运动车组下线. https://news.cctv.com/2020/12/24/ ARTIPhFZRrBVJnMABhb9psoL201224.shtml [2020-12-24].

[128] Angrand A. The MC-21 flies with its PD-14 turbofan engines. https://aircosmosinternational.com/ article/the-mc-21-flies-with-its-pd-14-turbofan-engines-3044 [2020-12-19].

[129] Ben-Arye T, Shandalov Y, Ben-Shaul S, et al. Textured soy protein scaffolds enable the generation of three-dimensional bovine skeletal muscle tissue for cell-based meat. https://www. nature.com/articles/s43016-020-0046-5 [2020-03-30].

[130] Chen Z B, Kibler R D, Hunt A, et al. *De novo* design of protein logic gates. https://www.science. org/doi/full/10.1126/science.aay2790 [2020-04-03].

[131] Miller T E, Beneyton T, Schwander T, et al. Light-powered CO_2 fixation in a chloroplast mimic with natural and synthetic parts. https://www.science.org/lookup/doi/10.1126/science.aaz6802 [2020-05-08].

[132] Kryuchkov M, Bilousov O, Lehmann J, et al. Reverse and forward engineering of *Drosophila* corneal nanocoatings. https://www.nature.com/articles/s41586-020-2707-9 [2020-09-16].

[133] Banerjee D, Eng T, Lau A K, et al. Genome-scale metabolic rewiring improves titers rates and yields of the non-native product indigoidine at scale. https://www.nature.com/articles/s41467-020-19171-4 [2020-10-23].

[134] Chundawat S P S, Sousa L da C, Roy S, et al. Ammonia-salt solvent promotes cellulosic biomass deconstruction under ambient pretreatment conditions to enable rapid soluble sugar production at ultra-low enzyme loadings. Green Chemistry, 2020, 22（1）: 204-218.

[135] Liu X M, Gao H Y, Ward J E, et al. Power generation from ambient humidity using protein nanowires. Nature, 2020, 578: 550-554.

[136] Karuturi S K, Shen H P, Sharma A S, et al. Over 17% Efficiency stand-alone solar water splitting enabled by perovskite-silicon tandem absorbers. Advanced Energy Materials, 2020, 10（28）: 2000772.

[137] Shiraishi Y, Ueda Y, Soramoto A, et al. Photocatalytic hydrogen peroxide splitting on metal-free powders assisted by phosphoric acid as a stabilizer. https://www.nature.com/articles/s41467-020-17216-2#Abs1 [2020-07-07].

[138] Zhang Z L, Su J, Matias A S, et al, Enhanced and stabilized hydrogen production from methanol by ultrasmall Ni nanoclusters immobilized on defect-rich h-BN nanosheets. Proceedings of the National Academy of Sciences, 2020, 117（47）: 29442-29452.

[139] WNN. Russia commissions floating NPP. https://www.world-nuclear-news.org/Articles/Russia-commissions-floating-NPP [2020-05-22].

[140] WNN. Alloy clear for use in high-temperature reactors. https://www.world-nuclear-news.org/Articles/Alloy-qualified-for-use-in-high-temperature-reacto[2020-05-06].

[141] Lucazeau O. Scientists Start Assembling The World's Largest Nuclear Fusion Experiment. https://www.sciencealert.com/scientists-start-assembling-the-world-s-largest-nuclear-fusion-experiment#:~:text=ITER%2C%20the%20world%27s%20largest%20experimental%20fusion%20facility%2C%20is,operated%20continuously%2C%20enough%20to%20supply%20some%20200%2C000%20homes[2020-07-29].

[142] 郑欣，贾阶生，陈若滢. 福清核电："华龙一号"全球首堆并网成功. http://fj.people.com.cn/n2/2020/1127/c181466-34442023.html[2020-11-27].

[143] 赵竹青. 我国新一代"人造太阳"建成并实现首次放电. http://scitech.people.com.cn/n1/2020/1204/c1007-31955922.html[2020-12-04].

[144] Nuclear Engineering International. Framatome manufactures metallic uranium fuel objects using 3D-printing. https://www.neimagazine.com/news/newsframatome-manufactures-metallic-uranium-fuel-objects-using-3d-printing-8415071/[2020-12-17].

[145] Zhang Y W, Tang Q C, Zhang Y, et al. Identifying degradation patterns of lithium ion batteries from impedance spectroscopy using machine learning. Nature Communications, 2020, 11（1）: 1706.

[146] Qiao Y, Deng H, He P, et al. A 500 Wh/kg Lithium-Metal Cell Based on Anionic Redox. Joule, 2020, 4（7）: 1445-1458.

[147] Naqvi K. Kyoto Uni And Toyota Tests 1,000 Km Single-Charge Fluoride-Ion Battery. https://www.technologytimes.pk/2020/08/13/kyoto-uni-and-toyota-tests-1000-km-single-charge-fluoride-ion-battery/[2020-08-13].

[148] Sustainable Bus. QuantumScape announces its solid-state battery tech can exceed average range of 80%. https://www.sustainable-bus.com/news/quantumscape-solid-state-battery-technology-cells/[2020-12-13].

[149] Heveran C M, Williams S L, Qiu J S, et al. Biomineralization and Successive Regeneration of Engineered Living Building Materials. Matter, 2020, 2（2）: 481-494.

[150] Zhou B W, Ou P F, Pant N, et al. Highly efficient binary copper–iron catalyst for photoelectrochemical carbon dioxide reduction toward methane. https://www.pnas.org/content/117/3/1330[2020-01-03].

[151] Luong D X, Bets K V, Algozeeb W A, et al. Gram-scale bottom-up flash graphene synthesis. https://www.nature.com/articles/s41586-020-1938-0[2020-01-27].

[152] Wang Q, Warnan J, Rodríguez-Jiménez S, et al. Molecularly engineered photocatalyst sheet for scalable solar formate production from carbon dioxide and water. https://www.nature.com/articles/

s41560-020-0678-6#Abs1〔2020-08-24〕.

[153] Isaacs M A，Parlett C M A，Robinson N，et al. A spatially orthogonal hierarchically porous acid-base catalyst for cascade and antagonistic reactions. https://www.nature.com/articles/s41929-020-00526-5〔2020-10-26〕.

[154] Charpentreau C. PHASA-35，BAE alternative to satellites，completes maiden flight. https://www.aerotime.aero/24564-phasa-35-bae-alternative-to-satellites-completes-maiden-flight#:～:text=PHASA-35%2C%20a%20solar-powered%20unmanned%20aircraft%20developed%20by%20BAE，a%20cheaper%20and%20more%20flexible%20alternative%20to%20satellites〔2020-02-17〕.

[155] Airbus. Airbus Performs First Ever Automatic Air-to-Air Refueling. https://www.defenseworld.net/news/26771/Airbus_Performs_First_Ever_Automatic_Air_to_Air_Refueling#.YVrMdHAzIVQ〔2020-04-17〕.

[156] Secretary of the Air Force Public Affairs. SECAF Unveils New "eSeries" Classification in Nod to Department's Digital Future. https://soldiersystems.net/2020/09/20/secaf-unveils-new-eseries-classification-in-nod-to-departments-digital-future/〔2020-09-20〕.

[157] ZeroAvia. ZeroAvia Completes World First Hydrogen-Electric Passenger Plane Flight. https://en.prnasia.com/releases/apac/zeroavia-completes-world-first-hydrogen-electric-passenger-plane-flight-292889.shtml〔2020-09-25〕.

[158] NASA. Solar Orbiter Launch Takes Solar Science to New Heights. https://www.nasa.gov/press-release/solar-orbiter-launch-takes-solar-science-to-new-heights〔2020-02-10〕.

[159] Sharwood S. United Arab Emirates' Mars probe successfully launched and phones home. https://www.theregister.com/2020/07/20/hope_emirates_mars_mission_launch/〔2020-07-20〕.

[160] 胡喆，周旋.我国首次火星探测任务"天问一号"探测器成功发射. http://www.xinhuanet.com/tech/2020-07-23/c_1126275764.htm〔2020-07-23〕.

[161] NASA. NASA，ULA Launch Mars 2020 Perseverance Rover Mission to Red Planet. https://www.nasa.gov/press-release/nasa-ula-launch-mars-2020-perseverance-rover-mission-to-red-planet〔2020-07-30〕.

[162] 赵竹青.嫦娥五号圆满完成我国首次地外天体采样返回任务. http://scitech.people.com.cn/n1/2020/1217/c1007-31969401.html〔2020-12-07〕.

[163] 华义.日本小行星探测器隼鸟 2 号回收舱返回地球. http://www.xinhuanet.com/tech/2020-12/06/c_1126826322.htm〔2020-12-06〕.

[164] Wall M. Rocket Lab catches falling Electron booster with helicopter in reusability test. https://www.space.com/rocket-lab-booster-helicopter-catch-video.html〔2020-04-10〕.

[165] NASA. NASA Astronauts Launch from America in Historic Test Flight of SpaceX Crew Dragon.

https://www.nasa.gov/press-release/nasa-astronauts-launch-from-america-in-historic-test-flight-of-spacex-crew-dragon[2020-05-31].

[166] NASA. NASA Completes Artemis Space Launch System Structural Testing Campaign. https://www.nasa.gov/exploration/systems/sls/nasa-completes-artemis-sls-structural-testing-campaign.html[2020-06-20].

[167] Williams M. Finally! SpaceX Starship Prototype SN5 Flies Just Over 150 Meters into the Air. https://www.universetoday.com/147321/finally-spacex-starship-prototype-sn5-flies-just-over-150-meters-into-the-air/[2020-08-05].

[168] Clark S. SpaceX launches 60 more Starlink satellites on 100th Falcon 9 flight. https://spaceflightnow.com/2020/11/25/spacex-launches-60-more-starlink-satellites-on-100th-falcon-9-flight/[2020-11-25].

[169] Space Newsfeed. Lynk first to connect satellite directly to standard mobile phones on Earth. https://www.spacenewsfeed.com/index.php/news/4506-lynk-first-to-connect-satellite-directly-to-standard-mobile-phones-on-earth#:～:text=Lynk%20first%20to%20connect%20satellite%20directly%20to%20standard,text%20message%20from%20space%20to%20a%20mobile%20phone[2020-03-18].

[170] Xia Y, Li W, Clark W, et al. Demonstration of a reconfigurable entangled radio-frequency photonic sensor network. Physical Review Letters, 2020, 124（15）: 150502.

[171] 李国利, 张汨汨, 胡喆. 北斗三号最后一颗组网卫星"重启"发射成功. http://www.xinhuanet.com/mil/2020-06/23/c_1210673408.htm[2020-06-23].

[172] Collins Aerospace. Collins Aerospace bringing new SATCOM capabilities to aviation through the Iridium Certus® service. https://www.collinsaerospace.com/en/newsroom/News/2020/08/Collins-bringing-new-SATCOM-capabilites-aviation-Iridium-Certus-service#:～:text=CEDAR%20RAPIDS%2C%20Iowa%20%28Aug.%2013%2C%202020%29%20%E2%80%93%20Collins,orbiting%20Iridium%C2%AE%20satellite%20using%20the%20Iridium%20Certus%20service.[2020-08-13].

[173] Space Newsfeed. Satellite communications phased array prototype successfully completes transmit test. https://www.spacenewsfeed.com/index.php/news/5159-satellite-communications-phased-array-prototype-successfully-completes-transmit-test[2020-08-31].

[174] 钟艳平. 我国海域天然气水合物第二轮试采成功 创下两项新世界纪录. http://www.xinhuanet.com/science/2020-03/27/c_138922044.htm[2020-03-27].

[175] GEBCO. Nearly a fifth of world's ocean floor now mapped. https://www.gebco.net/news_and_media/gebco_2020_release.html[2020-06-21].

[176] 李丽云. 填补国际空白! 哈工程首创"三合一"海底探测"神器". http://m.stdaily.com/index/

kejixinwen/2020-10/13/content_1027363.shtml［2020-10-13］.

［177］张保淑."奋斗者"深潜超万米 "全海深"中国今梦圆. http://scitech.people.com.cn/n1/2020/1116/c1007-31931643.html［2020-11-16］.

［178］Curious. CMA CGM and Energy Observer join forces to make hydrogen one of the energy sources of tomorrow. https://www.vesselfinder.com/news/17500-CMA-CGM-and-Energy-Observer-join-forces-to-make-hydrogen-one-of-the-energy-sources-of-tomorrow［2020-02-12］.

［179］Fitzpatrick A，Singhvi A，Arbabian A. An airborne sonar system for underwater remote sensing and imaging. IEEE Access，2020，8：189945-189959.

［180］Lim C-W. Hyundai shipyard applies autonomous sailing technology to bulk carrier. https://www.ajudaily.com/view/20200409173629074［2020-04-09］.

［181］Gamboa E. NAVWAR Launches Data Fusion Tool，Maintains Fleet Readiness in Wake of Worldwide Pandemic. https://www.dvidshub.net/news/369935/navwar-launches-data-fusion-tool-maintains-fleet-readiness-wake-worldwide-pandemic［2020-05-13］.

［182］WNN. Arktika icebreaker completes first mission. https://www.world-nuclear-news.org/Articles/Arktika-icebreaker-completes-first-mission［2020-11-24］.

Overview of High Technology Development in 2020

Zhang Jiuchun

（Institutes of Science and Development，Chinese Academy of Sciences）

In 2020，facing the adverse situation of COVID-19 outbreak，deep recession of the world economy and trade protectionism，major countries in the world attached great importance to scientific and technological innovation，and competed fiercely in developing COVID-19 vaccine，strategic high-tech fields，and possible breakthroughs in the new scientific and technological revolution and industrial transformation. The United States released National Strategy for Critical and Emerging Technologies，redefining 20 key and emerging technologies，in order to maintain and strengthen its global leadership in artificial intelligence，quantum information science，communication network technology，semiconductor and microelectronics technology，aerospace technology and other fields. The United States passed the Endless Frontier Act，which sets out to invest $100 billion over the next five years to advance research in ten key technology areas, such as artificial intelligence and machine learning, semiconductors and advanced computer hardware, quantum computing and information systems, and advanced communications technology. The European Union (EU) published EU Multiannual Financial Framework For 2021-2027, White Paper on Artificial Intelligence, A European Strategy for Data, EU Hydrogen Strategy and other strategic initiatives, and invested on the development of strategic technologies such as artificial intelligence, supercomputing, quantum communication and computing, cybersecurity tools, vaccines and treatments for COVID-19, digital technologies, nuclear energy and space technologies. The UK attached great importance to developing 5G, quantum technology, COVID-19 vaccines and medicines, digital technologies and artificial intelligence. The UK has proposed in the MOD Science and Technology Strategy 2020 that at least 1.2 percent of its defense budget should be directly invested in science and technology. Germany has revised its Artificial Intelligence Strategy of the German Federal Government, and has adopted National Hydrogen Strategy and National Bioeconomy Strategy, Microelectronics Trustworthy and Sustainable for Germany and Europe-The German Federal Government's Framework Programme for Research and Innovation 2021-2024, and has focused on developing artificial intelligence, hydrogen energy, biotechnology and microelectronics. Japan released its Integrated Innovation Strategy 2020, which sets out its innovation strategy for 2020, and focused on the development of fundamental technologies such as advanced computing, artificial intelligence, biotechnology, quantum technology and materials, as well as applied technologies such as disaster prevention, response to infectious diseases and cyber security. China continued to implement the strategy of rejuvenating the country through science and education, the strategy of strengthening the nation with trained personnel and innovation-driven development. China relied on self-reliance and self-strengthening in science and technology, intensified its national strategic strength in science and technology, and accelerated its efforts to build a strong country in science and technology. China has made a series of significant achievements.

2021 High Technology Development Report summarizes and presents the significant achievements and progress of high technologies in the world in 2020 from the following six parts.

Information and communication technologies（ICT）. Many breakthroughs have been made in information and communication technologies. In the field of integrated circuits, a kind of aligned and high-density semiconducting carbon nanotube arrays, the world's first piece of 10-layer 3D printed circuit board, an efficient subminiature electro-optic modulator, the first microchip integrated liquid cooling system, a two-dimensional black phosphorus field-effect transistor preventing reverse engineering have been made. Carbon nanotube field-effect transistors have achieved a stage as a near-commercial technology. In the field of advanced computing, a kind of photonic computer with non-von Neumann architectures, the A100 GPU chips with high performance, a high-capacity biological storage medium, a brain-like computer with the world's largest neuron, and the leading performance Tianshu series processor core have emerged. In the field of artificial intelligence, GPT-3（an autoregressive language model）, an intelligence decoding system that translates brainwaves into English sentences with high accuracy, a single algorithm with only 19 control neurons, and the AI accelerator IMG Series4 have been born successively. TikTok published its recommendation algorithm. An artificial intelligence system accurately predicted the three-dimensional structure of proteins. In the field of cloud computing and big data, the big data tool "Earth Map" providing critical climate, environment and agriculture information, the Azure Orbital service and an ultra-large new magnetic storage tape are worthy of attention. The field of network and communication mainly focuses on speed, distance and security. The ultra-high speed transmission of UHF signals by conventional telephone lines, and the new world record of internet data transmission rate have been realized. A monolithic plasma high-speed transmitter, the NFC technology with the longest communication distance in the world and a new data exfiltration technique have been developed. Aimed to develop security of quantum communication and realize quantum advantage, the real-time transmission of whole-genome sequence data using quantum cryptography has been demonstrated. A new world record in the long-distance quantum entanglement has been set. The quantum state lifetime has been extended by 10 000 times. A trusted-node-free eight-user metropolitan quantum network, a five-meter-long microwave quantum link, a photonic quantum computer "Jiuzhang" have been made. A quantum internet test experiment has been completed. In the field of sensors, the depth thermography, an super-accurate deformation sensor, a dielectric metasurface optical chip that can shrink quantum devices, a low-power biomimetic collision detector, a new bolometric sensor with ultra-high sensitivity, and a fiber optic sensor that can transmit data up to 100 times faster have been developed.

Health care and biotech. Numerous achievements have been made in the fields of health and medical technology. In the field of gene and stem cells, a protective gene in wild wheatgrass that can stop fusarium head blight in wheat and barley crops has been cloned. The precise gene-editing tool "DdCBE" has been developed. A comprehensive catalogue of the molecular elements that regulate genes has been released. A functional human thymus has been reconstituted using postnatal stromal progenitor cells and natural whole-organ scaffolds. In the field of personalized diagnosis and treatment, the most extensive whole genomes analysis map of cancer, the world's first genetic map of human cerebral cortex, a highly detailed map of human heart cells and their gene expression have been drawn. The world's first *in vitro* bio-printed model of living aneurysm and the world's first *in vitro* reconstructed organoid have been created. In the field of significant new drugs, an antibiotic molecule with broad-spectrum antibacterial ability, the novel coronavirus drug (Ab8), a unique lipid nanoparticle-based delivery system that can effectively kill cancer cells, and the novel mRNA-based coronavirus vaccine BNT162b2 have been made successively. Dexamethasone, a kind of corticosteroid, has been found to effectively reduce the death rate of critically infected COVID-19 patients. FDA approved synOV1.1, a gene therapy product, for clinical trials. In the field of diagnosis and treatment of major diseases, two methods of activating and killing the hidden HIV and an AI System that matches tumors to the best drug combination have been discovered. The digital contact tracing technology "Exposure Notification" has been developed. Treating blood genetic diseases by gene-editing therapy and recovering the damaged function of human lungs have achieved encouraging results. In the field of medical devices, a star-shaped microneedle for treating skin diseases such as psoriasis and warts, a coin-sized brain-computer interface, a powerful biomimetic robotic hand, a kind of low-cost 3D-printed sensors that can rapidly identify the COVID-19 virus at home, and a cryo-electron microscopy that has achieved atomic resolution for the first time have been developed. The new open-source software called UNCALLED has revolutionized the DNA sequencing methods.

New material technologies. New materials continue to develop towards integration of structure and function, intellectualization of devices and greener manufacturing process, function enhancement and cost reduction. In the field of nanomaterials, a nanomaterial destroying toxic nerve agents effectively, the new material of cellulose nanofiber plate (CNFP), a kind of preceramic polymer-grafted nanoparticles used in the manufacture of high temperature ceramic parts, and a new method of synthesizing three-dimensional carbon nanocarbons have been developed. We have constructed the ultra-uniform nanocrystalline material for the first time, and made a kind of three-dimensional nanosuperconductors with DNA. In the field of two-dimensional materials, a kind of two-dimensional ice, an ultra-flat graphene film, a three-layer graphene structure, a kind of nonreciprocal antenna devices based on atomically thin $NbSe_2$ have been made. A new process manufacturing two-dimensional blue phosphorus has been discovered. In the field of metal and alloy material, a kind of 3D-printed ultra-high strength alloys, a new type of low-cost super steel, a highly resilient nanocrystalline copper-tantalum alloy, a new type of 3D-printable nickel-based superalloy, and a kind of lightweight liquid metal composite material have been created successively. The fatigue life of a type of high-strength aluminum alloy has been improved by 25 times. In the field of semiconductor materials, a light-emitting hexagonal Ge and SiGe alloys, an energy-efficient two-dimensional tunneling transistor, the world's smallest semiconductor laser, the new two-dimensional van der Waals layered $MoSi_2N_4$ without known 3D layered parents material, and a paper-thin gallium oxide transistor handling more than 8,000 volts have emerged. In the field of advanced energy storage materials, a fast-charging supercapacitor, a kind of ultra-stable three-dimensional platinum copper nanowires catalysts, a kind of rare-earth-platinum alloy catalysts, a new anode material for safer fast-charging lithium-ion battery, and a type of metal-organic framework material storing solar energy for months have been developed. A new method of synthesizing highly stable perovskite industrially has been discovered. In the field of biomedical materials, a smart and breathable fabric protecting against biological and chemical warfare agents, a kind of black bioceramics, a very realistic *in vitro* cultured human skin-like organ has been built. A 3D-printed human heart pump with the centimeter level has been made and can operate normally. Human cells for the first time become transparent in a controlled and reversible way. A hydrogel anti-icing coating, a ceramic material with the highest melting point above 4000 ℃, a low-cost and environmentally friendly high-performance radiation shielding material, a universally autonomous self-healing material and a room temperature (15 ℃) superconducting material appeared.

Advanced manufacturing technologies. The advanced manufacturing sector continues to develop rapidly in digitization, refinement, green and intelligence. Additive manufacturing technology and equipment continue to innovate. The 3D printing technology "Injection Printing", the volumetric 3D printing technology "Xolography" and the core prototype of 3D-printed nuclear reactor have been developed. The "Space-Based Composite Material 3D Printing System" and the 3D-printed rocket engine Aeon 1 have been run and tested. Robots with all kinds of functions, structures and materials come out continually. The world's first programmable living miniature robot, Robot Spot 2.0 with new software, a self-driving robot equipped with cameras and a LED screen, an intelligent robot that can recognize pain and repair itself, a creepy skinless robot with realistic eyes have been created. The Qualcomm Robotics RB5 Platform has been built. New achievements have also been made in micro-nano processing, including the new plasma etching technology platform "Sense.i ™", the polymer brush hypersurface photolithography, and a new technique to detect nano-sized imperfections in materials. The silver liquid with ultra-high nano-particle content has been prepared for the first time. The etching speed of contactless photo-electrochemical has been increased by 10 times. It refreshed the world's resolution record in X-ray microscopy. 5G, internet of things, digital technology and cloud platform enable intelligent manufacturing. "Digital twin" tools have been integrated into Authentise Manufacturing Execution System. The indoor 5G in the industrial sector on experimental frequencies has been deployed and operated. TurboX Inspection, an integrated intelligent industrial vision platform, has been launched. Other new digital technologies and robotic automation products, solutions and services have also been found. Encouraging achievements have been made in high-end equipment manufacturing, including the 600km/h high-speed maglev test prototype, the "Hyperloop", the world's first 350km/h freight high-speed bullet train, the aviation PD-14 engine with super-strong titanium alloy blades, and the world's lowest temperature refrigerator with non-liquid helium supply. In the field of biological manufacturing, an edible scaffold with porous protein-based biomaterial, an artificial protein with the function of molecular logic gates, an artificial chloroplast, a soil microbe with the whole process of effectively generating large quantities of the target compound, and the biodegradable nanocoatings with antibacterial, anti-reflective, safety and self-cleaning properties have been developed.

Energy and environmental protection technologies. Many new achievements have been made focusing on the goals of green, efficiency, intelligence and safty. In the field of renewable energy, a new process for rapidly dissolving plant fibers, an air-powered generator, a new photocatalytic technology for hydrogen production by sunlight, and a high-efficiency catalys for rapidly extracting hydrogen from alcohols have been developed. A new world record for solar-to-hydrogen efficiency has been set. In the field of nuclear energy and safety, the floating nuclear power plant "Lomonosov Academician" was put into commercial operation. The "617 alloy" is included in Boiler and Pressure Vessel Code. The world's largest fusion device "ITER" has been assembled. China connected its first indigenously developed third generation nuclear power reactor called Hualong one to its national grid. China's new generation "artificial sun" went into operation and achieved its first plasma discharge. The 3D-printed metallic uranium fuel object has been created for the first time in the world. In the field of advanced energy storage, a new AI method for predicting battery safety, a lithium-metal battery with energy densities of more than 500Wh/kg, a new prototype of new fluoride-ion batteries, and a solid-state battery with lithium-metal anodes have been developed. In the field of energy conservation and environmental protection, a new low-cost copper-iron based catalyst converting CO_2 to methane, the equipment converting CO_2 and water into carbon-neutral fuel by the sun, and a micron-sized ceramic sponge converting waste cooking oil into biodiesel economically efficient have been developed. A new method of converting plastic waste rapidly into high-quality graphene has been designed and improved.

Aeronautics, space and marine technologies. Some significant new achievements have been made, bringing human exploration to deep space and deep sea. In the field of advanced aircraft, the solar-powered aircraft "PHASA-35" and the world's first hydrogen-fueled commercial-grade aircraft completed their maiden flight. The fully automatic air-to-air refueling test has been successfully carried out. The et-7A Red

Hawk advanced trainer, the first aircraft designed with digital technology, has been produced. In the field of space exploration, "Solar Orbiter" detector, the United Arab Emirates Mars orbiter "the Hope Probe", the Mars probe "Tianwen-1", and "Perseverance" rovers have been successfully launched. Chang'e-5 probe carrying 1731 grams of lunar soil samples and the capsule of asteroid probe "Hayabusa 2" carrying rock samples successfully landed. In the field of delivery technology, the test of capturing first stage of "electronic" rocket in the sky, the test of last stage of Space Launch System (SLS) rocket, the first 150 meters hop test of starship prototype SN5 and the first commercial orbit launch of Crew Dragon spacecraft have been carried out successfully. In the field of satellites, the total number of Starlink satellites in space reached 953 and the higher bandwidth Iridium Certus airborne satellite communications system has been developed. Linking between low-Earth orbit satellites and ordinary mobile phones on Earth, improving GPS positioning accuracy by radio frequency photonics sensing and quantum metrology, launching the last global networking satellite of the Beidou-3 and testing the transmitting of a Multi-Band, Multi-Mission (MBMM) antenna were all successful. In the field of ocean exploration and development, the horizontal well technology has been used to successfully explore natural gas hydrate for the first time. The Photoacoustic Airborne Sonar System and China's first new equipment for multi-beam integrated acoustic detection have been developed. China's manned submersible "Striver" has successfully dived 10 909 meters. Seabed 2030 Project has mapped nearly a fifth of the world's entire ocean floor. In the field of advanced ships, the world's first hydrogen-powered vessel "Energy Observer" and the first of the fourth generation nuclear icebreakers Arktika have started sailing. The "Hyundai Intelligent Navigation Assistance System" has been installed on the cargo ship successfully. The "Fusion Cell" repository, a virtual data warehouse, has been developed to cope with the COVID-19 pandemic.

第二章

生物技术
新进展

Progress in
Biotechnology

2.1 基因编辑技术新进展

李广磊 黄行许

（上海科技大学生命科学与技术学院）

以 CRISPR/Cas 为代表的基因编辑技术出现后便引发了 21 世纪生物医学的技术革命。瑞典皇家科学院将 2020 年诺贝尔化学奖授予了开创 CRISPR/Cas9 基因编辑技术的两位科学家：美国加利福尼亚大学伯克利分校的 Jennifer Doudna 教授和德国柏林马克斯·普朗克病原学研究室的 Emmanuelle Charpentier 教授。CRISPR/Cas 基因编辑已应用于生物医药研究的方方面面，展现出广阔的应用前景和前所未有的商业价值。目前多个国家和地区已经布局细胞和基因治疗领域，特别是美国和欧洲，围绕着基因编辑，从基础研究、知识产权、公司开创、产品申报到未来应用等已经建立起完整的研发应用体系。下面将重点介绍该技术近几年的新进展并展望未来。

一、国内外现状

不同于转基因技术（直接在基因组的不确定位置插入外源基因），基因编辑技术通常在基因组的特定位置实现对 DNA 序列的改造。最早实现哺乳动物的基因组 DNA 改造，是利用同源重组精确改造小鼠胚胎干细胞基因组的基因打靶（gene targeting）技术。与基因打靶技术不同，基因编辑（gene editing）技术是指利用可设计的核酸酶，以碱基插入、缺失、置换等方式，对基因组 DNA 特定片段进行改造从而达到对目标基因进行编辑的一种基因工程技术。基因编辑技术主要包括锌指核酸酶（zinc finger nuclease，ZFN）技术[1]、转录激活因子样效应物核酸酶（transcription activator-like effector nuclease，TALEN）技术[2] 和成簇的规律间隔的短回文重复序列相关蛋白（clustered regularly interspaced short palindromic repeats/CRISPR-associated protein，CRISPR/Cas）技术[3]。其中 CRISPR/Cas 具有划时代的技术优势：①不受物种限制；②容易操作；③可以同时靶向多个基因；④可以高通量制备；⑤造价低；等等。CRISPR/Cas 基因编辑以自身的独特优势得以广泛应用，包括用于制备不同实验模型、改造物种、记录细胞对刺激的应答、设计和构造生物材料以及检测病原微生物等。但 CRISPR/Cas 基因编辑由于依赖双链断裂进行编辑，因此存在诸如长片段基因易缺失、抑癌基因易失活、编辑后的基因型无法得到准确预测等缺陷。此外，普遍使用的 Cas

蛋白（streptococcus pyogenes Cas9，spCas9）因为体积较大，难以包进病毒载体。针对这些缺陷，目前研发人员开发出碱基编辑（base editing，BE）、引导编辑（prime editing，PE）、小型核酸酶等新技术。

1. 碱基编辑

在 CRISPR/Cas 基础上发展起来的碱基编辑技术，在 DNA 水平上分为三种：①胞嘧啶碱基编辑器（cytosine base editors，CBEs），用于实现 C·G 到 T·A 的转换[4]；②腺嘌呤碱基编辑器（adenine base editors，ABEs），用于实现 A·T 到 G·C 的转换[5]；③最近开发的 CG 编辑器（C·G-to-G·C base editors，CGBEs），可以实现碱基的颠换[6]。在 RNA 水平上的碱基编辑分为 REPAIR 系统和 RESCUE 系统[7, 8]。在碱基编辑技术的原创性方面，美国处于领跑位置。碱基编辑技术的发明人之一，美国博德研究所的 David R. Liu 教授于 2017 年入选《自然》(Nature) 杂志年度十大人物，碱基编辑技术也于同年被《科学》(Science) 杂志列为全球十大科技突破之一。

国内对碱基编辑技术也开展了许多研究。2016 年，常兴课题组报道了利用胞嘧啶脱氨酶 AID 实现靶向 DNA 的编辑[9]。2018 年，陈佳、杨力与黄行许课题组报道了利用 Cpf1、APOBECA3A 实现胞嘧啶碱基编辑的目的，拓宽了碱基编辑的工具库[10, 11]。2019 年，魏文胜课题组报道了利用内源的脱氨酶实现目标 RNA 的编辑[12]。2020 年，张学礼与毕昌昊课题组报道了利用糖基酶碱基编辑器实现 C·G 到 G·C 的颠换[13]。国内在碱基编辑器方面的研究以改进、拓展为主，尚缺乏更多原创性的编辑器工具。

2. 引导编辑

2019 年 10 月，David R. Liu 课题组新推出引导编辑技术[14]，可以在特定位点实现包括插入、缺失及 12 种点突变的多种编辑形式。引导编辑技术应用范围更广，编辑类型更多，是基因编辑领域的又一突破[15]。同年被 Nature 杂志评为年度十大科学发现之一。

国内对引导编辑技术也进行了大量的研究，比较具有代表性的是 2021 年王小龙课题组与黄行许课题组合作报道了改进型的引导编辑系统（enhanced prime editing，ePE），认为其大大提高了编辑的效率[16]。

3. 长片段的基因敲入系统

基于双链断裂的编辑、碱基编辑以及引导编辑，主要是对短片段的 DNA（<100 碱基对）或者单个 DNA 进行的操作，而对较长基因片段（>100 碱基对）进行的定点插入等编辑一直存在效率较低的问题[17]。在国际研究方面，2019 年美国博德研究所

Zhang Feng 课题组与 Sternberg 课题组分别报道了利用转座酶结合 CRISPR/Cas 系统在细菌中实现长片段定点插入的研究，使最大插入片段可达到 10 千碱基对。但这种系统目前尚未见在哺乳动物中应用的报道。2021 年美国 IDT 公司和 Editas Medicine 公司合作开发的 AsCas12a Ultra 核酸酶，可以在原代细胞实现最高 60% 的长基因片段（>700 碱基对）敲入[18]。

4. 小型核酸酶

来自酿脓链球菌的 spCas9 有 1368 个氨基酸，来自金黄色葡萄球菌的 Cas9（saCas9）有 1053 个氨基酸，如果再添加脱氨酶等元件，很容易超出腺相关病毒（adeno-associated virus，AAV）的最大携载量（最多可以插入 4.7 千碱基对的外源片段）。因此，小型的核酸酶对于基因编辑工具的应用具有重要的价值。2017 年，韩国 Jin-Soo Kim 课题组报道了 CjCas9[19]，其大小只有 984 个氨基酸。2018 年，Jennifer 课题组报道了一款更小的核酸酶 CmCas12f，其大小只有 529 个氨基酸[20]；2019 年，该课题组又发现另一款小型的核酸酶 Cas12e，其大小有 986 个氨基酸[21]。

在国内研究方面，2021 年季泉江课题组报道了一款核酸酶 AsCas12f1，其大小只有 422 个氨基酸，该核酸酶通过包装 AAV 成功在哺乳动物细胞中实现了编辑[22]。小型核酸酶的成功应用将大大推进基因治疗的临床化应用进程。

5. 基因编辑技术在基因与细胞治疗中的应用

基因编辑技术已经成功地用于遗传突变的模拟和修饰、非编码元件和基因功能的注释、新的药物靶点和致病基因的筛选等，极大地推动了生物医药领域，特别是基因治疗和细胞治疗的发展。2018 年美国食品药品监督管理局（FDA）接受了 CRISPR Therapeutics 与 Vertex Pharmaceuticals 公司递交的针对镰状细胞贫血进行 CRISPR 治疗的新药临床试验申请。美国在临床上利用 CRISPR/Cas 基因编辑 T 细胞成功增强了癌症的 T 细胞治疗效果，向世界展现了利用 CRISPR/Cas 基因编辑进行基因治疗的广阔前景[23]。2021 年 6 月 26 日，《新英格兰医学杂志》报道了首个人体利用 CRISPR 基因编辑治疗致死性遗传病——转甲状腺素蛋白淀粉样变性的 I 期临床试验结果[24]，试验结果表明治疗是成功的。

在国内研究方面，2016 年刘宝瑞与黄行许课题组首次利用 CRISPR/Cas9 以非病毒形式敲除人原代 T 细胞中的 PD-1，从而增强了 T 细胞的杀伤功能[25]。2019 年邓宏魁课题组等采用基因编辑的方法获得了 CCR5 基因突变的造血干细胞，用于治疗艾滋病和白血病[26]。2021 年 1 月，中国国家药品监督管理局药品审评中心批准博雅辑因（北京）生物科技有限公司提交的 ET-01 用于治疗输血依赖型 β- 地中海贫血的临床试

验申请，这在国内属于首次。相信随着基因编辑技术的不断成熟，越来越多的基因与
细胞治疗产品将获得批准并上市，造福患者。

二、展　　望

近些年，基因编辑技术在开发、机理探讨、创新应用等方面取得了令人振奋的进
展，但仍存在脱靶、低效、嵌合等不足，以及受限于编辑窗口、非预期突变、编辑器
递送等难点，特别是原代细胞的基因编辑仍然不尽如人意。因此，实现人工改造细
胞，需要更深入地开发基因编辑技术、探讨编辑原理、开拓创新应用。

1. 技术开发

（1）新型基因/碱基编辑系统的研发

一方面，通过筛选不同物种来源的不同 DNA 酶，进一步利用蛋白质工程，构建
新的碱基编辑器，以实现更高的编辑效率和精确性；另一方面，开发单条染色体特异
的基因/碱基编辑方法，利用靶点周围碱基的不同进行单条染色体的编辑，从而实现
单条染色体特异的基因/碱基编辑[27]。

（2）长片段定点敲入技术的研发

2019 年美国博德研究所 Zhang Feng 课题组报道了利用转座酶实现了细菌的靶向
长片段 DNA 整合[28]，但没有在哺乳动物细胞中获得成功。对转座酶进行优化，实现
长片段（>100 千碱基对）的精确操作将革命性地推动未来基因编辑的发展。

（3）高通量基因/碱基编辑策略的研发

考虑到细胞功能相关基因的平行性和多样性，一是急需高效的高通量组合筛选
（combinatorial screen）策略[29]；二是要研发在特定组织器官内随机表达大量 sgRNA
（small guide RNA，小向导 RNA）的方法，以实现全细胞筛选[30]。进而结合 StarMap
和系列记录，在组织器官原位（保持空间位置信息）检查基因突变后的细胞转录组变
化，从而展示体内各细胞相关基因的功能缺失（loss-of-function）的时空变化。

2. 机理探讨

（1）基因/碱基编辑器作用的分子机制

利用电镜等各种不同的结构生物学手段，结合分子模拟，探讨各种基因/碱基编
辑器蛋白/RNA/DNA 单体和复合体及其突变体的空间结构，揭示作用机制，为工具
优化和改造提供指导方向。

（2）基因／碱基编辑脱靶效应的分子机制

利用单分子成像技术、活细胞成像技术、高通量测序以及计算生物学等方法，解析碱基错配、染色质高级结构和细胞类型等对基因编辑的影响，为理解基于 CRISPR/Cas 的基因编辑脱靶效应的分子机制奠定良好的基础。

3. 创新应用

（1）以基因型确定表型的高通量系统研究

核酸测序技术的进步和多种人类基因组计划的实施［如 ExAC（外显子组测序）、genomAD 等］，使得越来越多的基因组变异被挖掘出来。同时，蛋白检测技术的进步和多种人类蛋白质组计划的实施［如 HLPP 计划（人类蛋白质组计划）、HPPP 计划（人类血浆蛋白质组计划）］，使得越来越多的蛋白修饰被发现。这说明基因组变异或蛋白修饰的生物学意义日益受到关注。

（2）基于碱基的智慧药物合成筛选平台

疾病的发生实际上大多是碱基（氨基酸）突变，而不是基因突变（蛋白破坏）导致的，研究和治疗的靶点应该针对碱基（氨基酸）。针对不同基因突变进行药物合成筛选，才能真正体现疾病发生和治疗的机制和效果。因此，未来有必要建立碱基水平的药物合成筛选平台，并结合人工智能和大数据分析，实现智慧筛选。

（3）原代细胞的基因编辑标准化

原代细胞的人工改造是进行细胞人工改造的最终目的。不同来源的原代细胞状态不同，需要探索建立适用于各种原代细胞的不同基因编辑与递送体系及其标准程序，以制备状态和功能稳定的基因编辑原代细胞。

此外，实现高效、特异、精确细胞编辑的关键是基因／碱基编辑器的递送。在研发先进细胞编辑技术的同时，也要高度重视研发高效合理的递送策略。值得关注的是，长时间的基因／碱基编辑器表达对于细胞和个体存在安全隐患，因此调控操作基因／碱基编辑器表达的半衰期，使其在作用后很快降解也是递送的重点。基因编辑能够高效改造 DNA，可用于许多领域，但各国对不同产品的管理法规稍有不同，比较一致的做法是：鼓励在体以及体细胞改造以治疗疾病，同时严格监管动植物基因的改造。2021 年 6 月，美国生物技术公司 Intellia Therapeutics 和 Regeneron（再生元）成功完成了一项在体 CRISPR 基因编辑治疗的临床试验。日本东京的 Sanatech Seed 公司已向日本消费者销售基因编辑西红柿，这标志着日本政府已经允许基因编辑作物上市。

总之，细胞是生命体的基本组成和功能单位，而基因组是细胞结构和功能的决定因素。基因组 DNA 改造的关键性技术——基因编辑的发展和完善，使得我们有希望编辑细胞基因组，重塑细胞功能，从而得到高效的细胞药物（cell-based drug）；同时通过进一步的改造和制备，得到可以感受、处理、整合不同信号并执行特异功能的智慧"超级细胞"（supercell）。

参考文献

[1] Urnov F D, Rebar E J, Holmes M C, et al. Genome editing with engineered zinc finger nucleases. Nature Reviews Genetics, 2010, 11（9）: 636-646.

[2] Pennisi E. Beyond TALENs. Science, 2012, 338（6113）: 1411.

[3] Komor A C, Badran A H, Liu D R. CRISPR-Based technologies for the manipulation of eukaryotic genomes. Cell, 2017, 168（1-2）: 20-36.

[4] Komor A C, Kim Y B, Packer M S, et al. Programmable editing of a target base in genomic DNA without double-stranded DNA cleavage. Nature, 2016, 533（7603）: 420-424.

[5] Gaudelli N M, Komor A C, Rees H A, et al. Programmable base editing of A · T to G · C in genomic DNA without DNA cleavage. Nature, 2017, 551（7681）: 464-471.

[6] Koblan L W, Arbab M, Shen M W, et al. Efficient C · G-to-G · C base editors developed using CRISPRi screens, target-library analysis, and machine learning. Nature Biotechnology, 2021, 39（11）: 1414-1425.

[7] Abudayyeh O O, Gootenberg J S, Franklin B, et al. A cytosine deaminase for programmable single-base RNA editing. Science, 2019, 365（6451）: 382-386.

[8] Cox D B T, Gootenberg J S, Abudayyeh O O, et al. RNA editing with CRISPR-Cas13. Science, 2017, 358（6366）: 1019-1027.

[9] Ma Y, Zhang J, Yin W, et al. Targeted AID-mediated mutagenesis（TAM）enables efficient genomic diversification in mammalian cells. Nature Methods, 2016, 13（12）: 1029-1035.

[10] Wang X, Li J, Wang Y, et al. Efficient base editing in methylated regions with a human APOBEC3A-Cas9 fusion. Nature Biotechnology, 2018, 36（10）: 946-949.

[11] Li X, Wang Y, Liu Y, et al. Base editing with a Cpf1-cytidine deaminase fusion. Nature Biotechnology, 2018, 36（4）: 324-327.

[12] Qu L, Yi Z Y, Zhu S Y, et al. Programmable RNA editing by recruiting endogenous ADAR using engineered RNAs. Nature Biotechnology, 2019, 37（9）: 1059-1069.

[13] Zhao D, Li J, Li S, et al. Glycosylase base editors enable C-to-A and C-to-G base changes. Nature Biotechnology, 2021, 39（1）: 35-40.

[14] Anzalone A V, Randolph P B, Davis J R, et al. Search-and-replace genome editing without double-strand breaks or donor DNA. Nature, 2019, 576（7785）: 149-157.

[15] Cohen J. Prime editing promises to be a cut above CRISPR. Science, 2019, 366 (6464): 406.

[16] Liu Y, Yang G, Huang S H, et al. Enhancing prime editing by Csy4-mediated processing of pegRNA. Cell Research, 2021, 31 (10): 1134-1136.

[17] Zhang X, Li T, Ou J, et al. Homology-based repair induced by CRISPR-Cas nucleases in mammalian embryo genome editing. Protein & Cell, 2021. doi: 10.1007/s13238-021-00838-7.

[18] Zhang L, Zuris J A, Viswanathan R, et al. AsCas12a ultra nuclease facilitates the rapid generation of therapeutic cell medicines. Nature Communications, 2021, 12 (1): 3908.

[19] Kim E, Koo T, Park S W, et al. *In vivo* genome editing with a small Cas9 orthologue derived from Campylobacter jejuni. Nature Communications, 2017, 8: 14500.

[20] Harrington L B, Burstein D, Chen J S, et al. Programmed DNA destruction by miniature CRISPR-Cas14 enzymes. Science, 2018, 362 (6416): 839-842.

[21] Liu J J, Orlova N, Oakes B L, et al. CasX enzymes comprise a distinct family of RNA-guided genome editors. Nature, 2019, 566 (7743): 218-223.

[22] Wu Z, Zhang Y, Yu H, et al. Programmed genome editing by a miniature CRISPR-Cas12f nuclease. Nature Chemical Biology, 2021, 17 (11): 1132-1138.

[23] Stadtmauer E A, Fraietta J A, Davis M M, et al. CRISPR-engineered T cells in patients with refractory cancer. Science, 2020, 367 (6481): eaba7365.

[24] Gillmore J D, Gane E, Taubel J, et al. CRISPR-Cas9 *in vivo* gene editing for transthyretin amyloidosis. New England Journal of Medicine, 2021, 385 (6): 493-502.

[25] Su S, Hu B, Shao J, et al. CRISPR-Cas9 mediated efficient PD-1 disruption on human primary T cells from cancer patients. Scientific Reports, 2016, 6: 20070.

[26] Xu L, Wang J, Liu Y, et al. CRISPR-Edited stem cells in a patient with HIV and acute lymphocytic leukemia. New England Journal of Medicine, 2019, 381 (13): 1240-1247.

[27] Gyorgy B, Nist-Lund C, Pan B, et al. Allele-specific gene editing prevents deafness in a model of dominant progressive hearing loss. Nature Medicine, 2019, 25 (7): 1123-1130.

[28] Strecker J, Ladha A, Gardner Z, et al. RNA-guided DNA insertion with CRISPR-associated transposases. Science, 2019, 365 (6448): 48-53.

[29] Zhou P, Wan Y K, Chan B K C, et al. Extensible combinatorial CRISPR screening in mammalian cells. STAR Protocols, 2021, 2 (1): 100255.

[30] Wu Q, Tian Y, Zhang J, et al. *In vivo* CRISPR screening unveils histone demethylase UTX as an important epigenetic regulator in lung tumorigenesis. Proceedings of the National Academy of Sciences of the United States of America, 2018, 115 (17): E3978-E3986.

2.1　Gene Editing

Li Guanglei，*Huang Xingxu*
（School of Life Science and Technology，ShanghaiTech University）

As a platform technology，CRISPR/Cas has been widely used in biological medicine，and shows unprecedented potential and significant commercial value. The United States and Europe have built a complete research and development system for CRISPR gene editing，including basic research，intellectual property protection，industrial transformation，product development，and future application. We will dedicate ourselves to technology development，mechanism exploration，potential application，and delivery improvement，etc. On the basis of these technology development，we will apply CRISPR to edit- and repurpose the target cells in order to make the supercells- and cell-based drugs.

2.2　干细胞与再生医学技术新进展

郑　辉[1]　裴端卿[2]

（1. 中国科学院广州生物医药与健康研究院；2. 西湖大学）

干细胞与再生医学是生命科学最重要的发展方向之一，代表世界科技前沿。它不仅服务于人民生命健康和国家的重大需求，还面向经济主战场，积极带动相关产业的发展。近年来，该领域内的科研工作者努力攀登科学高峰，在新型干细胞和新型祖细胞的发现、组织器官发育图谱的绘制，以及衰老图谱的绘制等方面取得丰硕的成果。下面简要介绍近几年该技术的最新进展并展望未来。

一、国际新进展

国际上一直重视发展干细胞与再生医学技术，在新型功能细胞和新调控技术、组织器官再造、谱系研究等方面取得一些重要新进展。

1. 新型功能细胞的发现和新调控技术的建立

利用功能性细胞移植来修复受损的组织器官，一直是干细胞与再生医学领域治疗疾病的重要手段之一。因此，发现新型功能细胞或者调控功能细胞的新技术，对推动干细胞与再生医学技术的临床应用具有重要意义。美国加利福尼亚大学的团队及其合作者发现，自噬除在细胞的废物处理中发挥正常的作用外，还具有有序维持造血干细胞的功能[1]。加利福尼亚大学的团队与其他合作者还发现，小鼠肺部产生小鼠血液循环中一半以上的血小板；此外，还在小鼠肺部鉴定出一种之前未知的造血干细胞库，当骨髓中的造血干细胞耗尽时，肺部的这些造血干细胞能够继续造血[2]。美国波士顿儿童医院的团队及其合作者，在实验室中利用多能性干细胞制造出人造血干细胞，这为利用患者自己的细胞获得用于治疗目的的免疫匹配性血细胞开辟了新途径[3]。瑞士苏黎世大学的团队及其合作者，追踪新的神经细胞两个月后，发现大多数干细胞在成熟为神经元之前仅分裂几轮；这解释了为何随着年龄的增加，新生细胞的数量急剧下降[4]。美国斯坦福大学医学院的团队及其合作者发现，神经干细胞衰老，导致其清除蛋白聚集物的能力逐渐下降；恢复其溶酶体的功能，就可恢复它们的活化能力[5]。美国密歇根大学的团队在骨骺生长板鉴别出一类骨骼干细胞，这些特殊细胞能够转变成为制造软骨和骨骼的细胞，也能转化为特殊细胞以支持血细胞的产生[6]。美国斯坦福大学医学院的研究人员发现，在正常细胞更新或组织损伤期间，表达高水平端粒酶的肝干细胞在小鼠中起着再生肝脏器官的作用[7]。加拿大麦克马斯特大学的团队及其合作者，在人类干细胞中发现一类特殊的细胞亚群，其能发送信号以促进周围细胞的发育和生长[8]。英国剑桥大学的科学家揭示了随着年龄增长，大脑僵硬程度的增加导致大脑干细胞功能异常的分子机制，开发出一种能将老化的干细胞逆转回健康状态的新方法[9]。

2. 基于干细胞与再生医学技术实现组织器官再造

干细胞与再生医学领域治疗疾病的另一个重要手段就是，基于干细胞与再生医学技术实现组织器官的再造，再通过移植，实现疾病的治疗。美国辛辛那提儿童医院医学中心的团队，利用多能性干细胞培育出可产生胃酸和消化酶的人胃底组织[10]。意大利圣拉斐尔科学研究所团队，利用转基因手段培养出表皮干细胞，再生出完整的表皮，阐明了一种皮肤细胞的有效再生方式[11]。日本多家研究机构的研究人员采用胚胎细胞，构建出与小鼠卵巢非常相似的人工小鼠卵巢[12]。美国格莱斯顿研究所的科学家鉴别出四个能控制细胞分裂周期的基因，这些基因能够促进发育成熟的心肌细胞重新进入细胞周期，从而实现细胞的分裂及快速增殖[13]。中国和美国的科学家证实，一种小分子化合物用于小鼠时，能够激活瘫痪的小鼠的相关神经回路，从而恢复它们的行走能力[14]。荷兰马斯特里赫特大学等机构的研究人员让一组与胎盘相对应的小鼠干细胞自组装成原型胚胎结构，该胚胎结构植入小鼠子宫内后，可使小鼠开始妊娠[15]。美国卡内基梅隆大学的研究人员开发出一种新技术，允许任何人利用人体中的胶原蛋白 3D 生物打印组织支架，这项技术使组织工程领域距离 3D 打印全尺寸的成人心脏更近一步[16]。美国索尔克生物研究所等机构的科学家首次从单个培养的细胞创造出小鼠囊胚样结构，该结构甚至能植入子宫中[17]。德国马克斯·普朗克分子遗传学研究所等机构的研究人员，通过在一种特殊凝胶中培养小鼠胚胎干细胞，成功制造出胚胎躯干样的结构[18]。

3. 单细胞测序技术助力谱系研究

2018 年 *Science* 杂志评选年度十大科学突破，认为单细胞基因活性分析可让研究人员利用计算机技术及标记细胞的方法，追踪细胞发育过程，了解哪些基因会在胚胎早期发育时被开启或关闭。美国哈佛大学的科学家利用其开发的 MERFISH 单分子成像技术，结合单细胞 RNA 测序，成功构建出下丘脑视前区的细胞空间图谱[19]。美国达纳法伯癌症研究所等机构的研究人员发现，用于制造蛋白的核糖体数量是决定红细胞发育的主要因素[20]。比利时鲁汶大学的研究人员，首次绘制出果蝇衰老过程中每个脑细胞的基因表达图谱[21]。巴塞罗那生物医学研究院等机构的科学家发现，老化的成纤维细胞会表现出不太明确的分子构象，从而解释了皮肤成纤维细胞是衰老的原因[22]。来自英国剑桥大学等机构的科学家，在绘制近 70 000 个来自早期生命和成年个体的肾脏细胞图谱之后，创建出首幅人类肾脏免疫系统的图谱[23]。来自中国和美国的科学家联合开发出一种新方法，能在实验室中研究灵长类动物胚胎的生长过程，帮助研究人员首次观察到胚胎关键发育过程的分子细节[24]。美国范德堡大学的研究人员对人体免疫系统一个关键部分——编码循环 B 细胞受体库的基因——进行测序，发现令人吃惊的抗体序列的重叠，这些重叠可能为开发出在不同人群中起作用的疫苗和疗法提供潜在的新抗体靶标[25]。英国纽卡斯尔大学等研究机构的研究人员，绘制出胸腺组织在人身体中的演化图谱，以了解它如何发育和产生出重要的免疫细胞 T 细胞[26]。英国的研究人员在世界上首次构建出人类发育中肝脏的细胞图谱，有助于解释胎儿中血液和免疫系统产生的机制[27]。

二、国内新进展

我国也非常重视发展干细胞与再生医学技术，以期在与国外先进国家的竞争中获得优势地位，经过多年的努力，已经在新动物模型、新功能和新调控技术、组织器官的发育图谱、衰老图谱等方面取得一些重要成果。

1. 基于干细胞与再生医学技术建立新动物模型

非人灵长类动物是与人类亲缘关系最近的实验动物。体细胞克隆技术可在短期内批量生产遗传背景一致且无嵌合现象的动物模型，是构建非人灵长类基因修饰动物模型的最佳方法。昆明理工大学季维智研究组利用 TALEN 靶向基因编辑技术，对食蟹猴 *MECP2* 基因进行敲除，获得了一批瑞特综合征猴模型；这些模型表现出许多类似瑞特综合征患者及未曾在啮齿类发现的临床表型[28]。中国科学院神经科学研究所孙强和刘真研究团队，成功获得两只健康存活的体细胞克隆猴，实现了该领域从无到有的重大突破。该技术将为非人灵长类基因编辑操作提供更便利和精准的技术手段[29]。

2. 新型功能细胞的发现和新调控技术的建立

中国北京大学和美国索尔克生物研究所的研究人员合作，发现一种能够让体外培养的小鼠 PSC 和人 PSC 产生胚胎组织和胚外组织的化学混合物[30]。中国科学院动物研究所刘峰团队及其合作者发现，m6A 在甲基化调节内皮 - 造血转化过程中的基因表达是平衡的，可通过介导 notch1a mRNA 的稳定性，促进造血干细胞的发育[31]。中国科学院的曾艺团队及其合作者，通过对成年小鼠胰岛进行高通量的单细胞转录组测序，发现一个新的细胞类群（Procr+ 细胞）；此类群的细胞在体内正常生理状态下，可以分化形成胰岛的全部细胞类型[32]。

3. 绘制不同组织器官的发育图谱

中国科学院景乃禾团队及其合作者，通过构建小鼠早期胚胎的高分辨率时空转录组图谱，揭示了三胚层分化的细胞谱系和多能性在时间和空间上的动态变化及其调控网络，推动了早期胚胎发育和干细胞再生医学相关领域的发展[33]。北京大学汤富酬团队及其合作者，利用高精度单细胞转录组和 DNA 甲基化组图谱，重构人类胚胎着床过程，系统揭示了这一重要发育过程的核心生物学特征和关键调控机制[34]。浙江大学的郭国骥团队及其合作者，对 60 种人体组织样品和 7 种细胞培养样品进行高通量单细胞测序分析，系统性绘制出跨越胚胎和成年两个时期、涵盖八大系统的人类细胞图谱[35]。中国科学院王晓群团队及其合作者，利用高通量单细胞转录组技术，把人类胚胎期海马体的细胞划分为 8 大类、47 个不同的细胞亚型，并对其中关键的神经干细胞的动态发育进行系统的功能研究，深入阐明了人脑海马的动态变化的发育过程以及记忆功能环路形成的细胞基础和分子机制[36]。暨南大学兰雨团队及其合作者，利用高精度的单细胞转录组测序技术，绘制出人胚（孕 8 周内）造血细胞发育图谱，有望为巨噬细胞相关疾病的诊断和治疗带来突破性的认识和进展[37]。

4. 基于动物模型绘制衰老图谱

中国科学院刘光慧团队及其合作者，实现了"长寿基因" *SIRT6* 在非人灵长类动物中的全身敲除，获得了世界上首例长寿基因敲除的食蟹猴模型，进而揭示了 *SIRT6* 基因在调节灵长类胚胎发育中的全新作用，为研究人类发育和衰老的机制以及治疗相关疾病奠定重要基础[38]。该团队比较来自年轻和年长的非人灵长类动物的 2601 个卵巢细胞，确定了每种类型的灵长类卵巢细胞（包括卵母细胞和颗粒细胞）的基因活性模式。这项研究有助于在单细胞分辨率下全面理解灵长类动物卵巢的衰老机制，以及开发帮助衰老的卵巢细胞再生的新工具[39]。此外，该团队还以啮齿类动物大鼠为研究对象，利用高通量单细胞和单核转录组测序技术，绘制出首幅哺乳动物衰老和节食的多器官单细胞和单核转录组图谱，揭示了节食通过调节多组织的免疫炎症通路进而延缓衰老的新型分子机制[40]。

三、未 来 展 望

根据目前的发展状况和未来的需求，干细胞与再生医学技术的发展趋势将体现在以下几方面。

单细胞测序技术不停迭代，干细胞与再生医学领域的研究越来越偏向细胞谱系研究。基于此，由美国麻省理工学院－哈佛大学布罗德研究所（The Broad Institute of MIT and Harvard）、维尔康姆基金会桑格研究所（The Wellcome Trust Sanger Institute）和维尔康姆基金会牵头的细胞图谱计划启动会议（Human Cell Atlas Launch Meeting，HCA），于 2016 年 10 月在伦敦召开。中国则早在"十二五"和"十三五"期间就通过中国科学院战略性先导科技专项以及科技部重点研发计划布局细胞谱系的研究，已产出一系列重大科技成果。"十四五"期间，中国继续布局支持细胞谱系的研究，但对细胞谱系研究的投入整体上体量偏小，支持力度不足，难以维持我国与国际同行的高强度竞争。

随着高通量测序技术的发展，干细胞与再生医学领域进入大数据时代。科研工作者已熟练地在少量细胞或者单细胞水平上整合基因组、转录组、表观组、蛋白质组、代谢组和功能组等方面的海量信息，从本质上揭示细胞在不同生理病理过程中的组学特征、变化路径乃至相互作用关系，进而揭示发育、衰老以及疾病的本质机理。计算机技术的全方位融入，使科研工作者可以发现数量稀少的新型干细胞和新型祖细胞，并追踪细胞在不同生理病理过程中的变化，模拟各种疾病的发病过程。

随着对人体各组织器官结构和功能理解的不断深入，以及类器官技术、生物材料技术和 3D 打印等技术的不断结合，干细胞与再生医学技术开始向组织器官个性化制造不断迈进。科研工作者已经在体外培养体系中获得具有复杂结构和简单生理功能的组织器官，在不久的未来，实现组织器官的体外制造将不再是梦想。

参考文献

[1] Ho T T, Warr M R, Adelman E R, et al. Autophagy maintains the metabolism and function of young and old stem cells. Nature, 2017, 543 (7644): 205-210.

[2] Lefrancais E, Ortiz-Munoz G, Caudrillier A, et al. The lung is a site of platelet biogenesis and a reservoir for haematopoietic progenitors. Nature, 2017, 544 (7648): 105-109.

[3] Sugimura R, Jha D K, Han A, et al. Haematopoietic stem and progenitor cells from human pluripotent stem cells. Nature, 2017, 545 (7655): 432-438.

[4] Pilz G A, Bottes S, Betizeau M, et al. Live imaging of neurogenesis in the adult mouse hippocampus. Science, 2018, 359 (6376): 658-662.

[5] Leeman D S, Hebestreit K, Ruetz T, et al. Lysosome activation clears aggregates and enhances quiescent neural stem cell activation during aging. Science, 2018, 359 (6381): 1277-1283.

[6] Mizuhashi K, Ono W, Matsushita Y, et al. Resting zone of the growth plate houses a unique class of skeletal stem cells. Nature, 2018, 563 (7730): 254-258.

[7] Lin S, Nascimento E M, Gajera C R, et al. Distributed hepatocytes expressing telomerase repopulate the liver in homeostasis and injury. Nature, 2018, 556 (7700): 244-248.

[8] Nakanishi M, Mitchell R R, Benoit Y D, et al. Human pluripotency is initiated and preserved by a unique subset of founder cells. Cell, 2019, 177 (4): 910-924. e922.

[9] Segel M, Neumann B, Hill M F E, et al. Niche stiffness underlies the ageing of central nervous system progenitor cells. Nature, 2019, 573 (7772): 130-134.

[10] McCracken K W, Aihara E, Martin B, et al. Wnt/beta-catenin promotes gastric fundus specification in mice and humans. Nature, 2017, 541 (7636): 182-187.

[11] Hirsch T, Rothoeft T, Teig N, et al. Regeneration of the entire human epidermis using transgenic stem cells. Nature, 2017, 551 (7680): 327-332.

[12] Yamashiro C, Sasaki K, Yabuta Y, et al. Generation of human oogonia from induced pluripotent stem cells in vitro. Science, 2018, 362 (6412): 356-360.

[13] Mohamed T M A, Ang Y S, Radzinsky E, et al. Regulation of Cell Cycle to Stimulate Adult Cardiomyocyte Proliferation and Cardiac Regeneration. Cell, 2018, 173 (1): 104-116. e112.

[14] Chen B, Li Y, Yu B, et al. Reactivation of Dormant Relay Pathways in Injured Spinal Cord by KCC2 Manipulations. Cell, 2018, 174 (3): 521-535. e513.

[15] Rivron N C, Frias-Aldeguer J, Vrij E J, et al. Blastocyst-like structures generated solely from stem

cells. Nature, 2018, 557（7703）: 106-111.

[16] Lee A, Hudson A R, Shiwarski D J, et al. 3D bioprinting of collagen to rebuild components of the human heart. Science, 2019, 365（6452）: 482-487.

[17] Li R, Zhong C, Yu Y, et al. Generation of Blastocyst-like Structures from Mouse Embryonic and Adult Cell Cultures. Cell, 2019, 179（3）: 687-702. e618.

[18] Veenvliet J V, Bolondi A, Kretzmer H, et al. Mouse embryonic stem cells self-organize into trunk-like structures with neural tube and somites. Science, 2020, 370（6522）. eaba4937.

[19] Moffitt J R, Bambah-Mukku D, Eichhorn S W, et al. Molecular, spatial, and functional single-cell profiling of the hypothalamic preoptic region. Science, 2018, 362（6416）. eaau5324.

[20] Khajuria R K, Munschauer M, Ulirsch J C, et al. Ribosome Levels Selectively Regulate Translation and Lineage Commitment in Human Hematopoiesis. Cell, 2018, 173（1）: 90-103. e119.

[21] Davie K, Janssens J, Koldere D, et al. A Single-Cell Transcriptome Atlas of the Aging Drosophila Brain. Cell, 2018, 174（4）: 982-998. e920.

[22] Salzer M C, Lafzi A, Berenguer-Llergo A, et al. Identity Noise and Adipogenic Traits Characterize Dermal Fibroblast Aging. Cell, 2018, 175（6）: 1575-1590. e1522.

[23] Stewart B J, Ferdinand J R, Young M D, et al. Spatiotemporal immune zonation of the human kidney. Science, 2019, 365（6460）: 1461-1466.

[24] Niu Y, Sun N, Li C, et al. Dissecting primate early post-implantation development using long-term *in vitro* embryo culture. Science, 2019, 366（6467）. eaaw5754.

[25] Soto C, Bombardi R G, Branchizio A, et al. High frequency of shared clonotypes in human B cell receptor repertoires.Nature, 2019, 566（7744）: 398-402.

[26] Park J E, Botting R A, Dominguez C C, et al. A cell atlas of human thymic development defines T cell repertoire formation. Science, 2020, 367（6480）. eaay3224.

[27] Popescu D M, Botting R A, Stephenson E, et al. Decoding human fetal liver haematopoiesis. Nature, 2019, 574（7778）: 365-371.

[28] Chen Y, Yu J, Niu Y, et al. Modeling Rett Syndrome Using TALEN-Edited MECP2 Mutant Cynomolgus Monkeys. Cell, 2017, 169（5）: 945-955. e910.

[29] Liu Z, Cai Y, Wang Y, et al. Cloning of Macaque Monkeys by Somatic Cell Nuclear Transfer. Cell, 2018, 172（4）: 881-887.

[30] Yang Y, Liu B, Xu J, et al. Derivation of pluripotent stem cells with *in vivo* embryonic and extraembryonic potency. Cell, 2017, 169（2）: 243-257. e225.

[31] Zhang C, Chen Y, Sun B, et al. m（6）A modulates haematopoietic stem and progenitor cell specification. Nature, 2017, 549（7671）: 273-276.

[32] Wang D, Wang J, Bai L, et al. Long-Term Expansion of Pancreatic Islet Organoids from Resident Procr（+）Progenitors. Cell, 2020, 180（6）: 1198-1211.e1119.

[33] Peng G, Suo S, Cui G, et al. Molecular architecture of lineage allocation and tissue organization in early mouse embryo. Nature, 2019, 572（7770）: 528-532.

[34] Zhou F, Wang R, Yuan P, et al. Reconstituting the transcriptome and DNA methylome landscapes of human implantation. Nature, 2019, 572（7771）: 660-664.

[35] Han X, Zhou Z, Fei L, et al. Construction of a human cell landscape at single-cell level. Nature, 2020, 581（7808）: 303-309.

[36] Zhong S, Ding W, Sun L, et al. Decoding the development of the human hippocampus. Nature, 2020, 577（7791）: 531-536.

[37] Bian Z, Gong Y, Huang T, et al. Deciphering human macrophage development at single-cell resolution. Nature, 2020, 582（7813）: 571-576.

[38] Zhang W, Wan H, Feng G, et al. SIRT6 deficiency results in developmental retardation in cynomolgus monkeys. Nature, 2018, 560（7720）: 661-665.

[39] Wang S, Zheng Y, Li J, et al. Single-Cell Transcriptomic Atlas of Primate Ovarian Aging. Cell, 2020, 180（3）: 585-600.e519.

[40] Ma S, Sun S, Geng L, et al. Caloric Restriction Reprograms the Single-Cell Transcriptional Landscape of Rattus Norvegicus Aging. Cell, 2020, 180（5）: 984-1001.e1022.

2.2　Stem Cell and Regenerative Medicine

Zheng Hui [1], *Pei Duanqing* [2]

（1. Guangzhou Institutes of Biomedicine and Health, Chinese Academy of Sciences;
2. Westlake University）

Stem cell and regenerative medicine has been considered as one of the most important future directions in life science. It represents the forefront of world science and technology, serves people's life and major national needs, and actively faces the main economic battlefield by driving the development of relevant industries. In the last several years, Chinese researchers have made a considerable progress in discovering new types of stem or progenitor cells, generating cell atlas during development, describing cell evolution atlas.

2.3 合成生物学技术新进展

陈大明[1,3]　熊　燕[1,3]　王　勇[2,3]

（1.上海生命科学信息中心，中国科学院上海营养与健康研究所；2.中国科学院分子植物科学卓越创新中心，中国科学院合成生物学重点实验室；3.中国科学院大学）

自 2017 年以来，得益于生命科学的发现、工程化方法的进步、人工智能的运用，合成生物学的设计能力不断提升，"从头构建"的技术难度不断降低，设计和构建复杂生物系统所依赖的各项技术日渐成熟。这些研发成果促进了合成生物学在医药与健康、工业与材料、农业与食品、存储与计算等诸多领域应用的进步，并受到了世界强国的普遍重视。下面将重点介绍近几年合成生物学技术的新进展，以及未来的发展趋势。

一、国际研发新进展

1. 使能技术

随着人工智能的引入，合成生物学的工程循环从"设计-构建-测试"（DBT）发展为"设计-构建-测试-学习"（DBTL），生物元件、生物线路和生物系统的设计中越来越多地运用机器学习的方法，计算机辅助生物学（computer aided biology，CAB）[1] 的概念应运而生。合成生物学的构建和测试技术也朝着自动化、智能化和系统化的方向不断发展，驱动着 DNA 合成成本的下降和合成精度的提高、定向进化平台的能力提升、高通量测序和高通量质谱分析的效率改进。

（1）设计进展

目前用于基因线路设计的工具有 CellDesigner、BioUML、iBioSim、COPASI、D-VASim、Uppaal、Asmparts、GEC、GenoCAD、Kera、ProMoT、Antimony、Proto、SynBioSS、TinkerCell 和 Cello 等[2]，但这些工具与机械领域的计算机辅助设计（computer aided design，CAD）相比仍有不小的差距，其解决方案之一就是在标准化的平台上开发。例如，立足国际遗传工程机器竞赛（iGEM）探索的 FLAME、Easy BBK、CRAFT、S-Din 等辅助设计类软件[3]，立足国际基因组编写计划（GP-write）的用于大规模基因组设计的工具[4]，以及企业［如莱迪思自动化（Lattice Automation）、拓唯思特（Twist Bioscience）]开发的工具都在探索中。同时，研究者在设计生物分子、生物器件、生物系统方面也取得新进展。在生物分子设计方面，华盛顿大学的团队实现了用于纳米孔结构的β桶状跨膜蛋白的首次从头设计[5]以及可模仿白细胞介素2的新蛋白设计[6]；在生物器件设计方面，斯坦福大学的团队开发出用于诊疗的新型RNA生物传感器[7]，麻省理工学院的团队开发出基于蛋白质磷酸化的调控网络[8]；在生物系统设计方面，伦敦大学学院的团队实现了人工合成的微生物群落设计的关键参数调控[9]。

（2）构建进展

2018年美国发布"半导体合成生物学路线图"[10]，对未来十多年的融合场景进行展望。其中，光刻技术的运用、酶促合成的开发使得DNA合成效率大幅提升，千碱基对（kbp）的合成成本降至百美元的数量级，一批企业［如拓唯思特、分子组装公司（Molecular Assemblies）等］不断进行深入开发，全球首台第三代DNA合成仪已经推出。在此基础上，不少企业［如银杏公司（Ginkgo Bioworks）等］构建出自动化的"生物代工厂"（Biofoundary）。在基因编辑方面，哺乳动物细胞中的碱基编辑最短可在1周多内完成[11]，新型基因编辑技术（selection by essential-gene exon knock-in，SLEEK）极大地提高了基因敲入的效率，"超小型"的RNA编辑工具（Cas13酶）可以装入腺病毒中实现体内编辑[12]，线粒体中用于精准单碱基编辑的新工具（DdCBEs）也在研发中[13]。

（3）测试进展

单分子纳米孔测序技术、单分子实时测序技术（SMRT）、真正单分子测序技术（tSMSTM），由凝胶和非凝胶的蛋白质组分离技术、基于生物质谱的蛋白质组学鉴定技术、蛋白质组学定量技术、蛋白质组学分析技术组成的高通量蛋白质组学技术，集成单细胞分离、单细胞全基因组扩增、基因组测序、蛋白质组分析等的单细胞分析技术等取得进展；利用质谱流式细胞技术探测同位素标记的探针，已可同时检测数千种细胞中的转录和翻译产物。在分子成像方面，可激活探针、化学交换饱和转移对比剂、超极化生物信号扩大技术等在研发中得到运用，切连科夫发光成像（Cerenkov luminescence imaging，CLI）则克服了生物医学检测中的探针毒性难题。高通量微流控酶动力学（HT-MEK）[14]、原位基因组测序（IGS）[15]、用于实时质谱分析的908设备等也取得进展。

（4）学习进展

谷歌开发的新工具（AlphaFold2）使大部分的蛋白质结构得以被精准预测[16]，华盛顿大学的新工具（RoseTTAFold）降低了对硬件设备的要求[17]。基于神经网络的RNA三维结构预测模型[18]、预测代谢通路变化对细胞影响的自动推荐工具

（ART）[19]、超高通量序列实时分析、无代码的生物实验设计和知识处理云平台（Synthace）等均已实现。

2. 应用技术

（1）医药与健康中的应用

在细胞治疗方面，正反馈线路的改造使 T 细胞表达嵌合抗原受体（CAR）的效率得到提升[20]。同时，合成生物学工具在改造造血干细胞、B 细胞、NK 细胞和巨噬细胞等方面也有较大的应用空间[21]。工程菌（SYNB1618）在苯丙酮尿症治疗的早期临床试验中展现出其价值[22]。在基因治疗方面，碱基编辑工具已在小鼠实验中证明早衰症治疗的潜力[23]，开关元件可结合小分子调控 RNA 的剪接过程[24]，RNA 递送新平台（SEND）可更安全地递送基因[25]。此外，合成生物学也可赋能诊断技术的开发，使精准定位肿瘤的生物线路设计、用于检测肠道菌群基因变异的单细胞基因振荡器等的研发取得进展[26]。2021 年以来基于合成生物学的治疗产品开发及其融资示例见表 1。

表 1 2021 年以来基于合成生物学的治疗产品开发及其融资示例

企业	拟开发的技术或产品	融资时间	融资金额
森蒂生物科学（Senti Biosciences）	下一代 CAR-NK 细胞疗法等	2021 年 1 月	1.05 亿美元
阿森纳生物（ArsenalBio）	治疗实体瘤的下一代 T 细胞疗法	2021 年 1 月	0.7 亿美元（预付金）
韦丹塔生物科学（Vedanta Biosciences）	炎症性肠病的活菌治疗	2021 年 1 月	0.2 亿美元
加勒比治疗（CARISMA Therapeutics）	工程化的巨噬细胞	2021 年 2 月	0.59 亿美元
阿布西（AbSci）	蛋白质药物	2021 年 3 月	1.25 亿美元
驯鹿生物科学（Caribou Biosciences）	肿瘤免疫细胞疗法	2021 年 3 月	1.15 亿美元
埃涅斯（eGenesis）	人体相容的异种肾脏和胰岛细胞移植	2021 年 3 月	1.25 亿美元
CC 生物（CC Bio）	工程化的噬菌体	2021 年 8 月	89 万英镑

（2）工业与材料中的应用

生物合成的化学品已覆盖醇类、烃类、酮类、萜类[27]、甾族等多类化合物，以及紫杉烯[28]等医药中间体、α- 生育三烯酚[29]等功能性成分，可制造的材料种类已经覆盖至尼龙、蜘蛛丝蛋白等蛋白材料[30]、无机纳米材料[31]、聚酰亚胺膜等柔性电子用聚合物材料、"播种"了工程菌的混凝土等工程活体材料（ELM）[32]等。其中，工程活体材料或在生物打印[33]、生物材料的图案化和受损修复[34]等方面具有广阔的应用前景。合成生物学在固碳[35]、生物光伏[36]等方面的应用，有助于减少碳排放，而利用合成生物学生产的随机杂聚物等材料则能实现可控降解[37]。2021 年以来基于合成生物学的化学品、材料和生物修复开发及其融资示例见表 2。

表 2　2021 年以来基于合成生物学的化学品、材料和生物修复开发及其融资示例

企业	拟开发的技术或产品	融资时间	融资金额
空气蛋白（Air Protein）	微生物生产的蛋白（替代肉制品）	2021 年 1 月	0.32 亿美元
引擎酶（EnginZyme）	利用无细胞体系生产化学品	2021 年 2 月	0.11 亿美元
千禧年（Allonnia）	油砂污染物的生物修复	2021 年 3 月	0.2 亿美元
深枝（Deep Branch）	利用二氧化碳生产蛋白质原料	2021 年 3 月	800 万欧元
现代草原（Modern Meadow）	皮革	2021 年 4 月	1.3 亿美元
起源生物（Origin.Bio）	生物基化学品	2021 年 5 月	0.15 亿美元
安忒亚（Antheia）	活性药物成分	2021 年 6 月	0.73 亿美元
吉诺玛蒂卡（Genomatica）	中间体和基础化学品	2021 年 7 月	1.18 亿美元
首秀生物技术（Debut Biotech）	利用无细胞系统生产生物基分子	2021 年 8 月	0.23 亿美元

（3）农业与食品中的应用

合成生物学对植物生长监测或可发挥重要作用[38]，在固碳方面有助于促进羧化反应（如碳浓缩微室的实现、二氧化碳同化的合成途径改造等）、减少光呼吸中的二氧化碳损失（如叶绿体光呼吸旁路的工程化改进、减少光呼吸、最大限度地减少呼吸中的二氧化碳损失）、提高水分利用效率和光合光反应（如气孔动力学的光遗传调控、加速从光保护中恢复）等[39]；在固氮方面，基于 γ- 变形杆菌的生物肥已经在试用；在抗逆方面，基因编辑技术的新发展[40-42]极大地提升了效益；在病虫害防控方面，有助于柑橘绿化病的防控、畜禽和蜜蜂的防护[43]。2021 年以来基于合成生物学的"人造肉"开发及其融资示例见表 3。

表 3　2021 年以来基于合成生物学的"人造肉"开发及其融资示例

企业	拟开发的技术或产品	融资时间	融资金额
空气蛋白（Air Protein）	微生物生产的蛋白（替代肉制品）	2021 年 1 月	0.32 亿美元
布鲁纳鲁（BlueNalu）	以细胞为基础的人造海鲜	2021 年 1 月	0.6 亿美元
模体食品（Motif FoodWorks）	食品配料	2021 年 6 月	2.26 亿美元
自然之源（Nature's Fynd）	由真菌培育的奶油、奶酪和肉饼	2021 年 7 月	3.5 亿美元
普罗特拉（Protera）	食品用蛋白质设计	2021 年 7 月	0.1 亿美元

（4）存储与计算中的应用

DNA 作为存储介质具有高密度、高稳定性、高保密性、小体积、易拷贝、可并行访问、强兼容性的优点，因而受到重视。开发末端脱氧核苷酸转移酶（terminal deoxynucleotidyl transferase，TdT）等聚合酶的酶促合成法[44]，可以使 DNA 的合成效率进一步提高。目前，在活细菌中实现从二进制数据编码向 DNA 存储的转换[45]、镜像 DNA 的存储[46]、以异种核酸（xeno nucleic acids，XNA）为基础的存储等均已开发成功。利用合成生物学开发通用化、正交化的工具箱，或可为生物计算的开发提供支撑[47]。

二、国内研发新进展

近年来，国内的科研机构、高校和企业在合成生物学技术的"设计-构建-测试-学习"方面也取得新进展。科研机构的研发新进展较为突出的有：中国科学院分子植物科学卓越创新中心创造出有生命活性的人造单条染色体酵母细胞[48]，同时利用合成生物学工具大幅提升了复杂代谢的设计与合成能力；中国科学院深圳先进技术研究院合成生物学研究所正在率先建设全球最大的合成生物研究重大科技基础设施，以建成先进的智能化生命系统设计与制造平台，此外，在长染色体精准定制合成[49]等方面取得突破，在揭示生物迁徙进化策略[50]、解决细胞大小与生长速率等关系[51]上也取得进展；中国科学院天津工业生物技术研究所在工业蛋白质科学与生物催化工程、合成生物学与微生物制造工程、生物系统与生物工艺工程等方面取得进展；中国科学院微生物研究所建立了酶计算设计平台，重构了完整的酶活性中心[52]；中国科学院青岛生物能源与过程研究所发展了"拉曼组内关联分析"，以揭示代谢物转化网络[53]。

高校的研发新进展有代表性的包括：天津大学参与基因组编写计划（GP-write）、酿酒酵母基因组合成国际计划（Sc2.0）等，在基因组设计与合成[54]、DNA 组装与递送等方面取得突破；北京大学解析了微生物进化到不同营养摄入策略的调控原理[55]；清华大学利用人工合成细胞、无细胞系统来革新生物制造，提升了化学品的生物合成效率；上海交通大学在微生物细胞工厂的设计和改造、DNA 自组装[56]和 DNA 存储等方面取得进展；华东师范大学开发出远红外光控系统，可远程调控内源基因的转录激活[57]；北京理工大学利用功能基因元器件、逻辑调控开关的构建，推动了生物催化等方面的突破；武汉大学通过改造微生物代谢途径，开发出高附加值化学品；浙江大学结合机器学习和大数据分析等手段，在基因线路工程化设计和生物诊疗等方面进行了新探索；中国科学技术大学将光学仪器等其他领域的开发与合成生物学相结合，促进了测试、学习等环节的进步；江南大学利用基因线路动态控制代谢过程，以实现高价值化学品的重定向和平衡；华东理工大学在合成生物学、化学生物学和生物反应器等方面的开发中，促成了交叉融合创新。

近年来，我国一批新兴的合成生物学企业在使能技术的开发上取得进展。例如，北京蓝晶微生物科技有限公司将大数据和合成生物学相结合来设计基因元件；杭州启函生物科技有限公司利用基因编辑技术构建生物相容的细胞和组织；杭州衍进科技有限公司开发智能柔性化生物合成系统，以加速繁衍进化；北京镁伽机器人科技有限公司正致力于将自动化和智能化技术赋能合成生物学的体系建设；华大集团、苏州泓迅生物科技股份有限公司等企业在基因合成方面探索了新技术；墨卓生物科技（上海）有限公司等企业正在探索单细胞生物学等方面的测试技术。

三、发展趋势及展望

正如集成电路的发明极大地改变了 20 世纪下半叶以来人类历史发展的进程，工程化细胞的开发也将极大地驱动诸多行业的发展。自 2017 年以来，合成生物学技术的开发取得一系列的新进展，从中可以窥见其未来发展的趋势。未来，"底盘细胞 + 合成生物学设计语言"所带来的技术变革或可与历史上的"中央处理器（CPU）+ 计算机编程语言"迭代相提并论，生物技术的开发或将更多地依赖于"云平台 + 自动化实验室"所提供的工具和服务接口，生物代工（Biofoundry）或将如此前的晶圆代工（Foundry）那样兴起，药物设计、蛋白质机器、工程化细胞的治疗应用将成为常态，DNA 存储或将成为信息存储的新业态，更多的化学品合成将由生物催化来实现，基于合成生物学开发的微生物肥料等或将在农业增产中发挥重要作用，合成生物学也将驱动固碳技术的进步，助力"碳达峰、碳中和"目标的实现。这些说明，合成生物学技术或在"十四五"期间和中长期给社会带来巨大的变革。

在看到合成生物学快速发展带来的新业态、新产品和新变革的同时，也需要对其发展有着准确的思考和判断。正如很多新兴技术的发展在创新链、价值链和产业链发展成熟前，都可能在部分时期内经历一定程度的"过热"，合成生物学也不例外。2021 年 8 月，《麻省理工科技评论》（*MIT Technology Review*）以"银杏（公司）的合成生物学故事是否值 150 亿美元估值"为题，就合成生物学产品的开发和产业发展进行了不同视角的解读。同时，此前的合成生物学明星企业酶原（Zymergen）也因连续亏损而在 2021 年经历了"滑铁卢"。可见，如何实现可持续的、健康的发展是合成生物学技术开发和产业发展绕不开的难题。

因此，合成生物学的发展一方面需要源头创新、技术突破、平台集成和产品开发的系统性突破来推动，另一方面也需要从生物安全、生命伦理、法律法规、知识产权、标准化、科学普及等视角对其加以系统性治理。两者相辅相成的推动，是合成生物学发展行稳致远的必要条件。从整体上看，合成生物学的技术开发已经发展到不少相关产品进入应用市场的阶段，这就要求在相关的治理体系中充分预见未来一段时期内技术创新可能带来的变化，从全面考量、协调推进的角度全面提升合成生物学相关的治理能力。

参考文献

[1] Kitney R, Adeogun M, Fujishima Y, et al. Enabling the advanced bioeconomy through public policy supporting biofoundries and engineering biology. Trends in Biotechnology, 2019, 37（9）：917-920.

[2] Baig H, Madsen J. Fundamentals of Molecular Biology and Genetic Circuits//Genetic Design Automation. Cham：Springer, 2020：11-23.

[3] 伍克煜, 刘峰江, 许浩, 等. 合成生物学基因设计软件：iGEM 设计综述. 生物信息学, 2020, 18（1）：8-15.

[4] Ostrov N, Beal J, Ellis T, et al. Technological challenges and milestones for writing genomes. Science, 2019, 366（6463）：310-312.

[5] Vorobieva A A, White P, Liang B, et al. *De novo* design of transmembrane β barrels. Science, 2021, 371（6531）.eabc8182.

[6] Silva D A, Yu S, Ulge U Y, et al. *De novo* design of potent and selective mimics of IL-2 and IL-15. Nature, 2019, 565（7738）：186-191.

[7] Townshend B, Xiang J S, Manzanarez G, et al. A multiplexed, automated evolution pipeline enables scalable discovery and characterization of biosensors. Nature Communications, 2021, 12（1）：1-15.

[8] Mishra D, Bepler T, Teague B, et al. An engineered protein-phosphorylation toggle network with implications for endogenous network discovery. Science, 2021, 373（6550）.eaav0780.

[9] Karkaria B D, Fedorec A J H, Barnes C P. Automated design of synthetic microbial communities. Nature Communications, 2021, 12（1）：1-12.

[10] Zhirnov V V, Rasic D . 2018 Semiconductor Synthetic Biology Roadmap[R]. 2018.

[11] Huang T P, Newby G A, Liu D R. Precision genome editing using cytosine and adenine base editors in mammalian cells. Nature Protocols, 2021, 16（2）：1089-1128.

[12] Kannan S, Altae-Tran H, Jin X, et al. Compact RNA editors with small Cas13 proteins. Nature Biotechnology, 2021：1-4.

[13] Mok B Y, de Moraes M H, Zeng J, et al. A bacterial cytidine deaminase toxin enables CRISPR-free mitochondrial base editing. Nature, 2020, 583 (7817): 631-637.

[14] Markin C J, Mokhtari D A, Sunden F, et al. Revealing enzyme functional architecture via high-throughput microfluidic enzyme kinetics. Science, 2021, 373 (6553).eabf8761.

[15] Payne A C, Chiang Z D, Reginato P L, et al. In situ genome sequencing resolves DNA sequence and structure in intact biological samples. Science, 2021, 371 (6532).eaay3446.

[16] Tunyasuvunakool K, Adler J, Wu Z, et al. Highly accurate protein structure prediction for the human proteome. Nature, 2021, 596 (7873): 590-596.

[17] Baek M, DiMaio F, Anishchenko I, et al. Accurate prediction of protein structures and interactions using a three-track neural network. Science, 2021, 373 (6557): 871-876.

[18] Townshend R J L, Eismann S, Watkins A M, et al. Geometric deep learning of RNA structure. Science, 2021, 373 (6558): 1047-1051.

[19] Radivojević T, Costello Z, Workman K, et al. A machine learning Automated Recommendation Tool for synthetic biology. Nature Communications, 2020, 11 (1): 1-14.

[20] Hernandez-Lopez R A, Yu W, Cabral K A, et al. T cell circuits that sense antigen density with an ultrasensitive threshold. Science, 2021, 371 (6534): 1166-1171.

[21] Ellis G I, Sheppard N C, Riley J L. Genetic engineering of T cells for immunotherapy. Nature Reviews Genetics, 2021, 22 (7): 427-447.

[22] Puurunen M K, Vockley J, Searle S L, et al. Safety and pharmacodynamics of an engineered *E. coli Nissle* for the treatment of phenylketonuria: a first-in-human Phase 1/2a study. Nature Metabolism, 2021, 3 (8): 1125-1132.

[23] Koblan L W, Erdos M R, Wilson C, et al. *In vivo* base editing rescues Hutchinson-Gilford progeria syndrome in mice. Nature, 2021, 589 (7843): 608-614.

[24] Monteys A M, Hundley A A, Ranum P T, et al. Regulated control of gene therapies by drug-induced splicing. Nature, 2021, 596 (7871): 291-295.

[25] Segel M, Lash B, Song J, et al. Mammalian retrovirus-like protein PEG10 packages its own mRNA and can be pseudotyped for mRNA delivery. Science, 2021, 373 (6557): 882-889.

[26] Riglar D T, Richmond D L, Potvin-Trottier L, et al. Bacterial variability in the mammalian gut captured by a single-cell synthetic oscillator. Nature Communications, 2019, 10 (1): 1-12.

[27] Dusséaux S, Wajn W T, Liu Y, et al. Transforming yeast peroxisomes into microfactories for the efficient production of high-value isoprenoids. Proceedings of the National Academy of Sciences, 2020, 117 (50): 31789-31799.

[28] Li J, Mutanda I, Wang K, et al. Chloroplastic metabolic engineering coupled with isoprenoid pool

enhancement for committed taxanes biosynthesis in Nicotiana benthamiana. Nature Communications, 2019, 10（1）: 4850.

[29] Shen B, Zhou P, Jiao X, et al. Fermentative production of Vitamin E tocotrienols in *Saccharomyces cerevisiae* under cold-shock-triggered temperature control. Nature Communications, 2020, 11（1）: 1-14.

[30] Hu J L, Jiang Y Z, Gu L. Scalable Spider Silk Inspired Materials with High Extensibility and Super Toughness//Key Engineering Materials. Trans Tech Publications Ltd, 2021, 893: 31-35.

[31] Choi Y, Lee S Y. Biosynthesis of inorganic nanomaterials using microbial cells and bacteriophages. Nature Reviews Chemistry, 2020, 4（12）: 638-656.

[32] González L M, Mukhitov N, Voigt C A. Resilient living materials built by printing bacterial spores. Nature Chemical Biology, 2020, 16（2）: 126-133.

[33] Gona R S, Meyer A S. Engineered proteins and three-dimensional printing of living materials. MRS Bulletin, 2020, 45（12）: 1034-1038.

[34] Gilbert C, Tang T C, Ott W, et al. Living materials with programmable functionalities grown from engineered microbial co-cultures. Nature Materials, 2021, 20（5）: 691-700.

[35] François J M, Lachaux C, Morin N. Synthetic biology applied to carbon conservative and carbon dioxide recycling pathways. Frontiers in Bioengineering and Biotechnology, 2020, 7: 446.

[36] Schuergers N, Werlang C, Ajo-Franklin C M, et al. A synthetic biology approach to engineering living photovoltaics. Energy & Environmental Science, 2017, 10（5）: 1102-1115.

[37] DelRe C, Jiang Y, Kang P, et al. Near-complete depolymerization of polyesters with nano-dispersed enzymes. Nature, 2021, 592（7855）: 558-563.

[38] Herud-Sikimić O, Stiel A C, Kolb M, et al. A biosensor for the direct visualization of auxin. Nature, 2021, 592（7856）: 768-772.

[39] Roell M S, Zurbriggen M D. The impact of synthetic biology for future agriculture and nutrition. Current Opinion in Biotechnology, 2020, 61: 102-109.

[40] Lin Q, Zong Y, Xue C, et al. Prime genome editing in rice and wheat. Nature Biotechnology, 2020, 38（5）: 582-585.

[41] Wang S, Zong Y, Lin Q, et al. Precise, predictable multi-nucleotide deletions in rice and wheat using APOBEC-Cas9. Nature Biotechnology, 2020, 38（12）: 1460-1465.

[42] Ren Q, Sretenovic S, Liu S, et al. PAM-less plant genome editing using a CRISPR-SpRY toolbox. Nature Plants, 2021, 7（1）: 25-33.

[43] Bhatt P, Bhatt K, Sharma A, et al. Biotechnological basis of microbial consortia for the removal of pesticides from the environment. Critical Reviews in Biotechnology, 2021, 41（3）: 317-338.

[44] Lee H H, Kalhor R, Goela N, et al. Terminator-free template-independent enzymatic DNA synthesis for digital information storage. Nature Communications, 2019, 10 (1): 1-12.

[45] Yim S S, McBee R M, Song A M, et al. Robust direct digital-to-biological data storage in living cells. Nature Chemical Biology, 2021, 17 (3): 246-253.

[46] Fan C, Deng Q, Zhu T F. Bioorthogonal information storage in l-DNA with a high-fidelity mirror-image Pfu DNA polymerase. Nature Biotechnology, 2021, 39: 1548-1555.

[47] Katz E. DNA-and RNA-based Computing Systems. https://onlinelibrary.wiley.com/doi/book/10.1002/9783527825424[2021-01-15].

[48] Shao Y, Lu N, Wu Z, et al. Creating a functional single-chromosome yeast. Nature, 2018, 560 (7718): 331-335.

[49] Liu W, Luo Z, Wang Y, et al. Rapid pathway prototyping and engineering using *in vitro* and *in vivo* synthetic genome SCRaMbLE-in methods. Nature Communications, 2018, 9 (1): 1-12.

[50] Liu W, Cremer J, Li D, et al. An evolutionarily stable strategy to colonize spatially extended habitats. Nature, 2019, 575 (7784): 664-668.

[51] Zheng H, Bai Y, Jiang M, et al. General quantitative relations linking cell growth and the cell cycle in Escherichia coli. Nature Microbiology, 2020, 5 (8): 995-1001.

[52] Cui Y, Wang Y, Tian W, et al. Development of a versatile and efficient C-N lyase platform for asymmetric hydroamination via computational enzyme redesign. Nature Catalysis, 2021, 4 (5): 364-373.

[53] He Y, Huang S, Zhang P, et al. Intra-Ramanome Correlation Analysis unveils metabolite conversion network from an isogenic population of cells. Mbio, 2021, 12 (4): e01470-21.

[54] Wu Y, Li B Z, Zhao M, et al. Bug mapping and fitness testing of chemically synthesized chromosome X. Science, 2017, 355 (6329).aaf4706.

[55] Wang X, Xia K, Yang X, et al. Growth strategy of microbes on mixed carbon sources. Nature Communications, 2019, 10 (1): 1-7.

[56] Dey S, Fan C, Gothelf K V, et al. DNA origami. Nature Reviews Methods Primers, 2021, 1 (1): 1-24.

[57] Wu J, Wang M, Yang X, et al. A non-invasive far-red light-induced split-Cre recombinase system for controllable genome engineering in mice. Nature Communications, 2020, 11 (1): 1-11.

2.3　Synthetic Biology

Chen Daming[1,3]*, Xiong Yan*[1,3]*, Wang Yong*[2,3]

（1. Shanghai Information Center for Life Sciences，Shanghai Institute of Nutrition and Health，Chinese Academy of Sciences；2. Key Laboratory of Synthetic Biology，Chinese Academy of Sciences，Center for Excellence in Molecular Plant Science，Chinese Academy of Sciences；3.University of Chinese Academy of Sciences）

Since 2017，enabling technology advancements to address the growing demand for medicine and health，industry and materials，agriculture and food，as well as information storage and computation，have achieved the goal of improving the efficiency and productivity of the Design-Build-Test-Learn（DBTL）cycle. Synthetic biology emerges as a highly efficient，design flexible，and developer-friendly engineering field in meeting the performance demands of new application systems. These unique characteristics advantageously differentiate synthetic biology from conventional biotechnology for artificial system creation and therefore have attracted worldwide attention from research and development activities to commercialization efforts. In this article，the breakthroughs in enabling technologies and applications are reviewed，and the envisioning scenarios are extrapolated.

2.4　生物信息技术新进展

李　栋　朱云平　贺福初[*]

（军事科学院军事医学研究院生命组学研究所）

　　人类社会已进入大数据时代，生物大数据具有绝佳的数据质量以及重要的科学与经济价值，被誉为大数据领域的皇冠。生物信息技术，作为实现生物大数据价值的必

---

　　* 中国科学院院士。

要手段，已成为引领生物科技发展的"中流砥柱"，也是世界高科技竞争与大国博弈的技术主战场之一。随着以生命组学为主的生物技术以及以人工智能为主的信息技术的发展，生物信息技术近年发展迅速，有望推动生命科学研究进入数据驱动新阶段，并改变生物医学领域的研究范式。下面将以多组学数据为重点，介绍国内外在生物数据汇集、采集与处理以及知识挖掘方面的发展现状，并展望其未来。

一、国外发展现状

1. 数据中心与数据标准成为国家实力的重要体现

生物信息资源的集成与共享，是生命科学研究和发展的重要保证。20 世纪八九十年代，美国、日本、欧洲分别建成世界三大生物数据中心，垄断了生命科学数据领域（表 1）。以美国为例，2012 年以来已启动了两轮国家大数据研究与发展计划，并投入巨资持续建设美国国立生物技术信息中心（National Center for Biotechnology Information，NCBI），以收集全球的生物医学大数据。NCBI 最核心的基因组序列数据库 GenBank 现在平均每天从全球收集的核酸序列就有 14 000 条[1]。

表 1　全球主要生物数据中心

中心名称	国家和地区	所属机构	创立年份	简介
日本 DNA 数据中心	日本	日本国立遗传学研究所	1987	与欧洲生物信息学研究所的 EMBL 数据库和美国国立生物技术信息中心的 GenBank 数据库合作的国际 DNA 数据中心
美国国家生物技术信息中心	美国	美国国立卫生研究院	1988	提供全球公认的文献、核酸、基因表达、化合物等数据库资源
欧洲生物信息学研究所	欧洲	欧洲分子生物学实验室	1994	管理和维护多个大型基因组学、蛋白质组学、化学信息学、转录组学、系统生物学等数据库，数据量 390 皮字节
瑞士生物信息学研究所	瑞士	多家院校的联合体	1998	与 EBI 共同管理维护权威 SwissProt 数据库
蛋白质组综合资源库 iProX	中国	国家蛋白质科学中心（北京）	2015	国际蛋白质组数据中心，汇集了 1500 多个项目的数据集，数据量 350 太字节
国家基因组科学数据中心	中国	中国科学院北京基因组研究所（国家生物信息中心）	2019	中国国家生物信息中心，生物数据安全汇交管理和多组学数据平台，数据量 18 皮字节

续表

中心名称	国家和地区	所属机构	创立年份	简介
国家微生物科学数据中心	中国	中国科学院微生物研究所	2019	数据记录数超过 40 亿条，数据量 2 皮字节

注：数据截至 2021 年 9 月

数据标准是生物大数据互联互通的基础，与数据中心具有一样的重要性。21 世纪初，国际社会成立了基因组标准联盟（Genomic Standards Consortium，GSC）[2]、微阵列和基因表达数据协会[3]（Microarray Gene Expression Database，MGED）与国际人类蛋白质组组织（The Human Proteome Organization，HUPO）的蛋白质组学标准计划（Human Proteome Organization-Proteomics Standards Initiative，HUPO-PSI）[4]。这些组织制定了数据整合分析、海量数据的高效存储等数据标准，旨在解决组学技术走向临床应用面临的问题。值得一提的是，2016 年荷兰牵头制定了面向科学大数据标准的 FAIR 原则[5]。目前，FAIR 原则已得到全球多家科研机构、学术出版机构甚至政府部门的支持，在 2016 年 G20 杭州峰会上，还得到与会领导人的共同支持。

2. 生物技术发展推动生物大数据采集与分析软件研究迈入新阶段

近些年，组学和影像等实验技术飞速发展，生物大数据采集与分析软件也进入新的发展阶段。

核酸序列比对与拼装有高度的计算和存储复杂性，是基因组数据分析发展的技术瓶颈。2019 年，美国得克萨斯大学西南医学中心推出 HISAT2 软件，该软件可利用 4.5 吉字节的内存以平均每秒 36 735 对的速度进行序列比对，准确性达 99.99%[6]。在单细胞转录组数据分析方面，美国纽约大学研发的全流程分析包 Seurat，可以完成从原始数据处理、数据注释到功能分析的全过程，是单细胞数据分析的标准软件[7]。德国马克斯·普朗克生物物理研究所研发的 MaxQuant 是蛋白质组质谱数据处理的权威软件，已从单一的定量软件发展为集鉴定、质控、定量于一体的蛋白质组全流程分析软件，同时支持采用数据非依赖采集（data-independent acquisition，DIA）策略产出的蛋白质组数据分析[8]。在影像组学方面，为快速评估与注释光学和电子显微镜技术得到的图像，美国哈佛大学牵头开发出用于自动图像分割的 Trainable Weka Segmentation 软件，该软件集成一系列机器学习算法，可在同一张图片上实现多种细胞的自动特征学习及快速分割[9]。以上软件在相应领域都得到广泛应用，发挥了类似 Windows 操作系统的作用，极大地推动了领域的发展。

3. 人工智能与生物大数据加速融合，助力数据挖掘与知识发现

近些年，人工智能技术在围棋等领域取得巨大成功后，在生物信息领域也开始大出风头。2019 年 Google AI 提出的 BERT 模型，在机器阅读理解方面全面超越人类；针对生物医学语料库的 BioBERT 模型，在各种生物医学文本挖掘任务上取得最好的成就[10]。2020 年，美国 OpenAI 公司发布新的自然语言深度学习模型 GPT-3，其神经网络包含多达 1750 亿个参数，能回答患者的医疗问题，具有不可思议的模仿人类自然语言书写和交流的能力[11]。BERT 与 GPT-3 已成为通往真正的人工智能道路上的一座里程碑。在其他方面，2020 年底 DeepMind 公司将深度学习用于预测蛋白质结构，其研发的 AlphaFold2 成功预测了占人类总蛋白质种类 98.5% 的蛋白质的结构，该成果引起了结构生物学领域的一场革命，被誉为迄今人工智能对科学做的最重要贡献[12]。2019 年，德国慕尼黑工业大学等单位使用深度神经网络，在上千万张质谱图上训练精准的理论谱图预测模型，其预测谱图与实际谱图的相关性超过 0.95[13]。

更值得期待的是，人工智能有望在生物知识挖掘方面发挥重要的作用。历史上，当某个领域的数据积累到一定程度时，重大发现往往会蜂拥而至，如开普勒发现行星运动定律、门捷列夫发现元素周期律等。这种发现过程常由少数精英推动，要经历长期的摸索和尝试。借助于人工智能的帮助，这个过程有望被大幅缩短。例如，2018 年，美国斯坦福大学开发出人工智能程序 Atom2Vec，通过分析数据库中的多种化合物，几个小时就"重新发现"了元素周期表，这项工作为人工智能助力发现自然规律提供了启示[14]。

人工智能在医学数据处理方面有潜在的巨大社会与经济价值。德国波恩大学联合多家医学机构，共同推出一项针对疾病诊断的群体学习策略，该学习策略兼顾了生物医学数据隐私和计算效率，是未来极具发展潜力的人工智能技术[15]。IBM 公司发展了 IBM Watson 医学系统，该系统通过整合海量的患者病历和医学文献信息，在肺癌治疗中成功实现了辅助决策[16]。然而，IBM 夸大了其医学系统的作用，在商业应用中，该系统只是比医生更快地给出相同的诊断结果。现在 IBM Watson 医学系统举步维艰，面临着被出售的命运，这反映出人工智能在医学应用上困难重重，但并不意味着人工智能在医疗领域没有前景，人工智能在未来的医学辅助诊断方面仍然是不容忽视的热点。

二、国内新进展

近年来，我国通过部署多个国家级科技项目来推动生物信息技术的发展，成功创

建基因组、蛋白质组等若干国际级数据中心，研发出系列生物大数据分析与知识挖掘算法，GSA、iProX、pFind 等生物信息数据库与软件已有一定的国际影响力。

1. 中国在生命组学数据标准与数据库方面拥有一定国际地位

生物大数据是当前世界各国积极争夺的战略资源。我国长期处在缺乏生物大数据共享规则、技术手段和技术平台的窘境。近年来，中国正在生命组学数据标准的研发和应用方面奋起直追（表 1）。中国科学院北京基因组研究所（国家生物信息中心）主持撰写《人类基因测序原始数据汇交元数据标准》等国内首套卫生信息领域组学类标准，建成以 GSA 为代表的我国首个基因组科学数据汇交共享平台和多组学数据资源体系[17]。2019 年建成的国家基因组科学数据中心（National Genomics Data Center，NGDC），被国际同行列为全球主要生物数据中心之一[18]。在新冠肺炎疫情发生后，NGDC 及时应对，汇聚全球新冠病毒基因组数据信息，为新冠肺炎疫情的科学防控提供了关键技术支撑与决策依据[19]。

在蛋白质组数据标准方面，北京蛋白质组研究中心十余年前就积极参与国际蛋白质组标准化计划（Proteomics Standards Initiative，PSI）的工作，研发的蛋白质组数据共享系统 iProX 已是国际蛋白质组数据联盟的正式成员。至 2020 年 9 月，iProX 首次提交的数据量达 127 太字节，是同期美国蛋白质组数据库 CPTAC 数据量的 5 倍[20]。中国科学家还参与国际蛋白质组标准化计划每周的固定工作会议，享有对蛋白质组数据标准的一票否决权。

2. 中国研发的组学数据分析软件在某些领域开始形成突破

数据分析是大规模生物数据利用的瓶颈，数据分析能力体现了一个国家在生物大数据研究方面的实力。

在基因组拼接方面，2018 年，中国科学院数学与系统科学研究院推出新型基因组拼接软件 BAUM，解决了不同测序平台数据难于整合的问题[21]；2019 年，中国农业科学院深圳农业基因组研究所开发出可直接处理未纠错的三代测序序列的软件，将组装效率提高 4 倍以上，该算法被国内外多家基因测序分析公司作为主要组装分析工具[22]；2019 年，中国科学院遗传与发育生物学研究所开发出对基因组重复序列区域进行高效组装的算法 HERA，突破了获取高质量基因组序列的一个重要技术瓶颈，并助力完成了大量高质量植物基因组的测序[23]。

质谱数据解析一直是全球学术界和产业界共同关注的难题。2018 年 10 月，中国科学院计算技术研究所推出新一代开放式搜索软件 Open-pFind，对质谱图的解析率达到 70%～85%，比国际同类软件的鉴定结果多出 50.5%～117.0%[24]。军事科学院军事医学研究院生命组学研究所于 2017 年开发出国际上首个一站式蛋白质组数据分析云技术体系 Firmiana，实现了质谱数据的元数据收集、鉴定、质控、定量的全流程自动化分析[25]。此外，以国家蛋白质科学中心（北京）为主的机构还研发出 PANDA、LFAQ 等系列具有完全自主知识产权的蛋白质组数据定量分析软件，实现了蛋白质组数据的精准定量[26, 27]。具体如表 2 所示。

表 2　蛋白质组领域代表性数据分析软件

软件名称	年份	国家	完成单位	简介
SEQUEST	1994	美国	华盛顿大学	首个蛋白质组数据鉴定软件，推动了蛋白质组学的发展
PEAKS	2003	加拿大	滑铁卢大学	首个利用深度学习的 de novo 软件
MaxQuant	2008	德国	德国马克斯·普朗克生物物理化学研究所	蛋白质组数据分析软件，引用上万次，应用广泛
Firmiana	2017	中国	军事科学院军事医学研究院生命组学研究所	首个全流程自动化分析流程
Open-pFind	2018	中国	中国科学院计算技术研究所	蛋白质组数据鉴定软件，将质谱图解析率提升到 70%～85%
DIA-NN	2018	德国	柏林夏里特医学院等	基于深度学习用于质控的 DIA 数据分析软件，可以达到较高的鉴定准确性
PANDA	2019	中国	军事科学院军事医学研究院生命组学研究所	蛋白质组数据定量软件，可兼容多种常用鉴定软件，可处理多种定量数据

3. 国内生物信息学人工智能研究取得部分突破

2017 年，国务院发布《新一代人工智能发展规划》，为我国把握未来科技发展主导权提供了坚实的政策保障。近些年，国内多家单位将人工智能技术与生物信息领域需求结合，在多个方向取得突破（表 3）。

清华大学开发出利用深度学习人工智能算法来分析单细胞数据的 SCALE 软件，有效地解决了单细胞数据高维度稀疏性的问题[28]。sgRNA 设计是 CRISPR 系统的关键，同济大学开发出 CRISPR 系统的打靶活性预测和脱靶谱预测的统一计算框架 DeepCRISPR，实现了对 sgRNA 的准确预测[29]。在蛋白质组学方面，军事科学院军事医学研究院生命组学研究所发展出基于质谱原始数据的端到端的具有高度准确性的肿瘤分类器[30]；用人工智能方法预测了蛋白质组学实验中常用蛋白酶的酶切概率，为后续靶向蛋白质组学的研究提供了技术支撑[31]。

表 3　部分代表性人工智能知识挖掘项目

项目名称	年份	国家	机构	简介
Watson	2011	美国	IBM	结合用户的医疗健康数据快速准确地进行医疗咨询智能对话，对单个患者提出适当的治疗方案，是人工智能进入医疗领域的先锋
BioBERT	2017	美国	Google	基于大型生物医学语料库的自然语言学习模型，在多种生物医学文本挖掘任务上取得最佳的效果
UbiBrowser	2017	中国	军事科学院军事医学研究院	人类蛋白质组范围的泛素连接酶 – 底物相互作用分析，首次为 85% 的人类蛋白质赋予了泛素连接酶的信息
DeepCRISPR	2018	中国	同济大学	基于 sgRNA 序列和表观遗传特征预测打靶活性
SCALE	2019	中国	清华大学	对单细胞 ATAC-seq 数据进行可视化、聚类、数据增强，解决数据高维度稀疏性的问题
GPT-3	2020	美国	OpenAI	自动撰写新闻、研究性文章或是回答医疗问题，有高超的模仿人类书写文本和进行交流的能力
AlphaFold2	2020	美国	Google DeepMind	基于氨基酸序列预测蛋白质的三维结构，是计算生物学或生物信息学领域最具意义的突破
HUST-19	2020	中国	华中科技大学	基于混合学习的新冠肺炎诊断软件，应对重大突发公共卫生事件，可快速对患者进行诊断和分类

利用人工智能技术揭示生命体系的分子机制的研究也取得成绩。例如，2017 年，军事科学院军事医学研究院生命组学研究所在蛋白质翻译后修饰方面，首次利用机器学习方法为 85% 的人类蛋白质赋予了泛素连接酶的信息，为基因调控机制研究提供了全新的视角[32]。2021 年，北京大学发展出基于 RNN 的神经网络模型，实现了对自适应等生物学过程的描述，为将来揭示生命体系的调控逻辑和网络拓扑乃至运行原理奠定了基础[33]。

国内多家单位已将人工智能技术应用到新冠肺炎的研究中。华中科技大学研发出新冠肺炎的人工智能诊断系统 HUST-19，可精确预测病情的严重程度和潜在的死亡风险[34]。清华大学研发出一种基于远程监督的深度学习策略，通过分析文献数据并利用 SARS 或 MERS 的已有药物信息，可以发现针对新冠肺炎的新型药物[35]。

在人工智能所需的类脑计算硬件方面，国内取得重大突破。清华大学研发出全球首款异构类脑计算芯片"天机芯"，比通用 GPU 的计算速度高 100 倍，且耗能最低为其万分之一。此款芯片为生物大数据的有效利用与价值发现奠定了基础[36]。

三、未来展望

生物信息学技术与生物医学和信息学的发展紧密相关,既需面对生命体系自身存在的复杂问题,同时又需要解决生物大数据自身存在的"多元""异构"等问题。近期,需要针对生物领域的发展瓶颈,加大对蛋白质组等重点领域的支持,提升信息技术对生物科学研究的支撑能力;远期,必须继续探索人工智能等颠覆性技术,以推动大数据时代生物信息技术的发展。

在数据中心研究方面,应重点关注国家数据标准的体系化建设以及与国际标准的接轨,并将标准内嵌于领域、行业的数据中心、数据库及各种分析工具中。数据中心则要形成规模效应,并注重数据与分析工具的结合、数据的分级分类等,在做好知识产权保护与隐私保护的前提下,极力进行数据的推广应用,以充分体现数据中心的价值。

在生物数据分析软件方面,在质谱蛋白质组等现有优势方向上,应加强对某一领域分析软件的长期支持,鼓励科研单位与信息技术公司的强强联合,将软件做大、做强、做精。同时,在多组学数据整合分析等新的研究方向上,抓住时代机遇,推出有市场竞争力的高水平的分析软件,满足生物学数据分析高效、快速、低资源消耗的需求。

在人工智能与知识发现方面,应针对生物大数据的特点研发创新型的人工智能算法,同时应重点关注前沿人工智能算法在特定生物研究与医学领域的应用。不同生物学过程对应着不同的生物医学问题,相应的生物大数据在生成方式、构成逻辑上差异巨大,需开发相适应的人工智能模型与算法,并对生物大数据进行建模和挖掘。近年来兴起的图神经网络技术与生物医学数据的结合,有望带来生物医学知识挖掘与规律发现的重大突破。

尽管我国近几年在生物信息技术方面取得长足发展,在部分领域已有一定的国际地位,但整体上仍比较落后,存在许多短板,需要持续长期的投入。在数据中心、分析软件和挖掘算法方面的零散突破基础上,我国还应努力构建一个涵盖系统硬件、系统软件、开发工具、应用软件,甚至包括人才队伍在内的生物信息技术的生态链,抓住时代机遇,紧跟生物技术的发展,面向重大生物规律的发现,促进成果的及时转化和利用,确保我国生物信息技术的可持续发展。

参考文献

[1] Sayers E W,Cavanaugh M,Clark K,et al. GenBank. Nucleic Acids Res.,2020,48:D84-D86.

[2] Field D,Sterk P,Kottmann R,et al. Genomic standards consortium projects. Stand. Genomic Sci.,

2014, 9（3）: 599-601.

[3] Chervitz S A, Deutsch E W, Field D, et al. Data standards for Omics data: the basis of data sharing and reuse. Methods Mol. Biol., 2011, 719: 31-69.

[4] Deutsch E W, Perez-Riverol Y, Carver J, et al. Universal Spectrum Identifier for mass spectra. Nat. Methods, 2021, 18（7）: 768-770.

[5] Wilkinson M D, Dumontier M, Aalbersberg I J, et al. The FAIR Guiding Principles for scientific data management and stewardship. Sci. Data, 2016, 3: 160018.

[6] Kim D, Paggi J M, Park C, et al. Graph-based genome alignment and genotyping with HISAT2 and HISAT-genotype. Nat. Biotechnol., 2019, 37: 907-915.

[7] Butler A, Hoffman P, Smibert P, et al. Integrating single-cell transcriptomic data across different conditions, technologies, and species. Nat. Biotechnol., 2018, 36（5）: 411-420.

[8] Tyanova S, Temu T, Cox J. The MaxQuant computational platform for mass spectrometry-based shotgun proteomics. Nat. Protoc., 2016, 11（2）: 2301-2319.

[9] Arganda-Carreras I, Kaynig V, Rueden C, et al. Trainable Weka Segmentation: a machine learning tool for microscopy pixel classification. Bioinformatics, 2017, 33（15）: 2424-2426.

[10] Lee J, Yoon W, Kim S, et al. BioBERT: a pre-trained biomedical language representation model for biomedical text mining. Bioinformatics, 2020, 36（4）: 1234-1240.

[11] Brown T B, Mann B, Ryder N, et al. Language Models are Few-Shot Learners. https://arxiv.org/pdf/2005.14165.pdf[2021-10-22].

[12] Tunyasuvunakool K, Adler J, Wu Z, et al. Highly accurate protein structure prediction for the human proteome. Nature, 2021, 596: 590-596.

[13] Gessulat S, Schmidt T, Zolg D P, et al. Prosit: proteome-wide prediction of peptide tandem mass spectra by deep learning. Nat. Methods, 2019, 16（6）: 509-518.

[14] Zhou Q, Tang P, Liu S, et al. Learning atoms for materials discovery. Proc. Natl. Acad. Sci. U. S. A., 2018, 115: E6411-E6417.

[15] Warnat-Herresthal S, Schultze H, Shastry K L, et al. Swarm Learning for decentralized and confidential clinical machine learning. Nature, 2021, 594: 265-270.

[16] van Hartskamp M, Consoli S, Verhaegh W, et al. Artificial intelligence in clinical health care applications: viewpoint. Interact J. Med. Res., 2019, 8（2）: e12100.

[17] Members B I G D C. Database Resources of the BIG Data Center in 2018. Nucleic Acids Res., 2018, 46: D14-D20.

[18] National Genomics Data Center Members and Partners. Database resources of the National Genomics Data Center in 2020. Nucleic Acids Res., 2020, 48: D24-D33.

[19] Song S, Ma L, Zou D, et al. The global landscape of SARS-CoV-2 genomes, variants, and haplotypes in 2019nCoVR. Genomics, Proteomics Bioinf., 2020, 18（6）: 749-759.

[20] Ma J, Chen T, Wu S, et al. iProX: an integrated proteome resource. Nucleic Acids Res., 2019, 47: D1211-D1217.

[21] Wang A, Wang Z, Li Z, et al. BAUM: improving genome assembly by adaptive unique mapping and local overlap-layout-consensus approach. Bioinformatics, 2018, 34（12）: 2019-2028.

[22] Ruan J, Li H. Fast and accurate long-read assembly with wtdbg2. Nat. Methods, 2020, 17（2）: 155-158.

[23] Du H, Liang C. Assembly of chromosome-scale contigs by efficiently resolving repetitive sequences with long reads. Nat. Commun., 2019, 10（1）: 5360.

[24] Chi H, Liu C, Yang H, et al. Comprehensive identification of peptides in tandem mass spectra using an efficient open search engine. Nat. Biotechnol., 2018, 36: 1059-1061.

[25] Feng J, Ding C, Qiu N, et al. Firmiana: towards a one-stop proteomic cloud platform for data processing and analysis. Nat. Biotechnol., 2017, 35: 409-412.

[26] Chang C, Li M, Guo C, et al. PANDA: a comprehensive and flexible tool for quantitative proteomics data analysis. Bioinformatics, 2019, 35（5）: 898-900.

[27] Chang C, Gao Z, Ying W, et al. LFAQ: toward unbiased label-free absolute protein quantification by predicting peptide quantitative factors. Anal. Chem., 2019, 91（2）: 1335-1343.

[28] Xiong L, Xu K, Tian K, et al. SCALE method for single-cell ATAC-seq analysis via latent feature extraction. Nat. Commun., 2019, 10: 4576.

[29] Chuai G, Ma H, Yan J, et al. DeepCRISPR: optimized CRISPR guide RNA design by deep learning. Genome Biol., 2018, 19: 80.

[30] Dong H, Liu Y, Zeng W-F, et al. A deep learning-based tumor classifier directly using MS raw data. Proteomics, 2020, 20（21-22）: e1900344.

[31] Yang J, Gao Z, Ren X, et al. DeepDigest: prediction of protein proteolytic digestion with deep learning. Anal. Chem., 2021, 93（15）: 6094-6103.

[32] Li Y, Xie P, Lu L, et al. An integrated bioinformatics platform for investigating the human E3 ubiquitin ligase-substrate interaction network. Nat. Commun., 2017, 8: 347.

[33] Shen J, Liu F, Tu Y, et al. Finding gene network topologies for given biological function with recurrent neural network. Nat. Commun., 2021, 12（1）: 3125.

[34] Ning W, Lei S, Yang J, et al. Open resource of clinical data from patients with pneumonia for the prediction of COVID-19 outcomes via deep learning. Nat. Biomed. Eng., 2020, 4（12）: 1197-1207.

[35] Hong L, Lin J, Li S, et al. A novel machine learning framework for automated biomedical relation extraction from large-scale literature repositories. Nat. Mach. Intell., 2020, 2: 347-355.

[36] Pei J，Deng L，Song S，et al. Towards artificial general intelligence with hybrid Tianjic chip architecture. Nature，2019，572：106-111.

2.4　Bioinformation Technology

Li Dong，*Zhu Yunping*，*He Fuchu*
（Institute of Lifeomics，Academy of Military Medical Sciences，Academy of Military Sciences）

Human society has entered the era of big data. Biological big data，with excellent data quality and significant scientific and economic value，has become the crown in the field of big data. Bioinformation technology，as the only way to realize the value of biological big data，has become the "mainstay" leading the development of biotechnology. Bioinformation technology has become the main technological battlefield of the world's high-tech competition. With the development of "-omics" and information technology，bioinformation technology has achieved rapid development in data gathering，data integration，and knowledge mining in recent years，which is expected to push life science research into a new data-driven stage and bring about the change of research paradigm in the field of life science. This article introduces the recent bioinformatics development for biological data collection，data analysis and knowledge mining of "-omics" datasets，and also presents prospects for their future development.

2.5　环境生物技术新进展

王伟伟[1]　唐鸿志[1]　刘双江[2,3]

（1. 上海交通大学；2. 中国科学院微生物研究所；3. 山东大学）

随着人类工业化进程的不断加快，环境污染问题日益严峻，人们对大气、水体和土壤污染修复的呼声也越来越高。以微生物为基础的环境生物修复技术具有成本低廉、环境友好、高效便捷的优点，近年来发展显著，取得多项突破。下面将从大气、水体和土壤污染修复三个方面，着重介绍相关环境生物技术的国内外发展现状并展望其未来。

一、国外发展现状

1. 大气污染治理的环境生物技术

有机废气的排放是大气污染的主要成因之一，其主要来源于工业冶金、石油精炼、机械制造、化工生产等。其中，常见的挥发性有机化合物（volatile organic compounds，VOCs）包括卤代化合物、醛、酒精、酮类、芳香化合物和醚等。废气的生物修复法基于微生物将气态污染物分解为无害物质，具备简单高效、费用低、无二次污染等优点。目前，生物处理废气的方法主要有以下几类。

（1）生物过滤技术

生物过滤技术首先将污染气体通过填充有各类介质填料的生物过滤塔，借助填料上所附着的微生物与待处理废气接触‐吸附‐分解，其中生物过滤塔发挥媒介作用，提供微生物反应空间，净化处理气体中的污染物质；再经风机将处理过的气体排出。废气的生物过滤主要需要控制环境因素包括温度、湿度和含氧量等。在生物过滤塔中应用最广泛的微生物填料有塑料、人工纤维、干草和树皮等，以提供充足的空隙为功能微生物提供生长空间。生物膜废气处理技术作为一种新型的废气处理技术，利用扩散作用将废气中的污染物质从气相转移至液相中，并对其进行处理。此外，复合膜的应用会显著提高废气的处理效率。

（2）生物滴滤技术

生物滴滤器顶部设有喷淋装置，营养液喷淋后通过滤床下滴，挥发性有机废气从塔底进入，与塔内的生物膜接触并被分解净化，最终从塔顶释放处理后的气体。喷淋液中往往含有微生物生长所需的营养物质，以及一些可溶性无机盐；在喷洒过程中，自上而下均匀地喷洒，之后从塔底排出；排出的可溶性无机盐可循环利用。生物滴滤器的填充滤料主要为惰性材料（如陶瓷材料），其表面覆盖一层薄薄的生物膜以形成生物载体，驯化后的微生物接种附着在上面[1]。生物滴滤塔具有较大优势，主要有净化效率高、操作简单等优点，但填料需要定期更换，以避免生物膜厚度过高，造成生物量堵塞。

（3）技术应用案例

生物过滤可有效处理城市生活中产生的硫化氢和氨气等废气。生物过滤技术在苯系物（BTEX）中的流量为63.14克/（米³·小时）时，最多可处理60.89克/（米³·小时）的气体，处理废气中化合物的效率达96.43%。生物洗涤处理有机废气中的醇类物质，在空床停留时间为90秒的情况下，平均去除率可达91%，去除能力达24.74克/（米³·小时）[2]。相较于生物过滤与生物洗涤技术，生物滴滤技术的效率和经济性更优，因而国外近年以生物滴滤作为气体处理的主要研究方向，其工程应用在国外也比较广泛。Khanongnuch等用具有硫氧化硝酸盐还原功能的硫杆菌、异养反硝化菌以及含有硝酸盐的废水，在生物滴滤器中去除气体中的H_2S，去除率达99%[3]；Jønson等通过直接接种厌氧沼气消化液，成功在生物滴滤器中富集氢营养型产甲烷菌并固定形成生物膜[4]；San-Valero等通过模拟生物滴滤主要过程的质量平衡的三相动态数学模型，预测了生物滴滤器在高振荡排放下的工作性能[5]。

2. 水体污染治理的环境生物技术

1964年，法国国民议会通过《水法》与《水域分类、管理和污染控制法》；1972年，美国联邦法律《清洁水法》（Clean Water Act）制定了河流、湖泊、湿地及海洋等地表水污染物的水质标准，并赋予美国国家环境保护局实施污染控制计划的权力。目前，关于水体处理的生物技术主要有以下几种。

（1）悬浮生长的膜生物反应器系统

基于悬浮生长的污水处理工艺主要有活性污泥处理法、膜生物反应器、曝气塘等。传统的活性污泥处理法存在污泥产量高、有机和无机污染物去除效率低等缺点[6]。随着膜材料和制造技术的发展，膜生物反应器逐渐兴起。它是膜分离技术与生物反应器相结合的生物化学反应系统，具有出水质量高、去除率高，能有效减少污水中有机化学污染物的优点，处理含盐废水也有显著优势[7]。新加坡再生水厂（Tuas Water Reclamation Plant）及瑞士亨利克斯达尔（Henriksdal）污水处理厂是国外采用膜生物反应器技术最大的污水处理厂，平均日流量分别达到800×10^6升和536×10^6升[8]。

（2）附着生长的移动床生物膜反应器系统

多种微生物在载体上形成生物膜生态系统，用于水污染处理，可降解污水中的有机或无机污染物。利用天然微藻膜处理不同类型的废水后，磷酸盐、氨、硝酸盐、硒和重金属等物质的浓度均有降低。在移动床生物膜反应器（moving-bed biofilm reactor，MBBR）净化污水的过程中，污水连续流过反应器填料载体后，微生物会在载体上形成生物膜并大量繁殖，以降解污水中的有机和无机污染物。该反应器有占地面积小，易于安装、控制和操作以及污泥产量小（比传统污水处理厂低90%）等优点[8]。挪威是最早建立MBBR污水处理厂的国家。目前，日本、欧洲、美国、新西兰等国家和地区都建有 MBBR 污水处理厂，马来西亚用 MBBR 技术处理棕榈油厂废水。

（3）生物膜和活性污泥的组合工艺系统

集成固定膜活性污泥（integrated fixed-biofilm activated sludge，IFAS）工艺是为废水处理提供可持续解决方案的前沿工艺之一。IFAS 将传统活性污泥技术与生物膜技术结合，在活性污泥反应器中添加支持微生物生长的材料，可有效去除溶解的有机碳，并提供可观的硝化和反硝化程度。相比传统活性污泥工艺，它能增强营养物的去除、提高微生物硝化的能力、延长固体保留时间以及更好地去除人为复合物。一般而言，IFAS 可去除超过 90% 的化学需氧量和氨，改善污泥沉降性能并增强运行稳定性[9]。

3. 土壤污染治理的环境生物技术

在产业发展初期，世界各国通过立法等手段来防止土壤污染。美国在 1980 年出台《综合环境反应、赔偿与责任法》，用法律来规范土地利用并防治污染；此外，还创立"超级基金"，用于保障无责任主体及责任主体无力承担治理资金的土地污染修复。至今，美国已形成一套完整的，由联邦政府主导、州政府制定标准与监督、地方政府与社区参与实施的土壤修复体系。针对不同的污染类型，国外逐渐发展出各种专用的生物修复技术。土壤污染治理的环境生物技术主要包括自然衰减技术、生物刺激与堆肥技术、生物增强技术、植物修复技术与综合治理技术。

（1）自然衰减技术

自然衰减利用环境微生物群落自身的代谢作用，以吸附、固定、降解与挥发等手段将污染物逐渐转化为无害物质。自然衰减通常用于石油碳氢化合物污染的土壤中，但也有一定的缺陷，如底物谱不够广泛、耗时长等，因此一般用于优先级并不是很高的污染修复过程中。自然衰减也常与其他污染修复措施一起使用[10]。

（2）生物刺激与堆肥技术

常规的自然衰减无法降解持续性污染（如多环芳烃、多氯联苯、农药及有毒重金属）时，就需添加生物表面活性剂或堆肥来增强降解效果。这样可有效增加微生物对微溶于水的污染物的利用。除加强对污染土壤的修复外，该技术还能有效提高土壤肥力，适合修复农业与城市用地的土壤。常见的生物刺激所需的添加剂有碳、磷、氮或氧元素及电子受体[11]。

（3）生物增强技术

当原位的土壤微生物缺乏对污染物质（如塑料、高环多环芳烃）的降解能力时，添加外源的微生物也不失为一种选择[12]。一般外源微生物具有生长速度快、抗逆能力强、降解污染效率高与环境友好等优点[13]。

（4）植物修复技术

植物修复主要依赖植物的根系进行土壤固定或利用根系分泌物降解土壤污染物。然而，受限于植物生长的营养与环境要求，这种方法通常会与微生物降解的方法联合使用，以实现修复功能[14]。

（5）综合治理技术

在实际运用中，常常是多种污染修复手段共同作用于环境修复。以 2021 年芬兰住宅区轻质热油罐泄漏后的土壤修复为例。科研人员采用化学氧化与生物修复相结合的方法，先加入双氧水使之与柠檬酸螯合物发生芬顿反应，将罐下 25 000 毫克 / 千克的原油浓度降低约 50%；再加入并培育土壤接种物，同时加入肉骨粉与表面活性剂甲基 -β- 环糊精；最终使该地区的原油浓度较初始水平下降约 98%，有效地降解了污染土地的碳氢化合物，实现对污染的综合治理与修复[15]。

二、国内发展现状

1. 大气污染治理的环境生物技术

目前，生物滤池、生物滴滤塔在国内应用较广。Chen 等开发出一种新型气体生物过滤器——管式生物过滤器，该过滤器利用高度多孔的聚氨酯海绵和新的管状结构来增强去除能力，具有高效去除甲基异丁基酮的性能，最大去除能力达 200 克 /（米^3·小时）[16]。在构建生物滴滤塔时，填料采用聚氨酯泡沫方块，利用甲硫醇降解细菌和二甲硫醚降解细菌之间形成的空间差异性，成功在单级生物滴滤器中同时去除甲硫醇和二甲硫醚[17]。生物过滤法已成功用于化工厂、食品厂、污水泵站等的废气净化和脱臭，处理的空气污染物包括硫化氢、二硫化碳、苯乙烯、甲苯、丙烷、异丙烷、苯酚、乙醇、四氢呋喃、环己酮等。

2. 水体污染治理的环境生物技术

我国污水处理行业发展至今，主要经历了起步、缓慢发展、快速发展三个阶段。21 世纪初期，为应对经济飞速发展带来的水污染排放量增加的问题，政府陆续颁布《中华人民共和国水法》《中华人民共和国水污染防治法》等一系列政策法规。2015 年国务院发布实施《水污染防治行动计划》，至 2019 年，全国地表水国控断面水质优良（Ⅰ～Ⅲ类）、丧失使用功能（劣Ⅴ类）比例分别为 74.9% 和 3.4%，分别比 2015 年提高 8.9% 和降低 6.3%[18]。

我国早期研究膜生物反应器（membrane bio-reactor，MBR）的有天津大学、清华大学等。我国第一台 MBR 由天津大学研制，于 2000 年投入使用。目前，武汉北湖污水处理厂 MBR 日均流量达 800×10^6 升，居世界第二。2008 年无锡芦村建立国内首个大型 MBBR 污水处理厂，至今，我国应用 MBBR 工艺的市政污水处理厂在 250 座以上。此外，利用分子生物学技术研究微生物的生理生态与分布是目前深入了解生物技术系统性能的手段之一。代谢组学、蛋白质组学的发展提供了微生物群功能状态的化学指纹图谱，可用于解析污水中微生物的代谢途径[19]。宏基因组测序已被用于解析污水微生物群落和病原体检测，香港中文大学的研究团队使用纳米孔宏基因组测序法，解析了污水处理体系中的可移动抗性基因[20]。中国科学院微生物研究所的研究人员发现一类广泛存在于城市污水处理系统中的"中科微菌"，为提升污水处理技术水平和发展新一代活性污泥工艺打下资源基础[21]。

3. 土壤污染治理的环境生物技术

从 2016 年国务院印发《土壤污染防治行动计划》再到第十三届全国人民代表大会常务委员会通过《中华人民共和国土壤污染防治法》，中国的土壤污染防治开始有法可依。国内目前依托国内各大高校与企业的科技攻关，在生物修复方面取得一定的成就[22]。

国内环保公司往往采用物理或化学方法对土壤污染进行处理，较少使用生物修复技术。科研机构和高校近年来在环境生物修复相关领域频频取得科研成果。中国科学院微生物研究所、上海交通大学和南京农业大学等机构在降解污染物菌株分离和降解代谢元件挖掘上取得多项成就，发现假单胞菌、无色杆菌、鞘脂单胞菌[23, 24]等多种微生物对石油及多环芳烃等污染物具有良好的降解效果。2019 年，在实验室条件下，我国科研人员用腐殖酸与木耳、菌菇底物堆肥培养一种副球菌 *Paracoccus* LXC 菌株，成功将发电厂周围的多环芳烃污染土样中相关污染物的半衰期由 6 年降至 2～9 个月[25]。结合近年来迅猛发展的合成生物学技术，国内已有多个团队智能化改造这些菌株并尝试用于实际。上海交通大学的团队对尼古丁、多环芳烃等物质的降解进行深入研究，挖掘出大量污染物降解相关菌株，并对其降解尼古丁相关元件进行特异性改造以增强降解效果[26]。综合利用组学分析、分子生物学检验、基因编辑等多项先进技术，我国在土壤微生物修复中已有一定的理论基础与积累，相关成果在多种国际知名学术期刊发表，获得国内外科研人员的肯定。

三、未来展望

环境问题是人类发展过程中无法绕过的一关。利用生物技术处理污染，可以降低二次污染和毒害的产生，具有更大的应用空间。更多生物处理技术发展成熟并获得工业化应用，将能够有效解决污染物多次转移的问题，提高污染物的资源再利用程度，也有助于进一步加强环境自净和生态恢复能力。许多原位污染环境中的关键降解微生物仍无法实现分离或纯培养，这就限制了环境生物修复技术的发展和应用。目前，多组学的有效结合为微生物群落提供了高效分析手段和策略，并为未来环境生物技术在生态修复与污染降解等方面的应用带来广阔前景。

传统的环境生物技术依赖天然筛选的生物资源，实际污染场景中各类底物、产物和环境因子往往会抑制细胞的生长或活性，使已有的微生物技术无法充分发挥功能。随着现代分子生物学以及代谢工程、系统生物学等领域的快速发展，合成生物学用于开发环境生物技术的研究取得一定的进展。未来的合成生物学技术将建立在现有分子生物学技术拓展深化和引入人工智能、新型材料等前沿技术的基础上。针对难以降解污染物的微生物智能降解体系的设计，需要开发出环境抗逆性强、降解效能高、基因操作便捷的特殊底盘细胞，以及有效地开发出生物安全、极端抗逆、智能可控的从蛋白到单菌再到多细胞体系的环境应用人工生命系统。与传统技术相比，借助合成生物学方法突破环境生物技术的研究瓶颈，具有周期短、效率高、目标明确等特点，将为环境微生物修复技术的革新带来重大机遇。

环境生物技术通过与其他高新技术结合，利用跨领域跨专业技术的合作，可推动环保生物技术的发展。例如，计算机技术和生物技术的结合，能够显著提高环境生物技术治理大气污染的自动化和智能化程度，减少人力资源的投入，降低劳动强度。环境生物技术也可与声、光、电技术结合，能够更好地处理有毒、有害、难降解有机污染物，催生出电化学高级生物氧化、辐射分解生物氧化等新的跨专业大气污染治理技术。同时，环境生物技术设备逐步向多工艺组合、模块化的方向发展，各种技术和处理工艺推陈出新，将在大气污染治理中发挥更多的积极作用。

此外，环境污染治理的特殊性，要求建立相关政策与管理体系，完善政策支持与细化责任，强化人民的环保意识。应结合我国国情，针对我国环境污染的实际情况和历史发展，不断完善相关的法律法规；在技术发展方面，应做到产－学－研结合，不断发展与运用环境生物修复新技术。只有政策与技术双管齐下，才能在新时期让环境生物技术在环境污染治理中取得新成绩。

参考文献

[1] Rybarczyk P, Szulczyński B, Gębicki J, et al. Treatment of malodorous air in biotrickling filters：a review. Biochemical Engineering Journal, 2019, 141（15）：146-162.

[2] Mhemid R K S, Akmirza I, Shihab M S, et al. Ethanethiol gas removal in an anoxic bio-scrubber. Journal of Environmental Management, 2019, 233：612-625.

[3] Khanongnuch R, Di Capua F, Lakaniemi A M, et al. H$_2$S removal and microbial community composition in an anoxic biotrickling filter under autotrophic and mixotrophic conditions. Journal of Hazardous Materials, 2019, 367：397-406.

[4] Jønson B D, Sieborg M U, Ashraf M T, et al. Direct inoculation of a biotrickling filter for hydrogenotrophic methanogenesis. Bioresource Technology, 2020, 318：124098.

[5] San-Valero P, Dorado A D, Martínez-Soria V, et al. Biotrickling filter modeling for styrene abatement. Part 1：model development, calibration and validation on an industrial scale. Chemosphere, 2018, 191：1066-1074.

[6] Zhao Y X, Liu D, Huang W L, et al. Insights into biofilm carriers for biological wastewater treatment processes：current state-of-the-art, challenges, and opportunities. Bioresource Technology, 2019, 288：121619.

[7] Tan X, Acquah I, Liu H, et al. A Critical review on saline wastewater treatment by membrane bioreactor（MBR）from a microbial perspective. Chemosphere, 2019, 220：1150-1162.

[8] Santos A D, Rui C M, Quinta-Ferreira R M, et al. Moving bed biofilm reactor（MBBR）for dairy wastewater treatment. Energy Reports, 2020, 6：340-344.

[9] Waqas S, Bilad M R, Man Z, et al. Recent progress in integrated fixed-film activated sludge process for wastewater treatment：a review. Journal of Environmental Management, 2020, 268：110718.

[10] 高昕. 生物修复技术在土壤污染治理上的应用研究. 资源节约与环保, 2020, 3：124-125.

[11] Morillo E, Madrid F, Lara-Moreno A, et al. Soil bioremediation by cyclodextrins. A review. International Journal of Pharmaceutics, 2020, 591：119943.

[12] ScienceDirect. Bioaugmentation. https://www.sciencedirect.com/topics/earth-and-planetary-sciences/bioaugmentation[2021-09-19].

[13] Chen F, Li X, Zhu Q, et al. Bioremediation of petroleum-contaminated soil enhanced by aged refuse. Chemosphere, 2019, 222：98-105.

[14] Liu Z, Chen B, Wang L A, et al. A review on phytoremediation of mercury contaminated soils. Journal of Hazardous Materials, 2020, 400：123138.

[15] Talvenmäki H, Saartama N, Haukka A, et al. In situ bioremediation of Fenton's reaction-treated oil spill site, with a soil inoculum, slow release additives, and methyl-β-cyclodextrin.

Environmental Science and Pollution Research, 2021, 28（16）: 20273-20289.

[16] Chen H, Wei Y, Peng L, et al. Long-term MIBK removal in a tubular biofilter: effects of organic loading rates and gas empty bed residence times. Process Safety and Environmental Protection, 2018, 119: 87-95.

[17] Jia T, Sun S, Chen K, et al. Simultaneous methanethiol and dimethyl sulfide removal in a single-stage biotrickling filter packed with polyurethane foam: performance, parameters and microbial community analysis. Chemosphere, 2020, 244: 125460.

[18] 中华人民共和国生态环境部. 2019 年度《水污染防治行动计划》实施情况. https://www.mee. gov.cn/ywgz/ssthjbh/swrgl/202005/t20200515_779400.shtml[2020-05-15].

[19] Liu D F, Li W W. Genome editing techniques promise new breakthrough in water environmental microbial biotechnologies. ACS ES&T Water, 2021, 1（4）: 745-747.

[20] Che Y, Xia Y, Liu L, et al. Mobile antibiotic resistome in wastewater treatment plants revealed by nanopore metagenomic sequencing. Microbiome, 2019, 7（1）: 44.

[21] Song Y, Jiang C Y, Liang Z L, et al. *Casimicrobium huifangae* gen. nov., sp. nov., a ubiquitous "Most-Wanted" core bacterial taxon from municipal wastewater treatment plants. Applied and Environmental Microbiology, 2020, 86（4）: e02209-19.

[22] 前瞻产业研究院. 重磅！2021 年中国及 31 省市土壤修复行业政策汇总与解读（全）围绕《土十条》建立行业政策体系. https://www.163.com/dy/article/GIL07G50051480KF.html[2021-09-19].

[23] Liu Y, Hu H, Zanaroli G, et al. A *Pseudomonas* sp. strain uniquely degrades PAHs and heterocyclic derivatives via lateral dioxygenation pathways. Journal of Hazardous Materials, 2021, 403: 123956.

[24] Cui J, Huang L, Wang W W, et al. Maximization of the petroleum biodegradation using a synthetic bacterial consortium based on minimal value algorithm. International Biodeterioration & Biodegradation, 2020, 150: 1-8.

[25] Liu X, Ge W, Zhang X, et al. Biodegradation of aged polycyclic aromatic hydrocarbons in agricultural soil by *Paracoccus* sp. LXC combined with humic acid and spent mushroom substrate. Journal of Hazardous Materials, 2019, 379: 120820.

[26] Wang W, Li Q, Zhang L, et al. Genetic mapping of highly versatile and solvent-tolerant *Pseudomonas putida* B6-2（ATCC BAA-2545）as a 'superstar' for mineralization of PAHs and dioxin-like compounds. Environmental Microbiology, 2021, 23（8）: 4309-4325.

2.5　Environmental Biotechnology

Wang Weiwei[1]，*Tang Hongzhi*[1]，*Liu Shuangjiang*[2,3]

（1. Shanghai Jiaotong University；2. Institute of Microbiology，Chinese Academy of Sciences；3. Shandong University）

This report summarized the recent progresses in environmental biotechnology. While focusing on China，the report also covered the main developments in other countries in the fields of air pollution removal，water and soil/land bioremediation. Environmental biotechnology achieved significant progresses in improving the air quality and in cleaning up polluted water and soil in the last couple of years. Single-stage biotrickling filter reactors with polyurethane foam were used to remove methanethiol and dimethyl sulfide from gas. The understanding of wastewater treatment processes was more insightful，such as dissection of microbial communities and tracing antibiotic resistance genes. Cleaning up polluted soil was still challenging，and progresses had been made in the removal of polyaromatic hydrocarbons and other heterocyclic chemical compounds. In the future，it is expected that new environmental biotechnology will emerge from the integration of the advancements of synthetic biology and other physical/chemical technology. Robust and engineered microbes for calcitrant chemical pollutants are in construction and might be ready for testing in the coming years. Environment management is also an essential element that should be strengthened in the future.

2.6　工业生物技术新进展

刘　龙　刘延峰　陈　坚[*]

（江南大学）

工业生物技术是利用生物转化的方法将生物质原料转化为重要化学品、材料以及

＊　中国工程院院士。

能源的关键技术，其目标是采用价格低廉、环境友好和可持续的方法，实现化学品、生物材料以及生物能源的绿色制造[1-3]。近年来，代谢调控元件的设计与动态调控、智能化微生物菌株的创制、细胞生长与细胞亚群的调控，有力地推动了工业生物技术的发展。未来，基于蛋白质设计的代谢调控元件的构建和基于高精度全细胞模型的细胞工厂的创制，将进一步促进工业生物技术的发展。工业生物技术支撑着我国战略性新兴产业——生物技术产业的发展，对于我国抢占新一轮科技革命和产业革命的制高点具有重要意义。世界各强国也非常重视工业生物技术的发展。下面将介绍近年来工业生物技术领域的重大进展，并展望未来。

一、国际重大进展

在各国政府和国际组织的支持下，工业生物技术在多个方向都取得了重要进展。

1. 人工智能驱动的代谢调控元件开发与改造靶点的预测

启动子等基因表达元件是代谢途径调控的重要工具，代谢途径的优化与平衡决定了目标产物的合成效率。机器学习、深度学习等人工智能技术与工业生物技术领域的交叉融合，为解决复杂生物合成系统中代谢调控元件和代谢途径的优化设计提供了新的方案。在代谢调控元件的开发方面，通过高通量启动子序列文库的构建与测试、卷积神经网络的训练和启动子设计，实现了具有特定强度和序列多样性的大肠杆菌（*Escherichia coli*，*E. coli*）、枯草芽孢杆菌（*Bacillus subtilis*，*B. subtilis*）和酿酒酵母（*Saccharomyces cerevisiae*，*S. cerevisia*）的人工启动子的序列设计[4, 5]。在代谢工程的策略设计方面，通过机器学习模型与基因组规模代谢网络模型和概率模型相结合，实现了色氨酸、脂肪酸等目标产物关键代谢工程改造靶点的预测[6, 7]。

2. 多层次代谢途径的动态调控与优化

通过动态调控目标产物合成途径与细胞生长关键途径，能够确保细胞代谢处于生长和合成的最优状态。开发普适的代谢途径动态调控系统或能够同时上调与下调不同靶点的双功能代谢途径动态调控系统，是目前研究的热点之一。基于群体响应的动态调控系统，能够响应细胞密度，且不依赖特定的生物传感器和代谢途径，因此适用于不同代谢途径的调控[8]。通过将群体响应与葡萄糖二酸途径代谢物的生物传感器结合，实现了细胞生长途径的动态下调和葡萄糖二酸合成途径的动态上调，促进了葡萄糖二酸的合成[9]。通过将两种具有不同响应信号分子的群体响应系统组合，或将生物传感器与 sRNA 基因抑制系统组合，实现了靶基因的上调以及其他靶基因的下调[10, 11]。通过光遗传学技术与代谢调控的结合，实现了基于光信号的代谢途径动态调控，已用于利用 *S. cerevisiae* 合成生产异丁醇和 2- 甲基 -1- 丁醇，以及诱导表达 *E. coli* 重组蛋白[12, 13]。

3. 代谢途径重编程与智能化工业微生物菌株的创制

代谢途径理性设计与适应性进化相结合，是转换细胞代谢模式和从全局调控细胞代谢的重要方法。该方法已成功用于 *E. coli*、*S. cerevisiae* 和毕赤酵母（*Pichia pastoris*, *P. pastoris*）等重要工业微生物的底物利用和代谢模式的重构[14-16]。其中，通过 CO_2 途径设计与限制碳源条件的适应性进化，获得了以 CO_2 作为唯一碳源的 *E. coli* 和 *P. pastoris* 菌株[14, 16]。通过阻断乙醇代谢途径、强化脂肪酸代谢途径以及实现适应性进化，*S. cerevisiae* 可以由产乙醇代谢模式转换为产脂代谢模式[15]。传统的工业微生物菌种的构建和筛选不仅花费大量的人力和物力，而且往往耗费几年甚至十年的创制周期。通过构建自动化基因克隆、质粒转化和代谢分析平台，同时引入智能化工业微生物菌株创制的新范式，为工业微生物菌株构建效率的提升提供了新的思路[17-19]。利用人工智能设计、自动化菌株构建、代谢测试和数据学习，优化了番茄红素的合成途径，并在几周内获得了最高产量的高产番茄红素的细胞，大大减少了时间和成本[18]。

4. 细胞生长与细胞亚群的调控

强化工业微生物的生长速率能够提升发酵过程的生产强度，赋予高产细胞生长优势能够提升发酵过程中高产细胞的比例，从而提高发酵过程的综合效率。适应性进化是提升细胞生长速率的重要方法，该方法已成功应用于 *E. coli* 生长速率的提升[20, 21]。相同基因型细胞中存在不同生产效率的细胞亚群，并且低产细胞亚群往往由于生长负担轻而具有更高的生长速率。为促进高产细胞生长并抑制低产细胞生长，研究人员开发出细胞亚群调控系统，即通过响应目标产物的生物传感器，调控必需基因、氨基酸合成基因等细胞生长关键基因，从而使高产细胞具有更高的生长速率，以提升其在整个细胞群体中的比例。细胞亚群调控方法已应用于提高 *E. coli* 合成生产甲羟戊酸和解脂亚洛酵母（*Yarrowia lipolytica*）合成生产柚皮素的效率[22, 23]。

5. 基于细胞工厂和无细胞体系的新型天然产物的合成

特定的大麻素作为处方药已在多个国家获得批准，用于治疗各种疾病。为了实现大麻素的高效生物合成，研究人员将大麻基因引入 *S. cerevisiae* 的代谢途径，以半乳糖为原料获得大麻素前体分子（如橄榄酸）；之后，使 *S. cerevisiae* 细胞工厂能够生成关键的大麻萜酚酸；然后，用大麻萜酚酸生成 Δ9- 四氢大麻酚酸和大麻二酚酸，再添加不同的脂肪酸并作为底物，最终合成出经过化学修饰的合成大麻素[24]。此外，无细胞多酶催化体系经过设计和优化，已经用于合成无细胞体系大麻素，其大麻素产量比目前报道的细胞工厂大麻素产量高出 2 个数量级，为大麻素的合成提供了新方法[25, 26]。托品烷类生物碱是一种神经递质抑制剂，常用于治疗神经肌肉疾病，被世界卫生组织列为基本药物。研究者以 S. cerevisiae 作为生产宿主，通过酰基受体和供体生物合成模块构建、莨菪碱脱氢酶鉴定、莨菪碱和东莨菪碱模块构建、酰基转移酶亚细胞定位等，实现了莨菪碱和东莨菪碱的合成，拓展了生物碱类天然产物合成的种类[27]。

二、国内现状

近几年，随着工业生物技术的迅速发展，我国学者在人工智能驱动的代谢调控元件设计、代谢途径动态调控、代谢模式与生长精准调控以及天然产物合成等方面做了大量的基础和应用研究。清华大学、江南大学、华东理工大学和中国科学院天津工业生物技术研究所等高校和研究机构，为新技术和新策略在工业生物技术中的应用做出了重要贡献。

在代谢调控元件设计方面，建立了基于机器学习的 E. coli 启动子和生物传感器动态范围的设计方法[28, 29]；在代谢途径动态调控方面，构建了丙酮酸生物传感器和反义转录、氨基葡萄糖 -6- 磷酸生物传感器 -CRISPRi 的双功能动态调控回路[30, 31]；在代谢途径重编程方面，解析了链霉菌胞内三酰甘油降解机理，提出了精准动态调控胞内三酰甘油水平以提高聚酮产量的工程策略，实现了链霉菌高产聚酮类药物菌株的构建[32]；在细胞生长调控方面，建立了 E. coli 和 B. subtilis 细胞寿命和细胞生长速率的调控策略，通过细胞生产与产物合成的平衡调控，提升了目标化合物的合成效率[33, 34]；在天然产物合成方面，解析了灯盏花素等天然产物的合成途径，并构建出天然产物合成的细胞工厂[35]。

工业生物技术产业化应用有几个典型案例。① 清华大学研究团队通过分离海水中快速生长的嗜盐菌——盐单胞菌，并利用合成生物学技术对该菌株进行改造，使其能在不灭菌和连续工艺过程中高效生产出天然可生物降解的高分子聚合物聚羟基脂肪酸酯（polyhydroxyalkanoates，PHA），从而大幅降低 PHA 的生产成本，目前已完成生产测试，为规模化工业生产奠定了坚实的基础。②江南大学研究团队围绕发酵原料、菌种代谢调控、菌株抗逆、发酵过程控制以及提取精制工艺等关键技术，发展和实践了一整套提高有机酸发酵过程性能的策略与方法，革新了柠檬酸行业一直沿用的钙盐法提取技术体系，基本消除了废水排放，相关技术支撑我国柠檬酸发酵技术居全球领先水平。③中国科学院天津工业生物技术研究所利用合成途径的设计与构建，代谢进化及细胞性能的优化，构建出能够将葡萄糖高效转化为 L-丙氨酸的细胞工厂，产量达 155 克/升，糖酸转化率高达 95%。目前，利用该技术已建成年产 2.6 万吨 L-丙氨酸的生产线，在国际上首先实现发酵法 L-丙氨酸的产业化，生产成本比传统技术降低 50% 以上。

在生物发酵产品生产方面，我国生物发酵产业产品总量居世界第一位，成为名副其实的发酵大国，主要产品包括氨基酸、有机酸、淀粉糖、多元醇、酶制剂、酵母、功能发酵制品等。随着合成生物学、系统生物学、基因组工程和高通量筛选技术和方法的不断应用，我国工业生物技术领域的研发和自主创新能力得到显著提升。产品研发的创新和技术手段的进步为我国工业生物技术领域注入了新的活力。我国已形成大宗生物发酵产品规模化生产为主，多种类生物发酵产品协调发展的产业格局，是世界生物发酵产业的生产中心。

三、发展趋势及前沿展望

人工智能、合成生物学和系统生物学技术的进展和突破，有力地推动了工业生物技术的发展。其中，代谢调控元件设计、代谢途径动态调控、智能化菌株创制以及天然产物合成的重要进展，对工业生物技术领域产生了深远的影响。未来工业生物技术潜在的重大挑战和关键问题具体如下。

1. 基于工业生物技术的食品原料的可持续制造

传统种植、养殖和食品加工方式面临资源超载、环境污染、成本高企等诸多压力。食品领域对工业生物技术特别是合成生物学技术的运用，正在颠覆传统的食品生产供给方式。例如，通过重构化学催化与生物催化相结合的 CO_2 固定与转化系统，实现了从 CO_2 到淀粉与蛋白质的人工制造。未来研究中，进一步提高能量利用效能、物质转化效率等，有望实现淀粉与蛋白质等食品原料的可再生制造。特别是面对目前尤为突出的蛋白资源可持续供给的巨大挑战，开发出不依赖于农业和养殖业的大规模、低成本、可持续的替代蛋白制造技术是关键。其中，发酵法制备微生物蛋白有望显著提高蛋白制造效率，实现蛋白的可持续供给。

2. 基于蛋白质和核糖开关设计的代谢调控元件的构建

目前，基因回路调控元件往往依赖天然转录调控因子、核糖开关以及对天然元件的改造，而非天然转录调控因子或核糖开关的设计仍缺乏有效的方法，这就限制了代谢途径的调控范围和调控效率。开展基于蛋白质折叠和人工智能的核糖开关设计，将促使代谢调控元件的数量呈现几何级数式增长，基因回路构建效率和代谢调控效率有望得到大幅提升，进而扩增产物合成途径代谢的流量，实现目标产物的高效合成。

3. 基于高精度全细胞模型的细胞工厂创制

微生物细胞内复杂的代谢途径及其调控是限制细胞工厂高效构建的主要因素。基于细胞基因型进行高精度细胞表型预测，能够提升代谢改造靶点选取的精准性和代谢途径改造的有效性。因此，构建整合多组学数据、精细刻画细胞全生命周期行为的全细胞模型，是提高细胞工厂构建效率的重要方向。能否实现生物组学大数据高效整合和细胞行为精准预测，将决定着细胞工厂构建实验设计和实验开展的有效性，直接影响到工业生物技术的未来发展。

4. 发酵过程智能化控制与优化

生产规模的发酵过程控制与优化是工业生物技术实现产业化的核心，发酵过程智能化控制是保证生产效率的关键。实现发酵过程智能化控制与优化需要开展以下六个方面的研究：开发基于微生物生理的代谢调控技术、开展发酵过程动力学研究与数学建模、实施计算机辅助自动控制、整合在线或离线检测技术、进行发酵过程在线优化控制，以及建立智能型故障诊断和早期预警。

5. 发酵产物绿色高效分离与纯化

产物绿色高效分离与纯化是实现工业生物技术及产业节能降耗和"三废"减排的关键环节。针对目标产物分离与纯化过程，大力发展高效膜分离技术、浓缩和结晶结合的提取技术、特定产物的低成本工艺、副产品资源化技术、废弃物综合处理技术以及潜在污染物高效控制技术，能够为国家"双碳"战略的实施做出重要贡献。

参考文献

[1] Clomburg J M, Crumbley A M, Gonzalez R. Industrial biomanufacturing: the future of chemical production. Science, 2017, 355 (6320): aag0804.

[2] Keasling J, Martin H G, Lee T S, et al. Microbial production of advanced biofuels. Nature Reviews Microbiology, 2021, 19 (11): 701-715.

[3] Lee S Y, Kim H U, Chae T U, et al. A comprehensive metabolic map for production of bio-based chemicals. Nature Catalysis, 2019, 2: 18-33.

[4] van Brempt M, Clauwaert J, Mey F, et al. Predictive design of sigma factor-specific promoters. Nature Communications, 2020, 11（1）: 5822.

[5] Kotopka B J, Smolke C D. Model-driven generation of artificial yeast promoters. Nature Communications, 2020, 11（1）: 2113.

[6] Zhang J, Petersen S D, Radivojevic T, et al. Combining mechanistic and machine learning models for predictive engineering and optimization of tryptophan metabolism. Nature Communications, 2020, 11（1）: 4880.

[7] Radivojević T, Costello Z, Workman K, et al. A machine learning Automated Recommendation Tool for synthetic biology. Nature Communications, 2020, 11（1）: 4879.

[8] Gupta A, Reizman I M, Reisch C R, et al. Dynamic regulation of metabolic flux in engineered bacteria using a pathway-independent quorum-sensing circuit. Nature Biotechnology, 2017, 35（3）: 273-279.

[9] Doong S J, Gupta A, Prather K L J. Layered dynamic regulation for improving metabolic pathway productivity in *Escherichia coli*. Proceedings of the National Academy of Sciences of the United States of America, 2018, 115（12）: 2964-2969.

[10] Dinh C V, Prather K L J. Development of an autonomous and bifunctional quorum-sensing circuit for metabolic flux control in engineered *Escherichia coli*. Proceedings of the National Academy of Sciences of the United States of America, 2019, 116（51）: 25562-25568.

[11] Yang Y, Lin Y, Wang J, et al. Sensor-regulator and RNAi based bifunctional dynamic control network for engineered microbial synthesis. Nature Communications, 2018, 9: 3043.

[12] Zhao E M, Zhang Y, Mehl J, et al. Optogenetic regulation of engineered cellular metabolism for microbial chemical production. Nature, 2018, 555（7698）: 683-687.

[13] Lalwani M A, Ip S S, Carrasco-López C, et al. Optogenetic control of the lac operon for bacterial chemical and protein production. Nature Chemical Biology, 2021, 17（1）: 71-79.

[14] Gleizer S, Ben-Nissan R, Bar-On Y M, et al. Conversion of *Escherichia coli* to generate all biomass carbon from CO_2. Cell, 2019, 179（6）: 1255-1263.

[15] Yu T, Zhou Y, Huang M, et al. Reprogramming yeast metabolism from alcoholic fermentation to lipogenesis. Cell, 2018, 174（6）: 1549-1558.

[16] Gassler T, Sauer M, Gasser B, et al. The industrial yeast *Pichia pastoris* is converted from a heterotroph into an autotroph capable of growth on CO_2. Nature Biotechnology, 2020, 38: 210-216.

[17] Hillson N, Caddick M, Cai Y. et al. Building a global alliance of biofoundries. Nature Communications, 2019, 10（1）: 2040.

[18] HamediRad M, Chao R, Weisberg S, et al. Towards a fully automated algorithm driven platform for biosystems design. Nature Communications, 2019, 10（1）: 5150.

[19] Chao R, Mishra S, Si T, et al. Engineering biological systems using automated biofoundries. Metabolic Engineering, 2017, 42: 98-108.

[20] Long C P, Gonzalez J E, Feist A M, et al. Fast growth phenotype of *E. coli* K-12 from adaptive laboratory evolution does not require intracellular flux rewiring. Metabolic Engineering, 2017.44: 100-107.

[21] Choe D, Lee J H, Yoo M, et al. Adaptive laboratory evolution of a genome-reduced *Escherichia coli*. Nature Communications, 2019, 10（1）: 935.

[22] Rugbjerg P, Sarup-Lytzen K, Nagy M, et al. Synthetic addiction extends the productive life time of engineered *Escherichia coli* populations. Proceedings of the National Academy of Sciences of the United States of America, 2018, 115（10）: 2347-2352.

[23] Lv Y, Gu Y, Xu J, et al. Coupling metabolic addiction with negative autoregulation to improve strain stability and pathway yield. Metabolic Engineering, 2020, 61: 79-88.

[24] Luo X, Reiter M A, d'Espaux L, et al. Complete biosynthesis of cannabinoids and their unnatural analogues in yeast. Nature, 2019, 567: 123-126.

[25] Valliere M A, Korman T P, Woodall N B. A cell-free platform for the prenylation of natural products and application to cannabinoid production. Nature Communications, 2019, 10（1）: 565.

[26] Valliere M A, Korman T P, Woodall N B, et al. A bio-inspired cell-free system for cannabinoid production from inexpensive inputs. Nature Chemical Biology, 2020, 16（12）: 1427-1433.

[27] Srinivasan P, Smolke C D. Biosynthesis of medicinal tropane alkaloids in yeast. Nature, 2020, 585（7826）: 614-619.

[28] Wang Y, Wang H, Wei L, et al. Synthetic promoter design in *Escherichia coli* based on a deep generative network. Nucleic Acids Research, 2020, 48（12）: 6403-6412.

[29] Ding N, Yuan Z, Zhang X, et al. Programmable cross-ribosome-binding sites to fine-tune the dynamic range of transcription factor-based biosensor. Nucleic Acids Research, 2020, 48（18）: 10602-10613.

[30] Xu X, Li X, Liu Y, et al. Pyruvate-responsive genetic circuits for dynamic control of central metabolism. Nature Chemical Biology, 2020, 16（11）: 1261-1268.

[31] Wu Y, Chen T, Liu Y, et al. Design of a programmable biosensor-CRISPRi genetic circuits for dynamic and autonomous dual-control of metabolic flux in *Bacillus subtilis*. Nucleic Acids Research, 2020, 48（2）: 996-1009.

[32] Wang W, Li S, Li Z, et al. Harnessing the intracellular triacylglycerols for titer improvement of

polyketides in *Streptomyces*. Nature Biotechnology，2020，38：76-83.

［33］Guo L，Diao W，Gao C，et al. Engineering *Escherichia coli* lifespan for enhancing chemical production. Nature Catalysis，2020，3：307-318.

［34］Tian R，Liu Y，Cao Y，et al. Titrating bacterial growth and chemical biosynthesis for efficient N-acetylglucosamine and N-acetylneuraminic acid bioproduction. Nature Communications，2020，11（1）：5078.

［35］Liu X，Cheng J，Zhang G，et al. Engineering yeast for the production of breviscapine by genomic analysis and synthetic biology approaches. Nature Communications，2018，9（1）：448.

2.6　Industrial Biotechnology

Liu Long，*Liu Yanfeng*，*Chen Jian*
（Jiangnan University）

Industrial biotechnology is a key technology for biomanufacturing industrially important compounds，materials and biofuel production via cost-effective，environmentally friendly and sustainable manners. Therefore，industrial biotechnology is one of the emerging industries of strategic importance in China. Recently，industrial biotechnology has been fueled by genetic regulatory elements design and dynamic regulation in metabolic engineering，artificial intelligence-driven strains development，as well as cell growth and cell subpopulation regulation. Moreover，protein engineering-based novel genetic regulatory elements development and high-accuracy whole-cell model-based intelligent cell factories construction will further promote the development of industrial biotechnology.

2.7 绿色材料的生物制造技术新进展

陈国强 [1,2,3] 郑 爽 [2] 何宏韬 [2]

（1.清华大学合成与系统生物学中心；2.清华大学生命科学学院；
3.清华大学化学工程系）

随着世界石油资源面临枯竭、环境污染不断加剧，中国提出"碳达峰、碳中和"的目标、路线图及关键时间节点。绿色材料具有非常广阔的应用前景，发展环境友好型绿色材料的生产技术是迫切需要解决的问题。目前主流的生物基绿色材料包括聚乳酸（polylactic acid，PLA）、聚乳酸乙醇酸酯 [poly（lactate-co-glycolate），P（LA-co-GA），PLGA]、聚对苯二甲酸丙二醇酯（polytrimethylene terephthalate，PTT）以及聚羟基脂肪酸酯（polyhydroxyalkanoates，PHA）等。世界各国都非常重视生物基绿色材料的开发。采用生物制造技术生产绿色材料具有独特的优势，下面将重点介绍这几种绿色材料的生物制造技术的新进展并展望其未来。

一、国内外新进展

（一）PLA 的生物制造技术

PLA 是以乳酸为主要原料聚合而成的聚合物，具有良好的机械性能、生物相容性和生物可降解性，应用在包装、服装、医药、工农业等领域，是目前全球产业化最成熟、产量最大、应用最广泛的生物可降解塑料。2019 年全球 PLA 产能约 27 万吨，2020 年 PLA 产能增长至近 40 万吨。随着 PLA 的广泛应用和各项政策对生物可降解塑料的支持，预计 2025 年全球 PLA 消费市场将达 65 亿美元。

1. 国外新进展

美国 NatureWorks 公司是世界上最大的 PLA 生产公司，以 Ingeo 商标生产 PLA，年生产规模达 16 万吨[1]。该公司开发出生物和化学混合工艺，先以可再生生物质如木薯、玉米淀粉和甘蔗为底物，通过微生物发酵生成乳酸（lactic acid，LA），然后经过乳酸脱水获得丙交酯，再利用化学开环聚合，得到 PLA。纯微生物技术制造 PLA

仍处于实验室阶段。为开发制造 PLA 的纯生物技术——一步发酵法，研究人员先让 *Pseudomonas* sp. MBEL 6-19 和 *Pseudomonas* sp. 61-3 的工程 PHA 合成酶 Glu130、Ser325、Ser477 和 Gln481 的氨基酸发生突变，以显著提高 PHA 合成酶对 LA-CoA 的活性；再以大肠杆菌为底盘细胞，利用 *Clostridium propiicum* 来源的丙酰辅酶 A 转移酶（Pct），将 LA 转化为 LA-CoA；最后利用 *Pseudomonas* sp. MBEL 6-19 的 PHA 合成酶，将 LA-CoA 聚合成 PLA。为增加 PLA 的代谢通量，用强 *trc* 启动子替代基因的天然启动子，利用过表达乳酸脱氢酶 LdhA 和乙酰辅酶 A 合成酶 Acs，并敲除染色体基因 *ackA*、*ppc* 和 *adhE*，使产量提高了 11%，此生产平台已转移至其他工业化生产的菌株[2]。

2. 国内新进展

我国现有 PLA 年产能约 8 万吨，在建和规划的 PLA 生产项目产能将随着 PLA 市场需求的扩大和国内 PLA 制造技术的发展不断提高。PLA 的生产企业主要有浙江海正生物材料股份有限公司、安徽丰原集团有限公司、河南金丹乳酸科技股份有限公司等[3]。国内 PLA 的生产主要依赖微生物发酵生产乳酸，以及化学法乳酸缩聚和开环聚合两步法。国内在一步法发酵合成 PLA 上同样进行了尝试。除筛选 PLA 合成关键酶丙酰辅酶 A 转移酶和 PHA 合成酶之外，研究人员通过过表达 *sulA*，增大细胞体积，再利用工程菌进行形态改造，以提高 PLA 的产量[4]。

（二）PLGA 类化合物的生物制造技术

PLGA 是乳酸和乙醇酸的无规则共聚物。在具有 PLA 生产能力的菌株中构建 GA 或其他羟基酸单体的合成路径，可合成 PLGA 或其他聚合物。PLGA 具有可生物降解性、生物相容性和无毒性，是美国食品药品监督管理局（FDA）批准的用作重要医用聚合物的少数商业化聚酯之一。PLGA 已用于生物医学和治疗领域，包括手术缝合线、假体装置、药物输送和组织工程[5]。

1. 国外新进展

目前生物制造合成 GA 的路径主要有两种，一种是与木糖代谢相关的 Dahms 途径，另一种是与 TCA 相关的乙醛酸分流途径。

Dahms 途径是在 *Crolobacter crescent* 中发现的木糖代谢途径。在 Dahms 途径中，木糖转化为丙酮酸和乙醇醛，然后乙醇醛利用醛脱氢酶进一步转化为 GA。韩国 Sang Yup Lee 团队利用 Dahms 途径，第一次证明和实现了工程菌利用碳水化合物葡萄糖和木糖作为碳源，一步发酵生产 PLGA。在大肠杆菌中过表达 *C. crescentus* 的 *xylBC* 编码的木糖脱氢酶和木糖内酯酶，可以构建出 Dahms 途径，再敲除 *ptsG* 基因，可使菌株同时利用木糖和葡萄糖；敲除 *adhE*、*poxB*、*frdB*、*dld*、*aceB* 和 *glcDEFGB* 等基因组基因，并用强 *trc* 启动子替换 *ldhA* 启动子，可以使大肠杆菌的代谢通量集中到 LA 和 GA；最终，利用经过上述基因敲除的大肠杆菌表达 *xylBC*、*pct* 和 *phaC1437*，再分批发酵，可以得到 P（70.5mol LA-*co*-29.5mol GA），使聚合物含量占干重的 36.2%。

美国麻省理工学院的 Gregory Stephanopoulos 研究团队利用与 TCA 相关的乙醛酸分流途径，过表达 *aceA*、aceK、*ycdW*，构建出乙醛酸生成 GA 的途径，然后经 *Megasphaera elsdenii* Pct 把 GA 转化为 glycolyl-CoA，最后由 *Pseudomonas* sp. 61-3 PHA 合成酶（PhaC1）突变体进行聚合，得到 PLGA。此外，过表达 *Cupriavidus necator* 来源的 *phaAB*，可以得到 P（3HB-*co*-17 mol% LA-*co*-16 mol% GA）[6]。

2. 国内新进展

我国在以 LA 和 GA 为单体的聚合物方面的研究相比于国外较少，但对以其他羟基酸（如 3HB、4HB、3HHx）组成的聚合物研究较多。以 3HB、4HB、3HHx 等为单体形成的聚酯类化合物统称为聚羟基脂肪酸酯，即 PHA。后面将对其生物制造技术进行更详细的介绍。

（三）1,3- 丙二醇和 PTT 的生物制造技术

1,3- 丙二醇（1,3-Propanediol，1,3-PDO）是一种非常重要的化工原料，可广泛用于聚酯、医药、化妆品等多个领域，是生产不饱和聚酯、增塑剂、表面活性剂、乳化剂和破乳剂的原料，以及制造性能优异的新型聚酯纤维 PTT 的重要单体原料[7]。它还是化妆品市场新的翘楚，主要是作为保湿剂和抑菌剂在日化领域应用广泛，几年来市场需求量激增。

1. 国外新进展

1,3-PDO 可以与对苯二甲酸聚合，生成 PTT。PTT 是由美国壳牌公司首先研制出来的可用于纺织纤维的新一代聚酯，以顺滑无褶皱著称，是聚对苯二甲酸乙二醇酯（polyethylene terephthalate，PET）的换代产品。

目前，1,3-PDO 的生产主要有化学合成法和微生物发酵法两种。世界上 1,3-PDO 的生产主要集中于美国 DuPont、Shell 和德国 Degussa 三家。1,3-PDO 的潜在市场是代替 1,4- 丁二醇（1,4-butanediol，BDO），以生产聚醚多元醇和聚酯多元醇、扩链剂、共聚酯醚。化学合成法已实现大规模的工业应用，而微生物发酵法处于起步阶段，尤其是生产实践中的后提取工艺研究报道少之又少[8]。

2. 国内新进展

国内对这两种材料的研究和应用正处于赶超甚至有领先国际同行业的趋势。清华大学化学工程系刘德华教授是生物法生产该产品的领导者，目前已实现利用微生物发酵法来制备 1,3-PDO。微生物发酵法以可再生资源为原料，可摆脱对化石原料的过度依赖；与化学生产过程相比，可节约能耗近 40%，使温室气体的排放量减少 20%[7]。该技术以生物柴油的副产物甘油为原料，非常符合当前低碳环保、可持续发展的要求。该团队已实现 1,3-PDO 和 1,4-BDO 的联产，显著提高了产品的综合价值。

目前，1,3-PDO 已在我国实现规模化生产。2015 年第一代技术的授权工厂在江苏顺利投产，2017 年在山东建成以第二代技术为核心的万吨级的产业化基地，2019 年实现了第三代技术的突破，完成了 1,3-PDO 和 1,4-BDO 的联产菌株的构建，并进入小试、中试、产业化阶段。1,3-PDO 的规模化生产彻底打破了美国的垄断，解决了 PTT 生产的关键核心技术问题，且具有显著的成本优势，使我国纺织品种类更加齐全，极大提高了附加值和产品性能。

（四）PHA 的生物制造技术

PHA 是细菌在生长过程中，营养供应不平衡时，储存碳和能量的一种自然方式，它在菌体中以不溶于水的包涵体形式存在，是以不同羟基脂肪酸聚合而成的高分子聚酯的总称。PHA 既具备石油基塑料的优点，同时又有可降解性和生物相容性，有助于缓解环境污染，已用于包装、食品、医疗、化妆品、农业、生物能源等领域，有望与聚对苯二甲酸 – 己二酸丁二醇酯（PBAT）、PLA 和聚丁二酸丁二醇酯（PBS）等成为取代不可降解塑料的最有潜力的替代品[9]。

1. 国外新进展

2016 年，加拿大皇后大学（Queen's University）Bruce A. Ramsay 的研究小组，以恶臭假单胞菌（*Pseudomonas putida* KT2440）为宿主，以葵酸为底物，生产中长链 PHA，使产量达到 55 克/升[10]。中长链的 PHA 具备更优秀的材料性能，能够有效拓展材料的应用范围。2018 年，巴西圣保罗大学 Luiziana F. Silva 利用伯克霍尔德菌（*Burkholderia sacchari*）作为宿主，以木糖为碳源，使 PHB（第一代 PHA 材料，是由单体 3HB 组成的 PHA）产量达 11.29 克/升[11]。使用不同的碳源开发生物制造技术，有利于减少生产技术对底物的依赖性，一定程度上消除了原材料价格上涨等因素对生物制造技术成本的影响。同年，泰国朱拉隆功大学的 Suchada Chanprateep Napathorn 成功利用菠萝罐头加工行业的生产废物，在杀虫贪铜菌（*Cupriavidus necator*）中实现了 PHB 的生产，产量达 7.7 克 / 升[9]。2018 年，达美尔科学公司（Danimer Scientific）开发出首个完全由 PHA 制成的生物降解塑料吸管[12]。2019 年，美国加利福尼亚州的材料公司 Cove 开发出完全由 PHA 制成的饮料瓶，该饮料瓶在土壤中约 5 年即可降解，而传统的 PET 塑料瓶的降解需要约 500 年的时间。联合利华公司开发出含有 PHA 微粉的防晒产品，其中 PHA 为第一批从可再生生物质中提取的化妆品成分，可被完全生物降解[12]。

2. 国内新进展

（1）新型底盘细胞

相比于国外 PHA 生物制造研究，国内 PHA 研究的不同之处在于：开发出天然具备较强 PHA 合成能力的底盘细胞。盐单胞菌是一种嗜盐微生物，适宜于在高盐高碱的环境中生长[13, 14]，具有生长速度快、鲁棒性强的特点；在高盐高碱培养基中进行发酵生产，不易发生菌种污染，甚至可以免去耗时耗力的灭菌步骤。如果选用成本更低的塑料、陶瓷等材质的生物反应器，利用盐单胞菌进行开放式发酵和连续发酵，可以实现下一代工业生物技术（next generation industrial biotechnology，NGIB）的生产[15-16]。

目前，盐单胞菌属中开发得最成熟的底盘细胞为 *Halomonas bluephagenesis* TD[17] 和 *Halomonas campaniensis* LS21[18]。开发出的相应分子操作工具有 CRISPR/Cas9 系统、CRISPR/AID 系统、CRISPRi 系统等基因编辑工具[15, 16]，组成型启动子库 P_{Porin} Lib[19]、类 T7 诱导型表达启动子库，以及基于 RNA 转录干扰和温敏启动子的低温诱导开关[14] 等蛋白表达元件，可用于改造细胞形态和外膜、编辑产物合成路径等。

除本身具有高含量 PHA 的合成能力之外，*H. bluephagenesis* TD 也是下一代工业生物技术的工具底盘细胞，在生产 PHA 的同时，也生产其他高附加值产物（如四氢嘧啶）[20]。*H. bluephagenesis* TD 具有天然合成四氢嘧啶的能力，作为底盘细胞，发挥下一代工业生物技术的优势，有助于降低四氢嘧啶的生产成本。*H. bluephagenesis* TD 合成四氢嘧啶的关键基因簇为 *ectABC*，经过对其 *ectABC* 基因簇的表达优化、四氢嘧啶从头合成培养基成分优化、敲除四氢嘧啶降解基因 *doeA* 和 *ectD*、上调基因簇 *ectABC* 及 *lysC*、*asd* 的表达后，得到衍生菌株 *H. bluephagenesis* TD-gELA。TD-gELA 在 7 升发酵罐中发酵培养 28 小时，可生产四氢嘧啶 27.82 克 / 升，发酵 44 小时，可使细胞干重达到 32 克 / 升；其中 PHB 含量为 74%，四氢嘧啶产量为 7.65 克 / 升。

以盐单胞菌为底盘细胞，清华大学实验室已在 7 升、1000 升、5000 升中试[17] 和 200 吨工业生物反应器的不同规模中，实现了多次非灭菌开放式连续发酵，获得了有经济竞争力的生物发酵生产结果。

（2）国内生物制造技术应用与生产情况

随着国家经济和科研实力不断增长，我国已成为世界上利用生物制造技术生产 PHA 品种最多、产量最大的国家，正在实现生物制造技术和产业化规模的高速增长，在提高 PHA 附加值、开发生物医学组织工程等领域也有长足进步。

山东意可曼科技有限公司自主研发出可生产完全生物降解材料的生物制造产业化技术，降低了工业生物制造的生产成本。宁波天安生物材料有限公司、江苏南天集团公司应用生物制造技术生产的 PHA 产品的各项性能指标都达到量产的水平。

2021 年，多个公司启动大规模 PHA 生产项目。天津国韵生物科技有限公司在天津建设年产 10 000 吨的 PHA 生产线，深圳市腾讯计算机系统有限公司入股北京蓝晶微生物科技有限公司，至今该公司累计融资已达 8 亿元，其子公司江苏蓝素生物材料有限公司发布了年产 25 000 吨的 PHA 产业化项目；中粮生化能源（榆树）有限公司年产 1000 吨的 PHA 中式装置建设和工艺优化项目一期开工；北京微构工场生物技术有限公司完成 200 吨 PHA 的开发生产，并成功制成纤维纺织产品；珠海麦得发生物科技股份有限公司和广东五洲药业有限公司合作，组建广东荷风生物科技有限公司，投资开启年产 1000 吨 PHA 项目。

二、未来展望

随着石化资源日益减少、生态环境日益恶化，生物基可降解材料获得越来越多的关注。在禁塑限塑政策的颁布以及"碳中和，碳达峰"目标提出的大背景下，生物基可降解材料具有潜在的巨大碳减排能力，可代替石化基材料成为现阶段碳减排措施的有益选择。

除缓解环境污染和助力碳减排之外，生物基可降解材料还有很多优势。例如，在农业领域，可降解农膜既不会污染环境，又可直接转化为土壤中的肥料；在医药领域，作为具有生物相容性的支架等植入皮肉或骨组织的医疗耗材，可减少多次手术给患处带来的创伤。PLA、PTT、PLGA、PHA 等生物基可降解材料属于新兴材料，它们在发展中与石油基非降解塑料形成互补。

我们应当看到日益增长的社会需求和市场缺口，借助合成生物学迅速发展的机会，大力发展生物制造技术和生物基可降解材料。目前，生物基可降解材料的市场价格普遍高于石油基材料，随着生物制造技术和工业生物技术的不断发展以及生产规模的扩大，其生产成本将逐步下降，价格优势逐渐显现，市场将进一步扩大，逐步在市场上替代石化基不可降解材料，最终为改善环境污染和提高人类生活质量做出贡献。

参考文献

[1] Malinconico M，Vink E T H，Cain A. Applications of Poly（lactic Acid）in Commodities and Specialties//Di Lorenzo M L，Androsch R. Industrial Applications of Poly（Lactic Acid）. https:// link.springer.com/chapter/10.1007/12_2017_29［2018-01-06］.

[2] Tran T T，Charles T C. Genome-engineered *Sinorhizobium meliloti* for the production of poly（lactic-*co*-3-hydroxybutyric）acid copolymer. Canadian Journal of Microbiology，2016，62（2）：130-138.

[3] 谢举文. 可降解塑料发展状况. 广州化工，2021，49（14）：28-29，240.

[4] 时梦询. 基于工程大肠杆菌的聚乳酸生物合成途径研究. 青岛：青岛科技大学，2018.

[5] Choi S Y，Chae T U，Shin J，et al. Biosynthesis and characterization of poly（d-lactate-*co*-glycolate-*co*-4-hydroxybutyrate）. Biotechnology and Bioengineering，2020，117（7）：2187-2197.

[6] Li Z J，Qiao K J，Shi W C，et al. Biosynthesis of poly（glycolate-*co*-lactate-*co*-3-hydroxybutyrate）from glucose by metabolically engineered *Escherichia coli*. Metabolic Engineering，2016，35：1-8.

[7] Liu H J，Xu Y Z，Zheng Z M，et al. 1,3-Propanediol and its copolymers：research，development and industrialization. Biotechnology Journal，2010，5（11）：1137-1148.

[8] Cho S H，Yoo E J，Bae I，et al. Copper-Catalyzed hydrative amide synthesis with terminal alkyne，sulfonyl azide，and water. Journal of the American Chemical Society，2005，127（46）：16046.

[9] Sukruansuwan V，Napathorn S C. Use of agro-industrial residue from the canned pineapple industry for polyhydroxybutyrate production by *Cupriavidus necator* strain A-04. Biotechnology of Biofuels，2018，11：202.

[10] Gao J，Ramsay J A，Ramsay B A. Fed-batch production of poly-3-hydroxydecanoate from decanoic acid. Journal of Biotechnology，2016，218：102-107.

[11] Guamán L P，Barba-Ostria C，Zhang F Z，et al. Engineering xylose metabolism for production of polyhydroxybutyrate in the non-model bacterium *Burkholderia sacchari*. Microbial Cell Factories，2018，17（1）：74.

[12] Choi S Y，Cho I J，Lee Y，et al. Microbial polyhydroxyalkanoates and nonnatural polyesters. Advanced Materials（Deerfield Beach，Fla.），2020，32（35）：e1907138.

[13] Moreno M L，Pérez D，García M T，et al. Halophilic bacteria as a source of novel hydrolytic enzymes. Life Basel Switz，2013，3（1）：38-51.

[14] Oren A. Halophilic microbial communities and their environments. Current Opinion in Biotechnology，2015，33：119-124.

[15] Qin Q，Ling C，Zhao Y Q，et al. CRISPR/Cas9 editing genome of extremophile *Halomonas* spp. Metabolic Engineering，2018，47：219-229.

[16] Lv L，Ren Y-L，Chen J-C，et al. Application of CRISPRi for prokaryotic metabolic engineering

involving multiple genes, a case study: controllable P（3HB-*co*-4HB）biosynthesis. Metabolic Engineering, 2015, 29: 160-168.

[17] Yin J, Fu X-Z, Wu Q, et al. Development of an enhanced chromosomal expression system based on porin synthesis operon for halophile *Halomonas* sp.. Applied Microbiology and Biotechnology, 2014, 98（21）: 8987-8997.

[18] Chen X B, Yu L P, Qiao G Q, et al. Reprogramming *Halomonas* for industrial production of chemicals. Journal of Industrial Microbiology & Biotechnology, 2018, 45: 545-554.

[19] Tao W, Lv L, Chen G-Q. Engineering *Halomonas* Species TD01 for enhanced polyhydroxyalkanoates synthesis via CRISPRi. Microbial Cell Factories, 2017, 16（1）: 48.

[20] Ma H, Zhao Y Q, Huang W Z, et al. Rational flux-tuning of *Halomonas bluephagenesis* for co-production of bioplastic PHB and ectoine. Nature Communications, 2020, 11（1）: 3313.

2.7　Bioplastics Production Technology

Chen Guoqiang[1,2,3], *Zheng Shuang*[2], *He Hongtao*[2]

（1. Center for Synthetic and Systems Biology, Tsinghua University;

2. School of Life Sciences, Tsinghua University;

3. Department of Chemical Engineering, Tsinghua University）

As plastic environmental pollution becomes more serious, China has also proposed the goal, roadmap and critical time points of "carbon peak and carbon neutrality". The development of environmentally friendly green materials, especially bioplastics production technology, is an urgent issue to be promoted. At present, the mainstream green materials include 1,3-propanediol as monomers for bio-based new polytrimethylene terephthalate（PTT）, degradable polyester plastics polyhydroxyalkanoates（PHA）, polylactic acid（PLA）and others. Technologies have been updated daily to the development of green materials. The use of microbial manufacturing technology to produce green materials has unique advantages. The article focuses on the new developments in bio-manufacturing technologies of these green materials and looks forward to their futures, especially the next generation industrial biotechnology （NGIB）that contributes to breakthroughs in reducing of production cost.

2.8 纳米生物技术新进展

陈义祥 张 阳 王树涛 [①]

（中国科学院理化技术研究所）

纳米生物技术是指将纳米技术与生物学结合，从微观角度来观察生命现象，用分子操纵和改性的手段，来研究生命现象、解决当前医药和生物学问题的一项新技术。该技术涉及化学、材料科学、生物学、医学、物理学、机械学、电子学、计算机科学、影像学等诸多领域，有可能引发第二次生物学革命。近些年，随着相关新兴技术的不断涌现，纳米生物技术取得了长足进步。下面将重点介绍近年来该技术的国内外进展并展望其未来。

一、国际新进展

利用新兴纳米技术来解决医药和生物学研究上遇到的问题，一直是纳米生物技术最重要的应用目标。近年来，国际上纳米生物技术的新进展，主要体现在纳米生物分离、纳米活检、纳米医学成像、微纳递药、纳米肿瘤免疫和纳米核酸药物六个方面。

1. 纳米生物分离

纳米生物分离在生物标志物检测、疾病诊断、天然活性产物提取上具有重大应用价值。新型纳米材料是纳米生物分离技术的研发重点。以硅胶、多糖、树脂为代表的微球材料已大规模应用于色谱分离柱，并实现商业化应用。美国安捷伦科技公司（Agilent）、沃特世公司（Waters）、默克公司（Merck）、赛默飞世尔科技公司（ThermoFisher）、日本资生堂公司（Shiseido Capcell）、大赛璐公司（Daicel Chiralcel）、瑞典阿克苏诺贝尔公司（AkzoBobel Kromasil）、德国 MN 公司（MN Nucleodur）等垄断了全球绝大部分色谱分离材料及分离柱的市场。

纳米生物分离技术正逐渐向微型器件方向发展。近年来，以微/纳流控、纳滤膜为代表的新型分离技术出现，有望实现核酸等单分子的分离与鉴定[1,2]。但新型纳米

① 感谢浙江大学顾臻教授、国家纳米科学中心丁宝全研究员、中国科学院苏州纳米技术与纳米仿生研究所王强斌研究员、苏州大学刘庄教授、东南大学顾宁教授、中国科学院理化技术研究所孟靖昕研究员和宋永杨博士等提供的相关材料支持。

生物分离技术走向实际应用仍存在障碍，原因是生物样品的复杂性、生物标志物的低丰度、个体差异性对纳米分离材料提出诸多要求。

2. 纳米活检

以液体活检为代表的纳米活检技术有望成为一种疾病诊断新途径。2017 年，世界经济论坛与《科学美国人》杂志联合选出了年度全球十大新兴技术榜单，其中肿瘤的无创诊断技术位居榜首[3]。目前，国际上纳米活检的研究主要集中在循环肿瘤细胞（circulating tumor cell，CTC）、循环肿瘤 DNA（circulating tumor DNA，ctDNA）、循环 microRNA（miRNA）以及细胞外囊泡（extracellular vesicles，EVs）等的检测。美国强生公司（Johnson & Johnson）、塞尔西诊断公司（Celsee Diagnostics）、圣杯公司（Grail）等都在纳米活检领域做了重点布局。2020 年，圣杯公司（Grail）宣布正式启动其首个基于泛癌种早期检测的干预性临床试验——PATHFINDER 研究，标志着圣杯公司的检测结果将首次返回给医务人员并传达至受试者，以帮助指导 50 多种癌症的后续诊断检查。

3. 纳米医学成像

美国仍然是国际上医学影像技术研究的主要引领者。在新型纳米影像探针方面，开发出氧化铁纳米粒子、量子点、氧化硅纳米探针、放射性核素纳米探针[4]，大大提高了磁共振成像、光学成像、超声成像、核素成像等的灵敏度和信噪比，如美国斯坦福大学医学院开发出一种负载 ^{68}Ga 的介孔硅纳米探针，并利用快速 PET/CT 成像实现了对单个细胞在活体小鼠全身的准确实时追踪[5]。在多功能影像新技术方面，具有主动靶向功能的微纳马达造影剂的开发，在靶向成像和影像引导治疗等领域展现出巨大的应用前景[6]。除基础研究上的突破，目前国际上已将 Ferumoxtran-10、^{68}Ga-PSMA、AGuIX、cRGDY PEG-Cy5.5 C dots 等纳米探针用于肿瘤诊断、影像引导治疗等临床研究或应用。

4. 微纳递药

以微针贴片为代表的微纳递药技术有望成为一种新型的临床用药途径。在《科学美国人》联合世界经济论坛评选发布的 2020 年全球十大新兴技术中，微针注射技术位列榜首[7]。目前，国际上微针递药的研究主要集中在疫苗、小分子药物以及蛋白质类药物的透皮递送方面。国外 3M 公司（Minnesota Mining and Manufacturing Company）、强生公司（Johnson & Johnson）、碧迪医疗公司（Becton, Dickinson and Company）等都在微针递药领域做了重点布局。此外，还有部分主攻微针递药的公司在该领域进展较快，如佐萨诺制药公司（Zosano Pharma）和瓦克萨斯纳米贴片公司（Vaxxas Nanopatch）。目前已进入临床研究的微针递药项目有近40项，包括流感疫苗递送、胰岛素用于糖尿病治疗等①。除了传统的微针递药系统，生理响应性微针递药体系近年发展迅速，芝诺公司（Zenomics）的智能胰岛素微针贴片证实了其优异的血糖调控性能。在新冠肺炎疫情影响下，国外开展了微针递送新冠病毒疫苗的前沿研究。

5. 纳米肿瘤免疫

纳米肿瘤免疫疗法可以更好地激活人体的免疫系统，对肿瘤产生持续性的杀伤作用。目前全球范围内包括美国、德国、以色列等已发展出多种纳米免疫治疗递送系统。以信使RNA肿瘤疫苗为例，美国的科研人员将信使RNA抗原包封入纳米脂质体中，以产生强烈的激活抗肿瘤T细胞反应从而杀伤肿瘤细胞。基于该项技术，目前临床上抗肿瘤信使RNA疫苗主要有美国莫德纳公司（Moderna Therapeutics）、德国生物新技术公司（BioNTech SE）及CureVac AG公司在研，其中美国莫德纳公司针对实体瘤的mRNA-4157与德国生物新技术公司针对转移性黑色素瘤的BNT122进展最快，均已开展Ⅱ期临床试验[8]。除纳米脂质体外，有的研究者采用聚乳酸－羟基乙酸共聚物（poly lactic-co-glycolic acid，PLGA）颗粒为载体，其无毒且对抗原具有较好的保护性[9]。

6. 纳米核酸药物

近年来，国际上许多研究小组在核酸纳米材料的设计和生物医学应用上取得了突破性进展。美国麻省理工学院通过在笼状DNA折纸结构上定点排列疫苗免疫原（HIV-1糖蛋白-120的外结构域），系统地研究了纳米尺度参数对B细胞体外活化的影响[10]。日本东京大学发现了一种mRNA递送的通用方法，为mRNA药物的体内递送和有效翻译开辟了新道路[11]。俄亥俄州立大学构建出能够共价装载紫杉醇的四臂结构的RNA，为疏水药物的递送提供了一种通用有效的解决方法[12]。

二、国内研究现状

近年来，我国在纳米生物技术的研发方面进展迅速，部分细分领域已从"跟跑"状态变为"并跑""领跑"。国内目前有包括研究所、大学和企业在内的数百家单位在从事与纳米生物技术相关的研发工作，相关代表性进展有下面几个方面。

---

① Clinical trial. https://clinicaltrials.gov/.

1. 纳米生物分离

我国纳米生物分离新材料研究已进入世界领先行列。国家纳米科学中心在微流控器件研发外泌体分离分析[13]，湖南大学在核酸适配体及核酸分析[14]，中国科学院理化技术研究所在仿免疫生物识别界面芯片、异质分离微球的设计与制备及其在循环肿瘤细胞、蛋白、多肽的分离检测[15,16]等领域取得了系列突破。在产业化研究方面，以苏州纳微科技股份有限公司为代表的色谱微球及分离柱制造企业，北京博晖创新生物技术集团股份有限公司为代表的微流控芯片制造企业，实现了纳米生物分离材料与器件的大规模生产与销售。

2. 纳米活检

我国纳米活检技术起步相对较晚，与西方国家仍存在一定差距，但近年发展迅速。例如，中国科学院化学研究所筛选了系列靶向肺腺癌细胞的新型蛋白质分子探针-核酸适配体，并成功应用于临床样本检测[17]。中国科学院理化技术研究所与北京大学第三医院合作，发展出外周血循环肿瘤细胞的仿生黏附捕获技术，使前列腺癌患者前列腺抗原灰区（4～10纳克/毫升）的早期临床诊断率从58%提高到91.7%，有效地区分了前列腺癌与前列腺炎等相关疾病，目前正在积极推动相关诊断标准的建立[18]。国家纳米科学中心开发出一种基于外泌体的液体活检癌症筛查方法，可区分不同的癌症类型[19]。

基于液态活检的市场前景广阔，据统计，全国有近百家公司在做肿瘤液态活检，如珠海丽珠圣美医疗诊断技术有限公司、上海格诺生物科技有限公司、益善生物技术股份有限公司、深圳华大基因科技有限公司、上海药明康德新药开发有限公司、广州燃石医学检验所有限公司、北京泛生子基因科技有限公司、贝瑞基因公司、北京中科纳泰科技有限公司、北京吉因加科技有限公司、上海宝藤生物医药科技股份有限公司、北京圣谷同创科技发展有限公司、厦门艾德生物医药科技股份有限公司、普世华康江苏医疗技术有限公司、杭州诺辉健康科技有限公司、亚诺法生技股份有限公司等，但从目前的液态活检产品来看，液态活检总体来说还处在市场萌芽期。

3. 纳米医学成像

近年来，我国在纳米影像探针和成像方法上取得系列重要进展。例如，香港科技大学提出和发展了聚集诱导发光（aggregation-induced emission，AIE）材料体系，实现了高灵敏生物医学传感检测及影像引导治疗应用[20]；中国科学院苏州纳米技术与纳米仿生研究所提出和发展了一种基于近红外Ⅱ区Ag2S量子点体系，建立了高时空分辨的活体荧光成像技术体系[21]；东南大学在提升医药磁性纳米材料磁学性能的基础上，降低了血管对比剂临床使用剂量，并进一步拓展了诸如细胞标记及示踪、磁性支架等生物与医学应用范围[22]。此外，福州大学和新加坡国立大学合作，实现了三维高分辨 X 射线成像，中国科学院自动化研究所实现了近红外 II 区荧光成像在肝肿瘤切除术中的导航应用，浙江大学开发出系列核素成像新探针并开展了相关临床诊断应用研究[23, 24]。

4. 微纳递药

在微针递药技术领域，我国起步较晚，但近年来发展迅速。与欧美国家或地区主要发展微针技术用于生物医药的透皮递送不同，现阶段我国的微针企业多以医学美容产品为开发对象，以递送透明质酸、熊果苷等具有美容功效的分子为主，生产的眼贴、祛痘贴、生发贴可用于祛斑、祛皱、除痘、生发等用途。自 2017 年起，多家微针企业获得了投资，包括中科微针（北京）科技有限公司、海门臻乐医药科技有限公司、优微（珠海）生物科技有限公司、深圳青澜生物技术有限公司等，并已建立多条生产线，年产量总计可达数亿片。此外，国内还有部分厂家以开发空心微针为主，将其作为医疗器械用于定量精准的药物微注射。目前涉及药物递送的微针在国内仍都处于临床前研究阶段，还没有开展临床研究。由于新冠肺炎疫情的原因，大部分微针企业自 2020 年起都计划开展疫苗类递送研究，进入医疗基础领域。

5. 纳米肿瘤免疫

近几年，我国在纳米肿瘤免疫技术领域发展迅速。例如，国家纳米科学中心利用基因工程技术和多肽分子胶水技术，推动了个体化肿瘤疫苗的发展[25]。中国科学院过程工程研究所利用自愈合大孔微球共装载肿瘤疫苗及 PD-1 抗体，为白血病的精准免疫治疗带来了新思路[26]。苏州大学提出了基于纳米生物材料的局部治疗诱导载体产生"内源性肿瘤疫苗"的策略，通过局部放射治疗、消融治疗、化疗等手段，激活肿瘤特异性免疫反应，以期抑制肿瘤转移复发[27]。

6. 纳米核酸药物

我国对纳米核酸药物的研究也在蓬勃发展中。国家纳米科学中心等设计出一种可以实现肿瘤治疗的 DNA 纳米机器[28]，并提出利用 DNA 纳米器件设计构建肿瘤疫苗的方法[29]。浙江大学制备出 DNA 纳米线团，用于调节胆固醇水平[30]。湖南大学设计出系列不同的核酸适配体药物偶联物，为更合理地设计基于核酸适配体的靶向药物递送策略提供了理论参考[31]。上海交通大学利用 DNA 折纸纳米结构实现了可编程细胞通信。苏州大学利用 DNA 通过精确调控肽－组织相容性抗原复合物（pMHC）在红细胞的空间排布，设计出人工抗原呈递细胞（APCs）[32]。

三、未来展望

诸多前沿技术的突破往往发生在交叉学科领域，可以预计，随着化学、材料学、生物学、医学、物理学、机械学、电子学、计算机科学、影像学等的快速发展和学科间的不断融合，以及鼓励学科交叉研究和人才培养等政策的落实，纳米生物技术将得到更为广泛和深入的研究。在研究生命现象、解决医药和生物学研究典型问题方面，纳米生物技术将展现出无穷生命力，相信在不久的将来，纳米生物技术将会在临床治疗中得到广泛应用，推动精准医学的发展和进步，并诞生出一些新的学科领域。

参考文献

[1] Yamamoto K, Ota N, Tanaka Y. Nanofluidic devices and applications for biological analyses. Analytical Chemistry, 2021, 93（1）: 332-349.

[2] Nasiri R, Shamloo A, Ahadian S, et al. Microfluidic-Based approaches in targeted cell/particle separation based on physical properties: fundamentals and applications. Small, 2020, 16（29）: 2000171.

[3] 彭丹. 2017 全球十大新兴技术. https://www.sohu.com/a/155373268_686972[2021-07-08].

[4] Han X, Xu K, Taratula O, et al. Applications of nanoparticles in biomedical imaging. Nanoscale, 2019, 11（3）: 799-819.

[5] Jung K O, Kim T J, Yu J H, et al. Whole-body tracking of single cells via positron emission tomography. Nature Biomedical Engineering, 2020, 4（8）: 835-844.

[6] Gao C, Wang Y, Ye Z, et al. Biomedical micro-/nanomotors: From overcoming biological barriers to *in vivo* imaging. Advanced Materials, 2021, 33（6）: e2000512.

[7] Elizabeth O. Top 10 Emerging Technologies 2020. https://www.weforum.org/reports/top-10-emerging-technologies-2020[2021-06-30].

[8] Amirah A I. Moderna chugs along, moving a second program into phase 2. https://www.fiercebiotech.com/biotech/moderna-chugs-along-moving-a-second-program-into-phase-2[2021-11-03].

[9] Koerner J, Horvath D, Herrmann V L, et al. PLGA-particle vaccine carrying TLR3/RIG-I ligand Riboxxim synergizes with immune checkpoint blockade for effective anti-cancer immunotherapy. Nature Communications, 2021, 12（1）: 2935.

[10] Veneziano R, Moyer T J, Stone M B, et al. Role of nanoscale antigen organization on B-cell

activation probed using DNA origami. Nature Nanotechnology, 2020, 15 (8): 716-723.

[11] Yoshinaga N, Cho E, Koji K, et al. Bundling mRNA strands to prepare nano-assemblies with enhanced stability towards RNase for *in vivo* delivery. Angewandte Chemie-International Edition, 2019, 58 (33): 11360-11363.

[12] Guo S, Vieweger M, Zhang K, et al.Ultra-thermostable RNA nanoparticles for solubilizing and high-yield loading of paclitaxel for breast cancer therapy. Nature Communications, 2020, 11 (1): 972.

[13] Le M C N, Fan Z H. Exosome isolation using nanostructures and microfluidic devices. Biomedical Materials, 2021, 16 (2): 022005.

[14] Zhao Y, Xu D, Tan W. Aptamer-functionalized nano/micro-materials for clinical diagnosis: isolation, release and bioanalysis of circulating tumor cells. Integrative Biology, 2017, 9 (3): 188-205.

[15] Song Y, Li X, Fan J B, et al. Interfacially polymerized particles with heterostructured nanopores for glycopeptide separation. Advanced Materials, 2018, 30 (39): 1803299.

[16] Song Y, Fan J B, Li X, et al. pH-regulated heterostructure porous particles enable similarly sized protein separation. Advanced Materials, 2019, 31 (16): 1900391.

[17] Zhou W, Sun G G, Zhang Z, et al. Proteasome-independent protein knockdown by small-molecule inhibitor for the undruggable lung adenocarcinoma. Journal of the American Chemical Society, 2019, 141 (46): 18492-18499.

[18] Wang B S, Zhang S D, Meng J X, et al. Evaporation-Induced rGO coatings for highly sensitive and non-invasive diagnosis of prostate cancer in psa gray zone. Advanced Materials, 2021, 33 (40): e2103999.

[19] Liu C, Zhao J X, Tian F, et al. Low-cost thermophoretic profiling of extracellular-vesicle surface proteins for the early detection and classification of cancers. Nature Biomedical Engineering, 2019, 3 (3): 183-193.

[20] Wang D, Tang B Z. Aggregation-induced emission luminogens for activity-based sensing. Accounts of Chemical Research, 2019, 52 (9): 2559-2570.

[21] Yang H, Li R, Zhang Y, et al. Colloidal alloyed quantum dots with enhanced photoluminescence quantum yield in the nir-ii window. Journal of the American Chemical Society, 2021, 143 (6): 2601-2607.

[22] Gu N, Zhang Z, Li Y. Adaptive iron-based magnetic nanomaterials of high performance for biomedical applications. Nano Research, 2022, 15: 1-17.

[23] Ou X, Qin X, Huang B, et al. High-resolution x-ray luminescence extension imaging. Nature, 2021, 590: 410-415.

[24] Hu Z, Fang C, Li B, et al. First-in-human liver-tumour surgery guided by multispectral fluorescence imaging in the visible and near-infrared-i/ii windows. Nature Biomedical Engineering, 2020, 4（3）: 259-271.

[25] Cheng K, Zhao R, Li Y, et al. Bioengineered bacteria-derived outer membrane vesicles as a versatile antigen display platform for tumor vaccination via Plug-and-Display technology. Nature Communications, 2021, 12（1）: 2041.

[26] Xie X, Hu Y, Ye T, et al. Therapeutic vaccination against leukaemia via the sustained release of co-encapsulated anti-PD-1 and a leukaemia-associated antigen. Nature Biomedical Engineering, 2021, 5（5）: 414-428.

[27] Chao Y, Xu L, Liang C, et al. Combined local immunostimulatory radioisotope therapy and systemic immune checkpoint blockade imparts potent antitumour responses. Nature Biomedical Engineering, 2018, 2（8）: 611-621.

[28] Li S, Jiang Q, Liu S, et al. A DNA nanorobot functions as a cancer therapeutic in response to a molecular trigger *in vivo*. Nature Biotechnology, 2018, 36（3）: 258-264.

[29] Liu S, Jiang Q, Zhao X, et al. A DNA nanodevice-based vaccine for cancer immunotherapy. Nature Materials, 2021, 20（3）: 421-430.

[30] Sun W, Wang J, Hu Q, et al. CRISPR-Cas12a delivery by DNA-mediated bioresponsive editing for cholesterol regulation. Science Advances, 2020, 6（21）: eaba2983.

[31] Huang Z, Wang D, Long C-Y, et al. Regulating the anticancer efficacy of Sgc8-Combretastatin A4 conjugates: a case of recognizing the significance of linker chemistry for the design of aptamer-based targeted drug delivery strategies. Journal of the American Chemical Society, 2021, 143（23）: 8559-8564.

[32] Sun L, Shen F, Xu J, et al. DNA-edited ligand positioning on red blood cells to enable optimized T cell activation for adoptive immunotherapy. Angewandte Chemie-International Edition, 2020, 59（35）: 14842-14853.

2.8 Nano–biotechnology

Chen Yixiang, Zhang Yang, Wang Shutao
（Technical Institute of Physics and Chemistry, Chinese Academy of Sciences）

Nano-biotechnology, which combines nanotechnology and biology, is used to study the life phenomena. It can observe life phenomena microscopically and resolve biology problems by controlling and changing molecules. It also involves many disciplines such as chemistry，materials science，biology，medicine，physics，mechanics，electronics，computer science，imaging and others. In recent years，with the emergence of new technologies，nano-biotechnology has made significant progress. China also has reached the advanced level in nano-biotechnology in the world. In this article，we will summarize the recent progress in nano-biotechnology in the world and look into its future.

2.9 免疫治疗技术新进展

于益芝[1]　曹雪涛[1,2*]

（1.海军军医大学免疫学研究所暨医学免疫学国家重点实验室；
2.南开大学）

免疫治疗技术发展迅速，已应用于多种疾病的治疗，在肿瘤治疗方面取得重要突破，并逐渐成为其治疗的主要手段之一[1]，相关技术与产品的研发也呈爆发式增长的趋势，在人民健康和国民经济生活中发挥着越来越重要的作用。世界主要国家都很重视免疫治疗技术的发展。下面重点介绍近年来疾病免疫治疗技术的新进展并展望其未来。

一、国际主要进展

免疫治疗技术在肿瘤治疗方面的突破，极大地带动了免疫治疗技术的研发和应用，随着各个国家和相关研究人员的重视以及研发投入的加大，最近几年成为免疫治疗技术发展最快的时期。国外免疫治疗技术的进展主要体现在以下几个方面。

---

* 中国工程院院士。

1. 靶向免疫检查点疗法的疗效尚未达到预期

2018 年的诺贝尔生理学或医学奖颁给美国免疫学家詹姆斯·艾利森（James P. Allison）和日本免疫学家本庶佑（Tasuku Honjo），以表彰他们在以 CTLA-4[2]（cytotoxic T lymphocyte associated antigen 4）、PD-1/PD-L1（programmed cell death 1）[3] 为代表的免疫检查点及靶向这些免疫检查点的免疫疗法方面做出的杰出贡献。在此之前的数年中，疾病免疫治疗方面最重大的进展也在于靶向免疫检查点分子的疗法在多种肿瘤的实验性治疗中取得理想的疗效，并展现出巨大的临床应用潜力。作为一类免疫抑制性分子，免疫检查点分子能够调节免疫反应的强度和广度，从而避免正常组织的损伤和破坏，在肿瘤等多种疾病的发生、发展过程中发挥着关键作用。通过阻断免疫检查点分子的作用以解除肿瘤患者体内的免疫抑制状态是靶向免疫检查点分子治疗肿瘤的基本思路。研发的相关药物主要是靶向这些免疫检查点分子的抗体类药物。目前研究和应用最多的是靶向 PD-1 或其配体 PD-L1 及 CTLA-4 的抗体，几乎尝试着将该疗法用于每一种肿瘤的治疗。目前，百时美施贵宝（Bristol Myers Squibb）、辉瑞（Pfizer Inc.）、罗氏（F. Hoffmann-La Roche，Ltd）、默沙东（Merck Sharp & Dohme Corp）等公司的产品，已广泛应用于临床并产生了巨大经济效益。

应用的推广以及对其临床效果的不断总结发现，单一的靶向免疫检查点分子的免疫疗法对肿瘤的治疗疗效尚未达到预期，其有效率一般在 10%～20%，在有些肿瘤甚至更低。这体现了肿瘤本身及肿瘤治疗的复杂性，即使被认为的"抗癌神药"，距离理想的治疗效果尚有很大的距离。在大部分患者身上该类疗法为什么效果不理想、如何提高其疗效等成为各国科学家研究的重点[4,5]。随着疾病个体化治疗和精准治疗相关技术的发展，精准免疫疗法的概念应运而生。特别是基因检测技术的发展和成本的降低，基于患者的基因检测结果确定是否使用免疫疗法，目前已经成为临床治疗时的常规方式，这大大提高了此类疗法应用的准确性，也避免了在无效患者身上使用此类疗法带来的经济损失。此外，联合其他疗法，如免疫细胞治疗联合其他包括化疗、放疗等方法，均在不同肿瘤治疗中获得更好疗效[6,7]。

2. CAR 相关疗法已成为部分白血病及淋巴瘤最有效的治疗方法之一

作为另一类发展最快的肿瘤治疗方法的免疫细胞疗法，最近数年的研发也如火如荼。作为其代表的嵌合抗原受体（chimeric antigen receptor，CAR）修饰的免疫细胞疗法最受重视，迄今美国食品药品监督管理局（FDA）已批准 4 种嵌合抗原受体 T 细胞（CAR-T）疗法上市，用于肿瘤的治疗。CAR 修饰的免疫细胞疗法被认为是当下最先进的肿瘤治疗技术之一。其原理是首先分离获得患者的效应细胞（如 T 细胞、NK 细胞），然后通过病毒等载体将体外重组的识别肿瘤相关抗原的单链抗体基因和相关的信号转导基因导入患者自身效应细胞，以形成嵌合抗原受体修饰的效应细胞（如 CAR-T、CAR-NK 等），再将其回输体内治疗肿瘤等疾病。第一代 CAR 引入了 CD3ζ 链或类似的信号域，整合了 CD28 或 CD137 信号域的为第二代 CAR，同时含有两个共刺激信号域的为第三代 CAR。前三代 CAR 激活体内效应细胞易诱发细胞因子释放综合征（cytokine release syndrome，CRS）。在第三代 CAR 的基础上，使效应细胞表达具有调控作用的细胞因子基因，为第四代 CAR。此技术的研发成功，也为肿瘤的精准免疫治疗奠定了基础[8]。

2017 年 8 月 30 日，美国食品药品监督管理局批准诺华公司（Novartis）研发的 CAR-T 疗法 Kymria 上市，用于治疗难治或至少接受二线方案治疗后复发的 B 细胞急性淋巴细胞白血病（ALL）。这是全球首个获得批准的 CAR-T 疗法，也是美国市场的第一个基因治疗产品，具有里程碑式的意义。随后，2017 年 10 月 18 日，美国食品药品监督管理局又批准了吉利德（Gilead）旗下 T 细胞治疗公司 Kite 研发的 CAR-T 细胞疗法 Yescarta 上市，用于治疗成人复发或难治性大 B 细胞淋巴瘤。这是第一个用于治疗非霍奇金淋巴瘤的 CAR-T 细胞疗法。此后，美国食品药品监督管理局又于 2020 年 7 月 24 日批准了吉利德（Gilead）旗下 T 细胞治疗公司 Kite 研发的 CAR-T Tecartus，用于治疗复发或多发性骨髓瘤（R/R MCL）成人患者。2021 年 2～3 月，美国食品药品监督管理局又批准了百时美施贵宝公司研发的 CAR-T Breyanzi 和 Abecma，分别用于治疗至少两种其他系统性治疗无效或复发的大 B 细胞淋巴瘤成人患者，以及复发性/难治性多发性骨髓瘤（R/R MM）成人患者。这五种获准上市的 CAR-T 均用于治疗血液系统肿瘤。

尽管 CAR-T 在治疗白血病等的临床试验中取得良好疗效，但仍有多方面问题亟待解决，如有效的治疗靶点少、脱靶毒性、病毒载体系统的安全性、基因修饰导致的致瘤风险、耐药性、细胞因子风暴以及治疗成本高等。针对上述难题，也有学者提出了一些解决的技术思路和方案。发展 CAR 相关免疫治疗技术最大的瓶颈在于其在实体瘤治疗方面极少有效。其主要原因在于实体瘤所处的微环境太过复杂，免疫效应细胞在此环境下难以发挥有效的抗肿瘤效应[9]。经过数年来的研究，该疗法在实体瘤治疗方面也有望取得突破[10]。美国食品药品监督管理局已于 2021 年 8 月 31 日批准了上海斯丹赛生物技术有限公司研发的实体瘤细胞治疗产品 GCC19CART 的临床应用申请，这是一项评估 GCC19CART 在复发或难治（R/R）转移性结直肠癌患者中的 I 期多中心临床研究。因此，重视和加大 CAR-T 在实体瘤治疗方面的投入意义重大。

3. 肿瘤治疗性疫苗的研发进入新阶段并有望取得突破

肿瘤的治疗性疫苗被认为是靶向免疫检查点分子的免疫疗法以及免疫细胞疗法之外的免疫治疗的第三张王牌。经过前面十多年的积累，全球肿瘤治疗性疫苗的研发进入新阶段，各类肿瘤的治疗性疫苗纷纷问世，个体化肿瘤治疗性疫苗出现了井喷现象并取得令人振奋的临床数据[11]。作为第一个被美国食品药品监督管理局批准（2010年4月29日）用于治疗前列腺癌的治疗性疫苗 Provenge，迄今已被超过 30 000 名男性患者用于治疗，2020 年公布的临床数据表明，该疫苗在临床上可以明显延长晚期前列腺癌患者的生存期。另一种值得期待的疫苗是 OSE 免疫治疗公司（OSE Immunotherapeutics）研发的新型肿瘤治疗性疫苗 Tedopi，其治疗非小细胞肺癌的Ⅲ期临床试验结果表明，该疫苗在免疫检查点抑制剂耐药或失败后，用于二线或三线治疗，取得一定效果。Tedopi 是一种从 CEA、p53、HER-2、MAGE-A2 和 MAGE-A3等 5 种肿瘤相关抗原（TAA）中选择和优化出 9 个新表位（CTL 表位）加 1 个 Pan-DR 表位组合而成的新型表位疫苗，能有效诱导和刺激细胞毒性 T 细胞产生并识别和攻击肿瘤细胞，且能有效增强抗肿瘤免疫反应的强度和持续的时间。其他针对结直肠癌、胶质母细胞瘤、卵巢癌等的治疗性疫苗已进入临床试验研究，且初步的临床数据表明，这些治疗性疫苗值得期待。

疫苗研发技术的变革也带来了传染病预防性疫苗，以及肿瘤治疗性疫苗研发的新突破。mRNA 疫苗这一有别于传统蛋白质疫苗的问世，带来了疫苗研发技术的变革[12]。mRNA 疫苗是将 RNA 在体外进行相关的修饰后再传递至机体细胞内表达并产生蛋白抗原，从而诱导机体产生针对该抗原的免疫应答，进而增强机体的免疫能力。目前全球共有两款 mRNA 疫苗获批上市，分别为德国 BioNTech（BNT）公司与辉瑞合作研发的 BNT162b2，以及美国莫德纳（Modena）公司研发的 mRNA-1273。mRNA-4157 疫苗是美国莫德纳公司研发的新型肿瘤治疗性疫苗，通过与 pembrolizumab联合使用，可有效诱导机体产生抗肿瘤免疫应答反应，在多种实体瘤包括头颈部鳞状细胞癌患者等的治疗中均观察到良好的治疗效果。

4. 不断发展的各种新技术为免疫治疗的发展带来了新的创新动力

各种新型高通量技术包括全基因组或全外显子组测序技术、表观遗传学修饰检测技术、蛋白芯片、B/T 细胞受体库技术、流式细胞术或质谱流式细胞术（Mass Cytometry）、多色免疫组化技术、纳米技术以及基因剪切技术等，为大规模分析肿瘤抗原突变、基因、表观遗传修饰、抗体的反应性以及 T 细胞受体等提供了工具。辅以新近兴起的液体活检技术和大数据，所有这些新技术使我们能够有效判断哪些患者适用免疫治疗以及治疗的预后，也将帮助患者避免产生免疫治疗相关的副作用，并降低治疗费用，有助于了解患者更适合哪类免疫治疗技术，以及研发新的更有效的免疫治疗技术[13]。目前这些技术很多已经应用于临床，产生了良好的经济和社会效益。此外，越来越多被发现的新的治疗靶点和靶细胞也大大拓宽了免疫治疗的适应证，成为目前免疫治疗技术研发中很重要的组成部分。

二、国内研发现状

伴随着国际上免疫治疗技术和应用的热潮，中国免疫治疗技术的研发和应用也出现新的局面。中国自主研发出四款靶向 PD-1/PD-L1 药物。2018 年 12 月，特瑞普利单抗（拓益）正式获得国家药品监督管理局的批准，用于既往接受全身系统治疗失败的不可切除或转移性黑色素瘤的治疗，成为首个在中国成功上市的国产抗 PD-1 单抗药物。其后，信达生物制药（苏州）有限公司的信迪利单抗（达伯舒）和江苏恒瑞医药股份有限公司的卡瑞利珠单抗（艾瑞卡）、百济神州（北京）生物科技有限公司研发的替雷利珠单抗，也分别获得国家药品监督管理局批准上市并用于临床治疗。这几款国产靶向 PD-1/PD-L1 的药物也被纳入医保，大大降低了患者的治疗费用。

国内 CAR-T 的研发呈现井喷和激烈竞争态势，目前进入临床阶段的 CAR-T 疗法多达 36 款，除了复星凯特生物科技有限公司的阿基仑赛、上海药明巨诺生物科技有限公司的瑞基奥仑赛以外，诺华公司的 Kymriah 正处于Ⅲ期临床阶段，南京传奇生物科技有限公司研发的靶向 B 细胞成熟抗原（B Cell Maturation Antigen，BCMA）的 CAR-T 正处于Ⅱ期临床阶段。国家药品监督管理局于 2021 年 6 月 22 日批准了复星凯特生物科技有限公司研发的 CAR-T 细胞疗法阿基仑赛注射液正式上市，用于治疗成人复发难治性大 B 细胞淋巴瘤，包括弥漫性大 B 细胞淋巴瘤（DLBCL）非特指型、原发性纵隔 B 细胞淋巴瘤（PMBCL）、高级别 B 细胞淋巴瘤和滤泡淋巴瘤转化的 DLBCL 等。2021 年 9 月 3 日，上海药明巨诺生物科技有限公司研发的靶向 CD19 的 CAR-T 产品——瑞基奥仑赛注射液（倍诺达）正式获得国家药品监督管理局批准，用于治疗成人患者经过二线或以上系统性治疗后复发或难治性大 B 细胞淋巴瘤（r/rLBCL）。瑞基奥仑赛注射液是中国第二款获批的 CAR-T 产品，也是中国首款 1 类生物制品的 CAR-T 产品。

细胞治疗曾经的乱象及随之出现的魏则西事件，带来了对细胞治疗技术的反思，导致了相关管理政策的出台，但如何严格执行这些政策而不留管理的死角，也值得思考。此外，国内免疫治疗技术研发中原创性的缺乏极大地制约了我国免疫治疗产业的发展。

三、发展趋势及前沿展望

免疫治疗技术虽然取得了一定的进展，但仍有很多问题需要进一步的研究，未来发展体现在以下几方面。

靶向免疫检查点的免疫治疗技术、CAR-T 以及 TCR-T 等技术的研发，仍是未来数年免疫治疗领域的主要热点。如何提高靶向免疫检查点免疫疗法的疗效、如何将CAR-T 用于实体瘤的治疗并找到更多更有效的治疗靶点，是此方面研究取得突破的关键。

新的生物技术包括纳米技术、基因剪切技术等应用于免疫治疗技术的研发，将推动其更快发展。

将多种免疫治疗技术联合或联合多种疗法开展疾病的综合治疗，利用新的生物技术开展疾病的精准个体化治疗，特别是精准的个体化免疫治疗，是疾病治疗的未来方向。

针对国内原创性的免疫治疗研究技术体系太少，具有国际影响力的免疫治疗研究项目与产品极少，且免疫治疗技术临床应用尚不规范等不足，我国应采取以下发展措施：①加强免疫治疗理论与技术体系的建设；②以创新的思维，加大投入，加强免疫治疗新方法的研究和新产品的研制；③以实用的举措，加强免疫治疗大规模、规范性、标准化的临床研究和实践，促进我国免疫治疗技术的健康快速发展。

参考文献

[1] Riley R S, June C H, Langer R, et al. Delivery technologies for cancer immunotherapy. Nature Reviews Drug Discovery, 2019, 18（3）：175-196.

[2] Andrews L P, Yano H, Vignali D A A. Inhibitory receptors and ligands beyond PD-1, PD-L1 and CTLA-4：breakthroughs or backups. Nature Immunology, 2019, 20（11）：1425-1434.

[3] Ishida Y. PD-1：its discovery, involvement in cancer immunotherapy, and beyond. Cells, 2020, 9（6）：1376.

[4] de Miguel M, Calvo E. Clinical challenges of immune checkpoint inhibitors. Cancer Cell, 2020, 38（3）：326-333.

[5] Schoenfeld A J, Hellmann M D. acquired resistance to immune checkpoint inhibitors. Cancer Cell, 2020, 37（4）：443-455.

[6] Sharma P, Siddiqui B A, Anandhan S, et al. The next decade of immune checkpoint therapy. Cancer Discovery, 2021, 11（4）：838-857.

[7] Liao J Y, Zhang S. Safety and efficacy of personalized cancer vaccines in combination with immune

checkpoint inhibitors in cancer treatment. Frontiers in Oncology, 2021, 11: 663264.

[8] Singh A K, McGuirk J P. CAR T cells: continuation in a revolution of immunotherapy. Lancet Oncology, 2020, 21 (3): e168-e178.

[9] Wagner J, Wickman E, DeRenzo C, et al. CAR T cell therapy for solid tumors: bright future or dark reality? Molecular Therapy, 2020, 28 (11): 2320-2339.

[10] Schaft N.The landscape of CAR-T cell clinical trials against solid tumors-a comprehensive overview. Cancers (Basel), 2020, 12 (9): 2567.

[11] Marcu A, Eyrich M. Therapeutic vaccine strategies to induce tumor-specific T-cell responses. Bone Marrow Transplantation, 2019, 54 (Suppl 2): 806-809.

[12] Maruggi G, Zhang C L, Li J W, et al. mRNA as a Transformative technology for vaccine development to control infectious diseases. Molecular Therapy, 2019, 27 (4): 757-772.

[13] Heath J R. Framing technology challenges associated with improving cancer immunotherapies. Lab on A Chip, 2019, 19 (20): 3366-3367.

2.9 Immunotherapy

Yu Yizhi[1], Cao Xuetao[1,2]
(1. National Key Laboratory of Medical Immunology & Institute of Immunology, Naval Medical University; 2. Nankai University)

In recent years, immunotherapy has been developing rapidly and been used to treat many different diseases. It is noteworthy that immunotherapy has made an important breakthrough in tumor-associated diseases. As time goes by, immune checkpoint therapy is well-developed. CAR-T therapy is effective in the treatment of leukemia and lymphoma, but it encounters a bottleneck when facing solid tumors. The research and development of tumor therapeutic vaccine has entered a new stage and is expected to make a breakthrough. The discovery of novel biomarkers and therapeutic targets will provide new strategies for immunotherapy of diseases. The development of a variety of high-throughput technologies and liquid biopsy technology will provide the possibility for precision immunotherapy. The development of immunotherapy in China is very rapid, but it is severely limited by the lack of original innovation.

2.10 病原体防治技术新进展

朱 力 王恒樑 陈 薇[*]

（军事科学院军事医学研究院生物工程研究所，病原微生物生物安全国家
重点实验室）

　　具有高发病率和死亡率的病原体给社会带来沉重的经济负担，是全球人类健康面临的最严重威胁之一。2020年，由新型冠状病毒引起的肺炎在全球大面积暴发，给世界经济造成不可估量的损失。这次疫情再次说明，即使在医疗条件大幅进步的时代，传染病的肆虐依然会对人民的生命安全构成巨大威胁，给经济的可持续发展带来沉重打击。先进的科学技术是祛除疾病、战胜疫情的关键武器。新冠肺炎疫情进一步凸显出病原体防治技术的重要性，下面将从病原体检测、疫苗研发与治疗三个方面，综述近几年病原体防治领域热点技术的新进展并展望未来。

一、病原体检测技术

1. 基于环介导等温扩增的检测技术

　　环介导等温扩增（loop-mediated isothermal amplification，LAMP）技术的原理是针对病原目标基因上的六个区域设计四条特异性引物，利用链置换型DNA聚合酶，在恒温条件下进行目的基因片段的扩增。相比于传统聚合酶链反应（polymerase chain reaction，PCR）检测技术，该技术在基因片段扩增过程中无须模板热变性步骤和温度循环步骤；对扩增产物的检测，也无须电泳及紫外观察等步骤；目前已广泛用于病原体的快速灵敏检测[1]。

　　国际上，日本荣研化学公司研发的H1N1 LAMP试剂盒，在甲型H1N1流感事件中，曾作为病毒检测的"金标准"获得世界卫生组织（World Health Organization，WHO）的推荐。在新冠肺炎大流行的背景下，LAMP技术成功实现了对新冠病毒的快速检测。哈佛医学院研究者将RT-LAMP（逆转录环介导扩增）检测技术应用于比色检测SARS-CoV-2，使检测时间缩短至30分钟，灵敏度提高至每微升一个病毒RNA拷贝[2]。

---

　　* 中国工程院院士。

在我国，首都儿科研究所袁静专家团队同期建立了一种双靶标、操作简单、特异性强、灵敏度高、结果可视化的逆转录环介导等温扩增法[3]，可用于新型冠状病毒感染患者、疑似患者、密切接触者的初筛，为新型冠状病毒的检测提供了新的技术平台。

2. 基于规律成簇的间隔短回文重复系统的检测技术

规律成簇的间隔短回文重复（clustered regularly interspaced short palindromic repeats，CRISPR）系统，是一种细菌和古细菌用来识别和抵御外源病毒（核酸）入侵的适应性免疫防御系统。利用该系统发展起来的新一代 CRISPR 检测技术，具有高灵活性（不同的基因靶点只需改变 crRNA 序列）、高特异性（单碱基分辨）、高灵敏度、可编程、可模块化、低成本、可在各种体外介质中高效稳定运行等独特优势，打破了传统分子诊断与检测技术的局限性，正成为下一代病原检测技术的引领者。

国际上，美国博德研究所（Broad Institute）华人科学家张锋发展出一种新型病毒检测技术（命名为 SHERLOCK 技术），可以特异、灵敏地检测样本中的超微量病毒，灵敏度达到渺摩尔（10^{-18} 摩尔）级水平，单次检测成本可低至 61 美分，在流行病监测和预防方面具有重大意义[4]。在新冠肺炎疫情中，美国 Mammoth 公司利用诺贝尔化学奖得主 Jennifer Doudna 发展的该类技术（命名为 DETECTR 技术），推出基于 CRISPR 技术的新冠病毒检测试剂盒，可在 30 分钟内检测鼻腔前部拭子采样中新冠病毒的 RNA 链[5]。

我国科学家利用 CRISPR/Cas12 和 CRISPR/Cas13 两个系统，开发出多种基于 CRISPR 的核酸检测方法，用于检测各种病原体。近来，湖南大学聂舟教授团队构建出一种名为 CONAN 的 CRISPR-Cas12a 自催化核酸正反馈网络，利用 CRISPR-Cas 驱动的人工核酸回路，实现了核酸靶标的超灵敏和高特异性检测，并成功用于检测患者血清样本中乙型肝炎病毒感染情况[6]。

3. 基于表面增强拉曼散射光谱的检测技术

传统表面增强拉曼散射光谱（surface enhanced Raman scattering，SERS）主要是基于特异性抗体与特定细菌之间的夹心结构，将拉曼探针固定在基底上，随后进行拉曼信号探测，以实现对病原体的检测，这种方法仍属于光学生物传感器的范畴，并未充分发挥拉曼谱图自身的谱学鉴别能力。随着科技的发展，无须借助免疫学的新型 SERS 技术，通过对病原体独特的成分进行振动（谱学）分析，可仅根据细菌特征谱图，实现对单个细菌的直接鉴别，这种方式已得到越来越多的关注。

国际上，美国斯坦福大学的研究人员基于 SERS 技术，利用金纳米棒与细菌之间等离子体和静电相互作用，对多种细菌进行探索与表征，能够高效完成生物液体中细菌识别的工作[7]。近期的一项研究表明，以 SERS 标签为基础的免疫分析技术，能够快速区分埃博拉病毒感染与其他常见发热疾病[8]，这比 PCR 等分子诊断方法更为快捷，且没有较高的技术、硬件要求。

在我国，中国科学院过程工程研究所张家港长三角生物安全研究中心借助 SERS 技术，实现了不同革兰氏阴性菌、革兰氏阳性菌和抗酸染色菌等 22 种细菌的快速和广谱鉴别[9]。近期国内的一项研究开发出一种方法，利用 SERS 增强等离子体金属纳米粒子的信号，能够在食品中灵敏检测出 O157:H7 型大肠杆菌的存在[10]。这种方法有助于从食品源头减少病原微生物的感染。

二、病原体疫苗研发

1. mRNA 疫苗技术

mRNA 疫苗是近年来新兴的一种疫苗形式，通过特定的递送系统，将表达靶标抗原的 mRNA 导入体内，再在体内表达出蛋白并刺激机体产生特异性免疫学反应，从而使机体获得免疫保护。与传统疫苗形式不同，mRNA 疫苗具有反应快、应用广、易放大等特点，可以直接将人体内的细胞转变为目的抗原的加工厂，彻底改变了疫苗的生产方式，是未来的颠覆性疫苗技术。

国际上，美国 Moderna 公司和德国 BioNTech 公司开发出针对新冠病毒的 mRNA 疫苗。

在我国，军事科学院军事医学研究院与苏州艾博生物科技有限公司联合开发的一款针对新冠病毒的 mRNA 疫苗 ARCoV[11]，于 2020 年 6 月 19 日正式获得国家药品监督管理局临床试验批准，是我国历史上首个进入临床试验的 mRNA 疫苗，目前正处在国际临床Ⅲ期试验的最后阶段。

然而，mRNA 疫苗作为一种全新的疫苗形式，在传染病预防应用（尤其是儿童疫苗）中的安全性仍有待进一步观察。

2. 纳米疫苗技术

随着纳米科学的飞速发展，纳米颗粒在药物传递、基因传递、疫苗传递和其他生物医学应用领域中的应用变得非常引人注目。目前被用来构建纳米疫苗的材料主要包括有机多聚物、无机纳米颗粒、脂质体、蛋白质（病毒样颗粒、自组装铁蛋白等），针对病原体的预防性疫苗常用于健康人群，而具有良好安全性和生物兼容性的蛋白类纳米颗粒更适合于疫苗研究。另外，蛋白类纳米颗粒具有生产工艺简便可控、制造成本低廉的特点，是未来最具潜力的疫苗元件。蛋白类纳米颗粒与抗原有多种结合方式，如蛋白类抗原可与自组装蛋白单体融合表达，或者将抗原表达后与纳米颗粒进行偶联。每个蛋白单体携带抗原表位，因此，多个蛋白单体组装后可实现抗原的高密度装载。

国际上，美国国家过敏和传染病研究所疫苗研究中心团队，利用纳米疫苗技术制备出针对流感病毒的双组分纳米多价疫苗，以诱导机体产生保护性抗体反应，有望替代传统的季节性流感疫苗[12]。美国华盛顿大学研究团队利用纳米疫苗技术，制备出基于自组装蛋白的纳米颗粒免疫原，以诱导机体产生新冠病毒的保护性抗体应答，使中和抗体滴度明显增强，且能够靶向多个不同抗原表位，减少病毒的逃逸突变[13]。美国 Novavax 公司用新冠病毒 S 蛋白作为抗原，制备出重组纳米颗粒疫苗。

在我国，中山大学研究团队利用纳米疫苗技术开发出针对新冠病毒的新型纳米颗粒疫苗，能够负载 24 种新冠病毒表面抗原，有效增强体液免疫和细胞免疫效果；同时能够有效降低抗体依赖增强（antibody-dependent enhancement，ADE）效应，增强疫苗安全性[14]。在针对细菌的纳米疫苗研发领域，军事科学院军事医学研究院利用自主研发的合成生物学技术，制备出负载细菌表面多糖抗原的新型纳米疫苗，摆脱了佐剂的使用，实现了疫苗免疫效果的大幅提升[15, 16]。

3. 表位肽疫苗技术

机体免疫应答反应通常仅针对病原中的一小段区域，如蛋白质中十几个氨基酸序列或糖分子（即表位，又称抗原决定簇）。表位多肽疫苗就是利用这种抗原表位制备的疫苗[17]。根据表位的不同，表位多肽疫苗分为 B 细胞表位疫苗、T 细胞表位疫苗和兼具两种表位的多表位疫苗。表位多肽疫苗与经典蛋白质序列或灭活病毒组成的传统疫苗相比，具有多种优势[18]：第一，表位多肽疫苗较少产生非中和型抗体，有望避免 ADE 效应；第二，表位多肽疫苗可减小免疫耐受及产生自身免疫的可能性，安全性更高；第三，表位多肽疫苗针对保守区域，设计交叉免疫疫苗，可快速设计表位应对突变病原，防止免疫逃避；第四，表位多肽疫苗可诱发合适的细胞免疫应答。

国际上，俄罗斯 Vector 国家病毒学与生物技术研究中心研发的新冠病毒疫苗 EpiVacCorona 已注册上市。美国 Vaxxinity 公司研发的多肽疫苗正在加拿大开展Ⅲ期临床试验；德国图宾根大学医学院研发的 HLA-DR 多肽疫苗已进入Ⅱ期临床试验阶段。

在我国，中国科学院上海药物研究所宫丽崑团队利用人工智能预测 S 蛋白抗原表位，加入新型佐剂后制备出表位多肽疫苗[19]。其具有全化学合成抗原、性质稳定可常温保存和安全高效的特点；攻毒试验结果显示，疫苗免疫接种食蟹猴后，可抵抗新冠病毒的吸入入侵。

三、病原体治疗技术

1. 基于 CRISPR 技术的病原体治疗技术

由于 CRISPR 系统能够直接破坏各种病原基因组，或者破坏与病原感染发病有关的宿主细胞基因组，因而可以用于预防或者治疗病原感染。目前 CRISPR 系统已用于多种病毒感染相关疾病治疗的研究中。

国际上，Price 团队针对丙型肝炎病毒（HCV）基因组开展 CRISPR 抗感染研究，发现该系统能显著降低 HCV 蛋白的表达[20]；美国斯坦福大学研究团队以 CRISPR-Cas13d 为基础，开发出一种新的技术 PAC-MAN，能够有效地降解人肺上皮细胞中的新冠病毒和甲型流感病毒的 RNA，达到抑制病毒的目的[21]。

在国内，武汉大学研究团队利用 CRISPR/Cas9 系统，成功在原代 $CD4^+T$ 细胞中诱导完成艾滋病病毒 HIV-1 表面受体 CXCR4 和 CCR5 的基因编辑，证明在 CXCR4 和 CCR5 修饰过的细胞中病毒感染显著减少，且这种基因编辑方式对细胞活力没有明显毒副作用[22]。中国科学院天津工业生物技术研究所毕昌昊研究团队和军事科学院军事医学研究院合作，利用噬菌体展示技术，构建出可大规模生产的特异性靶向病原细菌的 CRISPR/Cas9 载体系统，能够实现安全高效的病原细菌清除。

上述这些研究多是在细胞或者动物模型上开展，应用到临床上还面临投递、脱靶、安全等挑战。随着 CRISPR 技术的不断完善和发展，其在病原体预防与治疗方面将发挥越来越大的作用。

2. 抗体技术

抗体是机体对抗病原体感染的主要效应分子，抗体药物可在暴露后用药，并在短时间内发挥疗效，也可用作有效的预防性药物。2017 年以来（截至 2021 年 8 月底），全球获批上市（含紧急使用授权）的抗感染类抗体药物总共 10 个（表 1），其中 7 个适应证均为新冠病毒感染，且多数为紧急使用授权。在抗体分子发现技术方面，抗感染类抗体的来源基本涵盖了当前主流途径——人源化改造技术、抗体库技术、人 Ig 转基因小鼠技术以及单 B 细胞技术。

　　国际上，Ebanga 抗体分离自 1995 年埃博拉病毒疫情的幸存者，是新冠病毒抗体之前全球第一个也是唯一基于单 B 细胞技术获得的上市抗体药物。近年来，单细胞测序技术的进步，极大助力抗体药物的高效发现，使得单 B 细胞分选与测序成为应对突发重大疫情的关键技术手段之一。当然，抗体库技术和人 Ig 转基因小鼠技术亦有其独特优势，在烈性病原抗体研发中的重要作用不容忽视。

表 1　上市（含紧急使用授权）的抗感染类抗体药物基本信息（截至 2021 年 8 月底）

序号	商品名	通用名（INN）	靶点	研发企业	适应证	上市年份（国家）	类型
1	Synagis	Palivizumab	RSV 病毒 E 蛋白	AbbVie / MedImmune	呼吸道合胞病毒感染	1998（美国）	人源化 IgG1
2	ABthrax	Raxibacumab	炭疽芽孢杆菌 PA 抗原	人类基因组科学（HGS）/葛兰素史克（GSK）	炭疽病	2012（美国）	人 IgG1
3	Anthim	Obiltoxaximab	炭疽芽孢杆菌 PA 抗原	Elusys Therapeutics	炭疽病	2016（美国）	嵌合 IgG1
4	Zinplava	Bezlotoxumab	艰难梭菌毒素 B	默沙东（MSD）	艰难梭菌感染	2016（美国）	人 IgG1
5	Trogarzo	Ibalizumab	CD4	中裕新药（TaiMed Biologics）	HIV 感染	2018（美国）	人源化 IgG4
6	Ebanga	ansuvimab	埃博拉病毒 GP 蛋白	Ridgeback 生物治疗公司	埃博拉病毒感染	2020（美国）	人 IgG1
7	Inmazeb	Atoltivimab Maftivimab odesivimab	埃博拉病毒 GP 蛋白	再生元（Regeneron）	埃博拉病毒感染	2020（美国）	人 IgG1
8	Ilsira	Levilimab	IL-6R	BIOCAD	COVID-19	2020（俄罗斯）	人 IgG1
9	Alzumab	Ttolizumab	CD6	BioCon	COVID-19	2020[a]（印度）	人源化 IgG1
10	Recyrona	Regdanvimab	新冠病毒刺突蛋白 RBD	Celltrion	COVID-19	2021（韩国）	人 IgG1
11	—	Casirivimab Imdevimab	新冠病毒刺突蛋白 RBD	再生元（Regeneron）	COVID-19	2021[a]（美国）	人 IgG1

续表

序号	商品名	通用名（INN）	靶点	研发企业	适应证	上市年份（国家）	类型
12	—	Bamlanivimab Etesevimab	新冠病毒刺突蛋白 RBD	礼来（Eli Lilly）/ 上海君实生物医药科技股份有限公司	COVID-19	2021[a]（美国）	人 IgG1
13	—	Sotrovimab	新冠病毒刺突蛋白 RBD	葛兰素史克（GSK）/ Vir 生物技术公司	COVID-19	2021[a]（美国）	人 IgG1
14	—	BRII-196 BRII-198	新冠病毒刺突蛋白 RBD	腾盛博药医药技术（北京）有限公司	COVID-19	2021[b]（中国）	人 IgG1

注：a 指紧急使用授权，b 指紧急救治

在国内，抗体药物产业经过近十年的快速发展与技术积累，已在全球新药研发格局中占据一席之地。特别是在应对新冠肺炎疫情方面，中国科学院微生物研究所[23]、北京大学、清华大学、军事科学院军事医学研究院等科研单位[24]，以及腾盛博药医药技术（北京）有限公司、上海君实生物医药科技股份有限公司、上海复宏汉霖生物技术股份有限公司、迈威（上海）生物科技股份有限公司等药企，均展示出强大的抗感染抗体研发能力。

四、展　望

习近平"人类同疾病较量最有力的武器就是科学技术，人类战胜大灾大疫离不开科学发展和技术创新"①这一重要论断，为我国卫生事业和社会经济的可持续发展指明了方向。科技是中国战胜病毒的大国重器和底气，也是中国富起来、强起来的硬核力量和重要保障。如何继续保持病原体防治技术的有序发展和科研创新，是后疫情时代的重要研究议题。

在病原体检测方向，未来应着眼现有的核酸、抗体快速检测技术与先进材料科学的交叉融汇，发展可由待测人群自采样的无痛、无创、无须医护的检测策略。在病原体疫苗研发方向，未来应着眼 mRNA 疫苗、纳米疫苗、表位疫苗等先进疫苗技术储备，在技术层面实现疫苗的快速合成构建、快速生产制备、快速分发接种，在品种层面重点发展"非冷链、非注射"的"双非"疫苗。在病原体治疗方向，未来应着眼针

① 习近平. 为打赢疫情防控阻击战提供强大科技支撑. 求是，2021（6）：1-5.

对重要原型病原体研发并储备一批候选药物品种，注重靶向病原体不同表位的组合疗法研究；同时针对病原体感染共性机制或症状，如细胞因子释放综合征（cytokine release syndrome，CRS），研发具备一定广谱性和通用性的治疗措施，为感染救治提供高效的基础手段。

参考文献

［1］ Wang S，Liu N，Zheng L，et al. A lab-on-chip device for the sample-in-result-out detection of viable Salmonella using loop-mediated isothermal amplification and real-time turbidity monitoring. Lab on a Chip，2020，20（13）：2296-2305.

［2］ Rabe B A，Cepko C. SARS-CoV-2 detection using isothermal amplification and a rapid，inexpensive protocol for sample inactivation and purification. Proceedings of the National Academy of Sciences of the United States of America，2020，117（39）：24450-24458.

［3］ Yan C，Cui J，Huang L，et al. Rapid and visual detection of 2019 novel coronavirus（SARS-CoV-2）by a reverse transcription loop-mediated isothermal amplification assay. Clinical Microbiology and Infection，2020，26（6）：773-779.

［4］ Gootenberg J S，Abudayyeh O O，Lee J W，et al. Nucleic acid detection with CRISPR-Cas13a/C2c2. Science，2017，356（6336）：438-442.

［5］ Broughton J P，Deng X，Yu G，et al. CRISPR-Cas12-based detection of SARS-CoV-2. Nature Biotechnology，2020，38（7）：870-874.

［6］ Shi K，Xie S，Tian R，et al. A CRISPR-Cas autocatalysis-driven feedback amplification network for supersensitive DNA diagnostics. Science Advances，2021，7（5）：eabc7802.

［7］ Tadesse L F，Ho C S，Chen D H，et al. Plasmonic and electrostatic interactions enable uniformly enhanced liquid bacterial surface-enhanced Raman scattering（SERS）. Nano Letters，2020，20（10）：7655-7661.

［8］ Sebba D，Lastovich A G，Kuroda M，et al. A point-of-care diagnostic for differentiating Ebola from endemic febrile diseases. Science Translational Medicine，2018，10（471）：eaat0944.

［9］ Liu S，Hu Q，Li C，et al. Wide-range，rapid，and specific identification of pathogenic bacteria by surface-enhanced Raman spectroscopy. ACS Sensors，2021，6（8）：2911-2919.

［10］ Zhou Y，Fang W，Lai K，et al. Terminal deoxynucleotidyl transferase（TdT）-catalyzed homo-nucleotides-constituted ssDNA：inducing tunable-size nanogap for core-shell plasmonic metal nanostructure and acting as Raman reporters for detection of *Escherichia coli* O157：H7. Biosensors and Bioelectronics，2019，141：111419.

［11］ Zhang N N，Li X F，Deng Y Q，et al. A thermostable mRNA vaccine against COVID-19. Cell,

2020, 182（5）: 1271-1283. e16.

[12] Boyoglu-Barnum S, Ellis D, Gillespie R A, et al. Quadrivalent influenza nanoparticle vaccines induce broad protection. Nature, 2021, 592（7855）: 623-628.

[13] Walls A C, Fiala B, Schafer A, et al. Elicitation of potent neutralizing antibody responses by designed protein nanoparticle vaccines for SARS-CoV-2. Cell, 2020, 183（5）: 1367-1382. e17.

[14] Ma X, Zou F, Yu F, et al. Nanoparticle vaccines based on the receptor binding domain（RBD）and heptad repeat（HR）of SARS-CoV-2 elicit robust protective immune responses. Immunity, 2020, 53（6）: 1315-1330. e9.

[15] Pan C, Wu J, Qing S, et al. Biosynthesis of self-assembled proteinaceous nanoparticles for vaccination. Advanced Materials, 2020, 32（42）: e2002940.

[16] Li X, Pan C, Sun P, et al. Orthogonal modular biosynthesis of nanoscale conjugate vaccines for vaccination against infection. Nano Research, 2022, 15: 1645-1653.

[17] Nelde A, Rammensee H G, Walz J S. The peptide vaccine of the future. Molecular & Cellular Proteomics, 2021, 20: 100022.

[18] Malonis R J, Lai J R, Vergnolle O. Peptide-based vaccines: current progress and future challenges. Chemical Reviews, 2020, 120（6）: 3210-3229.

[19] Long Y, Sun J, Liu T, et al. CoVac501, a self-adjuvanting peptide vaccine conjugated with TLR7 agonists, against SARS-CoV-2 induces protective immunity. bioRxiv, 2021: 10.1101/2021.04.10.439275.

[20] Price A A, Sampson T R, Ratner H K, et al. Cas9-mediated targeting of viral RNA in eukaryotic cells. Proceedings of the National Academy of Sciences of the United States of America, 2015, 112（19）: 6164-6169.

[21] Abbott T R, Dhamdhere G, Liu Y, et al. Development of CRISPR as an antiviral strategy to combat SARS-CoV-2 and influenza. Cell, 2020, 181（4）: 865-876. e12.

[22] Liu Z, Chen S, Jin X, et al. Genome editing of the HIV co-receptors CCR5 and CXCR4 by CRISPR-Cas9 protects CD4[(+)] T cells from HIV-1 infection. Cell & Bioscience, 2017, 7: 47.

[23] Shi R, Shan C, Duan X, et al. A human neutralizing antibody targets the receptor-binding site of SARS-CoV-2. Nature, 2020, 584（7819）: 120-124.

[24] Chi X, Yan R, Zhang J, et al. A neutralizing human antibody binds to the N-terminal domain of the Spike protein of SARS-CoV-2. Science, 2020, 369（6504）: 650-655.

2.10 Technologies in the Control and Prevention of Pathogens

Zhu Li, *Wang Hengliang*, *Chen Wei*

（State Key Laboratory of Pathogen and Biosecurity, Institute of Biotechnology,
Academy of Military Medical Sciences,
Academy of Military Sciences）

Pathogens with high morbidity and mortality, which can lead to a severe economic burden, may be one of the most severe threats to human health worldwide today. Advanced science and technology are the critical weapons for getting rid of diseases and overcoming the pandemic. The latest processes in detection, preventive vaccine development and treatment against pathogens are reviewed in this article. Briefly, LAMP（Loop-mediated isothermal amplification）assay, CRISPR（clustered regularly interspaced short palindromic repeats）-based diagnostic platform and SERS（surface-enhanced Raman scattering）technology for detection of virus or bacterial pathogens are discussed. In the field of vaccine research and development, promising mRNA vaccines, nano vaccines and epitope-based vaccines have been used in the COVID-19 pandemic. As far as emerging technologies in therapeutic management are concerned, CRISPR-based gene editing technology and therapeutic antibodies have been used to kill the pathogens or the infected cells recently. With the rapid expansion and evolution of many innovation platforms, tracking radical technological changes has come to underline a more and more profound value.

2.11　生物安全技术新进展

王　磊[1]　肖　尧[2]　武桂珍[3*]

（1. 军事科学院军事医学研究院卫生勤务与血液研究所；
2. 阿里巴巴集团；3. 中国疾病预防控制中心病毒病预防控制研究所）

生物安全是指国家有效应对生物相关因素带来的影响和威胁，维护和保障自身利益与安全的状态和能力。近年来，随着测序技术、生物信息学等相关生物技术的快速发展，生物技术应用门槛的降低，谬用和误用风险的加大，全球生物安全威胁形势复杂多样。2020 年新冠肺炎疫情给各国人民带来深重苦难，各国迫切需要生物安全技术助力抗击。大力发展生物安全技术已成为维护国家安全、抢占发展先机的当务之急和必然要求。下面将重点介绍生物安全技术新进展及其潜在风险，并展望其未来。

一、国外现状

1. 前沿生物技术的发展与安全风险

以基因编辑、合成生物学为代表的前沿新兴生物安全技术飞速发展，给农业、医疗等诸多领域带来福祉，但由于技术本身的两用性等原因，生物安全技术的误用、谬用风险不容小觑[1]。

（1）基因编辑技术潜在风险

基因编辑技术（CRISPR）是一种能对生物体基因组特定目标基因进行修饰的一种基因工程技术或过程。由其衍生的"基因驱动"技术可在植物、动物或昆虫基因组中插入新的人工序列，使新的基因经过几代繁殖后就能传播至整个种群。

2018 年 10 月，德国和法国科学家在发表的文章中指出[2]，美国国防高级研究计划局（Defense Advanced Research Projects Agency，DARPA）正在探索利用昆虫传播基因修饰病毒以编辑植物染色体，从而让这些植物更具抗性，这可能会对环境产生一种潜在的威胁。

（2）合成生物学技术潜在风险

合成生物学是生物学、工程学、化学和信息技术相互交叉形成的一个新兴领域，

*　感谢陈婷、刘亚宁为本文的撰写提供帮助与支持。

可容易、快速、廉价合成核酸，甚至合成全病毒基因组。

2017 年 5 月，澳大利亚科学家利用合成生物学技术在实验室中重建塞卡病毒。2017 年 6 月，加拿大艾伯塔大学成功合成出与天花病毒存在亲缘关系的马痘病毒，其成本仅为 10 万美元。2018 年 6 月，美国凯斯西储大学医学院首次在实验室合成人造朊病毒。2019 年 7 月，美国疾病控制与预防中心的研究人员依据网上公布的基因数据，成功合成埃博拉病毒[3]。

显而易见，利用合成生物学技术对已知的病毒序列进行合成，从而获得具有传染性和毒力的病毒毒株已非难事，甚至可以设计并制造出比自然界存在的病原体更致命的人造病原体。国际社会普遍担忧，这项技术极易被用于制造生物武器或用于恐怖袭击。

2. 生物技术在研究及应用过程中的潜在风险

（1）实验室病原体泄漏问题时有发生

2017 年 1 月，美国疾病控制与预防中心由于实验室安全措施存在漏洞，遗失一箱致命流感病毒样本。2019 年 9 月，俄罗斯国家病毒学和生物技术研究中心发生天然气爆炸，由于大楼内存放着天花、埃博拉等不同种类的致命活体病毒，因此，这引发人们对此次爆炸是否导致病毒泄漏产生担忧[4]。

（2）民间研究机构缺乏监管

近年来，生物实验从严格管理的实验室走入民间。截至 2019 年 8 月，全世界共有 52 个社区生物实验室[5]。其崛起和普及存在安全风险：一是准入门槛较低，如缺乏对相关人员的培训，以及对研究项目道德规范的审查；二是生物实验成果共享，易被恶意行为体滥用，如 2017 年 12 月，Odin 和 Ascendance Biomedical 两家公司在网上发布自己实验室生产产品的视频，并向公众提供 DNA 编辑试剂盒[6]。

（3）人类遗传资源流失风险加剧

2017 年 7 月，美国空军教育训练司令部发布招募信息，特别指明需要获取俄罗斯人的核糖核酸（RNA）和滑膜液样本，且要求全部样本必须"来自俄罗斯境内的白种人"。这令俄罗斯对样本可能被用于制造基因武器表示警觉和担忧。2017 年 10 月，普京指责美国搜集俄罗斯人基因样本[7]，要求政府警惕可能针对俄罗斯进行的生化袭击。此外，据法国《世界报》2019 年 1 月报道，美国和欧洲等国家或地区在埃博拉疫情发生后派出大批工作人员前往非洲开展疫情防控，大量样本未经西非三国审批和监管就被带出境，流入美国和欧洲等国家或地区的研究机构。

3. 生物安全技术新进展

为应对生物安全风险，世界主要国家从技术层面加大相关研发的力度，加强防范。

（1）早期监测技术

美国 DARPA 于 2018 年 2 月宣布启动 SIGMA+ 计划，致力于开发新的传感器和网络，以进一步检测化学、生物和爆炸物威胁。2019 年 12 月，美国宾夕法尼亚州立大学和纽约大学合作，开发出一种可快速捕获和识别各种病毒毒株的手持式 VIRRION 设备。该设备利用纳米技术捕捉病毒，再利用拉曼光谱法根据病毒的个体振动来识别病毒，从而能够在非常低的浓度下迅速开展病毒鉴定工作。2021 年 7 月，英国批准资助农业、食品和环境中的病原体监测计划（PATH-SAFE），将利用最新的 DNA 测序技术和环境采样，开发国家监测网络系统。

（2）分子诊断技术

分子诊断技术是以分子生物学、细胞生物学和遗传学的理论和技术为基础，可以快速准确开展病原体鉴定。

2018 年 3 月，美国艾伦研究所和华盛顿大学研究人员开发出名为"SPLit-seq"的单细胞转录组测序技术。该技术引入成本低廉的组合条形码，能够以 1 美分的成本进行单细胞测序[8]。2019 年 9 月，美国加利福尼亚大学圣迭戈分校开发出微量体液测序技术（SILVER-seq），可根据游离 RNA（exRNA）的表达水平，利用一滴血区分患者与健康人[9]。

（3）疫苗研发技术和产品

疫苗研发是世界主要经济体重点投入和竞争的焦点技术领域。美国、英国、日本等国利用多条技术路线研发出多种有前景的产品。

多价疫苗成研究热点。2018 年 10 月，美国利用 T4 噬菌体研发出可同时有效抵抗炭疽和鼠疫的疫苗；2020 年 2 月，美国 Distributed Bio 公司开发出新型通用疫苗 Centivax，其对 20 世纪的 39 种流感病毒都有效。2020 年 3 月，日本武田公司研发出四价登革热疫苗 TAK-003，能有效降低 4 个登革热血清型的发病率和严重程度[10, 11]。

新型疫苗持续涌现。2018 年 6 月，诺丁汉大学马来西亚分校利用"agroinfiltration"瞬时表达系统，将一种有缺陷的植物病毒与农杆菌结合，开发出能够中和登革热病毒的疫苗抗原[12]。2019 年 10 月，美国生物制药公司 BlueWillow 研发出一种新型的水包油纳米乳佐剂，已应用于制备鼻内炭疽疫苗[13]。

传统疫苗推陈出新。2019 年 7 月，韩国"真元生命科学"公司和 Inovio 制药公司联合开发的中东呼吸综合征 DNA 疫苗（GLS-5300）完成 I 期临床试验；2019 年

11 月和 12 月，默沙东公司研发的 Ervebo 埃博拉减毒活疫苗分别在欧盟和美国获得批准；2021 年 7 月，牛津大学开发的基于 ChAdOx1 腺病毒载体的鼠疫疫苗，正式启动 I 期临床试验。

（4）救治新药研发技术

面对频发的突发公共卫生事件，世界各主要国家都不惜投入巨资，加大新药研发力度，已取得一系列成果。

抗体药物前景广阔。随着反向遗传学技术的不断进步，从康复者血清获取并研制有效的中和抗体越来越成熟。2020 年 10 月，再生元制药公司研发的埃博拉中和抗体鸡尾酒抗体疗法 Inmazeb 上市[14]。2020 年 12 月，美国的 Ridgeback Biotherapeutics 生物技术公司的 ansuvimab-zykl 单克隆抗体药物获批上市。2018 年 4 月，加拿大 AntoXa 公司与圭尔夫大学合作研发出 PhD9 抗体药物，该药物可阻止蓖麻毒素穿透细胞，对蓖麻毒中毒有较好的治疗效果[15]。

小分子药物疗效显著。2018 年 8 月，美国 SIGA 科技公司研发的新型口服小分子抗病毒药物——Tecovirimat 获准上市[16]，患有猴痘的非人灵长类动物在使用该药物后，存活率可达 90% 以上。2020 年 8 月，加拿大多伦多大学研发出抗菌肽（AMP）多巴胺基颗粒混合疗法，该疗法在暴露于低功率激光时可杀死细菌，但不会伤害周围的健康细胞[17]。

合成肽显示出抗菌潜力。2020 年 8 月，新加坡南洋理工大学开发出 CSM5-K5 合成肽，可杀死对抗生素产生耐药性的细菌[18]。2021 年 1 月，以色列技术学院和欧洲分子生物学实验室（European Molecular Biology Laboratory，EMBL）合作，在澳大利亚蟾蜍的皮肤上发现了名为 "uperin3.5" 的抗菌肽，可在细菌存在的情况下改变其形态，从而杀死细菌。

二、国 内 现 状

1. 我国面临的生物安全风险

近年来，我国生物技术发展较快，对外交流合作进一步拓展，但同时潜在的安全风险也不容忽视。

生物技术应用方面。我国在基因编辑、合成生物学等方面的技术水平已达到世界先进水平，生物技术两用性存在的风险同样在国内显现。2018 年 11 月，贺建奎运用 CRISPR/Cas9 基因编辑技术，使一对夫妻生下世界首例基因编辑婴儿，这在国内外引起轩然大波，造成不良影响。

实验室安全方面。2019 年 7 月至 8 月，甘肃中牧实业股份有限公司兰州生物药厂在兽用布鲁氏菌疫苗生产过程中使用过期消毒剂，导致发酵罐排放的废气灭菌不彻底；携带含菌发酵液的废气排放后，形成含菌气溶胶，外泄进而感染人体。截至 2020 年 9 月，确认阳性人员 3245 人[19]。

人类遗传资源方面。2018 年，科技部对国内 6 家机构进行处罚，原因包括：未经许可与国外机构开展中国人类遗传资源国际合作研究，并将部分人类遗传资源信息从网上传递出境；未经许可使人类遗传资源（人血清）作为犬血浆违规出境，或开展超出审批范围的科研活动。

外来物种入侵方面。近年来，我国已成为世界上遭受生物入侵危害最严重的国家之一。全国多省份有生物入侵现象发生，涉及农田、森林、水域、湿地、草地等几乎所有生态系统，危及生物多样性和生态安全。截至 2018 年底，我国外来入侵物种有近 800 种，已确认入侵农林生态系统的有 638 种[20]。

2. 科技支撑

（1）高等级生物安全实验室关键技术取得新进展

高等级生物安全实验室是促进生物科技研究，防范病原体等危险物品泄漏流失的重要设施。目前，世界上只有美国、英国、德国、法国、俄罗斯、中国等少数国家建有四级生物安全实验室。

近年来，我国生物安全实验室关键防护装备取得显著成效，开发出一批具有自主知识产权的防护装备，解决了生物安全实验室关键防护装备从无到有的问题。由于核心材料、核心部件和工程设计技术等的影响，我国生物安全防护装备的质量水平、工艺技术和设备稳定性等与国外存在较大差距，关键装备发展也不平衡，如正压防护服、防护手套、防护鞋等设备的研发进展缓慢，这些因素导致国内高等级生物安全实验室依赖进口产品的局面未发生根本性转变。因此，我国需持续加大研发投入，加强生物安全装备基础材料和核心部件关键技术的创新，建立权威的生物安全装备性能验证评价体系和平台，全面实现生物安全实验室关键防护装备的技术突破和自主保障[21, 22]。

（2）生物安全技术的发展助力新冠肺炎疫情防控

面对突如其来的新冠肺炎疫情，我国坚持以科学为先导，充分运用近年来开发的技术，在疫情发展的不同阶段取得一系列新成果。

2020 年 2 月，中国疾病预防控制中心病毒病预防控制研究所第一时间完成全基因测序[23]，第一时间分别从人体样本和环境样本中分离出病毒[24]，第一时间研制成功高灵敏度高特异性聚合酶链反应（polymerase chain reaction，PCR）检测试剂，在全球首先发布病毒毒株信息。

新冠病毒分离培养成功，助力我国成为世界上最早成功研制出有效疫苗的国家之一。截至 2021 年 9 月，我国自主研发的 4 种新冠病毒疫苗已获国家药品监督管理局批准，附条件上市，3 种获批国内紧急使用，2 种被世界卫生组织（WHO）列入紧急使用清单[25]。

在药物研发方面，上海科技大学等机构率先解析新冠病毒关键药靶主蛋白酶与抑制剂复合物的高分辨率三维结构，阐明了抑制剂精确靶向主蛋白酶的作用机制，发现依布硒和双硫仑等老药或临床药物是靶向主蛋白酶的抗病毒小分子，为抗新冠肺炎药物的研发奠定了重要基础[26]。

动物模型是阐明致病机制和传播途径、筛选药物和评价疫苗的基础研究工作。中国医学科学院与中国疾病预防控制中心合作，通过比较医学分析，培育出病毒受体高度人源化的动物，开发出模型特异的检测技术，再现了病毒感染、复制、宿主免疫和病理发生的过程，系统模拟了患新冠肺炎动物不同感染阶段的临床特征，在国际上第一个构建出新冠病毒感染动物模型[27]。

3. 数字技术蓬勃发展，助力疫情防治

数字技术的广泛应用，为我国做细做实疫情精准防控、助力快速诊疗和药物研发等做出重要贡献。

在病毒检测和筛查方面，中国科技公司开发的人工智能算法有效避免了传统 PCR 检测近 40% 的高漏检率，将原来数小时才能完成的疑似病例基因分析缩短至半小时；在 CT 影像分析方面，阿里巴巴达摩院开发的新冠肺炎 CT 影像 AI 辅诊技术，向全球医院免费开放，20 秒即可完成一次疑似病例的影响判别，准确率达 96% 以上；在新药研发和临床疗效评估中，AI、大数据等数字技术的加入将抗病毒药物的虚拟筛选时间从 1 个月缩短至 1 周。

三、未来展望

世界主要经济体已纷纷调整自身生物安全战略重点，寻求建立有利于自身的生物安全国际秩序、技术标准和行为规范。在此背景下，我国应当瞄准世界科技前沿，抢抓生物技术与各领域融合发展的战略机遇，坚持超前部署和创新引领，以生物技术创新带动生物安全技术新发展。

一是把生物安全基础研究和原始创新摆在更加突出的位置，加强对高风险病原体的长期研究，将药物和疫苗等医疗对策研究、高等级生物安全基础设施建设、人才培

养及生物安全战略物资储备等工作，纳入国家重大专项规划给予支持。

二是推动传染性疾病样本资源库构建与应用。在国家生物安全协调机制框架下，以国家病原微生物资源库、国家科技基础资源共享服务平台为依托，变被动收集为主动采集，建成传染性疾病样本资源的国家储备库，推动实现临床、疾控、科研、产业间的样本对接与共享。

三是加强生物技术与人工智能、大数据等学科的交叉会聚研究。以数字化、智能化赋能病原体基础研究，加速先进医疗对策的研发进程，加强疫情传染态势监测，全面提升国家应对生物安全威胁的科技实力。

参考文献

[1] Gao G F. For a better world：biosafety strategies to protect global health. Biosafety and Health，2019，1（1）：1-3.

[2] Reeves R G，Voeneky S，Caetano-Anollés D，et al. Agricultural research，or a new bioweapon system？Science，2018，362（6410）：35-37.

[3] Branswell H. CDC made a synthetic Ebola virus to test treatments. It worked. https://www.statnews.com/2019/07/09/lacking-ebola-samples-cdc-made-a-synthetic-virus-to-test-treatments-it-worked/[2019-07-09].

[4] Regan H. Explosion at Russian lab known for housing smallpox virus. https://edition.cnn.com/2019/09/17/health/russia-lab-explosion-smallpox-intl-hnk/index.html[2019-09-17].

[5] Aharany N. Innovation in DIY Biology. http://www.bifurcatedneedle.com/new-blog/2019/8/19/innovation-in-diy-biology[2019-08-19].

[6] Mullin E. Biohackers Disregard FDA Warning on DIY Gene Therapy. https://www.technologyreview.com/s/609568/biohackers-disregard-fda-warning-on-diy-gene-therapy/[2017-12-01].

[7] Илья Соколов. «Мы — объекточеньбольшогоинтереса»：Путинрассказалоцеленаправленномсбо ребиоматериалароссиян. https://russian.rt.com/russia/article/444609-putin-biomaterial-rossiyane[2021-09-20].

[8] Allen Institute. Democratizing-single-cell-analysis. https://alleninstitute.org/what-we-do/brain-science/news-press/articles/democratizing-single-cell-analysis[2018-03-20].

[9] Zhou Z X，Wu Q Y，Yan Z M，et al. Extracellular RNA in a single droplet of human serum reflects physiologic and disease states. PNAS，2019，116（38）：19200-19208.

[10] Tricou V，Sáez-Llorens X，Yu D，et al. Safety and immunogenicity of a tetravalent dengue vaccine in children aged 2-17 years：a randomised，placebo-controlled，phase 2 trial. Lancet，2020，395（10234）：1434-1443.

[11] Biswal S，Borja-Tabora C，Martinez Vargas L，et al. Efficacy of a tetravalent dengue vaccine in healthy children aged 4-16 years：a randomised，placebo-controlled，phase 3 trial. Lancet，2020，395（10234）：1423-1433.

[12] Loh S. Plants are new weapon in fight against Dengue. https://www.nottingham.edu.my/NewsEvents/News/2018/Plants-are-new-weapon-in-fight-against-Dengue.aspx[2018-05-29].

[13] IBlueWillow Biologics，Inc. Bluewillow biologics announces positive interim results from phase 1 trial of intranasal anthrax vaccine. https://pipelinereview.com/index.php/2021082479028/Vaccines/BlueWillow-Biologics-Announces-Positive-Interim-Results-from-Phase-1-Trial-of-Intranasal-Anthrax-Vaccine.html[2021-08-24].

[14] Stulpin C. FDA approves Ebola treatment for the first time. https://www.healio.com/news/infectious-disease/20201015/fda-approves-ebola-treatment-for-the-first-time[2020-10-16].

[15] AntoXa. AntoXa Corporation granted Defence R&D Canada license for novel，plant-made anti-ricin antibody. https://pipelinereview.com/index.php/2018041767875/Antibodies/AntoXa-Corporation-granted-Defence-RD-Canada-license-for-novel-plant-made-anti-ricin-antibody.html[2018-04-16].

[16] SIGA Technologies Inc. U.S. Food and Drug Administration Approves SIGA Technologies' TPOXX®（tecovirimat）for the Treatment of Smallpox. https://investor.siga.com/news-releases/news-release-details/us-food-and-drug-administration-approves-siga-technologies[2018-07-13].

[17] Don C. Nanoparticles show promise in defeating antibiotic-resistant bacteria，U of T researchers find. https://www.utoronto.ca/news/nanoparticles-show-promise-defeating-antibiotic-resistant-bacteria-u-t-researchers-find[2020-08-24].

[18] Nanyang Technological University. Peptide makes drug-resistant bacteria sensitive to antibiotics again. https://www.sciencedaily.com/releases/2020/08/200806101806.htm[2020-08-06].

[19] Song L G，Gao J M，Wu Z D. Laboratory-acquired infections with *Brucella* bacteria in China. Biosafety and Health，2021，3（2）：101-104.

[20] 陈宝雄，孙玉芳，韩智华，等. 我国外来入侵生物防控现状、问题和对策. 生物安全学报，2020，29（3）：157-163.

[21] 张宗兴，吴金辉，衣颖，等. 我国生物安全实验室关键防护技术与装备发展概况. 中国卫生工程学，2019，18（5）：641-646.

[22] 李晶晶，高福. 我国疾控机构 BSL-3 实验室关键防护设备的使用现况分析. 医疗卫生装备，2019，40（6）：74-77，81.

[23] Lu R，Zhao X，Li J，et al. Genomic characterisation and epidemiology of 2019 novel corona-virus：implications for virus origins and receptor binding. Lancet，2020，395（10224）：565-574.

[24] Zhu N，Zhang D，Wang W，et al. A novel coronavirus from patients with pneumonia in China，

2019. The New England Journal of Medicine，2020，382（8）：727-733.

［25］曲颂. 让疫苗成为全球公共产品，中国做到了！https://baijiahao.baidu.com/s?id=1706838407936 202892&wfr=spider&for=pc［2021-08-01］.

［26］Jin Z，Du X，Xu Y，et al. Structure of Mpro from SARS-CoV-2 and discovery of its inhibitors. Nature，2020，582（7811）：289-293.

［27］Bao L，Deng W，Huang B，et al. The pathogenicity of SARS-CoV-2 in hACE2 transgenic mice. Nature，2020，583（7818）：830-833.

2.11　Biosafety Technology

Wang Lei[1]*，Xiao Yao*[2]*，Wu Guizhen*[3]

（1. Institute of Health Service and Transfusion Medicine，Academy of Military Medical Sciences，Academy of Military Sciences；2. Alibaba Group；

3. National Institute for Viral Disease Control and Prevention，China CDC）

Biosafety refers to the state and ability of one country to effectively cope with the effect and threats caused by the bio-related factors，maintain and guarantee its interests and security. With the rapid development of sequencing technology，bioinformatics and other related biotechnology，the biotechnology threshold has been reduced，the risk of fallacy misuse has increased，etc. The biosafety threat situation is complex and diverse. In 2020，COVID-19 epidemic ravaged the world and brought deep suffering to people worldwide. Therefore，the development of biosafety technology has become an urgent and inevitable requirement to maintain national security and seize the lead in development. The paper will also focus on the relevant situation and look forward to its future.

第三章

生物技术产业化新进展

Progress in Commercialization
of Biotechnology

3.1 疫苗与生物创新药产业化新进展

李启明

（国药中生生物技术研究院）

一、疫苗研发技术及产业化新进展

疫苗是预防和控制传染性疾病流行的一种有效手段，在全球公共卫生领域中发挥着重要作用，通过接种疫苗预防和控制传染病，是 20 世纪 10 项最伟大的公共卫生成就之一。据世界卫生组织（WHO）估计，通过接种疫苗每年可以挽救 200 万～300 万人的生命[1]。1978 年我国开始全面实施免疫计划，40 多年来，相关法律法规不断完善，疫苗种类和接种范围不断扩大，已建立起牢固的健康屏障。通过实施免疫计划，我国实现了"无脊灰状态"的目标，有效控制了乙型肝炎、白喉、麻疹、百日咳、破伤风、结核、流行性脑脊髓膜炎（流脑）、流行性乙型脑炎（乙脑）等疾病，使多种传染病的发病率和死亡率降到历史最低水平，人均预期健康寿命提高，经济效益和社会效益显著。

1. 疫苗研发技术

传统疫苗大多为灭活疫苗和减毒活疫苗，目前广泛使用的多种疫苗仍是这两类疫苗。在新冠病毒疫苗研发中，我国研制的新冠灭活疫苗是世界卫生组织批准紧急使用的疫苗品种之一，为全球疫情防控做出重要贡献。

20 世纪 80 年代起，随着基因重组技术的发展，利用病原体有效抗原成分的体外重组表达来制备重组亚单位疫苗，已成为疫苗开发的主流技术路线之一。重组亚单位疫苗制备技术在乙肝、宫颈癌、乙型脑膜炎、带状疱疹等疫苗研发中已取得巨大成功。2017 年以来，基于计算结构疫苗学的重组亚单位疫苗研发取得一些重要进展，包括：通过抗原免疫优势构象的稳定性改造，有效防止了其构象转变的发生，显著提高了抗原的免疫原性[2]；针对高变异病毒，通过不同毒株抗原的移植、嵌合和集成，增强了抗原的交叉保护性[3]。然而，抗原结构的设计优化很大程度上仍依赖直观经验和大量方案的不断尝试，下一步有必要将计算生物学领域的最新技术与结构疫苗学方法相结合，以实现抗原设计的高通量和精准性。

2017 年以来，疫苗研发技术领域的另一个重要进展是 mRNA 疫苗研发平台的突破与应用。mRNA 疫苗具有开发速度快、生产成本低、有效性强的特点，但因稳定性差和需要有效的递送系统等原因，其应用一直受到限制。在 mRNA 疫苗的稳定性方面，近年来研究人员通过采用对 mRNA 非编码部分的改造、编码序列的优化、核苷酸的修饰以及二级结构的设计等手段，大大提高了 mRNA 的稳定性和翻译效率[4]。在递送系统方面，通过对脂质纳米颗粒配方和制备技术的优化，提高了 mRNA 的稳定性、耐受性和内吞体逃逸效率[5]。新冠病毒序列公布仅 42 天后，临床级别的 mRNA 疫苗已制备并进入临床试验，成为世界卫生组织批准紧急使用的疫苗品种之一，这也是首款 mRNA 疫苗大规模用于人群的接种[6]。目前，mRNA 疫苗和治疗领域被三大巨头企业——德国的科威瓦克（CureVac AG）和拜恩泰科（BioNTech）及美国的莫德纳（Moderna）所占据。在国内，mRNA 技术的研发起步较晚，mRNA 研发企业较少；随着 mRNA 技术在新冠病毒疫苗研发中的异军突起，多家企业采用与国外企业合作或自主研发的形式，开始布局 mRNA 疫苗的研发。

除了上述具有代表性的疫苗研发技术路线外，近年来病毒载体疫苗、DNA 疫苗等技术也取得长足的进步，已在新冠病毒疫苗研发中得到应用。

2. 疫苗产业

2019 年全球疫苗市场规模约为 334 亿美元。高收入区域，尤其是美洲区域，占据全球疫苗市场的最大份额（图 1）。全球销售额前十的疫苗集中在呼吸系统类疫苗（包括肺炎疫苗、流感疫苗）、人乳头瘤病毒疫苗、带状疱疹疫苗、联合疫苗、肝炎疫苗和轮状病毒疫苗，如表 1 所示。较高的市场规模源于需求量大、价格高或两者兼有。肺炎球菌疫苗的价格较高，并且是三剂次；含白喉和破伤风的疫苗品类是六剂次系列，并且品类中有价格更高的联合疫苗产品，从而提高了市场规模；人乳头瘤病毒疫苗和带状疱疹疫苗的销量虽然相对较少，但价格较高；季节性流感疫苗的销量较大，尤其是在高收入地区。

全球疫苗市场行业集中度极高。新冠病毒疫苗问世之前，葛兰素史克（GSK）、默沙东（MSD）、辉瑞（Pfizer）、赛诺菲（Sanofi）四大跨国疫苗制造"巨头"垄断全球疫苗市场近九成份额，2020 年疫苗年销售额已超过 300 亿美元，如表 2 所示。

由于新冠肺炎疫情的影响，整个疫苗行业的格局发生了巨大变化，新冠病毒疫苗全球化延续性需求驱动部分生物科技公司脱颖而出，已成为行业龙头企业。仅从新冠病毒疫苗的全球销售额来看，这些新锐公司可与新冠肺炎疫情前四大巨头的疫苗业务营收比肩，但疫苗巨头有多年的技术积累和研发管线储备，这些新锐公司想要成为疫苗巨头尚需时日。

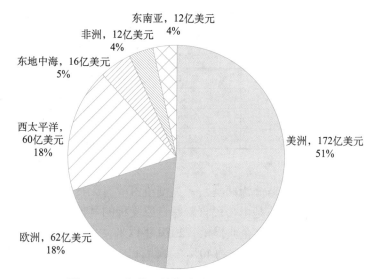

图 1　2019 年按区域统计的全球疫苗销售额分布

资料来源：2020 Global Vaccine Market Report.https://cdn.who.int/media/docs/default-source/immunization/mi4a/2020_
global-vaccine-market-report.pdf?sfvrsn=48a58ada_1&download=true［2021-11-03］

表 1　2017 ～ 2020 年全球销售额 TOP10 的疫苗品种销售额

排名	商品名	通用名	厂家	销售额 / 亿美元			
				2017 年	2018 年	2019 年	2020 年
1	Prevnar 13	13 价肺炎疫苗	辉瑞	56.01	58.02	58.47	58.50
2	Gardasil 4&9	人乳头瘤病毒疫苗	默沙东	23.08	31.51	37.37	39.38
3	Shingrix	重组带状疱疹疫苗	葛兰素史克	0.28	10.47	23.38	27.73
4	ProQuad	麻腮风 - 水痘疫苗	默沙东	16.76	17.98	22.79	18.78
5	Pentacel	百白破 - 脊灰 - b 型流感五联苗	赛诺菲	20.64	20.66	21.79	25.02
6	Fluzone	四价流感疫苗	赛诺菲	17.95	20.17	21.17	29.37
7	EngerixB	肝炎疫苗	葛兰素史克	8.93	10.79	11.16	8.03
8	Pediarix	百白破 - b 型流感 - 乙肝五联苗	葛兰素史克	9.57	9.08	9.36	8.77
9	RotaTeq	五价口服轮状病毒疫苗	默沙东	6.86	7.28	7.91	7.97
10	Rotarix	口服轮状病毒疫苗	葛兰素史克	6.75	6.96	7.12	7.79

资料来源：Bloomberg，各公司年报

表2　2017～2020年全球四大疫苗巨头疫苗业务销售额　（单位：亿美元）

企业	2017年	2018年	2019年	2020年
葛兰素史克	66.50	78.70	91.38	95.74
默沙东	65.50	72.61	79.67	78.70
辉瑞	56.00	63.30	58.47	65.75
赛诺菲	57.60	60.50	64.16	70.42
合计	245.60	275.11	293.68	310.61

资料来源：Bloomberg，各公司年报

在国内，预防接种的疫苗分为两类，一类疫苗由政府免费向公民提供，公民应当依照政府规定受种，二类疫苗是由公民自费并自愿受种的其他疫苗。国内疫苗市场格局较为明显，一类疫苗多由国有企业提供。2018年以来，一类疫苗的年批签发量占比约60%，二类疫苗的年批签发量占比约40%[①]。随着已上市的二类疫苗大品种（人乳头瘤病毒疫苗、肺炎疫苗等）的进一步放量，以及越来越多的新型疫苗以二类疫苗品种上市，国内疫苗市场将持续保持快速增长。据灼识咨询估计，到2030年国内疫苗市场规模将超过1000亿元。[②]

2020年国内有疫苗批签发的企业共43家，其中跨国企业5家，本土企业38家，批签发量TOP10的企业多为国有企业。从疫苗企业批签发量看，国内疫苗行业有逐渐向龙头企业集中的趋势。《中华人民共和国疫苗管理法》的颁布和中国疫苗行业协会的成立，以及监管体系的日渐完善，驱动了疫苗行业的加速整合；同时，疫苗生产工艺越发精湛，带动行业整体质量水平不断提升，促进了创新型疫苗的研发。

二、生物创新药研发技术与产业化新进展

全球医药市场由化学药和生物药组成。与化学药相比，生物药目前的市场规模较小，2019年为2864亿美元，随着生物技术领域的不断创新和突破，创新疗法的不断出现，生物类似药等生物制品可及性的不断提升，预计到2024年全球生物药市场将快速增长至4567亿美元，2030年将进一步增长至7680亿美元，年复合增长率达到9.0%。在中国医药市场中，生物药也是规模最小的行业，2019年市场规模为3120亿元，随着国内生物类似药研发能力的不断增强，预计到2024年市场规模将快速增长到7125亿元，2019～2024年国内生物药的年复合增长率为18.0%，远高于同期全球

---

① 科睿唯安Cortellis数据库。
② 疫苗行业：一个小而美的细分赛道，市场空间将超千亿元 . https://www.sohu.com/a/417945891_100299945[2021-09-21].

生物药市场，到 2030 年预期将增长至 13 029 亿元。①在政策利好的背景下，政企合作推动基础研究成果向创新生物药产业转化，研发投入的持续增长也将推动医药的技术创新与临床转化，促进创新生物药产业的快速发展。

全球生物创新药具有相对较短的发展历史，主要涉及免疫细胞因子、肿瘤抗原、单克隆抗体（简称单抗）、重组蛋白药物等，而单抗药物及相关技术的应用占据绝对优势的地位。因此，单抗药物的发展可代表整个生物创新药的发展。以下就单抗药物技术和产业化发展进行介绍。

1. 单抗药物研发技术

单抗药物具有与靶点结合特异性强、亲和力高的特点，已成为众多疾病的理想治疗手段。目前共有约 110 种单抗药物获得欧洲药品管理局（European Medicines Agency，EMA）或美国食品药品监督管理局（FDA）批准上市，其中，2017 年至 2021 年 12 月获批上市的有 50 余种。随着技术的发展，单抗药物的研发呈现快速增长趋势[7]。最早获批的治疗性单抗为鼠源单抗，但其治疗效果不尽如人意且副作用明显。近年来，随着学科的不断交叉融合，基于蛋白质结构分子设计和高通量筛选的人源化抗体技术取得显著进展。同时，结构生物学和计算生物学技术在抗体亲和力中的成熟应用，大大降低了抗体筛选的工作量，提高了筛选的精准度和成功率[8]。针对新冠病毒的抗体药物的研发取得重要进展，至少有 8 种单抗药物被批准紧急使用[9]。双特异性抗体已成为抗体药物领域的研发热点，它可将免疫功能细胞直接靶向目标细胞，激发出特异性的杀伤作用。抗体药物偶联物（antibody-drug conjugate，ADC）具有高靶向性，为实现免疫精准治疗和高效药物分子的靶向投递提供了解决途径。人工智能、大数据等新兴技术的不断融合应用，将有力地推动新靶点的发现、分子设计以及亲和力优化等抗体相关关键技术的发展。

国内抗体药物的研发起步较晚，大多为国外成熟药物的仿制和优化，在新靶点的识别和技术创新方面与国外相比存在一定的差距。近年来，国家出台多项政策鼓励创新药物的研发，使我国在该领域的竞争力不断提高[10]。

2. 抗体药物产业新进展

单抗药物在治疗肿瘤、自身免疫性疾病、血液性疾病、神经性疾病等领域应用广泛。自 1986 年第一款单抗药物获批上市至今，美国食品药品监督管理局共批准超 100 款抗体药物，其中近半数为 2015～2021 年批准[11]。2020 年全球抗体药物的市场规模再

① 2020 年中国及全球药品研发行业市场现状 新药临床试验研发支出大幅增加 . https://baijiahao.baidu.com/s?id=1681314880837701438&wfr=spider&for=pc[2021-09-21].

创新高，突破 1500 亿美元。据 Fierce Pharma 统计，2020 年全球药品销售额排名前 20 中，有 8 款单抗和 3 款融合蛋白。国外已上市抗体药物超过 100 种，但其覆盖靶点十分有限，仅 10 个热门靶点就占据获批总量的 42%。2020 年全球药品销售额排名前 5 的靶点抗体药物的市场规模达 910 亿美元，占全球抗体药物市场一半以上的份额。创新靶点的开发一直是生物创新药的核心之一。据 Pharma Projects 统计，2020 年全球共新增 139 个新靶点，达到近 10 年来的最高值。[①] 跨国药企在新药研发方面的投入持续增多，以诺华、罗氏和阿斯利康为代表的大型企业，创新药数量占在研管线的 60% 以上。随着市场重磅单抗药物的专利已经或即将到期，生物类似药将大量涌入；这会促进原研药的技术升级和适应证的扩展，以及药物递送系统的改进。不同靶点单抗药物的联合应用或基于抗体药物的联合治疗方案（放化疗、细胞治疗等），也是企业布局的重点。

新型抗体药物如 ADC 和双特异性抗体，是抗体市场重要的细分领域和新的增长点。精准靶向治疗的理念促进了 ADC 药物的快速兴起。全球已有 13 款 ADC 药物获批上市，美国、欧洲市场批准数量分别为 11 款和 7 款，2020 年总销售额分别为 14.7 亿美元和 5.8 亿美元。双特异性抗体具有高应答率、高特异性、低毒性等特点，在革新疾病治疗方式和满足临床需求等方面具有广阔的应用前景。2020 年有 3 款双抗药物获批上市，其中罗氏血友病疗法 Hemlibra 在 2020 年实现 24 亿美元的收入，已成为重磅产品。全球处于临床阶段的双抗药物约 180 个，超过 80% 的管线集中在肿瘤领域。可以预见，未来 3～5 年将迎来双抗上市的热潮。

国内抗体药物的市场规模较小，但增长迅速。公立医疗机构终端的抗肿瘤用单抗药物从 2015 年的 56 亿元增长至 2020 年的 250 亿元，年复合增长率为 35%。截至 2020 年底，国内获批抗体药物共 52 个（含融合蛋白），其中 15 款为国产抗体，37 款为进口产品。国内临床申报阶段的生物药中，治疗性抗体占比超过半数。ADC 药物和双抗的研究国内起步较晚，管线多处于早期临床阶段。截至 2021 年 8 月，共有 3 款 ADC 药物和 2 款双抗药物获批，2021 年 6 月首个国产 ADC 药物获批上市，国产双抗药物无获批上市。

此前国内单抗药物的研发主要为国外成熟药物的快速跟进，企业偏向选择临床验证过的靶点，以降低组合风险；传统靶点单抗以生物类似药为主，本土管线存在同质化现象，部分药物未上市就已面临严峻的竞争。对同靶点药物而言，基于结构的优化或组合也是国内当前抗体药物研发的重要形式。随着制药工艺的成熟，国内抗体市场呈现出技术平台差异化、靶点布局创新化、产品类型多样化、治疗领域扩大化的发展趋势。以临床价值为导向的新药开发，有利于减少同质化创新，释放审批和临床资源，促进差异化的高壁垒创新。此外，国内药企在研发初期愈加重视全球药品注册申

---

① 我国生物创新药研发如日方升. https://baijiahao.baidu.com/s?id=1703763707757128222&wfr=spider&for=pc[2021-09-21].

报能力和国际质量体系的认证，多款创新单抗药物已实现海外权益转让，证明我国药企研发实力获得国际市场的认可。

近年来，国家出台多项政策鼓励创新药物的研发，以抗体药物为代表的生物医药产业发展进入快车道。同时，医保支付向生物创新药物的延伸以及商业和市场化手段的应用，显著带动了生物药研发的进步，有望进一步提高生物药在医药市场的份额。

三、我国疫苗与创新药物产业化发展建议

1. 增强我国在新靶点的研究以及相关疫苗和药物的开发能力

新靶点的发现是疫苗和药物创新设计的前提和基础，也是我国生物医药行业的薄弱环节。新的有效靶点的发现需要多学科领域的交叉融合，以及新方法和新技术的创新应用。例如，结构生物学、计算生物学和免疫学等交叉学科显著推动了全球疫苗和抗体药物的靶点发现以及生物医药产品的创新，已取得大量突破性成果。从根本上提升我国在新型疫苗和药物研发中的源头创新能力，需要进一步加强相关交叉学科的研究和人才的培养；在科研项目的设置方面，加大学科融合的导向性，提高对交叉学科创新的支持力度。

2. 提高疫苗和生物医药制备行业中关键技术、设备和原材料的国产化率

在疫苗和生物制药行业中，我国研发用的关键软硬件和关键原辅材料的国产化不足，需要加大对相关研发的支持力度，提高关键技术、设备和原辅材料的国产化率，确保相关产业的安全。

3. 加大对疫苗和药物研发原始创新的政策支持

疫苗和生物医药产业是高精尖技术密集型行业，自主创新是产业技术水平提升和突破的关键。建议针对原创性疫苗和药物，国家在监管和审批方面给予政策支持；同时，拓展针对新型疫苗和药物的临床研究资源，进一步建设和规范新药的临床研究体系，保障和推动我国新药研发进程。

参考文献

[1] Pollard A J, Bijker E M. A guide to vaccinology: from basic principles to new developments. Nat. Rev. Immun., 2020, 21 (2): 83-100.

[2] Crank M C, Ruckwardt T J, Chen M, et al. A proof of concept for structure-based vaccine design targeting RSV in humans. Science, 2019, 365 (6452): 505-509.

[3] Boyoglu-Barnum S, Dan E, King N P, et al. Quadrivalent influenza nanoparticle vaccines induce broad protection. Nature, 2021, 592 (7855): 623-628.

[4] Nelson J, Sorensen E W, Mintri S, et al. Impact of mRNA chemistry and manufacturing process on innate immune activation. Sci. Adv., 2020, 6 (26): eaaz6893.

[5] Akinc A, Maier M A, Manoharan M, et al. The Onpattro story and the clinical translation of nanomedicines containing nucleic acid-based drugs. Nat. Nanotechnol., 2019, 14 (12): 1084-1087.

[6] Verbeke R, Lentacker I, Smedt S C D, et al. The dawn of mRNA vaccines: the COVID-19 case. J. Control. Release, 2021, 333: 511-520.

[7] Antibodysociety. Antibody therapeutics approved or in regulatory review in the EU or US. https://www.antibodysociety.org/resources/approved-antibodies/[2021-09-24].

[8] Tabasinezhad M, Talebkhan Y, Wenzel W, et al. Trends in therapeutic antibody affinity maturation: from *in vitro* towards next-generation sequencing approaches. Immun. Lett., 2019, 212: 106-113.

[9] Esmaeilzadeh A, Rostami S, Yeganeh P M, et al. Recent advances in antibody-based immunotherapy strategies for COVID-19. J. Cellul. Biochem., 2021, 122 (10): 1389-1412.

[10] Zhang J, Yi J, Zhou P. Development of bispecific antibodies in China: overview and prospects. Antib. Ther., 2020, 3 (2): 126-145.

[11] Mullard A. FDA approves 100th monoclonal antibody product. Nat. Rev. Drug Discov., 2021, 20 (7): 491-495.

3.1　Commercialization of Vaccine and Bio-innovative Drugs

Li Qiming
(National Vaccine and Serum Institute)

Vaccine and biomedical industries, as high-precision, technology-intensive industries, are crucial for people's health and national security. First, this paper summaries the recent technological advances in vaccine development and introduces the applications of multidisciplinary new technologies in vaccine development in recent years. And then this paper analyses the present situation and development trend of vaccine industry at home and abroad. Second, regarding to biomedical industry, this paper reviews the recent advances and trends in monoclonal antibody drug development, and then analyses the current situation and development prospect of biomedical industry at home and abroad.

3.2 现代中药产业化新进展

孙晓波 李 耿

（中国医学科学院药用植物研究所）

中医药是中国古代科学的瑰宝，是打开中华文明宝库的钥匙之一。中药产业作为我国生物医药产业的重要组成部分，是我国最重要的民族产业之一，在经济社会发展的全局中有着重要地位。同时，中药产业在中医药事业发展中具有基础性地位，中药产业的高质量发展，对于推动中医药走向世界、推动健康中国建设，具有不可或缺的作用。

一、国外现代中药产业化新进展

全球范围内，中药或天然药物以其独特疗效和价值，受到越来越多的重视而发展迅速。

日本、韩国是我国一衣带水的邻邦，与我国具有相似的文化背景，中医药对其影响较为深远。中医学传入日本后被称为汉方医学（汉医）或东洋医学。20 世纪七八十年代以来，日本致力于打造汉方药的精品形象，监管部门不断加强汉方药的质量管控和不良反应监管，汉方药在日本国内的认可度不断提高，年销售额持续增加，在国际上逐渐具有一定的影响力，且正在向食品、美容、日用品等领域发展。

韩国立法保护传统医学，打造国家品牌韩医学（又称东医学）。韩国政府把医药产业作为国家朝阳产业，尤其关注韩医药产业，采取多种扶持措施，着力提升韩医药产业竞争力。以人参产业为例，政府对于韩国高丽参的推广和销售，发挥了较强的引领作用，并制订了系统的产业规划、形象打造和销售策略。韩国高丽参产品附加值高，品牌效应明显。2019 年，韩国仅人参产业的市场规模就达 2 万亿韩元左右（约合人民币 120 亿元），同比增长 25%，已成为韩国农业和生物医药产业的重要优势领域。[①]

美国自身没有传统医学，植物药研究起步较晚，但其植物药市场发展迅速。近年来，美国植物药市场出现以下趋势：品牌复合药物（包括植物药复方、植物药和其他药物复方）的销售持续增长；对以有机种植草药为原料的健康产品需求不断增长；有

---

① 2020 年全球人参贸易行业市场现状与竞争格局分析 中国韩国是人参产销国 . https://baijiahao.baidu.com/s?id=1670162587089020285&wfr=spider&for=pc[2021-10-20] .

充足科学论据的植物配方产品逐渐增多。美国已成为世界植物药第一进口国。2019年，我国对美国中药提取物出口额为 4.51 亿美元，美国成为我国植物提取物出口的第一大市场[1]。

在欧洲国家中，德国是植物药研发与应用的典范，在植物药生产和科研方面都处于领先地位。由德国率先推出的银杏叶制剂，可用于心脑血管疾病的治疗，在国际市场有很强的竞争力。德国是欧洲最大的天然植物药品市场，是全世界植物药上市品种较多的国家之一。欧洲其他国家中，英国是传统医药较为发达的国家，也是中医药在欧洲传播与发展的中心。

二、我国现代中药产业化新进展

改革开放以来，我国中药产业进入新的发展阶段，中药现代化、产业化水平快速提升，科技创新成效显著，中药产品创新持续突破，中药临床证据不断完善、机制阐释逐步深入，中药质量控制水平快速提升，新技术、新设备、新工艺不断出现，产业技术标准化和规范化水平明显提高[2]。中药工业（中成药制造和中药饮片生产）的主营收入从 1996 年的 235 亿元上升到 2016 年的 8653 亿元，增长近 36 倍，占整个医药工业市场规模的 29.2%[2]。中药产业逐步形成一定的国内外市场竞争能力，与化学药、生物药呈现出三足鼎立之势，并带动超 2 万亿元规模的中药大健康产业。

2017 年以来，在医药产业提质增效、转型升级的大背景下，我国中药产业发展模式从粗放型向质量效益型转变，逐步迈向高质量发展。2020 年，中药工业全年营收 6196 亿元，全年利润 744 亿元[3]。中药产业逐渐成为国民经济与社会发展中具有独特优势和广阔市场前景的战略性产业。随着新时期中医药事业和中药产业在国家社会经济及民族复兴中的作用进一步凸显，党中央国务院对于中医药事业高度重视，明确了"传承精华，守正创新"的中医药发展主线，科技创新在中医药事业、中药产业中的核心驱动作用进一步凸显。

1. 中药抗疫科技成果产业化

新冠肺炎疫情早期暴发阶段，没有特效药和疫苗，中医药深度介入、全程参与救治患者，经抗疫实践检验涌现出以"三药三方"为代表的一批中成药和方药，进入国家诊疗方案，解决了疫情早期"无药可用"的现实困难。这些方药针对不同类型新冠肺炎，有效降低了发病率、转重率、病亡率，加快了恢复期康复，临床疗效确切，成为抗击疫情的重要"武器"，在我国新冠肺炎患者治疗中发挥了重要作用。2020 年 4月 15 日，国家药品监督管理局批准金花清感颗粒、连花清瘟胶囊/颗粒、血必净注射液"三药"新增新冠肺炎适应证。2021 年 3 月 2 日，国家药品监督管理局批准基于

"三方"开发的新药清肺排毒颗粒、化湿败毒颗粒、宣肺败毒颗粒上市，中医药抗疫原创科技实现了成果转化。

2. 创新中药新药研发现状及产业化

中药创新产品是中医药理论突破和临床实践经验升华的最终产物，不仅具有非常重要的现实意义，还具有更加明显的产业导向意义。中成药创新品种的成功上市，显著提高了防治重大疾病的效果，对降低重大疾病的发病率和死亡率发挥着重要作用。

近年来，获批的几种中药都较好地体现了临床价值优先导向（表1）。例如，芍麻止痉颗粒，用于治疗儿童 Tourette 综合征（抽动－秽语综合征）及慢性抽动障碍，该领域尚无临床优势突出的药物；桑枝总生物碱是一种来源于天然植物的新型糖苷酶抑制剂，经多中心临床随机双盲对照试验（randomized controlled trial，RCT）证实，长期服用后不仅可显著降低空腹及餐后血糖，还可有效控制糖化血红蛋白，减少或延缓并发症的发生与发展，与化学药相比，该药对糖苷酶选择性更强，且不引起低血糖，其长期用药的肝肾毒性风险及胃肠胀气不良反应率较低。

表1　2017年以来获批上市的中药新药

序号	药品名称	药品上市许可持有人	适应证	上市时间
1	丹龙口服液	浙江康德药业集团股份有限公司	中医热哮证	2017年10月
2	关黄母颗粒	通化万通药业股份有限公司	女性更年期综合征、肝肾阴虚证	2018年2月
3	金蓉颗粒	广州市康源药业有限公司	乳腺增生证、痰瘀互结、冲任失调证	2018年12月
4	芍麻止痉颗粒	天士力医药集团股份有限公司	抽动－秽语综合征及慢性抽动障碍中医辨证属肝亢风动、痰火内扰者	2019年12月
5	小儿荆杏止咳颗粒	湖南方盛制药股份有限公司	小儿外感风寒化热的轻度急性支气管炎	2019年12月
6	桑枝总生物碱片	北京五和博澳药业有限公司	2型糖尿病	2020年3月
7	筋骨止痛凝胶	江苏康缘药业股份有限公司	膝骨关节炎肾虚筋脉瘀滞证	2020年4月
8	连花清咳片	石家庄以岭药业股份有限公司	急性气管－支气管炎、痰热壅肺证者	2020年5月
9	宣肺败毒颗粒	山东步长制药股份有限公司	湿毒郁肺所致的疫病	2021年3月
10	化湿败毒颗粒	广东一方制药有限公司	湿毒侵肺所致的疫病	2021年3月
11	清肺排毒颗粒	中国中医科学院中医临床基础医学研究所	感受寒湿疫毒所致的疫病	2021年3月
12	益肾养心安神片	石家庄以岭药业股份有限公司	失眠症中医辨证属心血亏虚、肾精不足证	2021年9月
13	益气通窍丸	天津东方华康医药科技发展有限公司	季节性过敏性鼻炎中医辨证属肺脾气虚证	2021年9月

续表

序号	药品名称	药品上市许可持有人	适应证	上市时间
14	银翘清热片	江苏康缘药业股份有限公司	外感风热型普通感冒	2021 年 11 月
15	坤心宁颗粒	天士力医药集团股份有限公司	女性更年期综合征中医辨证属肾阴阳两虚证	2021 年 11 月
16	芪蛭益肾胶囊	山东凤凰制药股份有限公司	早期糖尿病肾病气阴两虚证	2021 年 11 月
17	玄七健骨片	湖南方盛制药股份有限公司	轻中度膝骨关节炎中医辨证属筋脉瘀滞证	2021 年 11 月

近年来，基于大数据和临床经验数据化的中药新药发现技术，基于临床经验、中医理论、实验研究的中药研发与评价技术等均取得积极进展，有效促进了中药新药的研究与发现。2017 年以来获批上市中药新药共 13 件，其中 2017 年 1 件，2018 年 2 件，2019 年 2 件，2020 年 3 件（4 个文号）（图 1），2021 年截至 11 月 30 日 9 件。

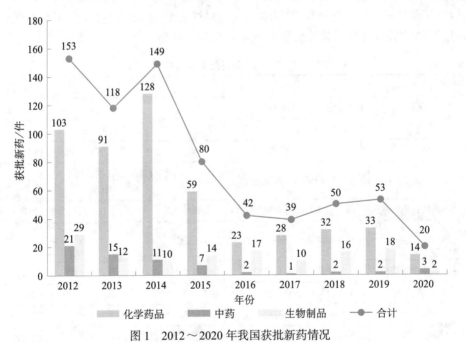

图 1　2012～2020 年我国获批新药情况

资料来源：根据历年国家药品监督管理局发布的药品审评报告及公告整理

此外，纳入国家医保目录对于促进中药创新起到促进作用。除关黄母颗粒、金蓉颗粒外，其他近年获批的中药新药，均被纳入国家医保目录。特别是 2020 年获批的筋骨止痛凝胶、连花清咳片、桑枝总生物碱片三个中药新药，上市当年就经谈判纳入国家医保目录。这反映医保部门对于中药创新的支持态度，也体现了上市中药新药临床价值的"含金量"。

中药新药研发的创新性和质量明显提升，尤其是临床价值相对凸显，为我国中医药产业提供了创新品种，对带动产业升级，有效提高中药企业市场竞争力，满足人民群众的健康需求，发挥了关键引领作用。

3. 中药改良型创新关键技术及其产业化

围绕"大品种、大企业、大市场"的培育思路，重点中药企业纷纷对中成药二次开发模式和关键技术加以推广应用，针对已上市中成药，通过临床、基础研究，采用新工艺或新制剂技术，提升产品的安全性、有效性、可控性；优化便捷性和效应特点，改善适口性，扩大顺应性；运用现代科学技术明确作用机制，完善证据体系，突出临床优势，促进临床合理应用。通过提升中成药产品的临床价值、科学价值，成功培育了一批中药大品种，年销售过亿元的中成药品种有 500 余个，50 个中药品种的销售额已超过 10 亿元［如复方丹参滴丸、连花清瘟胶囊、疏血通注射剂、注射用血栓通（冻干）、稳心颗粒、通心络胶囊、注射用丹参多酚酸盐等］，有的甚至达到 30亿～40 亿元规模[4]。

一批现代化中成药制药企业发展迅速，多家中药企业年营业额超过 100 亿元，中国制药工业百强榜上中药企业约占 1/3。截至 2020 年 12 月，沪深两市的中药制造业上市公司达 70 余家，市值总额为 8827.80 亿元，较上年同期的 7339.86 亿元，增加 1487.94亿元，同比增长 20.27%，平均市值由上年同期的 112.92 亿元增加至 129.82 亿元[5]。

4. 中西药并用提升疾病防治能力

近年来，围绕已上市中成药，业界相继开展了一批中西药联合应用的大型临床研究、基础研究，如芪苈强心胶囊、通心络胶囊、麝香保心丸、疏血通注射液、血塞通软胶囊等均开展了由综合性医院牵头、以西医院为主体的多中心、大样本、双盲对照临床研究，结果充分体现出中西药合用的临床价值，获得中西医同道的广泛认同，并被纳入相关的临床用药"指南""路径""共识"中，提高了相关疾病的治疗能力。例如，国家"十二五"科技重大专项课题"疏血通注射剂对卒中复发的研究"，由国家神经系统疾病临床医学研究中心牵头，采用随机、双盲、平行安慰剂对照（以影像学证实为结局指标），在 86 家医院完成 2416 例观察研究，对栓塞性卒中患者，在基于指南并严格质控的标准治疗（包括单抗、双抗、抗凝等）基础上，急性期给予疏血通注射液，取得显著疗效，同时不增加不良反应发生率。阿司匹林与血塞通软胶囊的中西药联合方案，在临床应用及基础研究中均获得有力证据，可显著提升脑梗死预防及康复的临床疗效，被称为"阿理疗法"，展示了中西药联合防治心脑血管疾病的优势和临床应用前景。

5. 中药生产自动化、智能化

由于中药生产的原料繁杂、工艺复杂、周期长、影响因素多，传统生产方式在很大程度上依赖人的经验，产品质量受个体判断影响较大，难以标准化。近年来，中药制造专业化、自动化程度快速提高，已在部分技术节点取得突破，在某些环节局部形成了智能化生产、流通的示范。新建、改建的生产线，逐步实现了自动化，部分朝向智能化方向发展。

6. 中药国际化步伐显著加快

我国政府与相关国家和国际组织签订中医药合作协议 86 个，支持在海外建立了 10 个中医药中心。2019 年，世界卫生组织将以中医药为主体的传统医学纳入《国际疾病分类第十一次修订本》（ICD-11），150 条疾病和 196 条证候条目纳入传统医学章节[6]。

中药产品和规范标准化，尤其是标准的国际化，是中药产品走出国门的关键先决条件。近年来，中药标准国际化取得长足的进步。人参种子种苗成为国际标准化组织（Internation Organization for Standardization，ISO）首批中医药国际标准，初步建立了适应发展需求的中医药标准体系，我国中医药在国际标准制定中的主导权与话语权有了较好体现。以科技为带动，13 个中药材标准已被《美国药典》正式采纳，66 个中药饮片标准被《欧洲药典》收载[4]。

中药产品走向国际，面临政策、文化、技术等多重壁垒，以往多是以营养补充剂或健康食品形式走入发达国家市场。近年来，在业界的不断努力下，以药品形式在发达国家注册的中药产品取得一系列突破。广州市香雪制药股份有限公司的板蓝根颗粒、四川川大华西药业股份有限公司的乐脉颗粒、天士力医药集团股份有限公司的逍遥片分别在英国、加拿大、荷兰获批以药品注册上市。兰州佛慈制药股份有限公司已在海外注册 210 多个药品文号，生产线全部通过澳大利亚药品管理局（Therapeutic Goods Administration，TGA）、日本厚生劳动省和乌克兰产品认证。此外，我国已有十余种中药产品向美国食品药品监督管理局（FDA）提交申请，截至 2021 年 10 月正处于Ⅱ期或Ⅲ期临床试验阶段。

随着系列药品注册的不断突破，中药在国外市场的销售也逐步打开局面，在世界不同地区，中药广泛作为处方药、OTC 药、传统药、食物补充剂销售。例如，石家庄以岭药业股份有限公司生产的连花清瘟胶囊在抗疫中疗效显著，获得广泛认可，已在全球 26 个国家和地区获得注册批文和进口许可，覆盖加拿大、俄罗斯、新加坡、菲律宾、肯尼亚等国家。据该公司公布的 2021 年半年报，2020 年连花清瘟胶囊国外销售额 3.04 亿元，同比增加 918.37%[7]；2021 年上半年国外销售额 1.94 亿元，较 2020 年同期增加 55.72%[8]。

三、我国现代中药产业化问题及建议

我国中药产业体系基本完善，但近年来中药产业竞争力整体提升相对缓慢，发展势头呈现相对弱势。目前中药产业发展的短板和制约因素有：中药产业竞争逻辑不够清晰，尤其是以产品的质量和疗效为核心的竞争机制仍未充分形成；产业集约化程度不高，生产自动化、智能化程度不高；中药产品走向国际仍有阻碍。在医药行业整体"提质增效"、迈向高质量发展的大环境下，中药产业面临更大的竞争压力。科技创新对中药产业发展的支撑作用凸显，成为推动产业迈向高质量发展转型的关键。针对有关问题，提出如下建议。

1. 尊重规律，优化完善中药注册监管体系

优化中药监管理念，建立符合中医药特点的中药注册监管体系，优化中药审评审批机制，激发中药创新活力。加强审评队伍建设和学科建设，健全中医药科学与监管研究机构，建立并完善中药审评咨询专家委员会制度、中药技术审评争议解决机制等，探讨与中药注册理念相适应的政策法规，建立合理的组织沟通与协调机制。

生产工艺是中药企业创新的主要环节，更是激发中药企业创新热情并参与技术进步的关键。针对中药成分复杂、工艺相对模糊的特点，建议基于科学和风险控制原则，采用更加灵活的生产工艺变更监管方式，适应中药制剂生产工艺变更特点。

2. 实事求是，推动质量变革

中药质量问题成为制约人民群众"放心吃中药"的关键瓶颈因素，在信息化、大数据时代背景下，技术进步为解决中药质量提升带来新的契机。基于中药质量形成的多因性和原料天然属性，中药质量在策略上应强调以中药质量稳定性和可控性为核心，形成"原料控制＋过程管控＋合理标准＋有效监管"的全过程质量提升体系。

标准工作既是药品注册的重要环节，又是药企上市后竞争和监管的关键环节。应坚持"科学服务于标准，标准服务于监管，监管面向现实"的原则，从中药生产实际出发，转变中药标准工作理念，全面提升中药标准工作的公开性、开放性、规范性；提升企业在中药标准工作中的参与度；建立健全中药标准体系，推动形成中药标准动态升级、演化机制。

通过监管体制、标准体系等的政策引导,让产品品质真正成为中药行业竞争的核心要素。加强企业间"质量竞争",以高品质中药产品推动中药产业高质量发展,全面推动中药产业的质量变革。

3. 补足短板,突出特色

构建道地药材保护及生态种植的理论、方法和技术体系,实现中药资源稳定、可持续利用和中药材供给品质的持续提升。针对中药多活性、弱效应整合起效的作用特点,构建连续、动态、多层次、多维度的指标体系,系统评价中药及方剂的效应特点,建立并完善体现中医药特色的中药临床疗效评价创新方法体系。

4. 加强上市中成药再评价及强制淘汰

中药产业集中度低、品种低水平重复严重是我国中药行业的现实问题。通过药品上市后评价,强制清理淘汰一批品质低劣、临床价值不明确、风险难以管控的中药产品;持续推动加强中药上市后不良反应监测,强化中药风险评估和风险控制;加强中药说明书管理,优化适应证症状及证候描述,提升说明书临床使用指导效果,规范中药说明书。同时中药再评价工作更应长期化、周期化、规则化,强化中药产品研究工作的预期,以淘汰压力为进步动力,推动企业不断提升中药产品质量、疗效、安全性,打造适应时代发展的高品质中成药,促进中药产业健康发展。

面向未来,通过"内引外推",强化以产品为中心,"优胜劣汰"的行业竞争格局,充分激发中药企业创新活力,引导企业真正成为创新主体,进而提升中药企业和产品的竞争力,激活高质量发展的微观基础,推动中药产业迈向高质量发展。

参考文献

[1] 曹琴,玄兆辉. 主要国家中医药发展特征及对我国医药创新发展的思考. 全球科技经济瞭望,2020,35(7):13-19.

[2] 张伯礼,陈传宏. 中药现代化二十年(1996—2015). 上海:上海科学技术出版社,2016.

[3] 杨洪军,李耿. 政策引领,中药产业奋力转型(二). http://www.cnpharm.com/c/2021-01-22/773856.shtml[2021-10-18].

[4] 杨洪军,李耿. 中药大品种科技竞争力研究报告(2019版). 北京:人民卫生出版社,2020.

[5] 刘张林,刘颖. 2020年中药工业产业形势分析. http://www.cntcm.com.cn/2021-03/04/content_86799.htm[2021-10-18].

[6] 中国药品蓝皮书编委会. 2019年中国药品蓝皮书. 北京:中国医药科技出版社,2020.

[7] 以岭药业. 石家庄以岭药业股份有限公司 2020 年年度报告. http://www.yiling.cn/upload/files/2021/6/eb8e6c8e155f5098.pdf[2021-10-20].

[8] 以岭药业. 石家庄以岭药业股份有限公司 2021 半年度报告. https://pdf.dfcfw.com/pdf/H2_AN202108251512322811_1.pdf？1630175495000.pdf[2021-10-20].

3.2　Commercialization of Modern Chinese Medicine

Sun Xiaobo, *Li Geng*

（The Institute of Medicinal Plant Development，Chinese Academy of Medical Sciences）

With the continuous acceleration of the modernization of traditional Chinese medicine，the scientific and technological innovation of traditional Chinese medicine has achieved remarkable results，promoting the modernization and industrialization of traditional Chinese medicine. Traditional Chinese medicine industry is gradually leading the development of traditional medicine and botanical medicine in the world，and has become a strategic industry with unique competitive advantages in China. Since 2017，the core driving role of scientific and technological innovation in traditional Chinese medicine and traditional Chinese medicine industry has been further highlighted. It is mainly reflected in the following points：① the scientific and technological achievements of anti epidemic of traditional Chinese medicine have been industrialized；② the clinical value of innovative traditional Chinese medicine is further highlighted；③ the positive progress has been made in the key technologies and industrialization of improved innovation of traditional Chinese medicine；④ the production of traditional Chinese medicine is moving towards automation and intelligence；⑤ the combination of Chinese and Western medicine improves the ability of disease prevention and treatment；⑥ the internationalization of traditional Chinese medicine has accelerated significantly. At present，there are still a series of bottleneck factors restricting the high-quality development of the traditional Chinese medicine industry. Under the environment of "improving quality and efficiency" towards high-quality development of the whole pharmaceutical industry，the traditional Chinese medicine industry is facing greater competitive pressure. In view of relevant problems，a series of policy suggestions are put forward in this paper.

3.3　生物育种技术产业化新进展[①]

薛勇彪[1]　金京波[2]　程佑发[2]　王　台[2]

[1. 中国科学院北京基因组研究所（国家生物信息中心）；
　2. 中国科学院植物研究所]

随着生物技术的飞速发展，生物育种已从转基因育种迭代升级到基因编辑育种和全基因组选择育种等。近年来，我国在生物育种技术领域取得显著进展，进一步缩小了与发达国家的差距，但其产业化进展缓慢，亟须强化科技成果的转化，加快制定相关配套法规。下面系统介绍国内外生物育种技术产业化的最新进展，并针对我国生物育种技术产业化中存在的问题给出相关建议。

一、全球生物育种技术产业化最新进展

当前生物育种技术产业化迅速发展，已成为全球种业新的经济增长点，世界各国纷纷制定发展战略，抢占生物设计育种技术的制高点。尽管转基因技术的产业化非常成功，但为避开转基因争议、抢占更多种业市场，生物育种技术产业化逐渐转向基因编辑育种技术和全基因组选择育种技术的产业化。

1. 世界种业发展现状

根据世界农化网[1]统计，全球种业市场规模呈现不断增长态势，从 2017 年的 383 亿美元增长至 2019 年的 460 亿美元。美国是全球第一大种业市场，全球份额约 35%；其次是中国，全球份额约 23%（图 1）。

2016～2019 年跨国种业公司出现超级并购，拜耳并购孟山都、中国化工集团有限公司并购先正达、杜邦与陶氏合并后分离出科迪华，从而形成全球种业集团垄断的新格局。合并后的三大公司约占全球种业市场份额的 60%，申请的育种专利数占全球育种专利申请量的 14%。其中，拜耳/孟山都约占全球种业市场份额的 30%，专利申请量占全球育种专利申请量的 10.43%，拥有全球 90% 转基因种子专利权[2]。全球种业集团垄断新格局的形成离不开种业巨头长期巨额的研发投入，如拜耳/孟山都 2019

① 受中国科学院生命与健康－重大创新领域战略规划研究（农业）项目资助。

年研发支出达 53.42 亿欧元，占销售额的 12.3%。

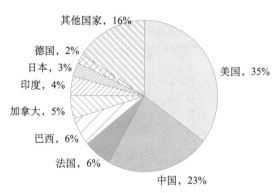

图 1　2019 年全球种业市场份额分布（按国家）

2. 转基因技术产业化稳定发展

在全球种业市场上，转基因种子市场份额为 54.3%。根据国际农业生物技术应用服务组织（International Service for the Acquisition of Agri-biotech Applications，ISAAA）的报告，1996～2018 年，全球转基因作物种植面积累计达 25 亿公顷，使全球农作物生产力提高 8.22 亿吨，节省 2.31 亿公顷的土地，减少 7.76 亿千克农药活性成分的用量，获得经济效益 2310 亿美元。其中，获益最大的国家是美国，其次是阿根廷（图 2）。

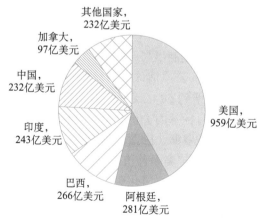

图 2　1996～2018 年全球转基因作物经济效益分布（按国家）

2019 年，全球 29 个国家共种植 1.904 亿公顷的转基因作物。其中，五大转基因作物种植国（美国、巴西、阿根廷、加拿大和印度）种植 1.727 亿公顷转基因作物，约占全球转基因作物种植面积的 91%（图 3）。转基因大豆的种植面积是 9190 万公顷，约占转基因作物种植面积的 48%，其次是玉米（6090 万公顷）、棉花（2570 万公顷）和油菜（1010 万公顷）。近年来，种植的转基因作物逐步扩大到苜蓿、甜菜、甘蔗、木瓜、红花、土豆、茄子、南瓜、苹果和菠萝[3]。

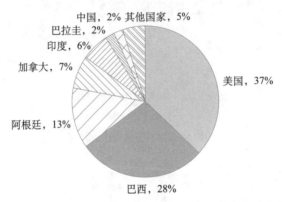

图 3　2019 年全球转基因作物种植面积分布（按国家）

3. 基因编辑技术产业化发展迅猛

近几年，CRISPR/Cas 基因编辑技术从开始的定点突变发展到单碱基编辑、DNA-free 编辑、基因组重排、RNA 编辑、表观遗传编辑等，已应用到水稻、番茄、小麦、玉米等作物育种，创制了高产、优质、抗除草剂、抗病虫、耐逆等新材料[4, 5]。例如，2018 年美国和西班牙科研团队利用 CRISPR/Cas9 技术，培育出低麸小麦[6]；2020 年科迪华利用 CRISPR/Cas9 技术，创制出高产糯玉米品种。

据美国 Kalorama Information 公司估计，2025 年基因编辑及其相应的市场供应规模将从 2016 年的 6.1 亿美元剧增到 50 亿美元[7]。与转基因技术不同，基因编辑技术能精确地对生物体基因组特定目标基因进行修饰，不会在基因组中插入外源基因。因此，目前美国、瑞典、芬兰、俄罗斯、巴西、阿根廷等国将大多数基因编辑作物作为常规植物进行监管。例如，2015 年美国种植全球首个商业化的基因编辑油菜品种后，陆续批准了利用基因编辑技术育出的抗氧化蘑菇、高油酸大豆、糯玉米等作物的种植和销售。2021 年，日本批准了能改善机体睡眠质量、具有降血压等生理功效的基因编辑番茄的销售申请。欧盟仍将基因编辑作物按转基因技术产物进行监管，在欧盟的科学家和生物技术公司中引起较大争议。有意思的是，2020 年脱欧的英国于 2021 年 8 月批准了 Rothamsted 研究所在英国和欧洲其他国家开展一项基因编辑小麦的田间试验，该小麦能够减少面包在烤制和油炸过程中产生的可致癌物。这从侧面反映了基因编辑技术产业化发展的强劲势头。

4. 全基因组选择育种技术产业化蓄势待发

分子标记辅助育种可遗传改良由主效基因或主效数量性状位点控制的重要农艺性状，但不适用于由微效基因或微效数量性状位点控制的复杂性状的遗传改良。全基因组选择育种技术利用覆盖全基因组的高密度遗传标记或单倍型效应来估算个体的育种值，并根据该育种值筛选优异育种材料，适用于由微效基因或微效数量性状位点控制的性状改良，从而弥补了分子标记辅助育种的局限性。目前，70%的植物全基因组选择育种的相关研究主要集中在小麦、玉米和水稻上，其余主要集中在大豆、鹰嘴豆、豇豆、豌豆、菜豆、小扁豆、大麦、黑麦、燕麦、高粱、狼尾草、坚果、木薯、甜菜、油菜和马铃薯等农作物上[8]。全基因组选择育种技术已被跨国种业公司推广应用。例如，杜邦集团旗下子公司先锋良种国际有限公司利用全基因组选择育种技术培育的 AQUAmax 耐寒玉米杂交种，已在美国大规模种植；拜耳/孟山都和科迪华等跨国种业公司也在玉米等作物上开展了全基因组选择育种的规模化应用。然而，高昂的基因型和表型的鉴定成本限制了全基因组选择育种技术的推广应用，因而需要发展低成本且高通量的基因型鉴定技术和表型分析技术，进一步推动全基因组选择育种技术产业化发展。

二、我国生物育种技术产业化最新进展和趋势

1. 我国种业发展现状

根据"智研咨询"的报告[9]，我国种业市场规模从 2012 年的 1038 亿元，增加到 2020 年的 1300 亿元，种子产量从 2012 年的 1649.8 万吨，增加到 2020 年的 2058.4 万吨。2020 年，占据市场前五位的玉米、水稻、小麦、马铃薯和大豆，占整个种子行业市场规模的比重分别为 27.21%、23.74%、14.49%、11.63% 和 5.73%。截至 2019 年底，我国持证种子企业有 6300 多家，但约 82% 的企业以销售为主，具备"育繁推一体化"能力的企业不足 1.5%，其中中国化工/先正达集团全球市场份额为 6.7%，位居全球第三。

2. 我国转基因技术产业化发展现状

根据 ISAAA 的报告，1996～2018 年，我国种植转基因作物获得经济效益 232 亿美元，位居世界第 5 位（图 2）。目前我国种植的转基因作物只有棉花和木瓜，种植面

积从 2017 年的 280 万公顷增加到 2019 年的 320 万公顷。

我国是转基因产品研发大国，在国际上位居第二。2017 年至 2021 年 10 月，农业农村部批准农业转基因生物安全证书（生产应用）共 1166 项 [2017 年 16 项，2018 年 365 项，2019 年 281 项，2020 年 211 项，2021 年（截至 10 月）293 项]。在转基因重大专项的支持下，获得一批具有自主知识产权的重要性状调控基因，并培育出具有优异性状的转基因作物，如高赖氨酸玉米、抗虫耐除草剂玉米、植酸酶玉米、抗穗发芽小麦、抗病毒小麦、抗虫水稻、耐除草剂棉花、耐除草剂大豆等。目前，我国在作物遗传转化、棉花转基因育种和水稻转基因育种等领域处于世界领先水平，建立了完备的转基因育种技术产业化体系。

3. 我国基因编辑技术产业化发展现状

我国在基因编辑技术研究领域已达到国际先进水平，基因编辑相关论文发表量在全球位居第二（美国位居第一），全球基因编辑技术相关论文最多的前 10 家研究机构中，中国科学院位居第二（哈佛大学位居第一）[10]。截至 2020 年 10 月，我国共申请 3141 项 CRISPR 基因编辑技术相关专利，其中 69% 由研究机构申请，26% 由种业公司申请，只有 3% 由研究机构和种业公司共同申请。2013～2018 年我国基因编辑专利申请数增长 50 倍，但同期全球只增长 9 倍 [11]。

利用基因编辑技术，我国已培育出高产、优质、抗除草剂、抗病虫、耐逆、耐镉富集等水稻、小麦、玉米、油菜等基因编辑作物。例如，2018 年，中国科学院遗传与发育生物学研究所利用 CRISPR/Cas9 基因编辑技术，快速人工驯化野生番茄，创制了耐盐碱、抗疮痂病、高产、优质的新型番茄 [12]。2020 年，先正达生物科技（中国）有限公司与美国先正达植物保护公司合作，利用 CRISPR/Cas9 基因编辑技术，创制了小麦父系单倍体，为降低小麦杂交制种成本奠定了基础 [13]。2021 年，李家洋团队利用 CRISPR/Cas9 基因编辑技术，在四倍体野生稻中对控制落粒性、芒长、株高、粒长、茎秆粗度及生育期的同源基因进行编辑，成功创制了落粒性降低、芒长变短、株高降低、粒长变长、茎秆变粗、抽穗时间缩短的四倍体水稻新材料 [14]。然而，基因编辑技术产业化在我国还处于起步阶段，亟须国家在监管等政策法规方面做出明确指导。

4. 我国全基因组选择育种技术产业化发展现状

我国全基因组选择育种技术产业化处于起步阶段，目前初步建立了以高通量测序和基因芯片为核心的作物全基因组选择育种技术平台。例如，在国家重点研发计划"七大农作物育种"项目的支持下，研究人员对 17 000 多份农作物种质资源进行高通量测序，获得了海量全基因组水平的基因型数据。我国科学家开发出 RICE6K、60K、

90K 水稻全基因组选择育种芯片和 50K 小麦全基因组选择育种芯片，可直接应用于杂交群体分析、品种鉴定、重要农艺性状的遗传改良等。此外，在全基因组水平上解析了国内外现代玉米选育过程中基因层面的变化和选择规律，为建设玉米全基因组选择育种技术平台提供了重要的理论基础[15]。2021 年，利用基因编辑技术打破二倍体马铃薯自交不亲和性，并在全基因组水平解析了马铃薯自交衰退位点和优异等位基因，制作出全基因组选择杂交亲本材料，创建出杂种优势显著的杂交马铃薯品系"优薯 1 号"，从而实现用杂交种子繁殖替代薯块繁殖[16]。袁隆平院士认为马铃薯杂交种子繁殖技术是颠覆性创新，将带来马铃薯的绿色革命。

三、我国生物育种技术产业化发展中的问题

1. 我国生物育种技术原始创新能力薄弱

2015～2019 年，我国生物育种技术领域发表论文数和专利申请数仅次于美国，但论文影响力和专利质量与美国还有一定差距，这说明原始创新不足，很多核心技术源自美国等发达国家。例如，CRISPR/Cas9 基因编辑技术的核心专利掌握在美国奥尔德森－布罗德斯大学和科迪华，使用这一技术时存在关键核心技术受制于人的风险。[17]

2. 我国种子企业竞争力和科研成果转化能力薄弱

近年来我国种子企业发展迅速，但存在同质化严重、规模小、研发投入少等不足。我国很多种子企业研发主要集中在水稻和玉米等粮食作物上，竞争激烈，净利润连年下滑。以全球前十的隆平高科为例，其销售额仅占全球份额的 1% 左右，2020 年研发投入仅为 4.11 亿元，而同年拜耳 / 孟山都和科迪华的研发投入分别为 71.26 亿欧元和 11.42 亿美元。

我国生物育种技术、资源和相关技术人才主要集中在科研院校，产学研衔接严重脱钩，诸多生物育种技术的研究成果停留在发文章和专利申请，没能及时将研发成果顺利转化成产品，严重限制我国生物技术产业的健康可持续发展。

3. 我国缺乏完善的生物育种技术相关政策法规

生物育种技术产业投资多、风险大、周期长，但目前我国知识产权保护体系仍不完善，对新生物育种技术监管政策不明确，严重制约种子企业的创新积极性。例如，我国对基因编辑作物是否属于转基因产品，是否可以作为常规植物进行监管，无明确规定。

四、我国生物育种技术产业化发展建议

目前，我国将生物育种列入强化国家战略的科技力量，有序推进生物育种产业化应用，开展种源关键核心技术攻关，立志打一场种业"翻身仗"。为此，我国应加强原始技术创新，强化创新主体协同机制，前瞻性地研究布局相关政策法规。

1. 加强原始创新，突破生物育种关键核心技术

针对发达国家已掌握关键生物育种技术专利的被动现状，我国应持续加大对生物育种技术重大科技计划和"从 0 到 1"的原创性项目的资助力度，营造良好的科技创新环境，突破 CRISPR/Cas9 等关键核心技术，创新发展全新生物育种技术，避免跟踪性研究。

2. 培育"育繁推一体化"现代种子企业，推动产学研一体化

企业是技术创新主体，我国应加大对种子企业的政策倾斜，引导种子企业加大研发投入，为种子企业输送产学研全链条创新人才，培育一批具有国际竞争力的现代种子企业。另外，要充分发挥科技服务业的桥梁纽带作用，促进科学家和企业人员协同合作，加快基础研究及新技术的成果转化。

3. 完善生物育种技术相关政策法规

尽快完善知识产权保护制度，为成果转化提供制度保障。针对基因编辑等前沿生物育种技术，建议尽快出台基于科学原理、以最终产品为导向的科学监管政策，保障生物育种技术产业化可持续发展。

4. 加强科普宣传和社会舆论引导

吸取转基因技术产业化在我国遭遇阻力的教训，充分依靠和利用各方面力量，加大科普宣传力度；不回避，不躲闪，积极回应社会可能产生的顾虑和合理关切，引导社会舆论正确理解生物技术育种的安全性和必要性，为生物技术育种产业化创造良好的社会氛围。

参考文献

[1] 2019 年全球种业 TOP 名单发布 先正达位列第三 . https://cn.agropages.com/News/NewsDetail---19678.htm[2021-08-25].

[2] 邹婉依 . 基于专利数据挖掘的全球生物技术育种技术及产业竞争态势分析 . 北京：中国农业科

学院，2020.

[3] 国际农业生物技术应用服务组织.2019年全球生物技术/转基因作物商业化发展态势.中国生物工程杂志，2021，41（1）：114-119.

[4] 李树磊，郑红艳，王磊.基因编辑技术在作物育种中的应用与展望.生物技术通报，2020，36（11）：209-221.

[5] Gao C. Genome engineering for crop improvement and future agriculture. Cell, 2021, 184（6）: 1621-1635.

[6] Sánchez-León S, Gil-Humanes J, Ozuna C V, et al. Low-gluten, nontransgenic wheat engineered with CRISPR/Cas9. Plant Biotechnol Journal, 2018, 16（4）: 902-910.

[7] Kalorama Information. Cell and Gene Therapy Business Outlook. https://kaloramainformation.com/product/cell-and-gene-therapy-business-outlook/[2021-08-25].

[8] Krishnappa G, Savadi S, Tyagi B S, et al. Integrated genomic selection for rapid improvement of crops. Genomics, 2021, 113（3）: 1070-1086.

[9] 智研咨询.2020年中国种子行业市场供需现状和市场容量分析. https://www.chyxx.com/industry/202107/962560.html[2021-08-26].

[10] 陈云伟，陶诚，周海晨，等.基因编辑技术研究进展与挑战.世界科技研究与发展，2021，43（1）：8-23.

[11] Bire S, Buhan C L, Palazzoli F. The CRISPR patent landscape: focus on Chinese researchers. CRISPR Journal, 2021, 4（3）: 339-349.

[12] Li T, Yang X, Yu Y, et al. Domestication of wild tomato is accelerated by genome editing. Nature Biotechnology, 2018, 36: 1160-1163.

[13] Lv J, Yu K, Wei J, et al. Generation of paternal haploids in wheat by genome editing of the centromeric histone CENH3. Nature Biotechnology, 2020, 38（12）: 1397-1401.

[14] Yu H, Lin T, Meng X, et al. A route to *de novo* domestication of wild allotetraploid rice. Cell, 2021, 184（5）: 1156-1170.e14.

[15] Wang B, Lin Z, Li X, et al. Genome-wide selection and genetic improvement during modern maize breeding. Nature Genetogy, 2020, 52（6）: 565-571.

[16] Zhang C, Yang Z, Tang D, et al. Genome design of hybrid potato. Cell, 2021, 184（15）: 3873-3883.e12.

[17] 郑怀国，赵静娟，秦晓婧，等.全球作物种业发展概况及对我国种业发展的战略思考.中国工程科学，2021，23（4）：45-55.

3.3 Commercialization of Biotech Seeds

Xue Yongbiao[1], Jin Jingbo[2], Cheng Youfa[2], Wang Tai[2]

（1. Beijing Institute of Genomics，Chinese Academy of Sciences/China National Center for Bioinformation；2. Institute of Botany，Chinese Academy of Sciences）

Biotech breeding has been upgraded to gene-editing breeding and whole-genome selection breeding. In the last few years，China has made significant progress in the field of biotech breeding. However，the pace of commercialization of these technologies was relatively slow，calling for faster transformation and regulatory policies. This paper summarizes the current status and trends in commercialization of biotech breeding in China and developed countries，and proposes some suggestions on enhancing and benefitting from the commercialization of biotech seeds.

3.4　工业生物制造技术产业化新进展

汪琪琦　王钦宏　马延和

（中国科学院天津工业生物技术研究所）

工业生物制造技术以工业生物技术为核心技术手段，以生物体为工具，进行物质的绿色生产与加工。它以新的生产方式替代了以化石原料为基础的传统工业生产，具有资源消耗低、环境污染少的特点，已应用在医药、农业、能源、材料、化工、环保等多个工业领域。通过利用可再生原料和改造制造过程，工业生物制造技术可以大幅减少二氧化碳的排放，这对缓解气候变化的压力具有重要意义。据世界自然基金会报告预测，到2030年，工业生物制造每年可降低10亿～25亿吨的碳排放，且具有更持久的减排潜力，将在减缓全球气候变化、实现可持续性发展方面发挥重要作用[1]。

我国十分重视工业生物制造技术的发展及其产业化。《"十三五"生物产业发展规划》强调提高生物制造产业的创新发展能力，推动生物基材料、生物基化学品、新型发酵产品等的规模化生产与应用，为我国经济社会的绿色、可持续发展做出重大贡献[2]。2021 年 3 月 12 日公布的《中华人民共和国国民经济和社会发展第十四个五年规划和 2035 年远景目标纲要》提出，要"发展壮大战略性新兴产业"，以"推动生物技术和信息技术融合创新，加快发展生物医药、生物育种、生物材料、生物能源等产业，做大做强生物经济"[3]。国家"十四五"生物经济发展规划呼之欲出。可以预见，大力发展工业生物制造技术、促进新型生物经济发展成为人类社会可持续发展的重要策略。当前一大批关键技术已经或即将产业化，预示了绿色规模化的生物制造产业化即将到来。

一、国外工业生物制造技术产业化新进展

工业生物技术被视为能改变世界的新一代技术[4]，其广泛的产业化应用证明了这一点。工业生物制造技术引领生产方式变革，已形成绿色生物经济的增长点。据麦肯锡全球研究院于 2020 年发布的报告预测，在未来 10～20 年，工业生物制造技术的应用将每年带来价值 2 万亿～4 万亿美元的经济影响[5]。以工业生物制造技术为主要模式的生物经济时代已经到来，生物经济将成为各国新一轮产业技术的战略必争之地。

工业生物制造技术的创新浪潮加速其产业化应用。欧美发达地区或国家已建立工业生物制造技术的工程化平台及其创新型体制与机制，极大地提高了研发与应用速度。这些新型平台能快速、低成本、多循环地完成海量的工程化试错性实验。同时，智能化设备与生产线的引入可以实现生命体的远程定制、异地设计和规模经济生产[6]。它们包括美国伊利诺伊大学的 iBioFAB，美国麻省理工学院的 MIT-Broad Foundry，以及英国帝国理工学院的 London DNA Foundry 等。以美国利用人工酵母细胞生产青蒿素的产业化为例，其"上游原创发现—中游技术开发—下游产业应用"的产业化链条，由不同机构分工协作完成[6]。这些产业化应用与体制创新正逐步形成工业生物制造技术的新型经济业态。

在食品、日常材料和药品等领域，许多工业生物制造技术已经成功实现了产业化应用。一些有代表性的、成功的工业生物制造技术产业化的案例发生在食品、日常材料和药品等领域。在生物基化学品和合成材料方面，1,4-丁二醇（BDO）是极具商业价值的化学品，可借助基因组规模代谢模型，通过工程改造大肠杆菌合成[7,8]。受汽车、电子和消费电器等行业不断增长的需求驱动，BDO 的全球市场需求巨大，美国巴斯夫股份公司在全球拥有完善的 BDO 生产布局。法尼烯（C15H24）是可以用作柴油、香料和特殊化学品前体的 C15 不饱和烯烃。美国 Amyris 公司在对底盘细胞进行改造的基础上，经过大规模的工程化试错性实验，借助自动化平台高效完成了法尼烯工程菌的合成[6]，并在巴西实现了产业化。在生物合成食品方面，美国 Impossible

Foods 公司创建了生产人造牛肉关键组分血红蛋白的酵母细胞工厂，改善了其汉堡产品的味觉体验，其产品已在超过 3 万家的餐厅和 1.5 万家的超市上架。在生物合成药品方面，通过优化酶的活性，使生产出的 2 型糖尿病的血糖控制药物捷诺维的产品纯度达到 99.95%，每年的销售额达 13.5 亿美元。这类前沿科技的兴起，促进了工业生物制造技术的进步，影响了人类的生活方式，对经济社会发展具有重大意义[9]。

二、国内工业生物制造技术产业化新进展

我国工业生物制造技术产业处于初级阶段。政府高度重视生物产业的发展，通过顶层设计布局，凝练若干个优势领域和方向，在基础研究、技术创新、产业引导等方面加大投入，加快了工业生物制造技术的产业化发展。

1. 大宗发酵产品

菌种是生物发酵产业的核心，特别是大宗发酵产品的发展主要取决于核心菌种的进步。高性能的菌种能提升发酵产品的浓度和转化率，合成生物学的发展大大提升了菌种设计和改造能力，使有机酸、氨基酸、抗生素、维生素、微生物多糖等大宗发酵产品的工业生物制造技术得到了显著提高。表 1 为近年来大宗发酵产品工业生物制造技术产业化情况。

表 1　大宗发酵产品工业生物制造技术产业化情况[10]

发酵品类	代表化合物	重要案例
有机酸	柠檬酸、葡萄糖酸、苹果酸、衣康酸、富马酸、丙酮酸、丙酸等	设计合成与优化改造的嗜热毁丝霉菌，可直接将葡萄糖甚至木质纤维素转化为 L-苹果酸；一步发酵法实现国内零的突破，可实现用 2 吨生物质生产 1 吨苹果酸，生产成本低于 8000 元/吨，显著低于石化路线
氨基酸	赖氨酸、谷氨酸、苏氨酸、丙氨酸、蛋氨酸、甲硫氨酸、精氨酸等	利用代谢工程及合成生物学工具，创制出新一代赖氨酸菌种，转化率超过 75%，显著提升产业水平。以赖氨酸为原料生产戊二胺，可再合成制造尼龙 5X，应用于纤维和工程塑料的制造
抗生素	青霉素、头孢菌、放线菌、可利霉素等	通过多组学解析与基因组水平代谢模型的计算，采用前体物供给的理性设计、调控基因与元件改造等技术，有效提升了放线菌生产红霉素、阿维菌素、阿霉素、泰乐菌素、FK506 等一批抗生素的生产制造水平
维生素	B 族维生素、维生素 C 等	通过在大肠杆菌中进行人工途径的设计，使合成维生素 B_{12} 菌种的发酵周期为目前工业生产菌株的 1/10，有利于弥补巨大的市场缺口，可广泛应用在药品、饲料、食品和化妆品等领域

"十三五"期间，工业生物制造技术的发展促使发酵产业加快向质量效益型转变，

新型发酵产品的品种和衍生新产品持续增多，新型发酵产品种类从过去的 3 大类 50 多种发展到 8 大类（氨基酸、有机酸、淀粉糖、酶制剂、酵母、多元醇、功能发酵制品、酵素）300 多种。这些发酵产品为食品、医药、化工等相关行业提供了品质优良的原料。同时，我国生物发酵产业的规模继续扩大，主要生物发酵产品的产量从 2015 年的 2426 万吨增加到 2020 年的 3141.3 万吨，2020 年总产值约 2496.8 亿元，国产化能力继续提升[11]。

2. 可再生化学品与生物基材料

利用可再生原料，包括农作物及其废弃物（如秸秆等），采用工业生物制造方法生产可再生化学品与新材料，能缓解化石能源短缺的问题，是新时代发展绿色经济、实现可持续发展的需要[4]。党的十九大提出"坚持人与自然和谐共生"的基本方略，树立了绿色发展理念[12]。2019 年出台的《中华人民共和国土壤污染防治法》明确鼓励使用生物可降解农用薄膜，2020 年 9 月开始实行的《中华人民共和国固体废物污染环境防治法》中，明确鼓励研发与使用生产环境中可降解且无害的农用薄膜[13]。在国家政策和市场需求的双重推动下，以"绿色、环保、可再生、易降解"著称的生物基材料迎来了发展的黄金时期，我国生物降解材料产能由 2012 年的 35 万吨增至 2019 年的 82 万吨，产量由 28 万吨增至 72 万吨，生物降解塑料产业正在快速发展。预计到 2025 年禁塑令完成实施后，可降解塑料在餐饮、超市、商贸市场等领域的可替代量将达到 260 万吨。[14]

随着合成生物学的发展，细胞代谢和调控的技术手段不断进步，通过改造优化、从头设计合成高效生产菌种，可以大大提高可再生化学品与生物基材料的生产能效。例如，近年来采用工业生物制造技术，L- 丙氨酸、丁二酸、戊二胺、聚羟基烷酸酯（PHA）、聚乳酸（PLA）都实现了成果的产业化（表 2）。

表 2　可再生化学品与生物基材料工业生物制造技术产业化情况[10, 15]

品类	代表化合物	核心技术情况	成果转化
可再生化学品	L- 丙氨酸	利用生物合成，将传统 5 步法改进为 1 步发酵生物法	每吨产品减少 CO_2 排放 0.5 吨，生产成本降低 40% 以上，合作企业累计新增销售额 24.8 亿元，占据全球 60% 以上市场，被列入工业和信息化部 2019 年单项制造冠军产品
	丁二酸	通过遗传和代谢改造，构建出高效生产丁二酸的细胞工厂，并将其合成途径进一步模块化改造和提升，获得新菌种	达到了理论上最大的 91% 的糖转化率。已在山东建成 2 万吨全球最大规模的生产线，比石化路线成本降低 20%，减少 CO_2 排放 90%

续表

品类	代表化合物	核心技术情况	成果转化
可再生化学品	戊二胺	用蛋白工程手段获得赖氨酸脱羧酶突变体，优化酶的生产工艺和赖氨酸催化工艺，进行戊二胺生产	提升了转化率，节约了生产成本，已建成年产能5万吨生产线
生物基材料	聚乳酸（PLA）	通过引入外源基因在大肠杆菌体内生产，采用基因敲除、启动子优化等方法实现高效合成PLA	多个PLA项目正在建设中，将进一步加快产能提升步伐，开启国产聚乳酸规模化量产进程
	聚羟基烷酸酯（PHA）	运用合成生物学手段，常见的PHA通常以葡萄糖为单一碳源合成	在2019年实现了年产PHA 2万吨，截至2021年9月在建PHA生产线年产能超过5万吨

3. 精细与医药化学品

精细化学品采用生物合成思路和利用生物催化等新一代加工手段，有力推动了工业生物制造技术的发展，加快了其产业化进程。生物催化以酶为催化剂，其温和的反应条件使传统催化易发生的分解、异构、消旋和重排等副反应大为减少，同时几乎能催化各种类型的化学反应，且易于控制化学品的质量和成本，满足了低污染、低能耗、高经济性的需求，对提高环境效益起到非常重要的作用，实现了医药、农业等精细化学品的高效绿色生产[16]。近年来，工业生物制造的肌醇、左旋多巴、3-脱氢莽草酸、3-脱氢奎尼酸、原儿茶酸和一些甾体激素类化合物，都实现或推进了产业化应用（表3）。

表3 精细与医药化学品工业生物制造技术产业化情况[10]

品类	代表化合物	核心技术情况	成果转化
精细化学品	肌醇	利用4种酶构建了新一代肌醇的合成路线，将甘油用于细胞生长，葡萄糖用于合成肌醇，并对生产、生长两个模块进行优化	在国际上首次构建了多酶催化合成肌醇路线，较传统工艺而言，生物制造肌醇使高磷废水排放减少90%，COD排放减少50%以上，成本降低50%以上，已建成千吨级肌醇生产示范线，正在推动万吨级肌醇生产线的建设
芳香族化合物	左旋多巴	通过构建高效生物催化剂和新菌种，创建绿色生物合成工艺	相比化学合成途径，生物合成的左旋多巴能减少2/3的成本。1000吨/年的发酵生产线正在建设中
	3-脱氢莽草酸	通过对相关基因串联表达调控和敲除相关基因，提高工程菌株的3-脱氢莽草酸的产量[17]	极大地提高了工程菌株的产量，正推进其产业应用。近年研发的生物传感器可快速检测细胞生产3-脱氢莽草酸的差异[18]

续表

品类	代表化合物	核心技术情况	成果转化
芳香族化合物	对氨基苯甲酸	通过组合调控基因，改善对氨基苯甲酸的合成效率[19]	作为重要的有机合成中间体可广泛应用于医药、燃料等行业
甾体激素	雄甾烯二酮（4-AD）等	通过转录组学分析，结合底盘细胞基因功能鉴定，并通过酶半理性改造以提高催化活性，最终提高了产量和生产速率[20]	以 4-AD 为核心的新一代技术逐步应用，国内首次实现了 4-AD 的清洁生产，生产成本降低 25%，产品占国际市场 80% 的份额

4. 天然产物

设计经济植物产物的工业生物制造路线，颠覆传统的植物药物、营养品原料的获取模式，可以大幅提升生物医药产业的生产效率。我国利用基因编辑技术和合成生物学技术，建立了一批植物天然产物的新制造模式，即将植物基因组装、编辑到酵母细胞中，构建出其在发酵罐中制造植物产品的新路径。人参皂苷、番茄红素、β-胡萝卜素、红景天苷、天麻素、三萜酸、β-榄香烯、积雪草酸、丹参酮等药用植物和经济植物产品（表4），以及玫瑰花、茉莉花等香味物质从技术上已可以进行工业生物制造[10]。

表4　天然产物工业生物制造技术进展[10]

种类	天然产物	核心技术情况
萜类化合物	β-胡萝卜素 β-carotene	通过导入 β-胡萝卜素外源合成途径，进行物质代谢、能量代谢、细胞生理调节和优化改造，提高产量
	番茄红素 lycopene	通过物质代谢、能量代谢、细胞生理调节等综合手段，协同控制构建人工细胞，优化发酵过程，1000 平方米车间的番茄红素的合成能力相当于 6 万亩①的农业种植，正在进行产业化应用
	丹参酮 miltiradiene	通过构建含有关键基因 CYP76AH1 的铁锈醇高产酵母工程菌株，结合次丹参酮二烯合成功能酶和 P450 基因，获得可同时生产多类型丹参酮化合物的酵母工程菌株。1000 平方米车间的人参皂苷的合成能力相当于 10 万亩人参种植
	齐墩果酸 oleanolic acid	通过对酿酒酵母进行分子改造等，提升齐墩果酸的生物合成效率，结合发酵过程优化，提高浓度及得率
	甘草次酸 glycyrrhetinic acid	在酿酒酵母中构建新型甘草次酸合成途径，提高产物浓度

① 1 亩 ≈ 666.7 平方米。

续表

种类	天然产物	核心技术情况
苯丙素类	天麻素 gastrodin	在国际上首次获得以葡萄糖为原料合成天麻素的高产人工细胞,提高了产量,降低了成本,其生物合成成本是植物提取的 1/200
	红景天苷 salidroside	首次创建了红景天苷的微生物异源高效合成新途径,以葡萄糖为原料,降低了生产成本,具备工业化应用潜力
苯丙素类	灯盏乙素 breviscapine	理性设计灯盏乙素的合成途径,筛选出关键基因,以酿酒酵母为底盘细胞,构建人工细胞;再结合代谢调控、发酵过程进行优化。具有产业化应用前景
	丹参素 salvianic acid	构建全新的生物合成途径,后期增强外源途径关键酶与底物的特异性,提升丹参素产量,具有产业化应用前景

5. 未来食品

在食品的工业生物制造方面,通过对食品微生物基因组的设计与组装、食品组分合成途径的设计与构建,创建出人工细胞,再以车间生产的方式合成肉类、牛奶、鸡蛋、油脂、糖类等。食品合成生物学通过变革食品的生产方式,为人类提供"更安全、更营养、更方便、更美味、更持续"的食品来源,不但能节约成本,还能缓解环境压力,是应对人口持续增长并解决未来粮食短缺问题的重要技术手段[21]。近年来,源自细胞工厂的蛋白组织的研发进展迅速,其主要产品人造肉、人造奶和人造蛋已进入全球销售市场[22]。

随着人口的持续增长和对营养产品需求的不断提升,我国正在加快推进食品和营养品的工业生物制造技术升级。一方面,我国源自细胞工厂的蛋白组织的研发刚起步。以微生物蛋白肉为例,它是以单细胞微生物发酵产生的单细胞蛋白为主要原料,经过质构重组后制成的一类仿肉制品。采用高通量筛选技术筛选后获得高产的菌丝蛋白菌种,我国建立了 10 吨级菌丝蛋白 TB01 的连续高密度发酵技术工艺,其最高产率与国际水平相当 [达到 1.5～2.5 克/(升·小时)],并实现了 30 天以上的连续发酵生产;此外,还建立了高效低成本的菌体脱水和 RNA 脱除等技术工艺,使产品的制造成本低于国际水平。该技术利用微生物成功将无机氮转化为优质蛋白。与其他蛋白来源相比,新技术生产出的菌丝蛋白具有营养全面、生产原料易得、周期短、单位面积产率高且不受环境和气候的影响、可连续生产、绿色环保等优势,市场前景广阔。另一方面,我国功能糖类、油脂产品正在迅速开拓市场。例如,在健康功能糖的工业生物制造上,我国通过发掘新酶,突破了多酶体系的协同适配问题,实现了淀粉原料直接高效转化生产阿洛酮糖等稀少糖,显著降低了生产成本。目前,阿洛酮糖已在山东实现了千吨级产业的示范点。

6. 一碳原料的生物转化利用

包括二氧化碳、合成气、甲烷、甲醇、甲醛和甲酸等的一碳原料具有来源广泛的优势，既可以由有机废物产生，也可从石化废气中得到；还具有价格低和易获取的特点，且能解决化学生产的能耗高与污染重的问题，因此其利用成为工业生物制造技术与产业化的热点。一碳原料的合成生物学手段包括元件挖掘与设计、合成途径创新与优化、细胞性能优化等，这些手段为一碳原料的利用提供了重要的技术支撑（表5）。

表5 一碳原料的工业生物制造技术及应用 [10, 23, 24]

一碳原料	核心技术情况
甲醛	对大肠杆菌进行设计，将甲醇和葡萄糖酸盐的代谢相耦合，经实验室进化获得了依赖甲醇和葡萄糖酸为共同底物生长的进化菌株。通过对大肠杆菌进行工程设计，并使用添加氨基酸培养基进化出用于甲醇依赖的菌株
	通过理性设计构建高效利用甲醇的甲醇依赖型谷氨酸棒杆菌，再结合适应性进化策略，实现了工程菌株在甲醇－木糖混合碳源的矿物培养基中生产速率提升20倍
甲酸	通过计算建模，设计合成了非天然的还原甘氨酸途径，通过引入三种外源基因（Me-FTL、Me-Fch、Me-MtdA）以及过表达四种内源基因构建重组大肠杆菌，构建了以甲酸盐和葡萄糖为底物通过 rGly 途径来合成丝氨酸的技术
二氧化碳	通过合成生物学技术，利用和固定 CO_2 取得重要进展。通过产乙酸菌转化合成气（H_2/CO_2 或 CO）生产乙酸，后取发酵上清液培养酵母工程菌以生产脂质化合物，最终使脂质化合物浓度达115克/升
	利用光合微生物作为光吸收体开发生物光伏（biophotovoltaics，BPV），为可再生能源生产提供了生物学方案
	通过代谢性逆合成分析形成初步框架，从包含人类、植物和微生物在内的9种生命体中选择16个不同来源酶，构建出一条比植物更高效的固定大气中 CO_2 的合成途径
合成气	将含有 CO 的工业尾气经过预处理后送至生物发酵装置，再经发酵、蒸馏脱水后产出浓度≥99.5%的燃料乙醇，同时分离出高品质的菌体蛋白，作为生产高端水产蛋白饲料的原料，而产生的污水用于生产沼气，经提纯后用于生产压缩天然气 [23]

一碳原料的生物转化利用，对我国推进绿色低碳发展，实现"碳达峰、碳中和"战略目标具有重要意义。最近我国在淀粉人工合成方面取得重大突破，国际上首次实现了从二氧化碳到淀粉的全合成 [23]。该人工途径从太阳能到淀粉的理论能量转化效率是玉米的3.5倍，淀粉合成速率是玉米的8.5倍。在充足能量供给的条件下，按照目前技术参数推算，理论上1立方米大小的生物反应器的年产淀粉量相当于我国5亩

土地玉米种植的平均年产量。可以预计，该技术如可以工业化，将对我国的粮食安全和"双碳"目标起到重大的支撑作用。

三、我国工业生物制造技术产业化的发展建议

新冠肺炎疫情和全球气候变化持续改变着工业生产模式和人们的生活方式，可持续的、可循环的、低碳的、环境友好的生产工艺将越来越多地被应用，并将逐渐取代传统的、高损耗的、高污染的生产工艺。生物经济将迎来前所未有的发展机遇。工业生物制造技术将渗透到能源、材料、医药、食品、环境等多个国民支柱产业，引领产业技术和生产方式的变革，形成绿色生物经济的增长点。加快工业生物制造技术的产业化，对传统产业转型升级、促进经济高质量增长、重塑国民经济结构、解决经济与环境矛盾，具有重大战略意义。

1. 加快技术创新和产业化，抢占产业发展先机

部署工业生物制造领域的重大专项，加大关键技术攻关，加强颠覆性技术的产业化，抢占未来产业发展先机。围绕产业技术重点领域的创新发展需求，加快建设国家技术创新中心、制造业创新中心等创新平台，支持引领工业生物制造技术产业的发展。加强企业技术中心、企业主导的创新联合体的建设，提升企业创新能力，形成健全的产品产业链。

2. 促进成果转化，加快产业集群发展

强化工业生物制造技术科研成果的登记和转移工作，完善相关成果评价体系和转让机制。建立健全生物产品的认证认可体系，规范生物产业第三方认证中介机构等的发展。鼓励开展先行先试，发展特色产业集群，发挥其在产业发展方面的示范引导作用，实现区域经济新格局。加快推出新产品，以消费升级带动产业升级，激发市场活力。

3. 加强人才建设，激发创新活力

"十四五"规划提出："贯彻尊重劳动、尊重知识、尊重人才、尊重创造方针，深化人才发展体制机制改革，全方位培养、引进、用好人才，充分发挥人才第一资源的作用。"工业生物制造技术的发展更需要国际一流的战略科技人才、创新团队和具有国际竞争力的青年科技人才。利用科学合理的人才评价机制和完善的人才激励机制，全面激发人才创新的活动与动力。

4. 强化知识产权保护，积极参与相关标准的制定

强化工业生物制造技术的知识产权保护与维权，加强知识产权的布局和运用，加快申请自主知识产权，提高我国生物制造技术与产业的国际竞争力。积极开展生物产品相关标准的研究制（修）订与实施工作，加强工业生物标样的研制和产业化。

5. 开展广泛的国际交流与合作

要以更开放的理念、更包容的方式，搭建工业生物制造技术的国际化合作平台，以共建"一带一路"为契机，高效利用全球资源，提升我国工业生物制造技术的国际化水平。

参考文献

[1] WWF. Biotechnology could cut CO_2 sharply，help build green economy. https://wwf.panda.org/wwf_news/?174201/Biotechnology-could-cut-C02-sharply-help-build-green-economy[2021-09-17].

[2] 中华人民共和国国家发展和改革委员会."十三五"生物产业发展规划. http://www.gov.cn/xinwen/2017-01/12/5159179/files/516df96cc5254eb4976d14708e14056f.pdf[2021-01-12].

[3] 中华人民共和国国家发展和改革委员会.中华人民共和国国民经济和社会发展第十四个五年规划和2035年远景目标纲要. https://www.ndrc.gov.cn/xxgk/zcfb/ghwb/202103/t20210323_1270124.html?code=&state=123[2021-03-13].

[4] 李春.合成生物学.北京：化学工业出版社，2019.

[5] McKinsey Global Institute. The Bio Revolution：Innovations transforming economies，societies，and our lives. https://www.mckinsey.com/industries/life-sciences/our-insights/the-bio-revolution-innovations-transforming-economies-societies-and-our-lives[2021-05-13].

[6] 崔金明，张炳照，马迎飞，等.合成生物学研究的工程化平台.中国科学院院刊，2018，33（11）：1249-1257.

[7] Yim H，Haselbeck R，Niu W，et al. Metabolic engineering of *Escherichia coli* for direct production of 1,4-butanediol. Nature Chemical Biology，2011，7（7）：445-452.

[8] Burgard A，Burk M J，Osterhout R，et al. Development of a commercial scale process for production of 1,4-butanediol from sugar. Current Opinion in Biotechnology，2016，42：118-125.

[9] Voigt C A. Synthetic biology 2020-2030：six commercially-available products that are changing our world. Nature Communications，2020，11（1）：6379.

[10] 张媛媛，曾艳，王钦宏.合成生物制造进展.合成生物学，2021，2（2）：145-160.

[11] 石维忱，王晋.生物发酵产业"十四五"时期发展展望.食品科学技术学报，2021，39（2）：

8-13.

[12] 中华人民共和国商务部 . 坚持人与自然和谐共生——九论深入学习贯彻党的十九大精神 . http://www.mofcom.gov.cn/article/zt_topic19/gztz/201711/20171102667442.shtml[2021-11-08].

[13] 中华人民共和国生态环境部 . 中华人民共和国固体废物污染环境防治法 . https://www.mee.gov.cn/ywgz/fgbz/fl/202004/t20200430_777580.shtml[2021-04-30].

[14] 禁塑新观察 . 大咖云集！生物降解塑料市场规模巨大，可代替空间达 260 万吨 . https://mp.weixin.qq.com/s/tvK_488g6DItXCEPMIGzDQ[2021-02-01].

[15] 中国科学院天津工业生物技术研究所 . 生物基高性能尼龙原料 1,5- 戊二胺的生物催化合成技术 . http://www.tib.cas.cn/cgzh/jicgjs/201803/t20180321_4979185.html[2021-03-20].

[16] 郑裕国院士论生物精细化工发展与实践 . http://news.upc.edu.cn/info/1438/92637.htm[2021-07-26]

[17] 元飞，陈五九，贾士儒，等 . 利用代谢工程改善大肠杆菌的 3- 脱氢莽草酸生产 . 生物工程学报，2014，30（10）：1549-1560.

[18] Tu R, Li L, Yuan H, et al. Biosensor-enabled droplet microfluidic system for the rapid screening of 3-dehydroshikimic acid produced in Escherichia coli. Journal of Industrial Microbiology & Biotechnology, 2020, 47（12）: 1155-1160.

[19] 徐毅诚，路福平，王钦宏 . 组合代谢调控提高大肠杆菌对氨基苯甲酸产量 . 生物工程学报，2019，35（9）：1650-1661.

[20] Chen J, Fan F Y, Qu G, et al. Identification of *Absidia orchidis* steroid 11beta-hydroxylation system and its application in engineering *Saccharomyces cerevisiae* for one-step biotransformation to produce hydrocortisone. Metabolic Engineering, 2020, 57: 31-42.

[21] 陈坚 . 中国食品科技：从 2020 到 2035. 中国食品学报，2019，19（12）：1-5.

[22] Lv X, Wu Y, Gong M, et al. Synthetic biology for future food: Research progress and future directions. Future Foods, 2021（3）: 100025.

[23] 首钢集团 . 新动能：创新驱动加快培育形成新业态 . https://www.shougang.com.cn/sgweb/html/sgyw/20210224/5878.html[2021-12-08].

[24] Cai T, Sun H, Qiao J, et al. Cell-free chemoenzymatic starch synthesis from carbon dioxide. Science, 2021, 373（6562）: 1523-1527.

3.4 Commercialization of Industrial Biomanufacturing

Wang Qiqi，*Wang Qinhong*，*Ma Yanhe*
（Tianjin Institute of Industrial Biotechnology，Chinese Academy of Sciences）

Biomanufacturing is a kind of green manufacturing process that applies the cutting-edge industrial biotechnology and utilizes biological systems to produce commercially important chemicals and materials for a broad range of applications. This report provides an overview of the global development trends of industrial biomanufacturing. It examines the recent advances in biotechnology and industrial applications in China during the 13th Five-Year plan，particularly focuses on the progresses in the fields of commodity fermented products，renewable chemicals and materials，fine and pharmaceutical chemicals，natural products，synthetic biology-based food，and bioconversion of one-carbon（C1）raw materials. This report also provides suggestions for the development of the industrial biomanufacturing in China in the future.

3.5 生物质能源技术产业化新进展

孙永明

（中国科学院广州能源研究所）

生物质能是自然界唯一可再生的碳基能源，也是全球继石油、煤炭、天然气之后的第四大能源，具有分布广泛、储量丰富、绿色再生、循环低碳等特点，在应对全球气候变化、优化能源结构、促进绿色低碳发展等方面发挥着重要作用。加快生物质能应用推广是推动能源生产消费转型升级的重要内容，是促进多元发展能源供给的重要措施，是促进循环经济发展的主要任务，更是落实习近平总书记提出的 2030 "碳达峰"、2060 "碳中和"的重要抓手。随着"碳减排"过程的推进，生物质能将进一步发挥其零碳 / 负碳的特性，为能源供给多元化、清洁化、低碳化提供动力。

我国生物质资源的种类及储量较为丰富，作为零碳能源的生物质资源是替代传统化石燃料的理想选择之一。因此，大力发展生物质能源产业对推动我国生态文明建设、能源革命和低碳经济发展，保障文明乡村建设、应对全球气候变化等国家重大战略的实施具有现实意义。我国长期高度重视生物质能源技术的研发投入。"十三五"期间，已在生物质发电、生物质液体燃料、生物燃气和生物质成型燃料等领域的技术研发方面取得一定成效，自主创新能力和装备自主化水平显著提升，建设了一批规模化技术示范工程，成熟技术的应用推广亦取得一定成效。

一、国内外生物质能源技术产业化新进展

生物质能源技术主要是指把生物质原料（纤维素基原料、油脂类原料、农林业废弃物、农产品加工废弃物、畜禽养殖加工废弃物、城市生活垃圾、轻工业污水和污泥等）经生物质物理转化、化学转化以及生物转化等处理技术手段，转化为液体、气体和固体等在内的终端能源产品（包括燃料乙醇、生物柴油、沼气和生物质颗粒燃料等）和生物基材料（包括生物基树脂、聚酯等）及化学品（包括呋喃基化学品、小分子羧酸类化学品、小分子醇类化学品等）等的技术[1]。除上述提到的能源形式或形态转换环节外，生物质能源产业链（图1）还包括上游的生物质原料收集采购、储存运输等。

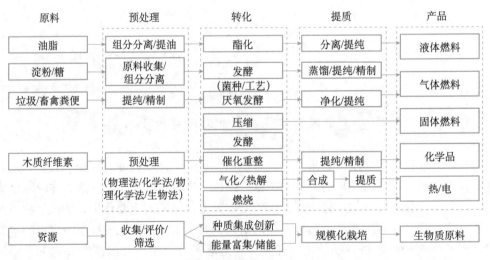

图 1　生物质能源产业链[2]

伴随全球气候治理工作的推进，绿色低碳发展是当前各国共识。在此期间，以生物质为代表的零碳/负碳资源的利用技术的开发取得一定的进展。目前，生物液体燃

料、生物燃气、生物质多联产发电的技术、装备和商业化运作模式已经日趋成熟，产业规模正在快速扩展。

1. 生物液体燃料

生物液体燃料（包括燃料乙醇、生物柴油、生物燃料油和特种燃料等）已成为最具发展潜力的替代燃料，整体上呈现出多元化产品炼制、集约化高效生产和规模化推广应用的发展趋势，但各类技术及其产业化发展处在不同阶段，其中燃料乙醇和生物柴油技术已实现规模化发展。

（1）燃料乙醇

燃料乙醇是世界消费量最大的液体生物燃料。近年来，燃料乙醇产业蓬勃发展，其规模快速增长。2019年全球燃料乙醇产量约为8672万吨，比2008年增长一倍有余。目前，全球生物乙醇的主要产区是美国和巴西，以50%和33%的比例分别占据第一和第二位[3]，生产原料分别为玉米和甘蔗，主要采用生物发酵技术。目前，各国着力开发基于非粮纤维素基生物质原料制备生物乙醇的新型技术，以摆脱生物乙醇与人争粮的隐患。

我国燃料乙醇产业发展迅速，以玉米、木薯等为原料的1代和1.5代生产工艺成熟稳定，以秸秆等农林废弃物为原料的2代先进生物燃料技术已具备产业化示范条件。截至2019年底，我国已有13个省（区、市）试点推广使用乙醇汽油。目前，我国燃料乙醇技术的自主创新能力和装备国产化水平显著提升，部分技术接近或超过世界先进水平。

（2）生物柴油

2019年全球生物柴油产量超过4500万吨。其中，美国有102家生物柴油工厂，总产能约为890万吨/年。巴西正在新建及扩建的生物柴油工厂21家，建成后产能将增至1100万吨/年[3]。生物柴油技术主要包括：第一代是酯交换技术，产品存在含氧量高的缺点，主要在欧盟、美国、东南亚等地实现规模化生产[4]；第二代是加氢脱氧技术，第二代生物柴油通过催化脱氧提质，避免了第一代生物柴油含氧量高的问题。第二代生物柴油目前处于工程化完善阶段。目前，欧盟是世界上生物柴油产量最大的地区，产量占世界总产量的39%以上。清洁高效低成本的制备技术及集约化工程技术是第二代生物柴油研究的主要方向。

我国的生物柴油研究与开发起步较晚，经过国内科研人员的努力，已实现快速发展。2019年我国生物柴油的产量约为120万吨。在自主创新技术的引领下，我国生物柴油产业无论是产品、技术还是装备均达到国际先进水平，已形成从原料、生产到销售全过程的产业链。利用低品质地沟油、酸化油生产生物柴油的技术以及低凝点生物柴油技术，均处于国际领先水平；第二代生物柴油技术与欧洲和美国相比有一定的优势。然而，利用油脂热化学制备烃类生物柴油的技术目前仍处于起步阶段。

（3）生物燃料油

生物燃料油从装置到产品提质及应用均未达到完全产业化的程度，均处于产业化示范或者产业化前期。生物质定向热解技术目前处于技术路线选择和定型阶段，总体技术处于并跑阶段。生物质气化合成技术目前处于工业示范和市场推广阶段，大规模产业化需依靠技术创新降低生产成本。欧美等发达地区或国家在生物质气化合成液体燃料技术方面已建立多套示范装置。近十年来我国发展生物质气化合成醇醚燃料技术，先后建立了百吨级和千吨级合成二甲醚中试装置；生物合成气催化合成航空燃油技术还处于技术开发阶段。

（4）特种燃料

利用生物质制备特种燃料的技术是国际研究热点和新的前沿方向，目前处于技术集中攻关阶段。近年来，生物基平台分子高效转化为高密度燃料的技术在国际上迅速发展起来，美国、加拿大、挪威和芬兰等国已形成航空生物燃料规模化的市场，已建立从原料、炼制、运输到加注和认证的完整产业链。在国际"碳减排"和"碳关税"背景下，生物质特种燃料有零碳排放的特殊优势。围绕利用非粮生物质原料生产民用、军用及特种航空燃料的问题，欧美开展技术攻关，已完成关键技术工艺的吨级放大验证，获得的生物基航空燃料与 JP-5 型航空煤油的性能相近。

我国在木质纤维素生物质原料制备特种燃料领域的研究蓬勃发展，总体水平国际领先。中国科学院广州能源研究所在利用农林废弃生物质制备生物航油领域成功完成技术的工程化，建成国际首座百吨级规模的农林废弃生物质制备生物燃料的中试工厂，在国际上率先进入了示范应用阶段[5]。生产的生物基航空燃料产品的性能指标达到 ASTM-D7566 质量标准，能够满足民用、军用及特种用途的飞行器燃油的需求。

2. 生物燃气

生物燃气是生物质气体燃料中最成熟的商业化能源产品，在全球已得到广泛应用。自 2010 年以来，世界生物天然气产量呈指数增长，2017 年达到 30 亿立方米。生物燃气向拓展原料种类和产业化市场应用方面快速发展。截至 2019 年底，全球运行的沼气池约 13.2 万个，其中 10 万多个在中国建成运行[6]。户用小型沼气工程技术难度低，发展最为成熟；而中、大型沼气工程技术在欧盟和美国发展较为成熟，提纯后已广泛用作车用燃料。德国是全球生物天然气发展最成熟的国家，拥有先进的技术、丰富的资源以及成熟的配套政策等，是全球生物天然气行业的典范。2018 年全球沼气产量约 580 亿立方米，其中德国沼气年产量超过 200 亿立方米[7]。

在整个生物天然气产业链的技术创新方面，与德国、瑞典等传统生物燃气产业强国相比，我国部分工程技术处于并跑水平。近年来，规模化生物燃气工程得到较快发展，已形成热电联供、提纯车用并网等模式。截至 2019 年，我国中小型沼气工程 11.8 万处，规模化大型沼气工程约 8720 处，全国沼气年产量约 190 亿立方米。

3. 固体成型燃料

生物质固体成型燃料产业化进展最成熟，欧美等发达地区或国家建有完备、专业的生物质原料收集、储存、运输及供应体系。美国是最大的生产国和出口国，成型燃料产量约占全球的 1/3，欧盟是生物质成型燃料的主要生产和消费地区，韩国、日本近年来提高了生物质成型燃料的进口量。

我国生物质固体成型燃料技术进展明显，完成了自主研发与创新，形成了具备自主知识产权的技术体系，生产和应用已初具规模，年产量达 2000 万吨左右[6]。固体成型燃料关键技术取得一定程度的突破，特别是压模辊压式成型技术，相应产品达到国际同类先进水平。

4. 生物质发电与供热

全球生物质发电装机规模呈逐年增加趋势，2019 年上网发电装机容量达 124 吉瓦。生物质直燃发电和沼气发电技术最成熟，其次是生物质与煤直接混燃发电，均达到商业化阶段。丹麦的农林废弃物直接燃烧发电技术处于世界领先水平，挪威、瑞典、芬兰和美国的混燃发电技术水平相对较高，芬兰在热电联产方面居世界领先地位，沼气发电技术以欧盟产业化应用最成熟，日本的垃圾焚烧发电发展迅速，处理量占生活垃圾无害化清运量的 70% 以上。

我国生物质发电以直燃发电为主，技术起步较晚但发展迅速，已形成产业规模。截至 2019 年底，我国已投产生物质发电项目 1094 个，累计并网装机容量为 2254 万千瓦，年发电量达 1111 亿千瓦时。其中，农林生物质发电并网装机容量 973 万千瓦，生活垃圾焚烧发电 1202 万千瓦，沼气发电 79 万千瓦[7]。2020 年，我国生物质发电累计装机达到 2952 万千瓦，年发电量 1326 亿千瓦时，占全国年总发电量的 1.74%。

生物质供热主要来自热电联产、锅炉高效燃烧、生物沼气及集中供热等，主要用于直接供热、建筑、工业和农业领域。欧盟是生物质能建筑供热的主要区域，使用的原料主要是薪材、木片、林木等成型燃料和生物沼气，北美地区主要用林木原料作为燃料给建筑供热。我国生物质供热发展迅速，截至 2019 年底，生物质清洁供热项目超过 1100 个，供热面积超过 4.8 亿平方米。生物质供热主要用在北方冬季取暖区和推广清洁能源利用的粮棉主产省（区）[6,8]。

5. 生物基材料及化学品

生物基材料及化学品是未来发展的一大重点，目前世界各国都在采用多种手段积极推动和促进生物基合成材料的发展[9]。欧盟提出，到 2030 年生物基产品在高附加值化学品和高分子材料中将占 50%；美国提出，到 2050 年生物基化学品和材料将占整个化学品和材料市场的 50%。我国生物基材料已具备一定的产业规模，部分技术接近国际先进水平，近年来保持 20% 左右的年均增长速度，总产量达到 600 万吨 / 年，正逐步走向工业规模化应用和产业化阶段[9, 10]。同时，新型生物基功能性聚合材料的开发也在广泛进行。目前，已开发出以呋喃聚酯为代表的新型呋喃基聚合材料的绿色生产工艺体系，有望用于传统石油基聚酯材料的生产。

二、我国生物质能源技术产业化未来发展

《中共中央关于制定国民经济和社会发展第十四个五年规划和二〇三五年远景目标的建议》明确提出，推动能源清洁低碳安全高效利用。在"双碳"发展目标背景下，预计"十四五"期间，我国生物质发电行业将稳步增长，生物质清洁供热、沼气和生物天然气将快速发展，有望在"十四五"末实现商业化和规模化。生物液体燃料将适度增长，生物质能开发利用模式将进一步向多元化发展。

1. 生物液体燃料向产品多元、转化高效、过程清洁方向发展

通过深入探索生物质组分中化学键及碳链定向催化转化的绿色合成方法，可以建立生物质全组分多联产转化利用新工艺。应重点攻克多品种生物质原料转化乙醇的产业化技术，加快推进非粮生物质原料纤维素乙醇的规模化生产，同步推进关键技术装备自主化研发；应突破油脂原料分离纯化、高效异构化关键工艺，完成万吨级油脂热化学加氢 / 裂解生产线的建设，形成达到国际领先水平的生物柴油技术；应不断加大生物基特种燃料关键技术的研发，推进生物基航空燃料技术的规模化应用。

2. 生物燃气向多类原料统筹利用及副产物综合利用方向发展

应开发分布式农林生物质热解、气化及合成气燃烧超低排放技术，发展大规模沼气工程效率提升关键技术，重点攻关多种类有机废弃物高效厌氧消化及副产物减排等技术，推进依托生物燃气的热、电、液体燃料多联产技术的发展，加快工程示范建设和应用模式推广。

3. 生物质成型燃料向低成本、高品质、标准化方向发展

应转变生物质处理模式，将传统规模化集中处理转变为分布式就地处理，化整为零，就地利用，以降低成本；应重点加强生物质成型燃料相关生产设备的自主设计开发，形成具有自主知识产权的高效、普适、耐用的关键技术装备。应克服产品规格单一、应用范围局限、产品不具备商业竞争力的缺陷。

4. 生物质发电向"热 - 电 - 气 - 炭"多联产多维深化与延展

针对我国不同地区、不同种类生物质资源特征，应加强关键气化装备的研发，提高生物质气化装备的设计和制造能力；应设计合理的多联产工艺流程和能质流向，合理分配生物质在各终端产品上的使用，实现生物质资源的最大化利用；在现有工艺基础上，应大力开发生物质可燃气费托合成燃料、合成生物质天然气及生物质炭制备纳米材料等高附加值产物，提高相关工艺产品的综合经济效益。

三、我国生物质能源技术产业化发展的政策建议

我国可供能源化利用的生物质资源丰富，相关产业化技术路线成熟，相关新兴技术不断突破，具有巨大的发展潜力。但现有政策和金融的支持力度难以保障生物质能产业的快速发展，当前技术水平和市场价格、管理体系不足以支撑生物质能的纯市场化发展。为促进生物质能产业的健康发展，本文提出如下建议。

1. 加大政策及金融的支持力度

将生物质能技术列入国家能源、科技、环境、农业等相关发展战略和规划，协调推进生物质能技术的创新发展。加大中央财政和地方财政科研项目在生物质能方向的合理布局，制定合理的税收政策，建立健全相关项目的政府补贴机制，从单一补贴转向建设补贴、原料补贴、产品补贴、消费补贴和投资补贴等多元融合机制，保障生物质能开发利用的梯次有序进行。引导银行业金融机构开展绿色金融产品创新，加大对生物质能项目的信贷支持，推动成熟技术的市场化应用及推广。

2. 加强技术创新体系建设

结合我国生物质能的发展特点，提前布局创新引领性生物质能利用技术。培育创新主体，加强生物质能技术创新人才和团队的培养，健全科研人员的评价激励机制，加快生物质能国家级创新基地平台的建设，利用市场手段促进生物质能技术创新成果的转化与应用。组建生物质能源工程国家级信息平台，形成完整的生产、消费、环境

保护全过程监测体系，探索污染物有偿处理机制，研究合理的产品补贴机制，开发生物质能源碳减排方法学体系，推进生物质能源碳排放权交易。

3. 建立健全生物质能行业的技术标准

建立健全行业管理标准和生物质能燃料可行性标准。推动生物燃料和燃料添加剂等相关绿色环保产品的标准制定，明确技术关键参数和产品具体指标，定期对相关标准进行评估并及时修订完善。引导建立产业内生发展机制，营造良好的市场环境，调动引导各方的积极性，全面提升产业科技的创新能力。

4. 深入开展国际合作

实行国际前沿技术"引进来"和我国成熟产品"走出去"的发展战略。加大先进生物质能技术和高技术水平人才的引进力度，巩固和扩大与发达国家、重要国际组织开展双边及多边科技合作与交流，将成熟的技术、设备和产品等输出到国际市场。形成生物质能领域的跨区域高新技术产业联盟，吸引高精尖人才和促进产业技术聚集，加强核心技术研究和重大技术装备的创新，提升生物质能产业的整体创新能力和国际核心竞争力。

参考文献

[1] 贾敬敦，马隆龙，蒋丹平，等．生物质能源产业科技创新发展战略．北京：化学工业出版社，2014：8-19.

[2] 许鹏．广州创新型城市发展报告（2020）．北京：社会科学文献出版社，2021：216-235.

[3] 雪晶，侯丹，王旻烜，等．世界生物质能产业与技术发展现状及趋势研究．石油科技论坛，2020，39（3）：25-35.

[4] 李艾军．中国生物柴油生产技术与应用研究进展．精细与专用化学品，2019，27（11）：34-39.

[5] 马隆龙，唐志华，汪丛伟，等．生物质能研究现状及未来发展策略．可再生能源规模利用，2019，34（4）：434-441.

[6] REN21. Renewables 2020 Global Status Report. https://ren21.net/gsr-2020[2021-02-03].

[7] 李俊峰．我国生物质能发展现状与展望．中国电力企业管理，2021，1：70-73.

[8] 国家发展和改革委员会创新和高技术发展司，中国生物工程学会．中国生物产业发展报告 2018．北京：化学工业出版社，2019：153-154.

[9] 田宜水，单明，孔庚，等．我国生物经济发展战略研究．中国工程科学，2021，3（1）：133-140.

[10] 李雪航．我国生物质能源产业持续发展研究．长春：吉林大学，2020.

3.5 Commercialization of Biomass Energy Technologies

Sun Yongming

（Guangzhou Institute of Energy Conversion，Chinese Academy of Sciences）

Following coal，oil，and natural gas，biomass energy is the fourth largest energy source and the only renewable carbon-based source. Developing biomass energy industry is especially crucial for promoting the construction of ecological civilization，revolution of energy industry and low-carbon economic development，ensuring the implementation of major national strategies such as the construction of rural civilization，responding to global climate change，and achieving the goals of peak carbon dioxide emissions and carbon neutral. With the introduction of the utilization of biomass energy，such as bio-liquid fuels，bio-gas，biomass briquette，biomass power generation and heating，bio-based materials and chemicals，the current status and development trends of domestic and foreign biomass energy industry and technology are systematically described in this paper. Moreover，various suggestions about the incentive policies，model innovation，standard setting and international cooperation which were proposed to promote the development of Chinese biomass energy industry have been put forward.

3.6 环保生物资源挖掘与利用产业化新进展

王爱杰[1] 黄 聪[2] 刘文宗[3] 郜 爽[2] 侯雅男[2]

［1.中国科学院生态环境研究中心，2.中国科学院天津工业生物技术研究所，3.哈尔滨工业大学（深圳）］

环保生物资源是指对环境保护和解决环境问题具有直接、间接或潜在的经济、科研价值的生命有机体（包括基因、物种以及生态系统等）。全球生物资源的迅猛增长对中国环保领域而言，既是机遇也是挑战。机遇在于：生物资源及研发技术的全球共享，为新一轮微生物产业的变革奠定了坚实的基础，其应用范围涵盖环境修复、生物制药、生态农业、生物能源等行业。挑战在于：在最短的时间内，从海量的基因库数据中，快速挖掘出可利用的菌剂和工程酶资源，再利用数据挖掘技术、分子改造技术、基因工程技术等，获得具备更多经济价值的工程菌株和酶制剂；此外，应对日益激烈的生物资源国际竞争，需要尽早建立完善的知识产权保护体系来保证产业化过程中合理的利益分配。下面系统介绍国内外环保生物资源挖掘与利用的产业化新进展，并对我国环保生物资源挖掘与利用的产业化提出了相关发展建议。

一、国外环保生物资源挖掘与利用产业化新进展

在环保行业的生物资源中，最具产业化价值的是微生物资源。在环保生物资源中，微生物资源是一种解决环境问题的重要力量，可用来进行污水处理、固体废弃物的填埋和堆肥、能源再生与新能源开发、生化精炼、工业酶和生物催化剂的开发等。微生物的产业链，上游以技术服务公司为主，主要提供宏基因组测序、微生物检测、鉴定与分析、临床诊断等方面的产品和技术支持；中下游公司以应用场景为主。该产业链中最有经济价值的环节，是与人类健康有关的微生物科研、微生物治疗与药物研发、健康管理等活动。美国非常重视生物经济的相关技术和服务的开发，在微生物领域具有领先优势[1]。

1. 较完备的微生物种质资源的保藏和数据库

欧美发达地区或国家微生物种质资源保藏机构的建立与运行较为完备。这些国家和地区在获取、鉴定、保存、研发和共享微生物的遗传材料、信息、技术、知识产权和标准等方面都表现得相当规范，进一步提高了保藏机构在微生物资源的获取、保存、发掘利用方面的水平。此外，这些国家和地区还利用先进的菌种保藏设施、严格的质检程序、高效的功能研发平台和全球分销系统，推动了生物科学技术的创新和发展。

在数据库方面，美国国家生物技术信息中心（National Center for Biotechnology Information，NCBI）的生物学数据收集与积累占有绝对优势地位。微生物生态学的快速发展催生了大量的序列数据集，这些数据一般存储在 NCBI、ENA（European Nucleotide Archive）和 MG-RAST（Metagenomics-Rapid Annotation Using Subsystems Technology）等国际生物信息学数据库中[2]。

2. 重视生物资源自主知识产权的保护

发达国家在微生物菌种保藏中占领先地位，同时重视微生物的关联作用，在微生

物原生栖息地的保护方面做得也比较完善。为了有效保护和利用生物资源，发达国家建立了微生物菌种保藏中心。此外，国际上还成立了"国际保藏单位"（International Depositary Authorities，IDAs），以保护微生物资源专利的公开性和再现性。至 2020 年 7 月，全球 26 个国家共有 48 个 IDAs。2001～2019 年，26 个国家累计发放专利微生物 242 743 株，其中美国占全球发放量的 96.20%（表 1）。从菌种保藏 TOP10 国家的发放率可以看出，美国专利菌种发放量一直超过专利菌种保藏量，菌种的发放率高达 1206.93%，是全球发放率的 3.91 倍。中国在 TOP10 国家中的发放率最低，只有 3.29%。可见，美国专利菌种的重复利用率高，中国在微生物菌种的有效应用方面与美国差距较大[3]。

表 1　TOP10 国家菌种保存和发放情况

国家	IDAs 数量 / 个	保藏量 / 株	占全球比例 /%	发放量 / 株	占全球比例 /%	发放占保藏比例 /%
中国	3	31 386	39.86	1034	0.43	3.29
美国	3	19 348	24.57	233 517	96.20	1 206.93
韩国	4	7 146	9.10	1282	0.53	17.94
德国	1	4 450	5.65	1920	0.79	43.15
日本	2	3 987	5.06	1361	0.56	34.14
英国	7	3 354	4.26	914	0.38	27.25
法国	1	2 925	3.71	1079	0.44	36.89
印度	2	1 274	1.62	43	0.02	3.38
西班牙	2	968	1.23	354	0.15	36.57
比利时	1	687	0.87	276	0.11	40.17

3. 微生物产品在环保领域产业化应用

利用生物产品有利于从源头控制工业和农业产生的污染，是解决环境问题的重要手段之一。目前，发达国家将微生物产品用于污水、固废的处理以及制造生物肥料等。

在新能源方面，改造现有的生物资源，可把生物质转化为生物柴油；在此基础上，以微生物产的沼气作为补充能源，可以在家庭和工业范围内实现新能源的清洁利用[4]。

在工业酶和生物催化剂方面，发达国家的微生物菌剂及酶制剂在全球范围内已形成成熟的产业。自 20 世纪 70 年代以来，欧洲、美国、日本等发达地区和国家在环保微生物菌剂领域投入了大量的人力和物力，成功研制出一些复合菌剂（表2）。其中，EM 菌剂的产业化程度最高。EM 菌剂主要由光合菌群、放线菌群、酵母菌群和乳酸菌等 10 个属 80 多种功能微生物以适当比例混合培养并发酵制成，具有高效性、安全性和经济性等优势，被 90 多个国家广泛用于种植业、养殖业以及环境治理等领域。

表 2　国外生物菌剂产品及应用

产品	研发单位	应用领域
BI-CHEM 微生物制剂	丹麦诺维信公司	水产养殖、农业及植物护理、工业清洁
EM 菌剂	日本琉球大学	污水、河湖水质、垃圾处理、家庭环保
Aqua-Purification、Aqua-Clarifier 菌剂	美国碧沃丰生物公司	污水、水环境治理、水产养殖、家庭环保
MicroPlex-N、MicroPlex-RL 系列	美国普罗生物公司	石油、制浆造纸及化工废水、市政污水
利蒙系列	美国通用环保科技公司	工业废水、河湖修复、水产养殖

发达国家在开发极端环境下的微生物资源时发现，来自极端环境的酶在生产环保产品的多种特殊反应体系中有极强的催化作用。嗜冷酶可以降低工业能耗，嗜热酶是热稳定酶和浸出菌的重要来源。这些酶应用在食品、能源、环境、代谢工程、矿产勘探等领域，有助于开发新化学品、药物和生物制品。

4. 科研成果的转化

在美国的生物技术高新企业创建的第一期和第二期的融资中（即种子资金期和风险投资期），通常 50% 以上的股权由技术出资者控制，而资本出资方只是小股东[5]。在美国，大学和科研机构是主要的创新研发基地，它们采用技术转让的办法，合理地置换股份；随后，由懂技术的天使投资方和创业者进行科研成果的转化；而这些研发基地的发明人尽可能不参与公司的管理，仅利用分阶段合作、支付和接盘来实现科研成果的产业化。

二、国内环保生物资源挖掘与利用产业化新进展

1. 环境微生物资源产业化基础平台的建设

为了全面搜集环保行业相关的微生物资源，中国科学院成都生物研究所、中国科

学院微生物研究所等单位联合组建了环境微生物资源库，主要负责以下几方面的工作：环境微生物资源的收集、整理、鉴定与保藏；环境微生物资源的功能挖掘与评价；环境微生物群体合成技术的研究、复合菌剂的研制，以及环境微生物资源在污染控制与修复中的高效利用技术的研究。根据菌种的应用潜力，该资源库分为普通库和高效库；根据应用功能，分为废水处理库和固废处理库；预计未来将增设具有废气处理、水体修复、土壤修复功能的菌株库。目前，该资源库有普通环境微生物菌株 500 余株，高效菌株 200 余株，其中复合菌剂在废水治理、恶臭消除、土壤修复等领域的应用取得显著效果[6]。

环境微生物资源库的建立和发展离不开传统 IDAs 的支持。目前中国有三个 IDAs，分别是中国普通微生物菌种保藏管理中心（China General Microbiological Culture Collection Center，CGMCC）、中国典型培养物保藏中心（China Center for Type Culture Collection，CCTCC）和广东省微生物菌种保藏中心（Guangdong Microbial Culture Collection Center，GDMCC）。此外，世界微生物数据中心（World Data Center for Microbiology，WDCM）启动了全球微生物类型菌株基因组和微生物组的测序项目，预计完成 10 000 多种微生物类型菌株的基因组测序，并建立全球权威的参考数据库和数据分析平台[7]。这些机构的建立和发展，为环境微生物的应用提供了资源平台，为有机整合我国微生物资源的储备、评价、开发和利用奠定了基础，将促进环境微生物的产业化发展。

应用层面的数据库处于建设的初级阶段。我国的微生物数据库大多为菌种资源信息型数据库，部分单位的微生物资源信息由课题组保藏，没有进行标准化信息整理和建立数据共享系统。我国在微生物基因组、转录组、蛋白质组、代谢组等领域严重依赖国外的数据库和工具软件，而涉及微生物基因组信息的数据库刚开始建设。

2. 多元化微生物产品的研发及市场化

我国环保领域的微生物产品主要涉及环保微生物菌剂、环保酶制剂和微生物肥料。在环保微生物菌剂方面，国内市场的环保微生物菌剂产品具有针对性不强和应用领域单一的特点，有些还只是 EM 菌剂的仿制品。我国自主研制环保微生物菌剂起步较晚，中国科学院、清华大学和哈尔滨工业大学等科研院所及高校深入开展了微生物菌剂的基础研究，但成果与市场产品脱离，能大规模推广应用的微生物菌剂并不多（表 3）。我国缺少处理水污染和固体废弃物以及进行土壤修复的优质菌剂，尤其缺少适用特殊环境（高盐、低温）的菌剂。目前我国较少研究菌种之间的相互作用，已有的成果实现大规模应用的并不多。

表 3　国内生物菌剂产品及应用

产品	研发单位	应用领域
除 COD 系列、除氨氮系列、除总氮系列	北京甘度环保技术有限公司	生活污水、工业废水、特殊水体
除 COD 系列、除氮磷系列	广州瀚潮环保科技有限公司	湖泊、池塘、水库、河道等水体及淤泥
除臭除油系列、除蓝藻系列	鹤壁人元生物技术发展有限公司	景观水池、湖泊、河道、含油废水
除重金属菌剂、高浓度有机物降解菌剂	中国科学院成都生物研究所	工业废水、污染河流或湖泊修复
炼油及印染废水处理菌剂	清华大学	含油废水、印染废水
微生物絮凝剂、低温强化菌剂、特种废水菌剂	哈尔滨工业大学	市政污水、工业废水

在环保酶制剂的产业化方面,国内酶制剂企业无法与杰能科、诺维信等国际巨头相比。国内酶制剂的生产基本还是采用传统的发酵、分离提取技术,菌种也是基于传统的诱变进行筛选,而国外已将现代生物技术融入酶制剂的生产中。目前,国内酶制剂企业大多购买国外的菌种和表达系统。国外对性能优良的酶编码基因、高效表达体系及绿色应用工艺已在陆续申请专利保护中,我国面临这方面知识产权的风险将变得越来越大。

生物资源的产业化应用较为成熟的是微生物肥料,截至 2018 年 12 月,我国已有微生物肥料企业 2050 家,产能达 3000 万吨,农业农村部登记产品 6528 个,产值 400 亿元,这标志着我国微生物肥料产业的形成[8]。我国微生物肥料标准体系基本建成,微生物肥料的菌种、生产、检验、使用、包装、储存等全过程均有标准可依。我国微生物肥料的核心企业群和产业基本形成。我国在生物资源的挖掘过程中,不仅关注特色农业生物资源的优质品质,更关注耐性基因的表达调控,目的是减少农作物生长过程中农药和化肥的使用,提高环保水平,建立生态农业。

3. 科研成果的转化

目前,国内的市场竞争不能有效促进相关企业的创新,相关企业的国际竞争力不强,原因如下:首先,企业普遍存在重生产、轻研发,重模仿、轻创新的问题;其次,无形资产在股权结构中的占比在 35% 以下,技术人员可获得的效益有限;最后,企业融资渠道较为单一。对科研机构而言,由于缺少资金无法将研发成果进行产业化,同时也缺少将科研成果转化的专业化人才,最终使产业的上游和下游无法有效衔接。

三、我国环保生物资源挖掘与利用产业化的发展建议

研究不同环境中微生物资源的基因类型、生理机理和代谢产物，创建环保微生物资源库，有助于开发具有经济价值的环保生物产品，高效地解决环境问题。微生物未知功能的发掘、生物监测/检测、污染物的生物转化、环境生态风险的响应等环保领域，是国家重要的战略发展方向。相关技术的发展必将加速环保生物资源的产业化进程。《中华人民共和国国民经济和社会发展第十四个五年规划和 2035 年远景目标纲要》（简称《"十四五"规划纲要》）指出，要深入打好污染防治攻坚战，建立健全环境治理体系。本文建议从以下几个方面推进我国环保生物资源挖掘与利用的产业化发展。

1. 建立生物资源信息平台

我国需要充分重视生物资源挖掘和利用的重要战略意义，应该依托我国在微生物资源研究、测序技术等方面的优势，挖掘微生物数据综合分析能力，大力支持涵盖人体、农业、环境、传统发酵、新技术等内容的"中国微生物组计划"重点研发项目；进一步利用国际合作网络，启动中国主导的微生物组国际合作计划，率先在微生物领域建立国际标准，建立国际权威的微生物数据平台；系统研究全球微生物的生理功能，建立包括生物资源勘探、基础前沿研究、技术创新和产业发展在内的一体化研发应用体系。

2. 构建环保生物产业良好的创新生态

我国应推动一批环保用生物新产品的开发应用，培育一批龙头企业。第一，建设支撑体系。建立生物环保产品的质量认证体系、生物环保制剂评估的验证平台、新产品开发的共享技术平台。第二，推动新产品的开发和产业化。开发用于矿山土壤、重金属和石油污染土壤与水体的修复等的特种酶制剂和微生物菌剂产品，以及用于有毒有害难降解工业废水的处理、污泥的减量化处理和土壤改良等的高效菌剂，大力推广应用新产品。第三，培育龙头企业。积极引导生物环保企业实施跨地区、跨行业的联合与兼并，培育集生物制剂新产品开发、生产和应用于一体的大型企业，同时采用现代管理技术来提升企业的管理水平。

3. 重视生物资源知识产权保护

在生物资源相关知识产权保护方面，应该做好以下几方面的工作。一是从政府、企业、社会三个方面，提出有效提升我国微生物资源知识产权运用能力的总体思路及具体措施。二是以产业需求为导向，构建更全面、稳定的国内微生物专利保护结构体

系。三是建立起微生物相关产业的专利实时监测、预警机制，对微生物专利技术产业布局中可能存在的漏洞进行分析与预警，为政府和企业的决策提供科学的、量化的依据。四是激励我国机构更多地主导、参与相关国际标准的制定，提升国际话语权。

4. 开展高水平的国际科技合作

以《"十四五"规划纲要》中重点要求的"碳达峰"和"碳中和"为目标，引导和支持更多企业深度参与到全球环保领域中，加强与发达国家以及"一带一路"沿线国家开展高水平的科技合作。此外，在初步建立包括环保微生物资源的调查与挖掘、技术转让服务、咨询服务等在内的研发服务链的基础上，采取减税和补贴等方式，鼓励具有研发和测试能力的相关企业开展环保微生物产业的外包服务。

参考文献

[1] 杜娟，马连营，马爱进，等．我国微生物产业发展战略研究．中国工程科学，2021，23（5）：51-58.

[2] 刘柳，马俊才．国际微生物大数据平台的应用与启示．中国科学院院刊，2018，33（8）：846-852.

[3] 刘柳，吴林寰，马俊才，等．全球专利微生物菌种近20年的保藏与发放情况分析．微生物学报，2021，61（12）：3836-3843.

[4] Malik A，Masood F，Grohmann E. Management of Microbial Resources in the Environment：A Broad Perspective//Management of Microbial Resources in the Environment. Springer，Dordrecht，2013：1-15.

[5] PitchBook：2017年全球生物技术行业风险投资达100亿美元．http://www.199it.com/archives/664888.html［2021-10-25］.

[6] 王臣，代碧莹，张丹，等．环境微生物资源信息库的构建及应用．微生物学报，2021，61（12）：3820-3828.

[7] 刘双江，施文元，赵国屏．中国微生物组计划：机遇与挑战．中国科学院院刊，2017，32（3）：241-250.

[8] 毕心宇，吕雪芹，刘龙，等．我国微生物制造产业的发展现状与展望 [J].中国工程科学，2021，23（5）：59-68.

3.6 Commercialization of the Mining and Utilization in Environmental Biological Resources

Wang Aijie[1], *Huang Cong*[2], *Liu Wenzong*[3], *Gao Shuang*[2], *Hou Yanan*[2]

(1. Research Center for Eco-Environmental Science, Chinese Academy of Sciences;

2. Tianjin Institute of Industrial Biotechnology, Chinese Academy of Sciences;

3. Harbin Institute of Technology, Shenzhen)

Microbial technology and industry will become the core of the next round of technological revolution and industrial transformation. The world's major economies have positioned the microbial industry as a strategic emerging industry and vigorously supported the development of the microbial industry. The developed countries have developed a large number of biological products, which are widely used in the environmental protection industry based on their rich reserves of biological resources, advanced R&D technology, complete intellectual property protection system, and sound management system. At present and in future, China continues to input sufficiently in mining environmental microbial resources, raise market share on domestic microbial inoculants and environmentally friendly enzyme preparations, and develop globally competitive enterprises and R&D institutions. In order to improve this situation, this paper analyzes the status of mining and utilization of environmental protection biological resources in foreign countries and China, investigates the development status of environmental friendly microbial agents and products and environmentally friendly enzyme manufacturing enterprises, summarizes the opportunities and challenges of the mining and utilization of environmentally friendly biological resources in China, and gives suggestions for promoting the industrialization of the mining and utilization of biological resources in China.

3.7 食品生物技术产业化新进展

刘延峰 陈 坚*

（江南大学未来食品科学中心）

食品产业作为我国第一大制造业，在保障民生、拉动内需、带动相关产业和区域经济发展、促进社会和谐稳定等方面具有关键的战略意义。食品生物产业广泛运用代谢工程、酶工程、发酵工程等现代生物技术，以实现高效、绿色和可持续的食品原料的生产、加工和制造，从而保障营养食品的可持续供给。近年来，食品原料的生物制造、食品功能的因子合成、食品酶的挖掘及制备，以及益生菌资源的开发及应用，有力地推动了食品生物技术的产业化。未来，食品合成生物技术和食品智能制造技术将进一步促进食品生物技术的产业化。下面将介绍近几年来食品生物技术产业化的重大进展，并展望未来。

一、国外食品生物技术产业化新进展

1. 食品原料的制造

传统种植、养殖和食品加工方式面临着资源超载、环境污染、成本高等诸多发展压力。合成生物学技术在食品领域的应用，正在颠覆传统的食品生产的供给方式以及相关产物的用途。合成生物学技术可利用细胞、微生物等构建目标食物定向合成的工厂，改变传统生产和加工方式对水资源、土地资源等生产要素的依赖，保障食物的可持续供应和营养功能性物质的高效定向合成，正成为食品制造领域创新的战略高地[1,2]。采用合成生物学手段，实现重要食品原料的生物制备与可持续生产，也是近年来的产业热点。

中国、美国、日本和欧盟等国家或组织，将食品生物技术的发展提升到战略高度，相继投入巨额的研发经费。据统计，全球有近300家公司涉足食品生物技术相关的研究和开发，包括美国杜邦、丹麦诺维信、美国孟山都、德国巴斯夫、荷兰帝斯曼、日本味之素、美国联合利华等行业巨擘。近年来，欧美还涌现出以 Codexis 为代表的一大批创新型技术公司[3]。

---

* 中国工程院院士。

以人造肉、人造牛奶和人造鸡蛋为代表的人造食品的研发和产业化进展迅速[4-6]，人造的牛肉、猪肉、鸡肉、牛奶等相继面世。例如，美国硅谷的 Impossible Foods 公司融资 2.6 亿美元，创建了人造牛肉关键组分——血红素蛋白的酵母细胞工厂，利用植物蛋白组分合成出人造牛肉；与养殖牛相比，这种方法可节省 74% 的水，减少 87% 的温室气体排放，所需的养殖土地面积减少 95%，且生产的人造牛肉不含激素、抗生素、胆固醇或人造香料。Impossible Foods 公司的人造牛肉汉堡包已在纽约餐厅开卖，每个售价 12 美元[4]。Impossible Foods 公司在全球多国（包括中国）申请了发明专利。此外，硅谷的另一家高科技食品公司 Hampton Creek 利用从牛身上获取的细胞，采用细胞培养技术生产出新型"人造肉"，其相关产品计划进入全球市场。

据调查，全球人口大约 75% 表现出乳糖不耐受，其中绝大多数为亚洲人。人造牛奶不含胆固醇和乳糖，其口味和营养与天然牛奶相同，但适用更广的人群，且产生的碳排放比养殖奶牛减少 84%[7]。美国 Perfect Day 公司先利用细胞工厂技术，创建出能够合成牛奶香味和营养成分的人工酵母，然后利用酵母细胞工厂，生产出牛奶一样的蛋白质；新生产出的蛋白质被业内专家视为下一代重要的牛奶替代品，而这项技术有可能彻底改变整个乳品行业。目前，该公司已从投资者（包括香港富豪李嘉诚的地平线创投）手中筹集到数千万美元的资金。

美国硅谷的 Clara Foods 公司是利用分子合成技术创制动物蛋白的范例。该公司不用鸡来制造蛋清蛋白，而是利用酵母细胞工厂经发酵合成出乳清蛋白。美国 Hampton Creek 公司研发出蛋类替代品"人造蛋"。该公司采用独特的技术将种植于加拿大的豌豆和多种豆类植物混合，制作出味道和营养价值可与真鸡蛋相媲美且保存时间更长的植物蛋产品，相关产品"植物蛋黄酱"已在香港等地的超市销售。

生物技术的发展已经让微生物细胞工厂成为"新型种子"，所有的奶牛制品（从牛肉、牛奶、牛胰岛素到牛胶原蛋白）都能用发酵罐生产，因而不用养殖奶牛就可以合成出奶制品。未来的食品生产将集成食品营养关键组分的合成技术、3D 打印技术与蛋白仿真技术等，这是一种完全不同于传统的生产模式。

2. 食品功能因子的生物制造

食品功能因子在调节营养和健康方面具有重要作用。利用生物技术构建的细胞工厂，可用于制造食品功能因子，这是一项保障食品功能因子绿色、可持续供给的重要技术。

在打通从珍稀植物的基因组测序、基因挖掘到重组合成的通道之后，科研人员利用酵母细胞实现了从葡萄糖到植物天然产物的从头合成；此外，还利用细胞工厂以工业生物发酵的方式，实现了植物来源次生代谢产物的高效合成。植物天然产物（阿片类生物碱、红景天苷、番茄红素、天麻素、白藜芦醇、水飞蓟素、灯盏花素以及玫瑰花和茉莉花的香味物质）的生物制造正在逐步产业化[8]。母乳寡糖是婴儿配方奶粉的关键功能营养因子，其高效制备为实现婴儿配方奶粉对母乳的"深度模拟"提供了重要技术支撑[9]。2'-岩藻糖基乳糖（2'-FL）和乳酰-N-新四糖（LNnT）是典型的母乳寡糖。2'-FL 被美国食品药品监督管理局（FDA）批准为婴幼儿奶粉的添加剂，被欧盟批准为新型食品添加剂；LNnT 被美国和欧盟批准为食品添加剂。2'-FL 在婴幼儿配方奶粉中的建议添加量为 2 克 / 千克，按全球婴幼儿奶粉年产量 270 万吨计算，预计2'-FL 全球需求量为 5400 吨 / 年。目前荷兰、德国的公司已投入巨资研发母乳寡糖，包括 2'-岩藻糖基乳糖、3'-岩藻糖基乳糖、乳酰-N-四糖、6'-唾液酸基乳糖和 3'-唾液酸基乳糖，相关技术上已满足规模化生产的要求。

3. 食品酶的挖掘及制造

食品酶制剂在改进产品的风味和质量等方面发挥着重要作用，已广泛用在饮料工业、乳品工业、焙烤工业、水产品肉类工业和油脂加工行业等。随着基因挖掘、蛋白质智能设计、高效分子进化、超高通量筛选等酶工程技术及其装备的开发和应用，新酶基因挖掘技术、酶蛋白的大规模高效表达技术及其表达系统和应用系统等取得显著进展。

满足食品领域不同应用需求的复合酶制剂的制造和应用取得重要进展[10]。荷兰皇家帝斯曼集团推出新的 Maxilact Super 乳糖酶，用于生产无乳糖的减糖乳制品，以满足消费者对无乳糖食品日益增长的需求。该乳糖酶可用于生产牛奶、牛奶饮料、酸奶及各种有机乳品，通过将乳糖"分解成更甜的形式"，使产品减糖高达 20%；此外，还可减少 33% 的水解时间，有助于优化生产效率。

日本天野酶制品株式会社 2021 年推出酶制剂 Umamizyme ™ Pulse。该酶制剂可产生更高含量的谷氨酸和半胱氨酸，为植物蛋白质产品提供类似谷氨酸钠的鲜味和浓厚味；同时减少植物蛋白质产品（如豌豆、大豆、杏仁）的苦味；还可用于酸性环境，降低产品中防腐用盐的添加量。此外，蛋白质谷氨酰胺酶已实现商品化，主要用于提升植物基乳制品的口感，有广泛的应用前景。随着人造肉的不断开发及其产业化，用于调控人造肉质构的谷氨酰胺转氨酶等酶制剂的需求和市场也不断扩大。

4. 益生菌的功能解析及应用

近年来，益生菌有益于人体健康的各种不同功能逐渐被人们熟知。随着益生菌的理论研究不断取得突破，其技术成果得以加速转化。益生菌的产业发展迅速，其国际市场规模预计在 2022 年达到 574 亿美元。典型益生菌产品包括：2019 年英国推出的开菲尔发酵水果酸奶，含有超过 40 种有益于肠道的菌种；俄罗斯开发出的富含双歧杆菌和菊粉的葡萄柚饮用型酸奶，有助于改善消化功能；专为肠胃健康设计的饮用型酸奶在韩国上市，每份含有 2000 亿活性乳酸菌；日本推出的改善"肠道健康"的功能性发酵乳 Bifidus，搭配了长双歧杆菌（*Bifidobacterium longum*）BB536 菌株，能够增加肠道双歧杆菌，改善肠道健康；此外，日本采用罗伊氏乳杆菌（*Lactobacillus reuteri*）DSM17938，开发出以"改善口腔内菌群，保护牙龈健康"为功能性标示的益生菌发酵乳[11]。

二、国内食品生物技术产业化新进展

在政府的高度重视下，我国食品生物技术的产业化发展迅速。在人造肉市场方面，我国拥有潜力巨大的市场，不断涌现出人造肉初创企业，相继有企业推出各种与中国传统美食相结合的人造肉产品。传统素食企业和食品企业持续加大与高校和科研院所的合作，以推进人造肉品质的提升。

在细胞工厂创制领域，我国已进入国际先进水平的行列，在构建丹参酮、人参皂苷、水飞蓟素、类胡萝卜素等植物源天然产物的细胞工厂上取得一系列国际领先的成果，开发出很多新技术。这些新技术显著降低了很多产品的发酵生产成本，完全有可能取代传统的化学合成法或植物提取法[8]。

在食品功能营养因子的合成方面，我国开发出更适合生产母乳寡糖的微生物发酵法，这种方法以不产生内毒素的枯草芽孢杆菌（典型食品级微生物）作为细胞工厂；此外，以酵母、裂殖壶菌等为底盘细胞，还创建出可高产量生产出脂肪酸（亚油酸、亚麻酸、二十碳五烯酸、神经酸等）的单细胞体系和油脂发酵技术，这些技术以葡萄糖等为原料，生产高附加值功能油脂，丰富了我国功能油脂的生产技术体系[12-15]。

近几年，酶制剂行业的市场竞争力不断增强，国产酶制剂产品在国内市场的占有率显著提升。截至 2020 年 12 月，我国酶制剂的主要生产企业约为 16 家，占全国酶制剂总产能的 90% 以上。通过生物数据库快速挖掘工业酶编码基因、开发基因编辑技术改变在工业酶基因序列以及构建定向有序和定量可控的食品酶复配与使用技术，淀粉加工用酶、脂肪酶等食品酶创制及产业化应用取得了重要突破。

在益生菌方面，我国致力于研发适用于中国人肠道健康的具有自主知识产权的优良菌株。乳品公司联合科研院所开发出的新型乳双歧杆菌和植物乳杆菌等新菌种，已广泛用于益生菌发酵乳和乳饮料产品中[11]。同时，国内市场对益生菌产品的需求也大幅增加，预计 2022 年达到约 900 亿元的市场规模。

三、我国存在的问题及建议

人工智能和合成生物学取得的突破，有力地推动了食品生物技术的发展。我国在食品原料的生物制造、食品功能因子的合成、食品酶的挖掘及制备以及益生菌资源的开发等方面取得的新成果，对我国食品生物技术的产业化产生了深远的影响。为满足我国安全、营养和健康的食品需求，应在以下两个方面加强研究并加快产业化应用。

1. 食品合成生物学技术

食品合成生物学技术是解决未来食品面临的重大挑战的主要方法之一，可用于新食品的资源开发和高值利用、多样化食品生产方式的变革、功能性食品添加剂和营养化学品的制造等方面[16]。在传统食品制造技术的基础上，采用合成生物学技术，特别是食品微生物基因组设计与组装、食品组分合成途径设计与构建等方法，先创建出具有食品工业应用能力的人工细胞工厂；再利用细胞工厂将可再生原料转化为重要食品组分、功能性食品添加剂和营养化学品，可解决食品原料及其生产过程中存在的不可持续的问题，实现更安全、更营养、更健康和可持续的食品获取方式。我国已经利用食品合成生物技术制造出血红蛋白和母乳寡糖等，但相关的基础和应用研究仍相对薄弱。因此，应以国家科技计划专项等方式，支持食品合成生物学技术的开发和应用，加快实现产业化，抢占世界科技前沿和产业高地，为人民健康事业做出贡献。

2. 食品智能制造

智能制造将引领第四次工业革命，采用智能制造技术是食品工业发展的必然趋势。食品智能制造以数字化设计、原位感知、增材制造等先进技术为基础，是一种具有自感知、自学习、自决策、自执行、自适应等功能的新型食品生产方式，旨在实现食品生产的柔性化、智能化和高度集成化[17]。然而，我国在食品领域存在装备的自主创新能力低，以及关键的高端装备依赖进口的问题。因此，应加强食品智能制造装备的研究和应用，加大对装备研发企业的支持力度，加强食品智能制造的示范和推广，加速形成基于食品装备智能化的食品加工模式。

参考文献

[1] Stephens N, Di Silvio L, Dunsford I, et al. Bringing cultured meat to market: Technical, socio-political, and regulatory challenges in cellular agriculture. Trends in Food Science & Technology, 2018, 78: 155-166.

[2] 刘延峰，周景文，刘龙，等. 合成生物学与食品制造. 合成生物学，2020，1（1）：84-91

[3] 罗正山，徐铮，李莎，等 . 生物工程在食品领域的研究与应用进展 . 食品与生物技术学报，2020，39（9）：1-5.

[4] Zhang G，Zhao X，Li X，et al. Challenges and possibilities for bio-manufacturing cultured meat. Trends in Food Science & Technology，2020，97：443-450.

[5] Specht E A，Welch D R，Rees Clayton E M，et al. Opportunities for applying biomedical production and manufacturing methods to the development of the clean meat industry. Biochemical Engineering Journal，2018，132：161-168.

[6] Liu Y，Dong X，Wang B，et al. Food synthetic biology-driven protein supply transition：From animal-derived production to microbial fermentation. Chinese Journal of Chemical Engineering，2021，30：29-36.

[7] 张媛媛，曾艳，王钦宏 . 合成生物制造进展 . 合成生物学，2021，2（2）：145-160.

[8] Alam K，Hao J，Zhang Y，et al. Synthetic biology-inspired strategies and tools for engineering of microbial natural product biosynthetic pathways. Biotechnology Advances，2021，49：107759.

[9] Bych K，Mikš M H，Johanson T，et al. Production of HMOs using microbial hosts—from cell engineering to large scale production. Current Opinion in Biotechnology，2019，56：130-137.

[10] Li C，Zhou J，Du G，et al. Developing *Aspergillus niger* as a cell factory for food enzyme production. Biotechnology Advances，2020，44：107630.

[11] 于洁，张和平 . 益生菌发酵乳的研究及产业化进展，中国食品学报，2020，20（10）：1-7.

[12] Deng J，Chen C，Gu Y，et al. Creating an *in vivo* bifunctional gene expression circuit through an aptamer-based regulatory mechanism for dynamic metabolic engineering in Bacillus subtilis. Metabolic Engineering，2019，55：179-190.

[13] Dong X，Li N，Liu Z，et al. CRISPRi-guided multiplexed fine-tuning of metabolic flux for enhanced Lacto-N-neotetraose production in *Bacillus subtilis*. Journal of Agricultural and Food Chemistry，2020，68（8）：2477-2484.

[14] Fang L，Fan J，Luo S，et al. Genome-scale target identification in *Escherichia coli* for high-titer production of free fatty acids. Nature Communications，2021，12（1），4976.

[15] Fan Y，Meng H M，Hu G R，et al. Biosynthesis of nervonic acid and perspectives for its production by microalgae and other microorganisms. Applied Microbiology and Biotechnology，2018，102（7）：3027-3035.

[16] Lv X，Wu Y，Gong M，et al. Synthetic biology for future food：Research progress and future directions. Future Foods，2021，3：100025.

[17] 李兆丰，徐勇将，范柳萍，等 . 未来食品基础科学问题 . 食品与生物技术学报，2020，39（10）：9-17.

3.7　Commercialization of Food Biotechnology

Liu Yanfeng，*Chen Jian*
（Jiangnan University）

Food industry，the biggest manufacturing industry in China，is of vital strategic importance in ensuring living standards，boosting domestic demands，stimulating relative industries and regional economic development，as well as maintaining social stability and harmony. Food biotechnology uses advanced biotechnology，such as metabolic engineering，enzyme engineering，and fermentation engineering，to achieve efficient，green and sustainable process in food component production，processing and manufacturing，ensuring both food nutrition and sustainable supply. In recent years，the development of food biotechnology industrialization has been strongly promoted by biomanufacturing of food raw materials，synthesis of food functional elements，development of food enzymes，and application of probiotic products. Additionally，food synthetic biology and intelligent manufacturing will facilitate further development of food biotechnology industrialization.

第四章

医药制造业国际竞争力与创新能力评价

Evaluation on Pharmaceutical Industry Competitiveness and Innovation Capacity

4.1　中国医药制造业国际竞争力评价

郭　鑫[1,2]　蔺　洁[1]

（1. 中国科学院科技战略咨询研究院；
2. 中国科学院大学公共政策与管理学院）

一、中国医药制造业发展概述

医药制造业[①]具有高投入、高产出、高风险、技术密集的特点，是一个国家制造业整体实力的集中体现，近年来世界主要国家纷纷把医药制造业列为重点发展产业。新冠肺炎疫情的全球蔓延，更加催生了人们对医疗健康服务的巨大需求，医药制造业进入高速发展时期。医药制造业是中国战略性新兴产业重点发展领域，在保障人民生命财产安全，应对自然灾害和突发公共卫生事件、促进经济社会发展等方面发挥着关键作用。

2015～2019年，中国医药制造业产业整体盈利能力大幅提升，产业结构进一步优化，但是产业规模出现调整收缩。中国医药制造业利润总额从2717.35亿元增加到3184.24亿元，年均增速达到4.04%，产业整体盈利能力[②]从10.56%提升至13.33%，提高近3个百分点（图1）。营业收入[③]从2.57万亿元减少到2.39万亿元，年均下降1.84%，占高技术产业营业收入的比例从18.38%下降到15.04%，降低3.34个百分点。产业集中度不断上升，企业平均规模[④]从0.81亿元大幅增加到3.23亿元，企业平均利润率从8.41%大幅提升至13.33%。

本文在相关研究[1,2]的基础上，从竞争实力、竞争潜力、竞争环境和竞争态势四个方面分析中国医药制造业国际竞争力。

---

① 根据《国家统计局关于印发〈高技术产业（制造业）分类（2017）〉的通知》（国统字〔2017〕200号），医药制造业包括化学药品制造、中药饮片加工、中成药生产、兽用药品制造、生物药品制品制造、卫生材料及医药用品制造和药用辅料及包装材料七个子行业。由于《中国高技术产业统计年鉴》仅统计化学药品制造、中成药生产和生物药品制品制造三个子行业，故本报告中重点论述上述三个子行业。

② 产业整体盈利能力用利润率表示，计算公式为利润率＝（利润总额／营业收入）×100%。

③ 本文数据来源于国家统计局发布的《中国高技术产业统计年鉴》，自2019年起该年鉴不再统计主营业务收入，而是统计营业收入，故本文中2018年之后的数据均为营业收入。

④ 由于数据限制，企业平均规模用企业平均营业收入指标（医药制造业营业收入／企业数量）代替。

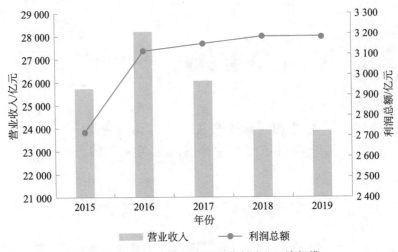

图 1　2015～2019 年中国医药制造业经济规模

资料来源:《中国高技术产业统计年鉴 2016》、《中国高技术产业统计年鉴 2017》、《中国高技术产业统计年鉴
2019》和《中国高技术产业统计年鉴 2020》,缺失 2017 年相关数据,以 2016 年和 2018 年平均值代替

二、中国医药制造业竞争实力

竞争实力主要体现在资源转化能力、市场竞争能力和产业技术能力三个方面,本文将从这三个方面评价中国医药制造业竞争实力。

1. 资源转化能力

资源转化能力衡量生产要素转化为产品与服务的效率和效能,主要体现为全员劳动生产率[1]和利润率两项指标。全员劳动生产率是产业生产技术水平、经营管理水平、职工技术熟练程度和劳动积极性的综合体现,利润率反映产业生产盈利能力。

中国医药制造业全员劳动生产率相对较低。2019 年,中国医药制造业全员劳动生产率为 122.00 万元/(人·年),略低于高技术产业的平均水平[123.33 万元/(人·年)]。中国医药制造业全员劳动生产率与发达国家相比仍有较大差距。2017年,法国、德国、英国、日本医药制造业全员劳动生产率[2]分别为 31.62 万美元/

---

[1]　全员劳动生产率 [万元/(人·年)]= 产业增加值/全部从业人员平均数。由于中国没有产业增加值统计数据,考虑到人均营业收入一定程度上可以反映全员劳动生产率的发展水平,故中国的全员劳动生产率用人均营业收入代替。

[2]　此处数据来自 OECD STAN 数据库,https://stats.oecd.org/Index.aspx?DataSetCode=STANI4#。其中,各国医药制造业全员劳动生产率的计算公式: basic pharmaceutical products and pharmaceutical preparations labor productivity=production (value added current prices) /number of persons engaged-total employment。

（人·年）、19.74 万美元 /（人·年）、36.04 万美元 /（人·年）和 22.67 万美元 /（人·年），2018 年美国医药制造业全员劳动生产率为 55.48 万美元 /（人·年），是中国 2019 年医药制造业全员劳动生产率［17.66 万美元 /（人·年的）］[1] 的 1.12～3.14 倍。从细分行业来看，化学药品制造的全员劳动生产率最高，2019 年为 142.50 万元 /（人·年），而中成药生产的全员劳动生产率最低，为 96.39 万元 /（人·年）。

虽然中国医药制造业全员劳动生产率相对不高，但盈利能力较强，远高于高技术产业平均水平。2019 年中国医药制造业利润率为 13.33%，高于高技术产业（6.61%）6.72 个百分点。其中，化学药品制造、中成药生产、生物药品制品制造的利润率分别达到 13.43%、13.89% 和 18.34%，高于医药制造业的平均水平。但是，与跨国公司相比，中国医药制造业利润率仍有提升空间。数据显示，2019 年，美国强生公司（Johnson & Johnson）、美国辉瑞公司（Pfizer）、瑞士诺华公司（Novartis）、美国默沙东公司（MSD）和瑞士罗氏集团（Roche）五大医药企业的利润率分别为 18.43%、31.44%、15.07%、22.95%、21.01%[3]。

2. 市场竞争能力

市场竞争能力由产品目标市场份额、贸易竞争指数[2]和价格指数[3]三项指标表征。产品目标市场份额反映了一国某商品对目标市场的贸易出口占目标市场该商品贸易进口的比例。贸易竞争指数反映一国某商品贸易进出口差额的相对大小，指数大于 0 表示出现贸易顺差，小于 0 表示出现贸易逆差。指数等于 1 表示只有出口，指数越接近 1 表明产品的贸易顺差越大，贸易竞争力越强；指数等于 -1 表示只有进口，指数越接近 -1 表明产品的贸易逆差越大，贸易竞争力越弱。价格指数为该国某商品进出口价格比率，0～1 表明该商品出口价格低于进口价格，大于 1 表明该商品出口价格高于进口价格。由于 UN Comtrade 数据库中没有统计医药产品的进口数量和出口数量，无法对价格指数进行计算，故本部分主要分析贸易竞争指数。

2015～2019 年，中国医药产品的国际贸易[4]逆差逐步扩大。UN Comtrade 数据库数据显示，2015 年以来中国医药产品出口呈小幅增长态势，2019 年出口总额为 91.29 亿美元；进口总额快速增长，2019 年达到 335.27 亿美元；贸易逆差从 122.73 亿美元大幅提升至 243.98 亿美元（图 2）。从贸易竞争指数来看，2019 年中国医药产品的贸

---

① 汇率按照 OECD 2019 年现价美元汇率（6.908）计算，数据来源：https://data.oecd.org/conversion/exchange-rates.htm[2021-07-03]。

② 贸易竞争指数 =（出口额 - 进口额）/（出口额 + 进口额）。

③ 价格指数 =（出口额 / 出口数量）/（进口额 / 进口数量）。

④ 贸易数据主要来自 UN Comtrade 数据库。其中，主要统计 pharmaceutical products（商品编码为二位码 30），商品编码标准为 HS1996。

易竞争指数为 −0.57，表明在国际市场上中国医药产品仍缺乏竞争力。

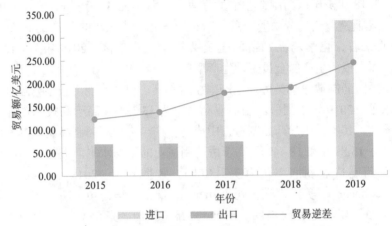

图 2　中国医药制造业进出口情况（2015～2019 年）

资料来源：作者根据 UN Comtrade 数据库数据计算得出

美国、德国、印度、日本、英国、法国、瑞士是中国医药制造业的主要贸易国。德国是中国医药产品最大的贸易进口国。2019 年中国从德国进口医药产品占总进口额的 26.42%。在德国市场，中国医药产品的市场竞争能力很弱。2019 年，中国对德国市场的医药产品出口额和进口额分别为 3.54 亿美元和 88.57 亿美元，贸易逆差高达 85.03亿美元，贸易竞争指数为 −0.92，目标市场份额为 0.37%。在美国和法国市场，中国医药产品的市场竞争能力较弱，2019 年中国医药产品对美国市场和法国市场出口额分别为 18.17 亿美元和 3.14 亿美元，进口额分别为 48.54 亿美元和 27.49 亿美元，贸易逆差分别达到 30.37 亿美元和 24.35 亿美元，贸易竞争指数分别为 −0.46 和 −0.79，目标市场份额分别为 2.49% 和 0.80%（表 1）。

表 1　中国医药制造业贸易竞争指数（2019 年）

	全球市场	美国市场	德国市场	印度市场	日本市场	英国市场	法国市场	瑞士市场
出口 / 亿美元	91.29	18.17	3.54	4.14	2.48	2.83	3.14	0.88
进口 / 亿美元	335.27	48.54	88.57	0.56	13.25	11.46	27.49	17.27
贸易逆差 / 亿美元	243.98	30.37	85.03	−3.58	10.77	8.63	24.35	16.39
贸易竞争指数	−0.57	−0.46	−0.92	0.76	−0.68	−0.60	−0.79	−0.90
目标市场份额 /%	1.45	2.49	0.37	2.32	2.44	1.16	0.80	0.14

资料来源：UN Comtrade 数据库，商品编码标准为 HS1996

在日本、英国和瑞士市场，中国医药产品的市场竞争能力也较弱。2019 年，中国从日本、英国和瑞士市场分别进口医药产品 13.25 亿美元、11.46 亿美元和 17.27 亿美元，出口额分别为 2.48 亿美元、2.83 亿美元和 0.88 亿美元，贸易逆差分别为 10.77 亿美元、8.63 亿美元和 16.39 亿美元，贸易竞争指数分别为 −0.68、−0.60 和 −0.90，目标市场份额分别为 2.44%、1.16% 和 0.14%（表 1）。在印度市场，中国医药产品有较强的市场竞争力。2019 年，中国对印度市场的医药产品出口额为 4.14 亿美元，进口额为 0.56 亿美元，贸易顺差为 3.58 亿美元，贸易竞争指数为 0.76，目标市场份额为 2.32%（表 1）。

中国 HS 编码 [①] 3001、3003、3005、3006 的医药产品的贸易竞争指数均大于 0，产品以出口为主，具有一定的贸易竞争优势。其中，HS 编码 3001 和 3005 产品贸易竞争指数大于 0.5，表明这些品类的医药产品具有较强的贸易竞争优势。美国 HS 编码 3002、3004、3005、3006 的医药产品贸易竞争指数均小于 0，以进口为主。其中，HS 编码 3004 的产品贸易竞争指数小于 −0.5，表明产品处于贸易劣势。德国除 HS 编码 3005 的医药产品贸易竞争指数小于 0 外，其余产品贸易竞争指数均大于 0。其中，HS 编码 3006 的产品贸易竞争指数大于 0.5，表现出一定的竞争优势。印度 HS 编码 3003、3004 的医药产品贸易竞争指数分别为 0.5944、0.8383，表现出较强的贸易竞争优势。日本医药产品以进口为主，仅 HS 编码 3005 产品贸易竞争指数大于 0，HS 编码 3001、3002、3004 的产品贸易竞争指数均小于 −0.5，处于贸易竞争劣势。英国 HS 编码 3003 的医药产品贸易竞争指数小于 −0.5，处于贸易竞争劣势。法国 HS 编码 3003 的医药产品，瑞士 HS 编码 3002 和 3003 的医药产品贸易竞争指数均大于 0.5，具有一定的贸易竞争优势（表 2）。

表 2　部分国家医药产品贸易竞争指数（2019 年）

HS 编码	中国	美国	德国	印度	日本	英国	法国	瑞士
3001	0.8660	0.1226	0.0173	−0.3899	−0.6296	−0.1411	−0.2822	−0.2913
3002	−0.8742	−0.2477	0.0970	0.0403	−0.8116	−0.0316	0.0287	0.5522
3003	0.3860	0.4920	0.1956	0.5944	−0.3103	−0.8384	0.6314	0.5058
3004	−0.6944	−0.5505	0.2973	0.8383	−0.5587	0.1013	0.2485	0.3823
3005	0.6927	−0.2489	−0.0657	0.2979	0.0609	0.2841	−0.2681	−0.3612
3006	0.1120	−0.3756	0.5138	0.2594	−0.4791	−0.2126	−0.0215	0.5827

资料来源：UN Comtrade 数据库，商品编码标准为 HS1996

① 根据 UN Comtrade 数据库对 HS 编码的分类，3001 包括：用于有机治疗的腺体、器官（其提取物、分泌物）；肝素及其盐；其他用于治疗或预防的人类或动物物质；3002 包括：用于治疗、预防、诊断用途的人或动物血液，疫苗、毒素、微生物培养物；3003 包括：两种以上混合而成的未配定计量或未制成零售包装的药物；3004 包括：已配定剂量或制成零售包装的药品；3005 包括：医用、外科或兽医用棉絮、纱布、绷带等；3006 包括：医药用品。

通过考察中国医药产品在全球市场和美国、德国、印度、日本、英国、法国、瑞士等主要目标市场的贸易竞争指数和目标市场份额，可以认为，中国医药制造业市场竞争能力较弱，仅在印度有一定的市场竞争能力，在占领国际市场方面还有较大的差距。

3. 产业技术能力

产业技术能力主要体现在关键技术水平、新产品销售率[①]和新产品出口销售率[②]三项指标上。产业关键技术水平体现产业技术硬件水平，与产业技术能力有着直接的关系。新产品销售率和新产品出口销售率一定程度上反映了新技术的市场化收益能力，也是衡量产业技术水平的重要指标。

近年来，中国医药制造业的技术水平有较快提升，在基础医学、创新药物、新型疫苗等相关领域取得突破。基础医学领域，中国在超高时空分辨微型化双光子在体显微成像系统、病毒转化为活疫苗及治疗性药物[4]、基于 DNA 检测酶调控的自身免疫疾病治疗方案[5]、非洲猪瘟病毒结构及其组装机制、体细胞克隆[6]等方面取得重要进展。创新药物领域，2018 年珐博进（中国）医药技术开发有限公司和阿斯利康投资（中国）有限公司合作研发的创新药罗沙司他胶囊（商品名：爱瑞卓）在中国率先获批上市[7]，使中国首次成为全球首批首创作用机制（first-in-class）药物上市的国家，实现"三首"突破。2019 年石药集团自主研发的抗高血压创新药马来酸左旋氨氯地平作为全新化合物获美国食品药品监督管理局（FDA）审评通过，成为中国本土药企第一个在美国获得批准的创新药[8]。同年，百济神州公司自主研发的抗癌药物 BTK 抑制剂泽布替尼（BRUKINSA）获美国 FDA 批准上市，实现中国原研新药出海"零突破"[9]。疫苗研发领域，2017 年，军事科学院军事医学研究院生物工程研究所和康希诺生物股份公司联合研发的重组埃博拉疫苗（腺病毒载体）获批上市，该疫苗是由我国独立研发、具有完全自主知识产权的创新性重组疫苗产品[10]。2019 年，厦门万泰沧海生物技术有限公司的双价人乳头瘤病毒疫苗（大肠杆菌）[商品名：馨可宁（Cecolin）]获批上市，成为首家获批的国产人乳头瘤病毒疫苗[11]。2021 年 9 月，军事科学院军事医学研究院生物工程研究所与武汉大学中南医院共同研发的吸入型腺病毒载体新冠病毒疫苗取得突破性进展，是全球首个公开发表的新冠病毒疫苗黏膜免疫临床试验结果[12]。但是，与发达国家相比，我国在医药研发领域仍有较大差距。研究显示，2021 年最有商业潜力的上市新药前十名中，美国参与研制的有 6 款新药，2026 年销售额预计高达 117 亿美元；日本、荷兰、比利时、丹麦、瑞士、加拿大各自

---

① 新产品销售率 = 新产品销售收入 / 产品销售收入 ×100%，其中，产品销售收入用营业收入替代。

② 新产品出口销售率 = 新产品出口销售收入 / 新产品销售收入 ×100%。

参与研制 1 款新药，2026 年销售额预计分别为 48 亿美元、25 亿美元、16 亿美元、15 亿美元、12 亿美元和 11 亿美元，而中国没有排名前十位的新药。这表明在新药研发领域中国与发达国家仍有显著的技术差距[13]。

中国医药制造业新技术产业化和市场化收益能力相对较弱，新产品主要销往国内市场。2019 年，中国医药制造业新产品销售率为 27.94%，远低于高技术产业的平均水平（37.25%）。从细分产业来看，化学药品制造的新产品销售率最高，为 29.72%，高于医药制造业平均水平 1.78 个百分点；中成药生产和生物药品制品制造的新产品销售率分别为 29.02% 和 29.64%，均高于医药制造业平均水平。从新产品出口情况来看，中国医药制造业的新产品出口销售率仅为 2.32%，比高技术产业平均水平（12.63%）低 10.31 个百分点，中成药生产的新产品出口销售率仅为 0.40%，表明中国医药制造业新产品尤其是中成药新产品的销售还是以国内市场为主，在国际市场上远未被广泛接受。

综合考察资源转化能力、市场竞争能力和产业技术能力，我们认为，中国医药制造业竞争实力相对较弱，劳动生产率较低，盈利能力和技术能力与发达国家相比仍有较大的差距，新产品开发能力不足，新产品销售主要面对国内市场，在国际市场上产业竞争力亟待提升。

三、中国医药制造业竞争潜力

竞争潜力体现在产业运行状态、技术投入、比较优势和创新活力四个方面。由于产业运行状态缺乏相关统计数据，本文仅从技术投入、比较优势和创新活力三个方面分析中国医药制造业的竞争潜力。

1. 技术投入

技术投入直接影响产业未来技术水平和竞争力的提升，体现在 R&D 人员比例[①]、R&D 经费强度[②]、技术改造经费比例[③] 及消化吸收经费比例[④] 四项指标上。

与高技术产业相比，中国医药制造业技术投入相对较低，自主创新能力不足，产业以技术的引进消化吸收再创新为主。2019 年，中国医药制造业 R&D 人员比例为 6.27%，低于高技术产业平均水平（6.68%）0.41 个百分点；中国医药制造业

---

① R&D 人员比例 =（R&D 人员折合全时当量 / 从业人员）×100%。
② R&D 经费强度 =（R&D 经费内部支出 / 营业收入）×100%。
③ 技术改造经费比例 =（技术改造经费 / 营业收入）×100%。
④ 消化吸收经费比例 =（消化吸收经费 / 技术引进经费）×100%。

R&D 经费强度为 2.55%，略高于高技术产业平均水平（2.39%）。同年，中国医药制造业技术改造经费比例为 0.43%，而消化吸收经费比例高达 52.37%，远高于高技术产业平均水平（8.75%），表明中国医药制造业的技术研发还处于仿制阶段。从细分产业来看，生物药品制品制造技术投入相对较高，R&D 人员比例和 R&D 经费强度分别为 8.79% 和 4.98%，技术改造经费比例和消化吸收经费比例分别为 0.27% 和 186.24%。化学药品制造技术投入整体较高，R&D 人员比例和 R&D 经费强度分别为 6.85% 和 2.65%，技术改造经费比例和消化吸收经费比例分别为 0.52% 和 25.13%。中成药生产技术投入相对较低，R&D 人员比例、R&D 经费强度和消化吸收经费比例均为医药制造业最低水平，仅技术改造经费比例相对高于生物药品制品制造，为 0.45%（表 3）。

表 3　中国医药制造业技术投入指标（2019 年）　　　　（单位：%）

产业	R&D 人员比例	R&D 经费强度	技术改造经费比例	消化吸收经费比例
高技术产业	6.68	2.39	0.35	8.75
医药制造业	6.27	2.55	0.43	52.37
化学药品制造	6.85	2.65	0.52	25.13
中成药生产	5.21	1.98	0.45	17.25
生物药品制品制造	8.79	4.98	0.27	186.24

资料来源：《中国高技术产业统计年鉴 2020》

2019 年中国医药制造业 R&D 经费投入达到 88.24 亿美元[①]，实现了大幅增长，已经超过 2017 年德国（62.53 亿美元）、法国（10.84 亿美元）和意大利（8.73 亿美元）的投入水平[②]。但与美国、日本等医药制造强国相比仍有显著差距。OECD 数据显示[③]，2017 年美国医药制造业的 R&D 经费投入为 662.02 亿美元；2018 年日本医药制造业的 R&D 经费投入为 134.28 亿美元。中国医药制造业的 R&D 经费投入规模仅为美国的 13.33%（美国采用 2017 年数），日本的 40.34%（日本采用 2018 年数）。从 R&D 经费投入强度来看，中国医药制造业 R&D 经费投入强度达到 2.55%[④]。2017 年法国、德国、意大利、日本和美国医药制造业 R&D 经费强度分别为 7.62%、24.94%、

① 根据《中国高技术产业统计年鉴 2020》中医药制造业的 R&D 经费数据，采用 OECD 2019 年美元对人民币汇率（6.908）计算所得。

② 因 OECD 数据库最新数据只更新到 2017 年，故此三个国家采用 2017 年数据。

③ OECD statistics. https://stats.oecd.org/#[2021-07-27]。其指标主要采用 business enterprise R&D expenditure by industry，单位为 PPP dollars-current prices。

④ 此处中国的研发经费强度根据《中国高技术产业统计年鉴 2020》数据计算所得。

8.39%、50.68% 和 41.76%，远高于 2019 年中国医药制造业 R&D 经费投入强度。

总体而言，与高技术产业平均水平相比，中国医药制造业技术投入整体不高，但十分注重产业技术的引进消化吸收再创新。此外，经过多年发展，中国医药制造业技术投入大幅增长，已经接近部分发达国家水平，但是与医药制造强国相比，中国医药制造业技术投入还存在明显差距。

2. 比较优势

中国医药制造业的比较优势主要体现在劳动力成本、产业规模和相关产品市场规模 3 个方面。

与发达国家相比，中国医药制造业劳动力成本优势显著。OECD 数据显示[①]，2017 年法国、德国、英国和日本医药制造业从业人员平均工资分别为 11.07 万美元、8.09 万美元、14.32 万美元和 5.72 万美元，2018 年意大利和美国医药制造业从业人员平均工资分别为 8.23 万美元和 15.21 万美元，而 2019 年中国医药制造业平均工资仅为 1.91 万美元[②]，是上述国家的 12.54% ～ 33.32%。

中国医药制造业产业规模较大，与发达国家相比优势明显。2017 年，德国、英国和日本医药制造业产业增加值分别为 250.69 亿美元、175.53 亿美元和 274.34 亿美元；2018 年，意大利、法国、美国医药制造业产业增加值分别为 110.47 亿美元、146.02 亿美元和 1664.42 亿美元。2019 年中国医药制造业营业收入高达 3457.46 亿美元[③]，是上述国家的 2.08 ～ 31.30 倍。

中国医药制造业发展前景广阔。与发达国家相比，中国人均医疗支出水平较低。世界银行数据显示[④]，2018 年中国人均医疗支出仅为 501.1 美元，而同期美国、德国、法国、英国、瑞士、日本的人均医疗支出分别为 10 623.8 美元、5472.2 美元、4690.1 美元、4315.4 美元、9870.7 美元和 4266.6 美元，是中国的 8.51 ～ 21.20 倍。此外，与世界平均水平相比，中国人均医疗支出水平仍显著偏低，2018 年世界人均医疗支出为 1111.1 美元，是中国的 2.22 倍。可以预见，随着中国医药卫生体制改革的深化和人民

---

①　Basic pharmaceutical products and pharmaceutical preparations，资料来源：OECD STAN 数据库中产业分析部分的产业分类 D21，以上数据库的产业分类标准是 ISIC Rev.4。指标为 labour costs（compensation of employees），https://stats.oecd.org/Index.aspx?DataSetCode=STANI4#［2021-07-09］。

②　根据 2019 年美元对人民币汇率（6.908）计算所得。汇率来源：https://data.oecd.org/conversion/exchange-rates.htm。

③　根据 2019 年美元对人民币汇率（6.908）计算所得。汇率来源：https://data.oecd.org/conversion/exchange-rates.htm。

④　Current health expenditure per capita（current US$），World Bank WDI Database，https://databank.shihang.org/source/health-nutrition-and-population-statistics［2020-07-26］。

生活的持续改善，人均医疗支出水平将有显著提高，将为中国医药制造业发展带来巨大的市场空间。

3. 创新活力

创新活力主要体现在专利申请数、有效发明专利数和单位营业收入对应有效发明专利数[①] 三个方面。

中国医药制造业的专利数量相对较低。2019 年，中国医药制造业专利申请数和有效发明专利数分别为 23 400 项和 47 910 项，分别占高技术产业专利数量的 7.74% 和 10.15%。从细分产业来看，中国医药制造业专利主要集中在化学药品制造业，其专利申请数和有效发明专利数分别为 9028 项和 20 509 项；同年，中成药生产领域和生物药品制品制造领域专利申请数分别为 4373 项和 4044 项，有效发明专利数分别为 12 121 项和 7582 项。

中国医药制造业创新效率相对较低，单位营业收入对应有效发明专利数与高技术产业平均水平还有一定差距。2019 年中国医药制造业单位营业收入对应有效发明专利数为 2.01 项 / 亿元，同期高技术产业单位营业收入对应有效发明专利数为 2.97 项 / 亿元。其中，生物药品制品制造单位营业收入对应有效发明专利数为 3.08 项 / 亿元，高于高技术产业平均水平；而化学药品制造和中成药生产单位营业收入对应有效发明专利数则分别为 1.67 项 / 亿元和 2.64 项 / 亿元，低于高技术产业平均水平。

与发达国家相比，中国医药制造业显示了一定的创新活力，但与美国仍有较大差距。WIPO 统计显示[②]，2020 年，中国在医药领域（pharmaceuticals）的 PCT 专利申请量为 1379 件，仅为同期美国（4224 件）的 32.65%；与法国、德国、日本、瑞士、英国等发达国家相比，中国医药制造业 PCT 专利申请量有一定的优势，同年法国、德国、日本、瑞士、英国在医药领域专利申请量分别为 335 件、372 件、789 件、389 件和 330 件，仅为中国的 23.93%～57.22%。

综合考虑技术投入、比较优势和创新活力，可以认为，中国医药制造业竞争潜力目前还较弱；与发达国家相比，虽然在劳动力成本、产业规模和市场规模等方面存在比较优势，但是技术投入偏低，创新活力相对不足，一定程度上将影响产业未来发展。

---

① 单位营业收入对应有效发明专利数 = 有效发明专利数 / 营业收入。

② WIPO IP Statistics Data Center. https://www3.wipo.int/ipstats/pmhindex.htm?lang=en&tab=pct［2021-07-25］。

四、中国医药制造业竞争环境

竞争环境主要体现在政治经济环境、贸易和技术环境、相关产业发展环境、产业政策环境等方面。总体上看，中国医药制造业面临的竞争环境呈现出以下四个特点。

1. 发达国家主导的国际竞争格局短期内难以改变

在医药制造业领域，发达国家主导国际竞争的格局短期难以改变。少数跨国公司一方面凭借高强度的研发投入推动产业技术快速创新；另一方面依靠新药专利壁垒控制产业关键核心和前沿技术，牢牢占据全球医药产业链和价值链高端。2020年，全球制药和生物技术交易市场仍高度集中在少数发达经济体中。美国制药和生物技术交易市场销售额高达1745.50亿美元，占全球市场的72.57%；英国、德国、日本、韩国紧随其后，制药和生物技术交易市场销售额分别为201.27亿美元、89.78亿美元、85.90亿美元和61.72亿美元，分别占全球市场的8.37%、3.73%、3.57%和2.57%，上述五个国家占全球制药和生物技术交易市场的90.81%。中国制药和生物技术交易市场销售额为46.42亿美元，仅占全球市场的1.93%[14]。全球前1000家制药企业中美国有286家企业入选，总市值高达24 928.39亿美元，市场销售份额高达37.9%，企均规模为87.16亿美元；瑞士有18家企业入选，总市值为6269.29亿美元，市场销售份额达到9.5%，企均规模高达348.29亿美元；德国、法国、英国、日本分别有26家、26家、29家和59家企业入选，总市值分别为4427.31亿美元、2137.16亿美元、3420.80亿美元和4416.62亿美元，市场销售份额分别为6.7%、3.2%、5.2%和6.7%，企均规模分别为170.28亿美元、82.20亿美元、117.96亿美元和74.86亿美元。中国入选医药企业205家，总市值达到8377.07亿美元，市场销售份额为12.7%，位列全球第二，但企均规模仅为40.86亿美元。2020年销售额最高的15款药物中，美国制药企业生产8种，瑞士和德国分别生产2种，丹麦、英国和法国各生产1种[15]。

2. 数字技术变革推动医疗产业快速发展

数字技术推动诊疗服务变革。数字技术的大规模使用使得远程医疗快速发展，2018年中国远程医疗（包括远程患者检测、视频会议、在线咨询、个人医疗护理装置使用、无线访问电子病历和处方等）市场规模达到114.5亿元；疫情加速"互联网＋医疗"发展，"云挂号""云咨询""云问诊""云处方"将整个医疗环节全部打通，开启全新就医模式。据估计，2025年中国远程医疗行业市场规模将达到803亿元[16]。可穿戴设备和大数据的进一步普及使得医疗逐步由"治病"向"预防"转变，将提升全民医疗保健质量，降低就医负担。大数据技术可以提供更加个性化的医疗预防和解决方案、更精确的医疗资源匹配和更高的用药准确性。虚拟现实（virtual reality，VR）技术将深刻改变患者治疗方式，VR技术将成为更安全更有效的药物替代品，帮助治疗慢性疼痛、焦虑症、创伤应激障碍和脑卒中（中风）等疾病，同时也可以成为康复训练的有效手段。区块链技术在解决医疗记录碎片化、保护患者隐私等方面提供解决方案[17]。此外，人工智能等新技术的应用为医药制造业带来颠覆性变化。制药企业通过人工智能提升新药开发的成功率，降低运营成本。研究人员通过机器学习对细胞的数字图形进行分类与预测，加快新药筛选过程；利用自动化数据收集和分析技术为复杂疾病创建解决方案；将生物物理学和人工智能技术结合，以更快、更安全、更便宜的方式发现药物。通过创建基于云技术和人工智能技术的集成网络，对具有结构特征的蛋白质库筛选小分子药物，确定重要的蛋白质靶标，借助人工智能技术确定药物对于靶标的影响，产生最佳解决方案、了解潜在副作用并发现现有药物的新用途[18]。

3. 世界主要国家将医药产业作为未来发展的战略重点

生物医药和医疗数字化发展等领域是世界主要国家未来发展的战略重点。2020年8月，美国白宫发布2022财年美国研发预算优先事项（*Fiscal Year 2022 Administration Research and Development Budget Priorities and Cross-cutting Actions*），确认生物科技仍然是美国五大研发优先方向之一，同时增加"公共安全与创新"重点领域，包括诊断、疫苗和治疗、传染病建模和预测、生物医药和生物技术、生物经济等方面；10月，美国卫生与公众服务部（United States Department of Health and Human Services，HHS）发布《2020—2025美国联邦政府医疗信息化战略规划》（*2020-2025 Federal Health IT Strategic Plan*），旨在提高患者获取和控制自身健康信息的权利，增强患者对自身健康管理的控制，为医疗行业未来5年的数字化转型提供了指导[19]；同月，美国工程生物学研究联盟（Engineering Biology Research Consortium，EBRC）发布《微生物组工程：下一代生物经济研究路线图》（*Microbiome Engineering：A Research Roadmap for the Next Generation Bioeconomy*），提出未来20年工程生物学时空控制、功能生物多样性和分布式代谢3个技术主题，以及未来2年、5年、10年和20年发展里程碑，并评估了3个技术主题在工业生物技术、健康与医学、食品与农业、环境生物技术和能源领域的应用与影响[20]。为应对"脱欧"带来的挑战，2017年8月，英国生命科学办公室发布《生命科学产业战略》（*Life Sciences：Industrial Strategy*），旨在改善医疗质量的同时，构建英国生命科学产业的全球领先地位和国际竞争力，包括加强基因组技术在医药领域的应用、发展无症状慢性疾病早期有效诊断、通过数字化与人工智能技术变革病理学与影像医学、实施健康老龄化等方面的举措[21]；2020年英国政府发布全国性基因组医疗保健战略《英国基因组：医疗保健的未来》(*Genome UK：The Future of Healthcare*)，旨在通过基因组测序为患者提供最好的预测、预防和个性化医疗。通过减少临床护理和研究之间的界限，做到早期发现和快速诊断，利用基因组学对特定患者群体进行干预，以应对新的全球性流行病和公共卫生威胁[22]。2020年12月，欧盟发布《欧洲药物战略》(*Pharmaceutical Strategy for Europe*)，提出确保患者能够获得负担得起的药物以满足医疗需求；增强欧盟制药业的竞争力、创新能力和可持续发展能力，支持和推动制药企业开发高质量、安全、有效和环保的药物；加强危机防范和应对机制建设，保障供应链的多样化和安全性，解决药品短缺问题；增强欧洲医药制造业的国际影响力这四项主要发展目标[23]。2018年初，韩国颁布《第四期科学技术基本计划（2018—2022）》(*Phase 4 Science and Technology Basic Plan（2018-2022）*)，将生物医药产业创新发展列为重点发展任务，确定了基因组、干细胞、新型药物、临床和公共医疗、医疗器械、生物复合、脑科学七大细分领域。2019年2月和3月先后颁布《投入20万亿韩元研发资金的政府研发中长期投资战略》和《2020年政府研发投资的方向和标准》，围绕新药、生物、医疗器械、干细胞等未来和新兴产业领域加强政府主导的研发投资，引导民间投资、完善制度建设，奠定产业发展的基础；以医疗保健为重点方向，改善民众生活质量[24]。2019年5月，韩国科学技术信息通信部发布《生物健康产业创新战略》，在包括医药品、医药器械等制造业和医疗、健康管理服务业等领域将全球市场扩大3倍，创造30万个工业岗位，开发创新型新药、医疗器械和医疗技术，攻克疑难杂症，保障国民生命健康[25]。

4. 我国不断优化政策环境促进医药产业发展

党中央历来高度重视人民健康事业，持续加强医药领域产业布局，为医药制造业发展提供良好的政策环境。新冠肺炎疫情暴发后，党中央更加旗帜鲜明地提出把人民生命安全和身体健康放在第一位。党的十九届五中全会确认"面向世界科技前沿、面向经济主战场、面向国家重大需求、面向人民生命健康"的发展方针，为医药制造业发展提供了新的历史机遇。

《中华人民共和国国民经济和社会发展第十四个五年规划和2035年远景目标纲要》明确提出推动生物技术和信息技术融合创新，加快发展生物医药产业，做大做强生物经济。《"十四五"生物医药产业发展规划》再次强调了生物医药产业的战略性新兴产业地位，生物医药作为重点发展领域将成为生物经济产业体系重要组成部分。药物研发和审批速度加快，为我国医药产业发展松绑。《国务院办公厅关于改革完善仿制药供应保障及使用政策的意见》（国办发〔2018〕20号）从医保和税收等多方面出台政策促进仿制药研发、提升仿制药疗效，以提高药品供应保障能力，更好地满足临床用药及公共卫生安全需求。《促进健康产业高质量发展行动纲要（2019—2022年）》（发改社会〔2019〕1427号）提出对临床急需的新药和罕见病用药予以优先审评审批，推进药品临床试验由明示许可改为到期默认制。2020年1月，国家市场监督管理总局发布《药品注册管理办法》（国家市场监督管理总局令第27号）对加速创新药审评审批等制度做出明确规定。2021年5月18日，国家药品监督管理局药品审评中心发布的"中国上市药品专利信息登记平台"正式上线，标志着中国的药品专利链接制度实质性落地，这将有利于创新药和仿制药的平衡。这些政策为医药企业创新发展提供了良好的政策环境，将进一步促进我国药企加强创新能力建设，加快实现我国由制药大国向制药强国跨越的战略目标。

五、中国医药制造业竞争态势

竞争态势反映产业竞争力演进的趋势和方向，主要体现为资源转化能力、市场竞争能力、技术能力和比较优势四个方面的发展。中国医药制造业国际竞争力不仅取决于竞争实力、竞争潜力和竞争环境，还受到产业竞争态势的影响。

1. 资源转化能力发展态势

资源转化能力发展态势反映全员劳动生产率和利润率的变化趋势，是把握资源转化能力发展趋势的重要前提。

中国医药制造业资源转化能力呈上升态势，人均营业收入稳步增加，利润率快速增长。2015～2019年，中国医药制造业人均营业收入从115.41万元/（人·年）增加到122.00万元/（人·年），年均增幅为1.40%；同期，高技术产业人均营业收入从103.35万元/（人·年）增加到122.33万元/（人·年），年均增幅达到4.52%。中国医药制造业利润率从8.41%波动增加到12.09%，年均增幅达到9.49%；同期，高技术产业利润率从4.20%增加到6.63%，年均增幅高达12.10%（表4）。

表4 中国医药制造业主要经济指标（2015～2019年）

指标	行业	2015年	2016年	2017年	2018年	2019年
人均营业收入/[万元/（人·年）]	高技术产业合计	103.35	114.62	116.86	119.15	123.33
	医药制造业	115.41	124.95	121.88	118.45	122.00
	化学药品制造	120.33	133.31	135.89	138.63	142.50
	中成药生产	99.69	107.33	99.68	90.02	96.39
	生物药品制品制造	137.30	143.68	131.65	117.95	119.71

续表

指标	行业	2015 年	2016 年	2017 年	2018 年	2019 年
利润率 /%	高技术产业合计	4.20	6.55	6.42	6.70	6.63
	医药制造业	8.41	11.66	10.56	11.04	12.09
	化学药品制造	7.50	11.29	10.49	11.41	12.08
	中成药生产	10.03	12.12	11.10	11.35	12.55
	生物药品制品制造	11.94	15.81	12.35	12.77	15.44

资料来源：《中国高技术产业统计年鉴 2016》《中国高技术产业统计年鉴 2017》《中国高技术产业统计年鉴 2019》和《中国高技术产业统计年鉴 2020》，缺失 2017 年相关数据，以 2016 年和 2018 年平均值代替

2. 市场竞争能力发展态势

市场竞争能力变化指数主要反映产品目标市场份额和贸易竞争指数变化趋势。

在全球目标市场，中国医药制造业市场竞争能力总体呈下降态势。虽然中国医药制造业国际贸易总体呈快速增长态势，但贸易逆差持续扩大。2015～2019 年，中国医药制造业出口额从 69.18 亿美元持续增加到 91.29 亿美元，年均增幅为 7.18%；进口额从 191.91 亿美元快速增加到 335.27 亿美元，年均增幅高达 14.97%；中国医药制造业贸易逆差从 122.73 亿美元扩大到 243.98 亿美元，年均增幅高达 18.74%。从贸易竞争指数来看，中国医药制造业贸易竞争指数从 −0.47 波动下降至 −0.57，表明中国医药制造业在国际市场的竞争力持续下降（表 5）。

表 5　中国医药制造业国际贸易情况（2015 ～ 2019 年）

市场	指标	2015 年	2016 年	2017 年	2018 年	2019 年
全球市场	出口 / 亿美元	69.18	69.92	73.39	88.37	91.29
	进口 / 亿美元	191.91	207.28	253.04	278.19	335.27
	贸易逆差 / 亿美元	122.73	137.36	179.65	189.82	243.98
	贸易竞争指数	−0.47	−0.50	−0.55	−0.52	−0.57
美国市场	出口 / 亿美元	13.32	13.01	12.53	14.68	18.17
	进口 / 亿美元	32.72	31.75	37.48	46.60	48.54
	贸易逆差 / 亿美元	19.40	18.74	24.95	31.92	30.37
	贸易竞争指数	−0.42	−0.42	−0.50	−0.52	−0.46

续表

市场	指标	2015 年	2016 年	2017 年	2018 年	2019 年
德国市场	出口 / 亿美元	2.38	2.36	3.77	3.89	3.54
	进口 / 亿美元	44.75	55.93	69.35	68.32	88.57
	贸易逆差 / 亿美元	42.36	53.57	65.58	64.43	85.03
	贸易竞争指数	−0.90	−0.92	−0.90	−0.89	−0.92
印度市场	出口 / 亿美元	2.62	2.76	3.10	3.42	4.14
	进口 / 亿美元	0.21	0.31	0.23	0.39	0.56
	贸易逆差 / 亿美元	−2.40	−2.45	−2.87	−3.03	−3.58
	贸易竞争指数	0.85	0.80	0.86	0.80	0.76
日本市场	出口 / 亿美元	2.60	2.45	2.38	2.64	2.48
	进口 / 亿美元	7.16	7.29	9.19	12.07	13.25
	贸易逆差 / 亿美元	4.56	4.84	6.82	9.43	10.77
	贸易竞争指数	−0.47	−0.50	−0.59	−0.64	−0.68
英国市场	出口 / 亿美元	2.33	2.50	2.62	2.77	2.83
	进口 / 亿美元	11.20	10.46	11.87	11.17	11.46
	贸易逆差 / 亿美元	8.87	7.96	9.25	8.40	8.63
	贸易竞争指数	−0.66	−0.61	−0.64	−0.60	−0.60
法国市场	出口 / 亿美元	2.18	1.73	2.90	3.39	3.14
	进口 / 亿美元	16.21	17.84	23.42	22.99	27.49
	贸易逆差 / 亿美元	14.03	16.11	20.52	19.60	24.35
	贸易竞争指数	−0.76	−0.82	−0.78	−0.74	−0.79
瑞士市场	出口 / 亿美元	0.40	1.96	0.78	0.86	0.88
	进口 / 亿美元	10.73	12.54	14.09	14.04	17.27
	贸易逆差 / 亿美元	10.33	10.58	13.31	13.19	16.39
	贸易竞争指数	−0.93	−0.73	−0.90	−0.89	−0.90

资料来源：UN Comtrade 数据库，商品编码标准为 HS1996

在美国、德国、日本和法国市场，中国医药制造业整体上竞争力较弱且呈下降态势。数据显示，2015～2019年，在日本市场，中国医药制造业的出口额有所下降并且市场竞争能力呈现快速下降态势，贸易竞争指数从-0.47下降至-0.68；在美国、德国和法国市场，虽然中国医药制造业的出口额有所增长，但是贸易逆差在迅速扩大，市场竞争能力呈现下降态势，贸易竞争指数分别从-0.42、-0.90和-0.76下降至-0.46、-0.92和-0.79；在英国和瑞士市场，虽然中国医药制造业缺乏竞争能力，但贸易竞争指数略有上升，分别从2015年的-0.66和-0.93上升至-0.60和-0.90（表5）。2015～2019年，中国医药制造业对印度市场的出口额呈现上升态势，但是市场竞争能力有所下降，贸易竞争指数从0.85下降至0.76（表5）。

中国医药制造业相关产品大部分细分行业在国际市场上具有竞争优势。2015～2019年，中国HS编码3001、3003、3005和3006产品的贸易竞争指数大于0。其中，HS编码3001和3004产品贸易竞争指数绝对值始终大于0.5，说明产品具有较强的贸易竞争优势。中国医药制造业相关产品的价格指数始终小于1，说明产品具有价格优势，可以发现中国医药制造业相关产品主要依靠价格优势进入国际市场（表6）。

表6　中国医药制造业细分产品贸易竞争指数和价格指数（2015～2019年）

HS编码	2015年		2016年		2017年		2018年		2019年	
	贸易竞争指数	价格指数	贸易竞争指数	价格指数	贸易竞争指数	价格指数	贸易竞争指数	价格指数	贸易竞争指数	价格指数
3001	0.9692	0.29	0.9385	0.87	0.9458	0.29	0.9107	0.21	0.8660	0.14
3002	-0.8581	—	-0.7988	0.96	-0.8488	0.09	-0.8488	0.08	-0.8742	0.06
3003	0.3923	—	0.4110	0.96	0.3719	0.06	0.3811	0.06	0.3860	0.05
3004	-0.6439	0.07	-0.6712	0.50	-0.6960	0.06	-0.6427	—	-0.6944	0.06
3005	0.8091	0.18	0.7925	0.97	0.7628	0.15	0.7252	—	0.6927	0.16
3006	0.1656	0.11	0.2027	0.36	0.0876	0.11	0.0475	0.10	0.1120	0.11

注："—"表示数据库中进出口数量统计缺失，无法计算价格指数

资料来源：UN Comtrade数据库，商品编码标准为HS1996

3. 技术能力发展态势

技术能力变化指数主要由产业技术投入、产业技术能力和创新活力等指数变化情况来反映。

中国医药制造业技术能力总体呈现上升态势，但普遍低于高技术产业平均水平。

2015～2019 年，中国医药制造业 R&D 人员比例从 4.15% 波动上升到 6.27%，但始终低于高技术产业同期平均水平。同期，中国医药制造业 R&D 经费强度从 1.27% 大幅提高到 2.55%，2019 年略高于同期高技术产业平均水平（2.39%）。中国医药制造业新产品销售率、有效发明专利数和单位营业收入对应的有效发明专利数分别从 18.41%、21 563 项和 0.84 项 / 亿元大幅增加到 27.94%、47 910 项和 2.01 项 / 亿元，年均增幅分别高达 10.99%、22.09% 和 24.37%，但是与高技术产业平均水平相比，在总量上仍有一定的差距（表 7）。

表 7 中国医药制造业技术能力指标（2015～2019 年）

		2015 年	2016 年	2017 年	2018 年	2019 年
R&D 人员比例 /%	高技术产业合计	4.36	4.32	5.39	6.47	6.68
	医药制造业	4.15	4.08	5.10	6.24	6.27
	化学药品制造	5.64	5.53	6.22	6.96	6.85
	中成药生产	3.14	3.17	4.10	5.29	5.21
	生物药品制品制造	4.82	4.97	6.72	8.72	8.79
R&D 经费强度 /%	高技术产业合计	1.59	1.58	1.93	2.27	2.39
	医药制造业	1.27	1.28	1.80	2.43	2.55
	化学药品制造	1.68	1.64	2.14	2.66	2.65
	中成药生产	0.91	1.01	1.39	1.97	1.98
	生物药品制品制造	1.45	1.55	2.58	4.01	4.98
新产品销售率 /%	高技术产业合计	29.59	31.16	33.73	36.24	37.25
	医药制造业	18.41	19.23	22.62	26.62	27.94
	化学药品制造	22.19	22.65	25.72	28.86	29.72
	中成药生产	18.23	19.32	22.49	27.25	29.02
	生物药品制品制造	15.58	17.67	21.71	27.31	29.64
有效发明专利数 / 项	高技术产业合计	199 728	257 234	341 185.5	425 137	471 949
	医药制造业	21 563	24 640	35 203	45 766	47 910
	化学药品制造	11 448	12 828	16 278.5	19 729	20 509
	中成药生产	6 114	6 839	9 409	11 979	12 121
	生物药品制品制造	2 342	3 265	5 090	6 915	7 582

续表

		2015 年	2016 年	2017 年	2018 年	2019 年
单位营业收入对应的有效发明专利数 /（项 / 亿元）	高技术产业合计	1.43	1.67	2.20	2.71	2.97
	医药制造业	0.84	0.87	1.35	1.91	2.01
	化学药品制造	1.00	1.01	1.30	1.59	1.67
	中成药生产	0.97	1.01	1.67	2.67	2.64
	生物药品制品制造	0.74	0.99	1.80	2.92	3.08

资料来源：《中国高技术产业统计年鉴 2016》《中国高技术产业统计年鉴 2017》《中国高技术产业统计年鉴 2019》和《中国高技术产业统计年鉴 2020》，缺失 2017 年相关数据，以 2016 年和 2018 年平均值代替

　　中国医药制造业 PCT 专利申请量与发达国家呈现差距不断缩小的发展态势。2015～2020 年，中国医药领域 PCT 专利申请量从 500 项快速增长到 1379 项，年均增幅高达 22.50%。同期，英国和美国在医药领域 PCT 专利申请量的年均增长速度超过 5%，分别从 249 项和 2971 项增长到 330 和 4224 项，增速分别为 5.79% 和 7.29%。法国、德国、日本和瑞士医药领域 PCT 申请量保持增长，分别从 297 项、356 项、677 项和 318 项增长到 335 项、372 项、789 项和 389 项，年均增速分别为 2.44%、0.88%、3.11% 和 4.11%。仅印度医药领域 PCT 申请量呈现下降态势，从 257 项减少到 244 项，年均下降 1.03%（表 8）。

表 8　医药领域 PCT 专利申请量（2015～2020 年）　　　（单位：项）

国家	2015 年	2016 年	2017 年	2018 年	2019 年	2020 年
中国	500	707	919	1017	1233	1379
法国	297	292	309	304	336	335
德国	356	339	370	380	362	372
印度	257	274	263	217	238	244
日本	677	684	712	742	736	789
瑞士	318	323	303	343	310	389
英国	249	286	338	335	337	330
美国	2971	3327	3478	3593	3777	4224

资料来源：WIPO. WIPO statistics database

4. 比较优势发展态势

比较优势变化指数由劳动力成本和产业规模等的变化趋势反映。与发达国家相比，中国医药制造业比较优势显著。

1) 中国医药制造业劳动力成本不增反降，与发达国家相比低成本优势仍然显著。2015～2019 年，中国医药制造业从业人员工资从 2.18 万美元下降到 1.91 万美元，年均下降 3.25%。2017 年，德国、法国、英国化学与医药制造业从业人员工资分别为 8.16 万美元、11.07 万美元和 15.60 万美元；2018 年，意大利、美国化学与医药制造业从业人员工资分别为 8.25 万美元、15.41 万美元（表 9）。可以看出，中国劳动力成本依旧远低于 2017～2018 年发达国家的水平，具有明显的成本优势。

2) 从产业规模来看，中国医药制造业产业规模呈缩小趋势，但同发达国家相比优势明显。2015～2019 年，中国医药制造业营业收入从 4131.93 亿美元减少到 3457.46 亿美元，年均下降 4.36%。2018 年，法国、意大利、美国医药制造业产值则分别为 146.02 亿美元、110.47 亿美元、和 1664.42 亿美元。2017 年，德国和英国医药制造业产值达到 250.69 亿美元和 175.53 亿美元。从产业规模看，中国医药制造业规模较大，远超过美国、德国、英国等发达国家，规模优势显著（表 9）。

表 9　部分国家医药制造业比较优势指标（2015～2019 年）

指标	国家	2015 年	2016 年	2017 年	2018 年	2019 年
从业人员工资/万美元	法国	10.18	10.46	11.07	—	—
	德国	7.61	7.83	8.16	—	—
	意大利	7.49	7.63	7.87	8.25	—
	英国	16.98	17.80	15.60	—	—
	美国	16.27	15.34	15.41	15.41	—
	中国	2.18	2.31	2.02	1.87	1.91
产值/亿美元	法国	137.76	138.57	142.28	146.02	
	德国	253.70	285.07	250.69	—	—
	意大利	98.65	102.84	104.03	110.47	
	英国	180.89	180.30	175.53	—	—
	美国	1435.69	1535.67	1585.16	1664.42	
	中国[①]	4131.93	4245.35	3855.87	3615.11	3457.46

注："—"表示数据库中相关数据缺失

资料来源：OECD. OECD statistics

① 中国数据为医药制造业营业收入。

　　综合考察资源转化能力变化指数、市场竞争能力变化指数、技术创新能力变化指数和比较优势变化指数，可以认为，中国医药制造业国际竞争力略有提升，主要表现在四个方面：①资源转化能力呈上升态势，人均营业收入稳步增长，利润率快速增长；②贸易逆差持续扩大，在国际市场的竞争能力持续下降；③技术能力总体呈上升态势，但部分指标低于高技术产业平均水平；④比较优势显著，产业规模虽有所下降，但仍维持在较高水平，劳动力成本略有下降，与主要发达国家相比优势显著。

六、主要研究结论

　　综合分析中国医药制造业的竞争实力、竞争潜力、竞争环境和竞争态势，可以得出以下结论。

　　1）产业竞争实力总体较弱，与发达国家相比仍有较大差距。中国医药制造业资源转化能力较低，全员劳动生产率和利润率与发达国家相比差距明显；产业市场竞争能力较弱，产品国际市场竞争力不强，产品主要销往国内市场；产业技术能力较弱，虽然通过创新发展在部分技术领域取得一定突破，但是新产品销售率、新产品出口销售率远低于高技术产业平均水平。

　　2）产业竞争潜力相对较低，但比较优势较为显著。中国医药制造业在劳动力成本和产业规模等方面与发达国家相比优势显著，能够为未来发展提供广阔空间。但是，中国医药制造业技术投入和创新活力不足，R&D人员比例、单位营业收入对应有效发明专利数和技术改造经费低于高技术产业平均水平，与发达国家相比差距明显。

　　3）产业竞争环境整体稳定，发展机遇与挑战并存。发达国家依靠自身的研发优势牢牢占据全球医药制造业价值链高端，短期内技术和资金优势难以改变；同时发达国家将医药制造业作为未来产业发展的重点领域，将引发新一轮的全球产业竞争；人工智能、大数据等新一代数字技术的广泛应用给医药制造业发展带来全新的机遇；中国政府高度重视医药制造业的发展，将人民生命健康提升到国家战略的高度，为医药制造业发展提供了良好的外部环境和历史机遇。

　　4）产业竞争态势总体向好，与发达国家差距进一步缩小。总体上，中国医药制造业国际竞争力近年来稳步提升，资源转化能力和产业技术能力呈现上升态势，技术投入和新产品销售指标低于高技术产业平均水平；比较优势显著，与发达国家相比在产业规模和劳动力成本方面优势明显。但是，中国医药制造业的贸易逆差持续扩大，产品在国际市场上竞争能力持续下降。

参考文献

［1］穆荣平 . 高技术产业国际竞争力评价方法初步研究 . 科研管理，2000（1）：50-57.

［2］穆荣平 . 中国高技术产业国际竞争力评价 . 2000 高技术发展报告 . 北京：科学出版社，2000.

［3］江琦，赵磊 . 剥离或并购、只为聚焦创新药业务，重磅产品快速放量——辉瑞、强生、诺华、罗氏和默沙东 2019 财报全解析 . http://www.doc88.com/p-00999962415888.html［2020-02-17］.

［4］科技日报 . 2017 年度中国科学十大进展揭晓 . 科技日报，2018 年 2 月 28 日，第 1 版 .

［5］中华人民共和国科学技术部 . 2019 年度中国科学十大进展发布 . http://www.most.gov.cn/gnwkjdt/202003/t20200327_152618.html［2021-07-25］.

［6］中华人民共和国科学技术部 . 2018 年度中国科学十大进展 . http://www.most.gov.cn/gnwkjdt/201903/t20190311_145519.html［2021-07-25］.

［7］国家药品监督管理局 . 治疗肾性贫血新药罗沙司他胶囊获批上市 . https://www.nmpa.gov.cn/yaowen/ypjgyw/20181218092001170.html［2021-08-19］.

［8］马彦铭 . 中国创新药首次进入美国市场 . 河北日报，2019 年 12 月 23 日，第 12 版 .

［9］卢杉 . 见证 2019 年：中国医药市场新生力量崛起，本土创新药超 20%. http://m.21so.com/2020/qqb21news_0103/4691315.html［2021-07-05］.

［10］国家药品监督管理局 . 首个国产重组人乳头瘤病毒疫苗获批上市 . https://www.nmpa.gov.cn/directory/web/nmpa/yaowen/ypjgyw/20191231160701608.html［2021-10-05］.

［11］国家药品监督管理局 . 首个重组埃博拉病毒病疫苗获得新药注册批准 . https://www.nmpa.gov.cn/directory/web/nmpa/yaopin/ypjgdt/20171020094701899.html［2021-10-05］.

［12］白波 . 我国吸入型腺病毒载体疫苗获得突破 . https://baijiahao.baidu.com/s？id=1711427384640652443&wfr=spider&for=pc［2021-10-05］.

［13］Brown A，Elmhirst E. Evaluate Vantage 2021 Preview . https://www.evaluate.com/thought-leadership/vantage/evaluate-vantage-2021-preview［2021-10-05］.

［14］Pharmacompass. Top Pharma & Biotech Deals in 2020 . https://www.pharmacompass.com/data-compilation/top-pharma-biotech-deals-in-2020［2021-07-28］.

［15］Pharmacompass. Top 15 drugs by sales . https://www.pharmacompass.com/data-compilation/top-1000-global-pharmaceutical-companies［2021-07-28］.

［16］前瞻产业研究院 . 2020 年中国远程医疗行业市场现状及发展前景分析 . https://www.sohu.com/a/403943516_99922905［2021-08-20］.

［17］Reddy M. Digital Transformation in Healthcare in 2021：7 Key Trends . https://www.digitalauthority.me/resources/state-of-digital-transformation-healthcare/［2021-08-20］.

［18］Arsene C. Artificial Intelligence & Pharma：What's Next. https://www.digitalauthority.me/resources/artificial-intelligence-pharma/［2021-08-20］.

[19] The Office of the National Coordinator for Health Information Technology. 2020-2025 Federal Health IT Strategic Plan . https://www.healthit.gov/topic/2020-2025-federal-health-it-strategic-plan[2021-12-08].

[20] 中国科学院科技战略咨询研究院 . 美国 EBRC 发布微生物组工程研究路线图 . http://www.casisd.cn/zkcg/ydkb/kjqykb/2021kjqykb/kjqykb202101/202102/t20210209_5891511.html[2021-09-30].

[21] 李祯祺 . 英国生命科学办公室发布《生命科学产业战略》. https://mp.weixin.qq.com/s/dXScaO_n-JV5FPTEGrvylQ[2021-08-20].

[22] 尹烨 . 刚刚发布的英国基因组学计划，被称为医疗的未来！ . https://xw.qq.com/cmsid/20201004A02HVN00[2021-09-30].

[23] 中华人民共和国商务部 . 欧委会通过《欧洲药物战略》. http://www.mofcom.gov.cn/article/i/jyjl/m/202012/20201203022797.shtml[2021-08-16].

[24] 莫富传，胡海鹏，袁永 . 韩国生物医药产业创新发展政策研究 . 科技创新发展战略研究，2021，5（3）：64-70.

[25] 中国科学院科技战略咨询研究院 . 韩国发布《生物健康产业创新战略》. http://www.casisd.cn/zkcg/ydkb/kjzcyzxkb/kjzczxkb2019/kjzczx201907/201910/t20191015_5408057.html[2021-09-30].

4.1　Evaluation on International Competitiveness of Chinese Pharmaceutical Industry

Guo Xin[1,2], *Lin Jie*[1]

(1. Institutes of Science and Development，Chinese Academy of Sciences；2. School of Public Policy and Management，University of Chinese Academy of Sciences)

The paper analyzes the international competitiveness of Chinese pharmaceutical industry from four aspects，including the competitive strength，the competitive potential，the competitive environment，and the competitive tendency. On the basis of statistical data and systematic analysis，four conclusions are drawn as follows.

Firstly，compared with some developed countries，the competitive strength of Chinese pharmaceutical industry is relatively weak. The resource transformation capacity，market competitiveness and industrial technology capacity are still weak. Although there are some breakthroughs in certain technology areas driven by innovation， the new products sales ratio and export ratio are still weaker than those of Chinese high-tech industry.

Secondly, the competitive potential of Chinese pharmaceutical industry is not high, but comparative advantage is still significant. In terms of labor costs and industrial scale, there are huge advantages of Chinese pharmaceutical industry compared with the developed countries, which provide a broad space for future development. However, the technology input and innovation capacity of Chinese pharmaceutical industry are insufficient. The R&D personnel, the ration of the revenue to patents and technical transformation expenditure are lower than those of the Chinese high-tech industry.

Thirdly, the competitive environment is changing with stability, implying opportunities and challenges for Chinese pharmaceutical industry. Developed countries occupy the high-end part of the global value chain with their own R&D advantages, and it is difficult to change their technological and financial advantages in short term. At the same time, developed countries regard pharmaceutical industry as the key field of future industrial development, which will trigger a new round of global industrial competition. The wide application of the new generation of digital technology brings new opportunities to the development of the pharmaceutical industry. China attaches great importance to the development of the pharmaceutical industry, and elevates people's life and health to the height of the national development strategy, providing a good external environment and historical opportunities for the development of China's pharmaceutical industry.

Fourthly, the competitiveness tendency of Chinese pharmaceutical industry is improving, with a narrowing gap to developed countries. Generally, the resource transformation capacity and the industrial technology capacity have been strengthened, but the technology input and new product sales are lower than those of Chinese high-tech industries. The comparative advantage is significant and shows a healthy upward trend compared with the developed countries. However, the trade deficit of Chinese pharmaceutical products continues to expand, and the international competitiveness of pharmaceutical products keeps dropping.

4.2　中国医药制造业创新能力评价

王孝炯[1]　薛晓宇[1,2]

（1. 中国科学院科技战略咨询研究院；
2. 中国科学院大学公共政策与管理学院）

　　医药制造业主要包括化学药品制造、中成药生产和生物药品制品制造三个部分。"十三五"期间，中国医药制造业研发（Research and Development，R&D）经费内部支出快速增长，2019 年全行业 R&D 经费内部支出约 609.56 亿元，是 2015 年的 1.38 倍。全行业涌现出一批创新成果，如安罗替尼、国产 PD-1 等一批 1 类新药获批上市，市场销售表现出色。特别是，中国自主研发的泽布替尼 2019 年被美国食品药品监督管理局批准上市，实现中国创新药出海"零突破"[1]。

　　2019 年，突发的新冠肺炎疫情使得党中央、国务院更加重视人民健康，《中华人民共和国国民经济和社会发展第十四个五年规划和 2035 年远景目标纲要》（以下简称《"十四五"规划纲要》）[2] 提出"全面推进健康中国建设"，这对中国医药制造业创新发展提出了新要求。此外，复杂的新冠肺炎疫情和日益严峻的国际科技合作环境给中国医药制造业创新发展带来了新的挑战。因此，对中国医药制造业创新能力进行深入分析，总结归纳突出问题并形成政策建议，对于促进中国医药制造业创新发展、支撑健康中国战略实施具有重要价值。本文在《2009 中国创新发展报告》[3] 有关研究基础上，构建了产业创新能力测度指标体系，从创新实力和创新效力两个维度测度了中国医药制造业的创新能力。考虑到数据的可获得性，本文重点针对 2015～2019 年的产业数据进行了分析，结合创新发展环境剖析提出了未来促进中国医药制造业创新发展的政策建议。

一、中国医药制造业创新能力测度指标体系

　　医药制造业创新能力是指在一定发展环境和条件下，医药制造业从事技术发明、技术扩散、技术成果商业化等活动，获取经济收益的能力。简而言之，是指产业整合创新资源并将其转化为财富的能力。医药制造业创新能力是提升医药制造业竞争力的关键，决定了中国医药制造业在全球价值链中的位置。

　　本文在《2009 中国创新发展报告》制造业创新能力评价指标体系基础上，综合考

虑数据的可获得性和产业基本特征，建立了中国医药制造业创新能力测度指标体系，从创新实力和创新效力两个方面表征创新能力。医药制造业创新实力主要反映制造业创新活动规模，涉及创新投入实力、创新产出实力和创新绩效实力三类8个总量指标。医药制造业创新效力主要反映创新活动效率和效益，涉及创新投入效力、创新产出效力和创新绩效效力三类 9 个相对量指标，并采用专家打分法确定相关指标权重，具体指标及其权重如表 1 所示。

表 1　中国医药制造业创新能力测度指标体系

一级指标	权重	二级指标	权重	三级指标	权重
创新实力指数	0.50	创新投入实力指数	0.25	R&D 人员折合全时当量	0.30
				R&D 经费内部支出	0.30
				引进技术和消化吸收经费支出	0.25
				企业办 R&D 机构数	0.15
		创新产出实力指数	0.35	有效发明专利数	0.40
				专利申请数	0.60
		创新绩效实力指数	0.40	利润总额	0.50
				新产品销售收入	0.50
创新效力指数	0.50	创新投入效力指数	0.25	R&D 人员占从业人员的比例	0.30
				R&D 经费内部支出占主营业务收入的比例	0.30
				消化吸收经费与技术引进经费的比例	0.25
				设立 R&D 机构的企业占全部企业的比例	0.15
		创新产出效力指数	0.35	平均每个企业拥有发明专利数	0.40
				平均每万个 R&D 人员的专利申请数	0.30
				单位 R&D 经费的专利申请数	0.30
		创新绩效效力指数	0.40	利润总额占主营业务收入的比例	0.50
				新产品销售收入占主营业务收入的比例	0.50

　　为方便对医药制造业各项指标进行纵向比较，本文采用极值法对每个指标的原始数据进行了标准化处理。此后，本文按照创新能力测度指标体系，采用加权求和方法，对标准化后的数据进行加权汇总，得出中国医药制造业创新能力指数。上述方法旨在对中国医药制造业创新能力的历史变化趋势做一个整体评判，历年指数数值的大小仅用作判断相对趋势，数值差距并无绝对意义。

二、中国医药制造业创新能力

2015~2019 年，中国医药制造业创新能力指数呈整体上升趋势，2019 年创新能力指数是 2015 年的 2.52 倍以上，如图 1 所示。

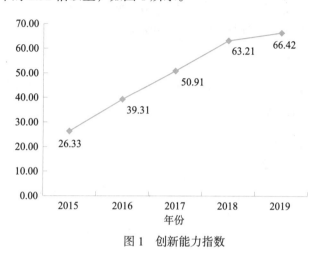

图 1　创新能力指数

（一）创新实力

创新实力采用创新投入实力、创新产出实力和创新绩效实力三类 8 个总量指标表征。2015 年以来，中国医药制造业创新实力指数呈快速增长态势，由 2015 年的 32.17 增长到 2019 年的 69.84，如图 2 所示。

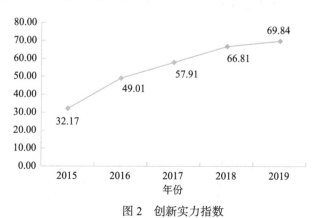

图 2　创新实力指数

1. 创新投入实力

创新投入实力采用 R&D 经费内部支出、R&D 人员折合全时当量、引进技术和消化吸收经费支出、企业办 R&D 机构数 4 个指标表征。2015～2019 年，中国医药制造业创新投入实力指数总体呈先升后降态势，2015 年～2018 年实现稳步上升，2018 年达到 63.35，2019 年则下降到 54.26，如图 3 所示。

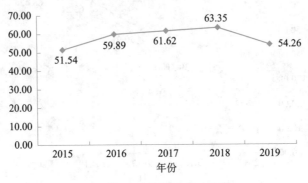

图 3　创新投入实力指数

如图 4 所示，2019 年中国医药制造业 R&D 经费内部支出约 609.56 亿元，是 2015 年的 1.38 倍。2015～2019 年，中国医药制造业 R&D 经费内部支出年均增速达到 8.4%。其中，2019 年化学药品制品制造 R&D 经费内部支出达到 326.31 亿元，占全行业的 53.5%，年均增速比全行业高 0.4 个百分点；中成药生产 R&D 经费内部支出年均增速比全行业低 5.4 个百分点；生物药品制品制造年均增速最高，超过全行业 4.7 个百分点，其 R&D 经费内部支出也超过中成药生产。

图 4　R&D 经费内部支出

如图 5 所示，2015～2019 年，中国医药制造业 R&D 人员折合全时当量总体呈现下降态势。全行业 R&D 人员折合全时当量 2016 年达到 130 570 人年的峰值，之后一直下降到 2019 年 122 720 人年，仅为高峰期 2016 年的 94.0%。分行业看，2019 年化学药品制造 R&D 人员折合全时当量降幅最高，比 2015 年下降了 11.6%，但数值仍为全行业最高，2019 年占全行业的约 48.2%；中成药生产和生物药品制品制造 R&D 人员折合全时当量年均降幅相当，分别为 2.1% 和 2.0%。

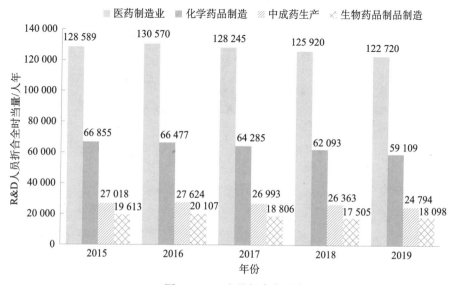

图 5　R&D 人员折合全时当量

中国医药制造业企业办 R&D 机构数呈稳步增长态势，2019 年企业办 R&D 机构数比 2015 年增加了 629 个，达到 3410 个。分行业看，化学药品制造企业办 R&D 机构数稳步增长；中成药生产企业办 R&D 机构数除 2019 年比上一年增长了 33 家，其他年份基本保持小幅增长；生物药品制品制造企业办 R&D 机构数呈现波动态势，2016 年达到高峰的 504 家之后，2017 年、2018 年连续减少，2019 年数量回升，如图 6 所示。

2. 创新产出实力

创新产出实力采用专利申请数和有效发明专利数两个指标表征。2015～2019 年，中国医药制造业创新产出实力指数快速上升，从 2015 年的 20.58 增长到 2019 年的 76.02，如图 7 所示。

图 6 R&D 机构数

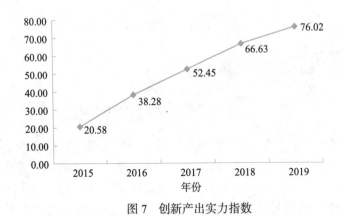

图 7 创新产出实力指数

2019 年中国医药制造业专利申请数和有效发明专利数达到 23 400 件和 47 910 件，分别为 2015 年的 1.46 和 1.53 倍，增长迅速，如图 8 所示。

专利申请数主要反映当年医药制造业创新产出的可能增量，有效发明专利数则能反映医药制造业的创新产出有效存量。考虑到发明专利的价值更高，本文重点分析有效发明专利数。如图 9 所示，分行业看，2019 年化学药品制造有效发明专利数达到 20 509 件，是 2015 年的 1.43 倍；中成药生产有效发明专利增长相对较慢，2019 年是 2015 年的 1.34 倍；生物药品制品制造有效发明专利增长最快，2019 年是 2015 年的 1.79 倍。

图8 有效发明专利数和专利申请数

图9 分行业有效发明专利数

3.创新绩效实力

创新绩效实力采用利润总额和新产品销售收入两个指标表征。2015～2019年，中国医药制造业创新绩效实力指数呈现直线上升态势，从2015年的30.20增长到2019年的74.16，如图10所示。

图 10　创新绩效实力指数

2015 年以来，中国医药制造业的利润总额呈现平稳发展态势（图 11），年均增长率为 4.0%。分行业看，2015～2019 年化学药品制造利润总额年均增长率为 8.4%，高于行业 4.4 个百分点；中成药生产利润总额年均增长率出现下降，年均下降 2.2%；生物药品制品制造利润总额年均增长率为 3.7%，接近行业平均水平。

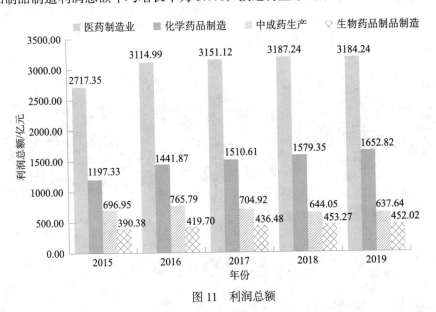

图 11　利润总额

2015～2019 年，中国医药制造业的新产品销售收入呈现高速增长态势（图 12），年均增长率约为 9.0%，2019 年新产品销售收入达到 6673.46 亿元，是 2015 年的 1.41 倍。分行业看，化学药品制造和生物药品制品制造的新产品销售收入年均增速分别为

9.6% 和 10.4%，与行业平均水平接近；中成药生产的新产品销售收入增速最慢，年均增长率约为 3.9%。

图 12　新产品销售收入

（二）创新效力

创新效力采用创新投入效力、创新产出效力和创新绩效效力三类 9 个相对量指标表征。2015～2019 年，中国医药制造业创新效力指数呈现上升态势，2015～2018 年快速上升，2019 年增速下降，如图 13 所示。

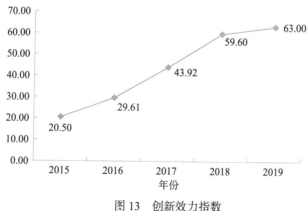

图 13　创新效力指数

1. 创新投入效力

创新投入效力指数采用 R&D 人员占从业人员的比例、R&D 经费内部支出占主营业务收入的比例、消化吸收经费与技术引进经费的比例、设立 R&D 机构的企业占全部企业的比例这 4 个指标表征。中国医药制造业创新投入效力指数整体呈现先升后降的走势，2018 年达到最高值 78.20，2019 年下降到 62.45，如图 14 所示。

图 14　创新投入效力指数

除 2019 年有小幅下降以外，2015～2019 年，中国医药制造业 R&D 人员占从业人员的比例总体呈现上升态势，从 2015 的 7.9% 上升到 2019 年的 9.0%，上升了 1.1 个百分点；R&D 经费内部支出占主营业务收入的比例不断上升，从 1.7% 上升到 2.6%；设立 R&D 机构的企业占全部企业的比例也明显上升，从 28.9% 上升到 35.8%；消化吸收经费与技术引进经费的比例波动较大，2015～2018 年始终处于上升状态，2018 年达到最高的 83.1%，而 2019 年大幅下降至 52.4%，如图 15 所示。

2. 创新产出效力

创新产出效力采用平均每个企业拥有发明专利数、平均每万个 R&D 人员的专利申请数、单位 R&D 经费的专利申请数这 3 个指标表征。2015 年以来，中国医药制造业创新产出效力指数总体呈现直线上升态势，如图 16 所示。

2015～2019 年，平均每个企业拥有发明专利数有所增长，从 2015 年的 4.23 件上升到 2019 年的 6.48 件。平均每万个 R&D 人员的专利申请数呈现较快上涨态势，从 2015 年 904.9 件上升到 2019 年 1325.1 件。2015～2019 年，每亿元 R&D 经费的专利申请数小幅上升，从 36.3 件提高到 38.4 件。

图 15　创新投入效力指标比较

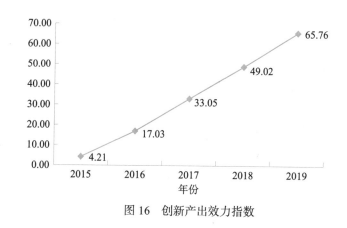

图 16　创新产出效力指数

3. 创新绩效效力

创新绩效效力指数采用利润总额占主营业务收入的比例和新产品销售收入占主营业务收入的比例两项指标来表征。2015～2019 年创新绩效效力指数总体呈现稳步增长态势，如图 17 所示。

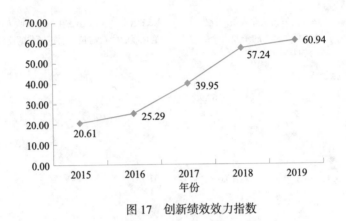

图 17 创新绩效效力指数

2015～2019 年，中国医药制造业利润总额占主营业务收入的比例小幅上涨，从 10.6% 上升到 13.3%。分行业看，2019 年化学药品制造比 2015 年上升 2.9 个百分点，中成药生产上升 2.8 个百分点，生物药品制品制造上涨最快，上涨了 5.9 个百分点，如图 18 所示。

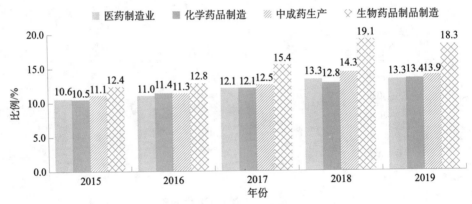

图 18 利润总额占主营业务收入的比例

中国医药制造业新产品销售收入占主营业务收入比例在 2015～2019 年呈现快速上升态势，2019 年比 2015 年上升了 9.5 个百分点。分行业看，化学药品制造上涨最少，上涨 7.5 个百分点；中成药生产略高于行业水平，上涨了 10.8 个百分点；生物药品制品制造走势最好，上涨了 14.0 个百分点，如图 19 所示。

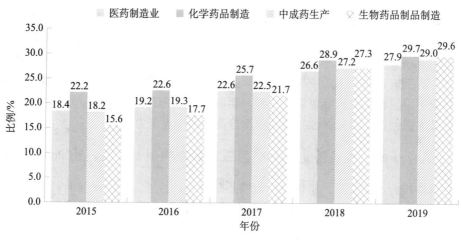

图 19　新产品销售收入占主营业务收入的比例

三、中国医药制造业创新发展环境分析

1. 新冠肺炎疫情正冲击并改变国际医药制造业产业链格局

　　新冠肺炎疫情可能是百年来人类遭遇的最严重公共卫生危机，对全球经济格局和人类生活方式带来巨大冲击和改变，也给国际医药制造业造成深刻影响。由于缺乏有效的治疗手段，研制和使用新型冠状病毒疫苗已成为控制新冠肺炎疫情的重要策略[4]。为应对疫苗的巨大需求，各国纷纷加入疫苗研发竞赛。中国、美国、德国等国家从灭活疫苗、腺病毒载体疫苗、减毒流感病毒载体活疫苗、重组蛋白疫苗、核酸疫苗等不同技术路线开展研发工作，巨量资金进入疫苗研发领域，大大推动生物药品制品制造业的创新发展。伴随中国新冠病毒疫苗进入国际市场，中国生物药品制品制造业迎来走向世界的历史机遇，并将进一步促进中国医药制造业创新发展。

　　此外，受疫情影响，海外原料药供给短缺，中国原料药出口持续增长。根据中国医药保健品进出口商会统计[5]，2020 年我国原料药产品出口额达到 357 亿美元，创历史新高，同比增长约 6%；出口数量约 1088 万吨，同比增长约 7.5%。考虑到新冠肺炎疫情短期难以结束，预计我国原料药出口仍将处于持续增长中。全球 2000 多种原料药中的 1500 多种靠中国供应[6]，新冠肺炎疫情使得部分发达国家意识到本国原料药对中国依赖度较高，因此开始采取措施降低对中国原料药的依赖。例如，2021 年 2 月，美国政府发布了一项行政命令，对其国内的主要供应链开展多行业审查。此后，美国政府提出了一项旨在促进其国内药品生产的全面战略[7]，选择 50～100 种基本药物，作为加强本土药物生产的重点。2020 年 4 月，日本在抗疫经济救助计划中设立了 2435 亿日元的"供应链改革"项目来资助日企将生产线从中国迁回日本，其重点便是将部分医药制造迁回日本。中长期看，以上举措可能会改变国际医药制造业产业链格局，影响中国原料药在国际市场的份额。因此，我国医药制造业必须向产业链高端升级，通过加强创新药研发保证我国医药制造业的国际竞争力。

2. 消费升级、疾病谱变化对中国医药制造业创新发展提出新要求

随着中国经济的发展，中国居民消费不断升级，特别是医疗保健消费支出增长明显。相比 2015 年的人均 1165 元[8]，2020 年全国居民人均医疗保健消费 1843 元[9]，上涨了 58.2%。医疗保健占消费支出比例由 2015 年的 7.4% 提升到 8.7%，超过生活用品和衣着消费占比。医疗保健消费的持续提升对医药制造业的创新提出了更高的要求。此外，正如《国务院关于实施健康中国行动的意见》（国发〔2019〕13 号）[10] 指出的，"心脑血管疾病、癌症、慢性呼吸系统疾病、糖尿病等慢性非传染性疾病导致的死亡人数占总死亡人数的 88%，导致的疾病负担占疾病总负担的 70% 以上"，上述疾病谱对相应新型药品的需求持续扩大，为医药制造业创新发展带来新的市场机遇。

3. 政策支持为中国医药制造业创新发展奠定良好基础

各类规划为医药制造业创新指明了方向。例如，《"十三五"国家科技创新规划》[11] 提出实施"重大新药创制"国家科技重大专项。经过多年努力，该专项突破了抗体和蛋白药物制备、生物大分子药物给药、药物缓控释制剂等一批瓶颈性关键技术。截至 2021 年 2 月，获批 60 多个 1 类新药，还有近 100 个已进入临床Ⅲ期阶段或正申请上市；获批 36 个中药新药，89 个中药品种进入临床试验阶段[12]。《"十四五"规划纲要》提出要"研发重大传染性疾病所需疫苗，开发治疗恶性肿瘤、心脑血管等疾病特效药"，要"加强古典医籍精华的梳理和挖掘，建设中医药科技支撑平台，改革完善中药审评审批机制，促进中药新药研发和产业发展"，为医药制造业"十四五"发展指明了方向。

药品监管改革为医药制造业创新提供巨大动力。2015 年 8 月，国务院发布《关于改革药品医疗器械审评审批制度的意见》[13]，提出加快创新药审评审批、开展药品上市许可持有人制度试点。经过几年的探索和试点，2018 年国家药品监督管理局正式批准了 9 个 1 类新药。2001～2017 年全国仅有 30 个 1 类新药获批，因此，2018 年被称为"中国创新药元年"。此后，2019 年有 9 个、2020 年有 14 个 1 类新药上市，新药

研发动力被大大激发。此外，药品采购政策正在倒逼产业创新。2019 年 12 月，国家医疗保障局印发《关于做好当前药品价格管理工作的意见》[14]，明确深化药品集中带量采购制度改革，坚持"带量采购、量价挂钩、招采合一"的方向，促使药品价格回归合理水平。这意味着传统化学仿制药的价格将进一步降低，只有创新才能保证行业利润。

四、主要结论及建议

1. 主要结论

综合中国医药制造业创新能力评价和创新发展环境分析，可以得出以下结论。

一是中国医药制造业创新实力显著增强。受到 2019 年 R&D 人员折合全时当量下降的影响，创新投入实力在 2019 年有所下降，但 2015～2018 年创新投入实力总体处于上升趋势。2015～2019 年医药制造业的有效发明专利数、专利申请数、利润总额、新产品销售收入实现快速增长，带动了创新产出实力和创新绩效实力的持续上升。

二是中国医药制造业创新效力呈现持续上升趋势。2015～2018 年创新效力一直呈现快速上升趋势，2019 年创新效力增速有所放缓。2019 年创新投入效力下降是造成 2019 年创新效力增速减缓的主要因素。

三是中国医药制造业创新发展面临的机遇与挑战并存。机遇方面，新冠肺炎疫情暴发为中国疫苗出口和推动中国生物药品制品走向全球提供了历史性机遇。国内市场和政策环境则为中国医药制造业创新发展注入充足动力，消费升级、科技项目支撑、药品注册审评审批制度改革，无一例外都在激励中国医药制造业开展创新。挑战方面，欧美发达国家在创新药领域的竞争优势明显，中国在基础研究、新药开发等方面仍有较大差距，高端人才引进困难、国外技术封锁、原料药制造回流带来的挑战不可忽视；国内药品集中带量采购、国家基本药物目录调整等多项医疗政策调整正在加速进行，医药企业经营模式正面临巨大变化，医药制造业开展创新需要考虑的不确定性因素变多，研发投入和收益不匹配的风险加大。

2. 政策建议

为进一步提升中国医药制造业创新能力，提出以下政策建议。

一是强化财政资金对科技创新的支持。组建生物医药领域的国家实验室，重组生物医药领域的国家重点实验室，在生物医药领域优化布局一批国家工程研究中心、国家技术创新中心，形成运行高效的科技创新平台体系。面向我国当前社会发展需要，集中财政资金，通过国家科技重大专项、重点研发计划等方式，支持开展治疗恶性肿瘤、心脑血管等疾病特效药攻关，加大创新疫苗、抗体药物等研发，支持新药研发与人工智能、云计算、大数据等新技术交叉融合发展。

二是完善支持医药制造产业创新的配套政策体系。在规划引导环节，建议制定中国医药制造业的创新发展规划，引导各类创新主体积极参与重点领域的新药攻关。在审批准入环节，继续完善创新药、疫苗等快速审评审批机制，加快临床急需和罕见病治疗药品审评审批，使得临床急需的境外已上市新药尽快在境内上市。在医保环节，深入实施带量采购配套改革政策，支持创新药进入医保目录。

三是加大医药制造业的金融发展。医药创新需要大量资金，建议以政府产业基金为引导，以市场化的医药创业投资基金为主体，大力支持符合条件的医药企业在新三板、科创板、创业板等境内资本市场融资，鼓励金融机构优先面向医药制造企业开发知识产权质押、知识产权证券化、科技保险等新型金融产品。

四是强化产业创新人才的培养和流动。建议加强人才特别是基础研究人才培养，注重依托重大科技任务和重大创新平台培养人才。加强创新型人才培养，壮大高水平医药研发工程师人才队伍。加大对医药领域外籍高端人才和专业人才来华科研、交流的便利力度，优先在医药领域探索建立技术移民制度。

参考文献

[1] 曹梦甜 . 科技创新引领卫生健康事业长效发展 . https://m.gmw.cn/baijia/2020-12/05/1301907689. html[2021-09-30].

[2] 新华社 . 中华人民共和国国民经济和社会发展第十四个五年规划和 2035 年远景目标纲要 . http:// www.gov.cn/xinwen/2021-03/13/content_5592681.htm[2021-09-30].

[3] 中国科学院创新发展研究中心 .2009 中国创新发展报告 . 北京：科学出版社，2009.

[4] 朱瑶，韦意娜，孙畅，等 . 新型冠状病毒肺炎疫苗研究进展 . 预防医学，2021，33（2）：143-148.

[5] 朱仁宗 .2020 原料药出口额再增 . http://www.yyjjb.com.cn/yyjjb/202104/2021040021611561156_10012.shtml[2021-09-30].

[6] 刘昌孝 . 双循环战略促进后新冠疫情时期的生物医药创新发展 . 中国药业，2021，30（1）：1-8.

[7] 王迪 . 美欲重振国内药物生产 . 医药经济报，2021-08-23（F04）.DOI：10.38275/n.cnki. nyyjj.2021.001204.

[8] 国家统计局 . 居民收入快速增长 人民生活全面提高——十八大以来居民收入及生活状况 . http:// www.stats.gov.cn/tjsj/sjjd/201603/t20160308_1328214.html[2021-09-30].

[9] 国家统计局 .2020 年居民收入和消费支出情况 . http://www.stats.gov.cn/tjsj/zxfb/202101/

t20210118_1812425.html[2021-09-30].

[10] 国务院.国务院关于实施健康中国行动的意见.http://www.gov.cn/zhengce/content/2019-07/15/content_5409492.htm[2021-09-30].

[11] 国务院.国务院关于印发"十三五"国家科技创新规划的通知.http://www.gov.cn/zhengce/content/2016-08/08/content_5098072.htm[2021-09-30].

[12] 陈凯先.生物医药科技创新前沿、我国发展态势和新阶段的若干思考.中国食品药品监管，2021（8）：4-17.

[13] 国务院.国务院关于改革药品医疗器械审评审批制度的意见.http://www.gov.cn/zhengce/content/2015-08/18/content_10101.htm[2021-09-30].

[14] 国家医疗保障局.医保局关于印发《关于做好当前药品价格管理工作的意见》的通知.http://www.gov.cn/xinwen/2019-12/10/content_5459926.htm[2021-09-30].

4.2 Evaluation on Innovation Capacity of Chinese Pharmaceutical Industry

Wang Xiaojiong[1], *Xue Xiaoyu*[1,2]

（1. Institutes of Science and Development，Chinese Academy of Sciences；2. School of Public Policy and Management，University of Chinese Academy of Sciences）

The paper analyzes the innovation capacity of the pharmaceutical industry（PI）in China with the analytical framework which consists of innovation strength and innovation effectiveness. The innovation strength and the innovation effectiveness are both described from three aspects，namely：innovation input，innovation output and innovation performance. PI comprises chemical manufacturing，traditional Chinese medicine manufacturing and biopharmaceutical manufacturing. On the basis of statistical data and systematic analysis，the paper generates the following points.

Firstly，innovation capacity of PI in China obviously strengthened from 2015 to 2019 owing to the increase of innovation strength and innovation effectiveness. Secondly，China's biopharmaceutical products will become popular worldwide. The domestic market and policy environment have injected sufficient power into the innovation and development of China's PI. Thirdly，the challenges of foreign technology blockade cann't be ignored. Fourthly, while a lot of medical policies are reforming, more uncertainties need to be considered in the innovation of PI.

In order to enhance the innovation capacity of PI, four suggestions are proposed as followed: ① to strengthen the support of key areas; ② to improve the supporting policy system; ③ to strengthen the financial innovation in PI; ④ to strengthen the training and flow of innovative talents.

第五章

高技术与社会

High Technology
and Society

5.1 脑机接口技术的伦理挑战

马诗雯 周 程

（北京大学）

2001年，《麻省理工科技评论》曾将脑机接口技术视为将会改变世界的十大新兴技术之一。20年后，特斯拉创始人埃隆·马斯克（Elon Musk）创办的脑机接口公司Neuralink向外界展示了将脑机接口技术运用于灵长类动物（一只9岁的猕猴），使其经过训练后能够用意念操控电子游戏的实验成果。马斯克对脑机接口的憧憬引起了世界范围内的关注与热议。

一、脑机接口简介：从科幻照进现实

1929年，德国精神病学教授汉斯·贝尔格（Hans Berger）借助置于头皮上的电极首次成功地测量到人类脑部的电活动，奠定了脑电图（electroencephalogram，EEG）技术发展的里程碑。1938年，美国神经学家赫伯特·贾斯珀（Herbert Jasper）在寄给贝尔格的一封节日问候信中，畅想了EEG信号用于通信领域的可能性，这被认为是对脑机接口的早期描绘[1]。人们通过大脑信号而不是肌肉来行动的可能性吸引了科学家和非科学界人士的关注。1966年首播的美国影视系列《星际迷航》中的Pike舰长因患有闭锁综合征，只能通过脑电波与外界交流。这一场景在当时被认为是一种科幻叙事。如今，脑（包括动物脑、人脑）－机（计算机、手机、耳机等）的连接已经突破了科幻题材中的想象，逐步走向公众视野。

脑机接口（brain-computer interface，BCI或brain-machine interface，BMI，本文简称BCI）这一术语在20世纪70年代由美国科学家雅克·维达尔（Jacques Vidal）首次提出，用以描述能够产生关于脑功能详细信息的基于计算机的系统[2]。20世纪90年代以来，脑机接口的研发受到了国内外科技界的高度关注，并逐渐成为全球各国科技竞争的战略高地。简单来说，这项技术是指能够提供大脑与外部设备之间信息交换的通信系统与连接通路[3]，并且这种连接不依赖于外周神经和肌肉组织等神经通道，能够实现大脑与外界信息的直接传递。通过检测中枢神经系统活动并将其转化为人工输出的系统，脑机接口能够"替代、修复、增强、补充或者改善中枢神经系统的自然输出，从而改变中枢神经系统及其内外环境之间的交互作用"[1]。图1展示了这类输出式脑机接口（即"从脑到机"的神经信号传输方向）可操控的以上五类应用。

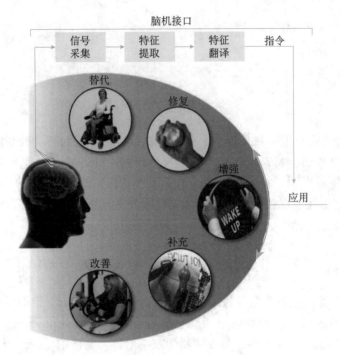

图 1　脑机接口系统的基本设计和操作[1]

除此之外，广义上的脑机接口还包括输入式脑机接口（"从机到脑"），通过电或磁刺激大脑，提供感觉反馈或修复神经功能。整体来看，脑机接口的实现通常涉及下述一个或多个处理步骤[4]：

1）采集、记录脑信号。其中，信号的采集方式通常可分为侵入式、半侵入式与非侵入式（脑外 / 无创）。

2）信号解码处理。应用伪迹去除和特征提取技术，将采集到的原始脑信号进行预处理。

3）模式识别和机器学习。利用机器学习技术，根据输入信号模式产生控制信号。

4）感知反馈。由脑机接口产生的控制信号作用于环境（如移动假肢或轮椅），获得环境反馈信息后再通过传感器向大脑提供直接的反馈，即"双向脑机接口"。

5）刺激信号处理。在刺激某个特殊的脑区之前，创建一个刺激活动模式来模拟该脑区的常见活动，并使用能够产生正确刺激模式的信号处理技术（和潜在的机器学习技术）。

6）脑刺激。利用侵入式或非侵入式的刺激技术，把从信号处理环节接收到的刺激模式用于刺激大脑。

作为一个跨学科交叉融合的研究领域，脑机接口涉及神经科学、认知科学、生物医学工程、材料科学、电子工程、计算机科学、人工智能等多个学科，在医疗康复、人机交互、智能环境以及军事等领域具有良好的发展前景。鉴于脑机接口具备恢复和提升人的认知和行动能力的巨大潜力，美国、欧洲、日本、韩国等国家和地区的脑计划纷纷部署脑机接口的发展规划，倾力加紧相关研究，抢占科技制高点。2018年，美国商务部工业安全局（Bureau of Industry and Security，BIS）将脑机接口纳入出口管制技术框架中[5]。中国也力争上游，在"一体两翼"脑计划中提出，要以研究脑认知的神经原理为"主体"，以研发脑重大疾病诊治新手段和脑机智能新技术为"两翼"[6]，将脑科学与类脑研究上升为国家战略。

二、脑机接口的应用和发展前景

脑机接口能够直接实现大脑与外部设备的交互，创建了本质上不同于自然输出的新的中枢神经系统输出，因此在医疗领域有很大的发展潜力。例如，辅助性脑机接口能够获取肢体运动障碍患者的运动意图，助其控制假肢等外部设备。2020年，浙江大学相关研究团队与浙江大学医学院附属第二医院合作，完成国内首例植入式脑机接口临床转化研究，使患者可以通过脑机接口控制机械臂与机械手实现三维空间的运动。此外，在意识与认知障碍的诊疗、神经和精神疾病的康复治疗以及感觉缺陷诊疗等领域，脑机接口也有广泛的应用。特别是在神经疾病方面，我国神经系统疾病人群数目庞大。脑性瘫痪发病率为1.84%，老年脑病患者占老年人口总数的10%[7]。这一数目庞大的病患群体对社会和家庭产生巨大的压力，对这类人群的治疗和医疗改善是医学界的迫切需求，而脑机接口正在这一领域发挥不可替代的作用。目前，医疗健康是脑机接口最主要的应用领域。

随着计算机数据处理和建模能力的提升，非侵入式脑机接口设备日趋成熟，脑机接口迎来了新的机遇和商机。近几年，商业化脑机接口市场逐渐兴起，这类直接面向广大消费者出售的脑机接口（主要是非侵入式的）产品①也被称为消费级产品。例如，"Muse"脑波检测头环、"Focus专注力提升设备"等教育、娱乐和休闲产品，以提供新奇的人‐机交互体验为卖点，宣称有助于冥想和放松、提升健康人群的专注力和记忆力等。相关市场调研报告显示，2020～2027年，全球脑机接口市场预计将以约

---

① 直接面向消费者（direct-to-consumer，DTC）出售的产品，指的是消费者无须通过医疗保健，或其他专业指引，即可自行购买的产品。

13.8% 的复合年增长率增长，到 2027 年，市场规模将超过 34.763 亿美元[8]。对于中国市场来说，消费级脑机接口的发展起步较晚，产业链建设不完善，尚需建立健全行业标准，对产品的安全性和有效性进行规范、合理的认证。

除了单一模态的脑机接口之外，国内外相关研究团队正在研发混合脑机接口（hybrid brain-computer interface，HBCI，又被称为多模态脑机接口），以使脑机接口能够兼容肌电、心电、皮电等电生理信号，从而获得多维的个体数据，全面提升 HBCI 系统的功效[9]。科学家还试图通过网络传输神经信号实现"脑–脑接口"（brain-to-brain interface，BBI），以便在共同执行某项复杂工作任务的所有成员之间分配认知负荷，提高团队工作效率[10]。甚至是借助神经纳米机器人，将脑电信息通过光纤无线传输到基于云的超级计算机，用于实时监测大脑状态和提取数据，形成"脑–云端接口"（brain/cloud interface，B/CI）[11]。此类脑机接口的研发以实现人类增强（human enhancement）为目的，旨在提升健康人群的认知能力和体能，可以被看作增强型的脑机接口。尤其是在军事领域，增强型的脑机接口有望大幅提高军队作战能力，美国国防高级研究计划局（Defense Advanced Research Projects Agency，DARPA）为脑控外骨骼、脑控飞机等军事研究提供了大量资助。然而，鉴于脑机接口这一交叉研究领域目前还面临着植入大脑材料的生物兼容性问题、神经编码的具体方式等技术挑战与科学上的不确定性，距离全面提升人的各项能力，还有相当漫长的路要走。

以上分别概述了治疗型、消费级和增强型这三种不同类型的脑机接口应用和发展的前景。迫切的医疗需求、强有力的政策支持以及人们对人类增强的憧憬推动着脑机接口不断创新和前进。然而与脑机接口相关的临床实践和科学研究却可能导致充满不确定性的伦理后果。

三、脑机接口的伦理问题

脑机接口具有与其他生物医学技术相似的伦理问题，如安全问题、如何权衡风险–受益[12]、患者的知情同意[13]以及社会公正问题等。大脑与人类情感、记忆、学习等感知、认知和运动功能息息相关，是控制人类思维和一切行动的特殊器官。脑机接口涉及对人脑的直接监测与操控，具有深刻影响人的心灵和行为的潜力，因此脑机接口的应用和发展可能引发一些特殊的伦理问题。鉴于篇幅有限，下文着重讨论这些较为特殊的伦理问题。

1）脑机接口在临床治疗中可能会产生一系列副作用，影响患者的自主性（autonomy）、自我观念甚至改变患者的人格。

2019 年，澳大利亚伦理学家弗雷德里克·吉尔伯特（Frederick Gilbert）发表了一项采访脑机接口临床试验参与者的真实案例研究[14]。

吉尔伯特访问了 6 名首次参与脑机接口临床试验的癫痫病患者，以便了解脑机接口会对患者的心理造成何种影响。通过植入患者脑部表面的电极可以帮助他们及时发现癫痫发作的迹象并向手持设备发送信号。患者一听到该设备的警告，就知道要服用一剂药物来阻止即将到来的癫痫发作。其中，3 号患者认为脑机接口设备的植入使其经历了痛苦，感受到无法控制自己，并且加重了该患者的抑郁症倾向。6 号患者则认为术后的自己获得了一种"新的身份"，脑机接口设备的植入提升了她的自控能力，该患者变得依赖脑机接口设备，并将其视为自己身体的"一部分"。吉尔伯特将其与脑机接口的关系描述为一种"共生关系"。然而，当提供脑机接口设备的公司破产后，临床试验也被迫终止了。6 号患者悲惨地说："我失去了自我。"

根据上述案例，脑机接口在人体中的植入一方面可以提高患者的控制感；另一方面也可能加重患者的痛苦，导致失控感和自主性的削弱。实际上，在上述案例中，3 号患者的情况并非个例。在以往关于深部脑刺激（deep brain stimulation，DBS）的病例报告中，虽然这项技术通常是安全的，但有时也会对患者的心理和行为产生负面影响。例如，使患者产生不同程度的"疏离感"（认为自己不再像以前的自己了）[15]，使患者变得性亢奋从而改变了患者的行为甚至人格[16]，等等。大脑的结构和功能高度复杂，目前在临床治疗中，人们对 DBS 等技术干预大脑的后果尚不完全清楚，从认知科学的角度来看，也存在着未知和不确定性[17]。因此，我们必须在审慎开展脑机接口相关技术应用的同时，对涉及大脑干预的技术应用进行充分的伦理评估，推动脑机接口的"负责任研究与创新"。

2）脑机接口产品在健康人群中的使用和推广引发了关于公众隐私泄露的担忧和争议。

隐私问题之所以特殊，就在于通过 EEG 等"读脑术"（brain-reading）从人脑中所获取的信息是否承载了个体内心的隐秘想法等敏感信息。实际上，就当前的技术进展而言，读脑术有其局限性，读脑并不等同于"读心"（mind-reading）。借由读脑术推断出与大脑活动对应的心灵活动，只是一种预设或者假说，所能揭示的心理活动是有限的，且只能说明个体的某种行为与某种心灵状态的相关性，并不能表明何种心灵状态就是这一行为的真正原因[18]。受限于成本和技术水平，当前的消费级脑机接口产品所能获取和解读的人的心理内容是十分有限的，仅能显示一些与用户的情绪（如高兴或沮丧）、注意力集中水平、疲劳程度以及睡眠状态相关的个人信息。然而人类心灵状态中的高度抽象的内心活动，如"爱"和"恨"等很难被对应到大脑的活动状态上来。

此外，通过 EEG 设备收集的用户脑数据存在意外泄露及其两用性（dual-use）的可能性。一些学者担心，出于神经营销（neuromarketing）或其他目的，运营商会在用户并不知情，或未明确表示同意的情况下，将收集到的用户数据出售给第三方，或与对此类数据感兴趣的个人/部门（如雇主、执法部门等）共享用户数据[19]。甚至未来可能出现通过用户所持有的脑机接口设备，对佩戴者进行恶意人身攻击的风险。此种担忧也被称作"神经黑客攻击"（neurohacking）。随着消费市场的扩张，功能更强大的脑部传感器与更复杂的算法将有可能获取更丰富和多元化的脑部数据，神经隐私（neuroprivacy）及其法律保护不容忽视。

3）随着脑机融合的技术突破，人-机的边界问题以及本体论层面的"人"的概念就成为人们不得不思考的问题[20]。

如果在未来，脑机接口成为人的身体的延伸，人类操控机械臂之类的外骨骼就像使用自己的手臂那样，这是否会改变人的自然属性？脑机接口可能会使大脑得以从身体的局限中"解放"出来，延展到另一个身体-大脑，进而延展到外部世界，形成新的"身体图式"[21]，毫不费力地扩展体能、感知和认知能力。当大脑超越了"身体"的边界，我们该如何看待大脑与身体的关系？这是否会导致人的主体性的消融？当脑机接口与VR、AR等技术结合到一定程度时，人们是否会超越现实生活世界的维度进入"虚拟世界"？正如电影《头号玩家》中所展示的那样，如果仅凭意念便可以进入另一个社会，那么如何确定真实与虚假的边界？究竟哪个世界中的我才是真实的"我"？

在种种关于脑机接口人类增强的远景讨论中，不乏消极、恐惧的"末日"隐喻渲染。然而对于此类担忧，神经生物学家米格尔·尼科莱利斯（Miguel A. Nicolelis）持反对观点。他对脑机接口技术的未来充满期待，认为相较于智能机器将模拟、超越并主宰人类大脑之类的诸多担忧，环境破坏、传染病、核战争等任何一项风险都超过了脑机接口失控的技术风险[21]。就目前的科学事实而言，囿于人类大脑的复杂性与重重技术难关，通过脑机接口突破人的"类本质"，只能视为遥远的设想。但对于脑机接口的未来走向，我们仍需谨慎面对。

四、结语：加快推进脑机接口的负责任发展

脑机接口能够实现中枢神经系统与体内或体外设备之间的直接交互，这也使得通过脑机接口恢复或增强人的体能和认知能力成为可能。尽管当前脑机接口的开发还处于起步阶段，但它在医疗和人类增强方面具有光明的前景。与此同时，脑机接口的现实和潜在应用也可能导向一些特殊的风险和伦理问题。对此，国内外学术界均出现了呼吁出台伦理准则、制定监管措施和立法的声音。2017年，*Nature*杂志发文指出了以

脑机接口为代表的神经科学和人工智能所面临的隐私和知情同意、人的能动性和身份、人类增强、算法偏见这四个首要的伦理挑战，并强烈建议制定国际和国家级的指导方针，对增强型神经技术划定界限，确定这些技术的使用范围和背景（类似于对基因编辑所采取的措施）[22]。该文特别建议对神经科学的军事研发和应用进行严格的管制，明确红线和底线。除了确立脑机接口发展的伦理准则之外，还有必要借鉴"预防原则"，前瞻性地从法律层面考虑如何完善与脑机接口技术运用相关的法律、法规。虽然立法过程往往是漫长的，但如果我们仅仅等待 Facebook 或 Neuralink 所开发的一些脑机接口产品进入市场，那么为此类新兴神经技术画定红线可能已经为时已晚。在高度互动和侵入性的未来数字世界中，完善的技术监管对于个人和集体的尊严以及我们对自由意志、真实性和自主性的理解至关重要[23]。

参考文献

[1] Wolpaw J，Wolpaw E W. Brain-computer Interfaces：Principles and Practice. New York：Oxford University Press，2012.

[2] Vidal J J. Toward direct brain-computer communication. Annual review of Biophysics and Bioengineering，1973，2（1）：157-180.

[3] Wolpaw J R，Birbaumer N，Heetderks W J，et al. Brain-computer interface technology：A review of the first international meeting. IEEE Transactions on Rehabilitation Engineering，2000，8（2）：164-173.

[4] 拉杰什 P N 拉奥 . 脑机接口导论 . 张莉，陈民铀，译 . 北京：机械工业出版社，2016.

[5] Bureau of Industry and Security. Review of Controls for Certain Emerging Technologies. https://www.federalregister.gov/documents/2018/11/19/2018-25221/review-of-controls-for-certain-emerging-technologies[2021-11-19].

[6] 常丽君 . 中国"脑计划"纳入规划全面展开 坚持特色"一体两翼". http://scitech.people.com.cn/n1/2016/0818/c1057-28645225.html[2021-08-18].

[7] 中国人工智能产业发展联盟 . 脑机接口技术在医疗健康领域应用白皮书（2021 年）. 2021 .

[8] Acumen Research and Consulting. Brain Computer Interface Market-Global Industry Analysis，Market Size，Opportunities and Forecast 2020-2027. https://www.acumenresearchandconsulting.com/brain-computer-interface-market[2021-12-17].

[9] He Z，Li Z，Yang F，et al. Advances in multimodal emotion recognition based on brain-computer interfaces. Brain Sciences，2020，10（687）：1-29.

[10] Maksimenko V A，Hramov A E，Frolov N S，et al. Increasing human performance by sharing cognitive load using brain-to-brain interface. Frontiers in Neuroscience，2018，12：1-12.

[11] Martins N R B，Angelica A，Chakravarthy K，et al. Human brain/cloud interface. Frontiers in Neuroscience, 2019, 13: 1-24.

[12] Burwell S, Sample M, Racine E. Ethical aspects of brain computer interfaces: A scoping review. BMC Medical Ethics, 2017, 18（1）: 1-11.

[13] Klein E. Informed consent in implantable BCI research: identifying risks and exploring meaning. Science and Engineering Ethics, 2016, 22（5）: 1299-1317.

[14] Gilbert F, Cook M, O'Brien T, et al. Embodiment and estrangement: results from a first-in-human "intelligent BCI" trial. Science and Engineering Ethics, 2019, 25（1）: 83-96.

[15] Goddard E. Deep brain stimulation through the "lens of agency": Clarifying threats to personal identity from neurological intervention. Neuroethics, 2017, 10（3）: 325-335.

[16] Global Neuroethics Summit 2017. Global Neuroethics Summit 2017 Booklet. https://globalneuroethicssummit.com/gns-2017/booklet/[2017-10-18].

[17] 李磊，王国豫. 深部脑刺激：同一性、能动性和责任. 哲学动态, 2019（6）: 109-116.

[18] 周程. 读心术的光与影：从水晶球到脑成像. 人民论坛·学术前沿, 2020（1）: 6-15, 65.

[19] Kreitmair K V. Dimensions of ethical direct-to-consumer neurotechnologies. AJOB Neuroscience, 2019, 10（4）: 152-166.

[20] 马诗雯. 当大脑超越了"身体"的边界. 社会科学报, 2021, 第 006 版.

[21] 米格尔·尼科莱利斯. 脑机穿越：脑机接口改变人类未来. 黄珏苹, 郑悠然, 译. 杭州：浙江人民出版社, 2015.

[22] Yuste R, Goering S, Bi G, et al. Four ethical priorities for neurotechnologies and AI. Nature News, 2017, 551（7679）: 159-163.

[23] Nayef Al-Rodhan. A Neurophilosophy of Governance of Artificial Intelligence and Brain-Computer Interface. https://blog.apaonline.org/2020/06/01/a-neurophilosophy-of-governance-of-artificial-intelligence-and-brain-computer-interface/[2021-06-01].

5.1　Ethical Challenges of Brain–Computer Interface Technology

Ma Shiwen，Zhou Cheng
（Peking University）

Brain-Computer Interface（BCI）technology realizes the direct interaction between central nervous system and internal or external devices of the human body, making it possible to restore or enhance human physical and cognitive abilities. Although the development of BCI is still at a preliminary stage, it has promising prospects in medical and enhancement field. However, the scientific research, clinical practice, and ethical consequences associated with BCI can be fraught with uncertainty. In the face of the ethical, legal and social issues raised by this emerging technology, we urgently need to establish the corresponding ethical principles, and improve the ethical supervision system of BCI.

5.2 实验空间与有限责任：
新兴科技的伦理与治理

王大洲

（中国科学院大学）

一、引　言

"科学技术是第一生产力"，这个论断已经深入人心。但是，同样需要注意的是，如果发展不当，科学技术也可能成为风险源。那么，如何避免科学技术的（潜在）风险，就是一个必须认真思考的重要问题。当前，这个问题更加突出地体现在以纳米技术、生物技术、认知科学、心理技术、机器人和人工智能等为代表的"新兴科技"（emerging technology）可能带来的风险管控上[1]。毕竟，新兴科技初来乍到，是福是祸难以预料，如何事前做出恰当判断以趋利避害，实在是一件很难的事情。

由于其新颖性、易变性和发展前景的模糊性，新兴科技不可能一开始就有明确的衡量标准，因而创新者面对难以消除的不确定性，只能摸索前行。新兴科技一旦出现，就会与各类经济社会要素发生非线性相互作用，处在不断被其他行动者"转译"（translation）的过程中，势必带来难以预期的经济社会后果，包括不可控的风险，因而带来难以解决的治理困境[2]。人们对于这些新兴科技，要么放任自流，待负面后果出来之后再行治理，而那时伤害已经发生；要么一开始就严加看管，结果被管死，这就是所谓的科林格里奇困境（The Collingridge dilemma）[3]。如何走出这一困境，已经有不少研究，"负责任的研究与创新"（responsible research and innovation，RRI）就是近年来颇为流行的思路[4]。

本文旨在对相关讨论进行批判性考察，澄清科技伦理的性质，尝试提出一个实验主义的新兴科技伦理治理进路，以及新兴科技伦理治理的五个原则性考虑，以便推动相关问题的思考并形成治理框架。

二、维纳与布里奇曼之争

科学家和创新者是新兴科技发展的主体。新兴科技的伦理治理就与科技人员的社会责任问题存在内在联系。传统科学家的理想就是为科学而科学，因而不必承担什么社会责任，如果说有社会责任，那就是发展科学本身。相比之下，传统工程师的职业要求是忠实于雇主，基本职责是利用技术以理性地达到并非自己所设定的目标，因而也无所谓社会责任。但是，随着科学技术的发展及其对经济社会的广泛影响，无论是科学家还是工程师，都不再能够规避社会责任问题了。

20世纪40年代后期，面对以核武器为代表的军事技术对人类社会的毁灭性影响，关于科学家与工程师的社会责任的讨论成为热点。控制论的创始人、麻省理工学院教授维纳在1947年写给《大西洋月刊》的一封信《一个科学家反叛者》中，答复了波音公司一位从事导弹研制的工程师的问询，明确表示拒绝与其讨论技术问题，并发誓今后不会出版任何可能会经由不负责任的军工人员而造成伤害的研究成果[5]。维纳特别关切作为新兴科技的控制论的社会影响，因而也鼓励科学家和工程师关注他们工作的社会后果。针对维纳的这一立场，哈佛大学物理学家布里奇曼表示了异议，他在《科学月刊》上发表了《科学家与社会责任》一文，劝告科学家不要承担这种"轻率强加的责任"：因为这种承担对我来说有过多让步的味道，而且也缺乏自重[6]。

维纳的立场是可敬的，但是这一立场假定科技人员能够准确预见新兴科技的社会后果，这在大多数情况下似乎难以成立。无论如何，科技人员都不大可能准确预见自己的科学发现将具有何种特殊的长期社会后果，这是因为，社会后果的产生本质上是一个社会政治过程，而对于这个过程的控制，自然科学无论如何都不可能拿出切实可行的解决方案。就此而言，无论是科技界还是科技人员个体，都不可能以任何直接的方式被认为应对其活动的社会后果负有责任[7]（但是，这并不意味着应该无视科技人员的社会责任问题，就像布里奇曼想象的那样。我们需要关注的是新兴科技卷入其中的社会政治过程，以及参与这个过程的各类行动者之间的互动关系。如此，焦点问题就不再是"科技人员的社会责任是什么",因为这个问题潜在地要求科技人员应该对自己的成果负责,而是"科技人员能够对新兴科技成果应用的社会政治过程做出什么贡献",这个问题关切科技人员是否介入了相关的社会政治议程,强调的是拥有专门知识的公民对于这个社会所担负的责任。科技人员"有责任"与其他利益相关者一道,通过对话协商,适时调整研究和创新的进程,从而履行自己的公民义务。这样,参与科普和公共政策辩论就是当今科技人员的应尽义务。

当前人类已经步入风险社会,科学技术本身成了问题的根源,成了公众质疑的对象。在这种情况下,维纳与布里奇曼之争仍然具有启示意义。科技人员对于新兴科技带来的问题,要担负"一定的"伦理责任。这种责任主要表现在,科技人员应该成为真正意义上的知识分子,主动介入科学－技术－社会互动的社会政治进程中,来发挥自己的独特作用。

三、科技伦理的性质

科技人员担负一定的社会责任,这本身就是一种伦理要求。然而,人们常常误解科技伦理的性质,将其看作固定的教条、现成的答案。一些科技人员希望从外部得到明确的行动指南,当他们看到伦理学家争吵不休、缺乏定论时,常常就会失望而归,回去之后"该干啥还干啥"。这种状态集中反映了当前一些科技人员对科技伦理的态度。

事实上,伦理首要的是一种对社会的关切,是一种责任意识,而不是任何固定的教条和算法,因而不可能直接提供答案。具有责任意识的科学家或者创新者参与科技伦理规范的生成,是题中应有之义。其实,从定义来说,伦理不能只是作为约束性的规范外在地起作用,而是必须成为个体的精神气质而内在地起作用。只有当个体发自内心地认可伦理规范而且在行动上遵从伦理规范时,才能认为这个人"伦理地行事"。如果一个人不认可伦理规范,而只是被迫遵从伦理规范,就不大能说这个人"伦理地行事"。中国有句古话:"百行孝为先,论心不论迹,论迹寒门无孝子"。这说明,做善事,首先讲究的是善心,然后才是善行;如果善心和善行合一,那就是理想之境了。20世纪70年代基因重组技术发现之后,生物学家伯格(Berg)主动暂停手头的实验工作,召集同行学者共同研讨,制定了相关研究规范,履行了一个科学家的社会责任。伯格实际上为科技人员树立了一个"负责任的研究者"的角色榜样,他的责任意识以及将这种责任意识化作规则的作为,都值得后来者敬佩和效仿。

的确,伦理规范很难直接指导特定行动,必须有个转化过程,才能与实际相结合。这是因为,伦理规范实际上非常概括,甚至非常抽象,因此也就无法明确规定实践中的特定行动。伦理规范的遵循实际上也是一个"伦理解释"过程。这就是说,伦理规范的模糊性要求将伦理规范置于实践的脉络中，给出具体解释，才能呈现真实意义。这样，伦理规范才能具体化，进而内置于创新实践中，真正发挥作用[8]。因此，科学家和创新者是否能够恰当进行"伦理解释"就显得十分重要，这就在很大程度上取决于科学家和创新者的"德性"，这种德性不仅是说道德高尚，同样重要的是专业能力一流，特别是对新兴科技的风险问题敏感。

为此，在创新实践中，有必要通过科学共同体或者创新实践相关组织，将伦理规范转化成更加明确的标准，而这种转化可以看作是一种特殊的伦理解释方式。例如，中国国家标准化管理委员会发布的化工行业标准《责任关怀实施准则》（HG/T4184—2011）具体列出了实施"责任关怀"（responsible care）的 12 项指导原则，同时规定了 6 项实施准则。这些准则规定了工程师和管理者在特定情境下应该做些什么，体现了伦理规范在化工领域的具体化和制度化，实践者在特定情况下根据"准则"行事就可以了。

在新兴科技发展中，这类具体规则通常来自科学共同体内部，至少需要科学共同体主导或者深度参与才行。然而这样的规则，既然是内生于科技发展的，也就不可能是一劳永逸的，必然需要随着科技发展而不断进行调整。规则不成熟没问题，只要有迭代学习的可能就可以。的确，新生事物不可能一开始就完备、成熟，因此就需要一种包容的环境。就此而言，伦理精神就是实验精神、学习精神和探索精神。

四、伦理规范的演进：以人胚研究"14 天规则"变迁为例

作为新兴科技，人类胚胎研究具有直接的伦理关联性。人胚研究"14 天规则"的确立，就充分体现了科技伦理的性质和科技伦理发挥作用的方式。

1978 年，世界上第一个体外受精的婴儿在英国诞生。随着体外胚胎培养的存活时长不断突破，如何对待这些体外培养形成的胚胎，就成为一个伦理问题。1979 年，美国卫生、教育和福利署的伦理咨询委员会首次提出"14 天规则"的建议。紧接着，英国政府召集众多学者组成了"沃诺克委员会"，于 1984 年发布报告，明确表示：我们强烈建议，由体外受精产生的人类胚胎，无论是冰冻状态或非冰冻状态，如果没有进行胚胎移植，不能在体外存活至超过受精后第 14 天。同时，我们建议把任何用超出此期限的人类胚胎做实验的行为，都定为刑事犯罪[9]。这就是"14 天规则"的基本内涵。随后，众多国家先后宣布接受该规则，用以指导相关研究。

之所以选择第 14 天这个节点，主要是因为人类神经系统的发育始于受精后 17 天左右，第 14 天之前的胚胎没有痛觉，用于实验不会有重大伦理问题，而且也因为当时受技术条件限制，体外培养人类胚胎实际上也很难存活 14 天以上。作为政策工具，

"14 天规则"成就了一个实验空间，划定了一个明确的、具有法律约束力的边界。否则，无论是完全禁止胚胎研究，还是对胚胎使用不加限制，都不会有好结果。如果是前者，就会让人类彻底丢掉胚胎研究的机会；如果是后者，势必会带来无休止的伦理纷争乃至社会冲突。

不过，到 2016 年，来自英国和美国的两个研究组让人类胚胎在体外发育到受精后第 13 天，他们根据"14 天规则"，在胚胎发育到受精后 14 天之前就终止了实验。如果他们想继续培养胚胎，完全有可能超过这个期限。不仅如此，过去数十年间，科学界还建立了越来越复杂的人类干细胞胚胎模型，揭示了新的研究人类发育的方法。这些进展要求科学界和监管机构重新审视"14 天规则"的有效性，以便重新定义研究的边界。

2021 年 5 月，国际干细胞研究学会（International Society for Stem Cell Research, ISSCR）发布《干细胞研究及临床医学转用指南》（*ISSCR Guidelines for Stem Cell Research and Clinical Translation*）[1]，正式放宽"14 天规则"，建议对培养超过两周人类胚胎的研究应逐案考虑，并接受几个阶段的审查，以确定在何时必须停止实验，从而给科学家针对人类发育和疾病的研究提供了更大的实验空间。"14 天规则"的历史表明，如果没有基本规则，根本就没办法做研究。如果固守特定规则，而不是随着技术发展进行相应调整，势必会带来不利影响。

规则的出台和调整过程，是多方对话的过程，但是各方人士发挥作用的侧重点并不一样。从 14 天究竟放宽多长时间，终于成了可以讨论的事情。具体是何种选项，需要由专业人士提出建议，其出发点是哪个时点有助于人类解决特殊的科学问题，或者有助于解决特殊的医学问题。伦理学家则要基于专业人士提出的意见，进一步开展论证工作，与当下更大范围的伦理规范（包括法律）进行衔接，从而融入规则体系。接下来才是合法化过程，其中需要公众参与、科技伦理委员会的决定乃至立法机关的决定。换言之，可实施的规则的出台，首先需要一个专业化过程，然后是一个合理化过程，最后才是合法化过程。只有经过这三个过程，规则才能最终确定下来。

五、实验主义的伦理治理进路

"14 天规则"的历史表明，伦理原则转化为可操作的治理规则，才能成就新兴科技的实验空间；治理规则本身也具有实验性，不是一成不变的，而应随着科技发展进行调整。这就启示我们，对于新兴科技的伦理治理，需要在风险和发展之间、责任与作为之间建立一种平衡。

---

[1]　https://www.isscr.org.

在提出新兴科技伦理治理的实验主义进路之前，有必要对 RRI 进路进行批评性考察。作为近年来从欧美国家兴起的一种新理念，RRI 要求关注科研与创新过程中社会的、伦理的和法律的问题；强调利益相关者群体的共同参与和集体协商；强调伦理学家等人文学者的早期介入和实时评估[10]。典型的 RRI 程序包括预测、反思、协商、反馈四个维度。预测维度要求把科学证据与未来分析结合起来，使创新者能够更好地理解所面临的机遇和挑战；反思维度要求创新者对自身的行为和创新过程进行反思；协商维度要求把愿景、目的、问题和困境放到更大的社会场景中，通过参与来实现集体审议；反馈维度则指根据利益相关者群体的反馈，及时对创新活动框架和方向进行调整[11]。

虽然 RRI 是一个应对新兴科技风险问题的可能路径，但是这个概念也面临根本困境：首先，由于其固有的不确定性，新兴科技带来的问题，未必是因为相关主体不负责任，而是因为他们负不起责任，或者没办法负责任；其次，按照负责任创新的运行模式，若最终结果避免不了问题，实际上几乎谁都不用负责，毕竟这是大家共同参与带来的结果；最后，如果彻底落实了"负责任的研究与创新"的相关"规定"，许多创新也许根本不可能出现了，毕竟操作成本实在太高，如此之多的利益相关者的介入使得集体行动迟缓，难以有效运作。因此，对新兴科技进行伦理治理的"适当性"问题始终没有解决。此外，RRI 更像是从外部强加给科学家和创新者的，从某种程度上变成了伦理学家站在道德制高点上对科学家和创新者的"指手画脚"，因而有落空的危险。

为此，笔者尝试提出一种"实验空间＋有限责任"的治理思路[12]。新兴科技发展需要发展空间，也必须给予发展空间。这个发展空间一开始不可能无限大，因为我们担负不起新兴科技可能带来的巨大风险。但是，对于新兴科技也不能一开始就一棍子打死，而是要给予其发展、优化的实验机会。随着新兴科技的发展和相关风险认知的推进，这个实验空间可以逐步增大。在这个不断演进的实验空间内，新兴科技的相关行动者可以相对自由地开展实验，并在这个过程中自担风险。实际上，随着物理模拟实验、计算机仿真实验等技术的大发展，新兴科技的实验平台得到了极大拓展，从而大大降低了新兴科技实验的成本和风险。随着新兴科技的成长和风险评估的深入，可以扩展这个空间，从而使新兴科技在更大的实验空间中得到尝试的机会。到了一定程度，新兴科技才可以步入社会，而且只承担"有限度"的责任，其中，市场竞争、多样性、领先用户等机制仍然起着关键的筛选作用。这实际上也是"从实验中学习"的过程。

新兴技术实验空间的建构离不开相关公共政策的制定。正是这些政策调节着实验空间，既容许实验，又要求创新者承担有限责任。这些公共政策主要应该体现为"否定性"政策（负面清单），目的是杜绝颠覆性错误的发生，其本质是用时间换安全。在这个前提下，各个利益相关者（本身就处在不断扩展的过程中）可以介入创新过程并发挥关键作用，由此带来"自发扩展的创新秩序"。否则，作为"创造性破坏"的创新也就无从谈起。因此，创造一个包容"创造性破坏"的实验空间，建立不断扩展的实验秩序，始终是一个公共政策挑战。

六、结　论

综上所述，新兴科技发展离不开科技伦理。科技伦理一方面体现为内化于科研活动和创新活动中的伦理精神，另一方面体现为具体化的治理规则。只有基于实验精神，将这两方面结合起来，成就不断迭代的新兴科技发展实验空间，才有可能找到新兴科技伦理治理的恰当框架。

针对新兴科技的伦理治理，可以进一步概括出五个基本命题：第一，有规则远胜过没有规则。有规则，就有章可循，就会在一定程度上降低不确定性和风险，这本身也是伦理精神的体现，否则就只能是丛林社会，怎么都行，反而额外增加了不确定性和风险。第二，规则的制定不能是武断的，而是需要论证的。这个论证既包括科学论证，也包括哲学论证。论证就是将更高的原则关涉进来，将规则与其他同级别的规则之间的关系理顺，将规则适用的条件明确下来，并充分考虑规则实施的可能后果。只有通过论证，规则才能与其他规则契合而成为一个系统，也才会有可行性，从而避免制定之后，由于难以执行而遭到废弃。第三，规则的出台本身应该是一个合乎规则的过程。规则是让人遵从的，只有基于某种大家已经接受和遵从的立法规则来制定新的规则，人们才更愿意接受和遵从新的规则。这实际上就是合法化过程，其本身就是一种说服机制，由此就增加了可接受性，因而增加了遵从的可能性。第四，先出台保守一点的规则总是有道理的。这实际上就是谨慎性原则，这种谨慎体现的是主动防范风险的意识。一开始看不清楚，就慢点走，等到看清楚了，就快点走，这是完全可以理解的。第五，没有一劳永逸的规则，任何规则都有实验性，都需要随时加以调整。人类的认知能力是有限的，不可能一开始就制定出完美的规则，只能先制定出规则，然后在实践中不断学习，完善规则。而且，无论是科学技术还是社会生活状态，都是不断变化的，规则本身也要对此适应，因此不断调整规则是必然的。

面对新兴科技带来的伦理风险，我国已经建立了国家科技伦理委员会。在这种情况下，澄清科技伦理的性质和一般原则，并且努力将这些原则划入特定研究领域，制定出更具可行性的行动准则，就显得尤为重要了。这就需要多方参与，完成专业化、合理化和合法化过程，真正将伦理规范落到实处，从而对新兴科技发展进行恰当的公共治理。只有这样，中国才有可能在这些领域后来居上，发挥引领作用，在人类未来科技文明和人类命运共同体的建构中，履行一个负责任文明大国的历史责任。

参考文献

［1］ Rotolo D，Hicks D，Martin B R. What is an emerging technology？ Research Policy，2015，44（10）：1827-1843.

［2］ Kuhlmann S，Stegmaier P，Konrad K. The tentative governance of emerging science and technology—A conceptual introduction. Research Policy，2019，48（5）：1091-1097.

［3］ Collinbridge D. The Social Control of Technology. London：Pinter，1980.

［4］ Stilgoe J，Owen R，Macnaghten P. Developing a framework for responsible innovation. Research Policy，2013，42（9）：1568-1580.

［5］ Wiener N. A scientist rebels. Atlantic Monthly，1947，179（1）：46.

［6］ Bridgman P W. Scientists and social responsibility. The Scientific Monthly，1947，65（2）：148-154.

［7］ 巴伯.科学与社会秩序.顾昕，等译.北京：生活·读书·新知三联书店，1991.

［8］ 王大洲.走向负责任的工程：伦理规范的解释与内置.化工高等教育，2020（3）：1-7.

［9］ Warnock M. Report of the Committee of Inquiry into Human Fertilization and Embryology. London：Her Majesty's Stationery Office，1984.

［10］ Gardner J，Williams C. Responsible research and innovation：a manifesto for empirical ethics. Clinical Ethics，2015，10（1-2）：5-12.

［11］ 陈丽娜，王大洲.脑机接口负责任创新研究进展.工程研究——跨学科视野中的工程，2019，11（4）：390-399.

［12］ Wang D Z. Toward an Experimental Philosophy of Engineering//Mitcham C，et al. Philosophy of Engineering：East and West. Cham，Switzerland：Springer，2018：37-50.

5.2　Experimental Space and Limited Liability：Ethics and Governance of Emerging Science and Technologies

Wang Dazhou

（University of Chinese Academy of Sciences）

The development of emerging technology is inseparable from technological ethics.

On one hand, technological ethics stands for the ethical spirit internalized in research and innovation activities; on the other hand, it is embodied as the concrete governance rules. Only by combining these two aspects with the spirit of experiment can we find a proper framework for ethical governance of emerging technologies. This paper reflects on the social responsibility of scientists and engineers, clarifies the nature of technological ethics, and puts forward the new approach of experimental space plus limited liability for ethical governance of emerging technologies, and also the five related principles concerning the governance rules-making.

5.3　当代新兴增强技术及其社会影响 [①]

杨庆峰

（复旦大学）

2020年8月，埃隆·马斯克召开Neuralink公司发布会，向全世界展示了一只"赛博朋克猪"，在其大脑植入脑机接口设备两个月后，小猪不仅仍然活蹦乱跳，且其每一步动作的大脑电信号都可以在大屏幕上显示。这项技术成熟后，如果运用到人身上，可以实现行为控制。一年后马斯克宣布他的脑机接口有望在2022年左右植入人体，帮助瘫痪患者恢复四肢功能。这就是典型的增强技术的案例。这个实验吸引了全世界的目光。尽管引人瞩目，但是大众只是将其和科幻想象联系在一起，认为它离现实世界还很远，不值得深入思考。本文向读者展示了世界各国已经将当代增强技术作为各自科技发展重点的现状，认为其影响及问题需要我们深入思考。

一、理解人类增强的四个框架

从语义学的角度看，增强有着诸多表达。英文中有Human enhancement、Human augmentation等；其中Human augmentation来自拉丁语。相关的解释有两个：① augmen 是"增加的结果"；② augmentum 的语义解释是三层意思：增加的过程、

---

① 本文是国家社会科学基金重大项目"当代新兴增强技术的人文主义哲学研究"（20&ZD045）成果。

数量的增加和提供增长之物[1]。这四个含义可以概括成三个重要维度：增强的方法、增强的过程、增强的结果。此外，在德语中也有两个接近的表达：Verbessern 的意思是改进、提高，使变得更好；Verstärken 的意思是让某人变得更强。后者的概念可以从海德格尔的文本中看到。通过现代技术，在自然中被锁闭的能量被开发出来；被开发者被变形，被变形者被强化，被强化者被封锁，被封锁者被分发[2]。语义学显示"人类增强"的本意都是表达增强某种身体能力或特性。

从文化角度看，人类增强是一种表现在四个历史框架中的人文文化现象，人类增强现象可以纳入科技史、文化史、思想史、哲学问题四个历史与问题框架中进行分析。

1. 科技史

在这个框架中，增强表现为一种前科技的现象，在不同时代通过人类的想象和技术加以实现，因此，增强技术从一种古代科技现象到现代新兴科技现象中间经历了怎样的演变，就成为一个科技史的问题。炼丹术、五禽戏等都是与古代科技有关的增强手段；而人工智能、基因工程、外骨骼、可穿戴设备等成为当前新兴的增强手段。"孟婆汤"与"忘忧枣"是中西神话中的增强想象，而记忆药与增高药则成为现实的技术成就；群体智能的提升可通过人机物融合群智计算方式加以实现。增强是一个随着技术发展而强化的过程，因此对这一技术的反思理应放在科技史框架中，科技史的考察能够为增强技术的古代形态提供丰富的史料。但是只具备科技史这一框架还不够，还需要挖掘其文化意义，研究文化史加以补充。

2. 文化史

在这一框架中，增强技术与一种人类文化情结有关：变得完美，变成超人、圣人和真人。在古老的中西方神话中都有人类增强的神话现象。例如，中国《山海经》中的各类半人半兽的形象；在古希腊神话中也可以看到，如长有山羊的腿、角和耳朵的潘神（Pan）。在中国的著作中，成圣、成真是一个至高境界，需要很强的修为和境界，一般人难以企及；在西方的文化形式中，超人、后人类是一个很典型的文化现象，成为超人很多时候是因为偶然因素，如病毒变异、科技改造、射线辐射等手段。这些形象在科技时代被称为"后人类"，这一概念想象了技术介入人体后的人类的未来样式。简而言之，增强文化的情结是对人类固有缺陷、缺失的弥补和超越。

3. 思想史

在此框架中，人类增强与缺陷治疗不同，是"提升"观念的外化，尤其是对身体或心灵机能的有效提升，如相比鹰的眼睛来说，人眼的视力看不到远处的东西。这种不足是生物体结构和功能必然存在的。然而，涉及增强主体的时候就会发现存在差异，什么样的人有资格获得增强的权利，就成为社会问题和伦理问题。

4. 哲学问题

在这个框架中，人与自然的关系、人与身体的关系以及人与技术的关系是涉及人类的诸多的基本哲学问题。增强技术的快速发展带来了增强的意识（增强认知、增强智能等）、增强对象（如增强现实），引发很多认识论、本体论的问题①。增强的感知能够使人类把握和构建认识对象，如用快速照相机 SenseCam 进行拍照，可让失忆症患者"记起"其接触过的对象和环境；甚至特定的认知增强技术可以让瞬间的对象展现出来。但也有学者指出，认知增强技术会损坏独特的认知探究模式[3]。

上述分析从语义、文化的角度分析了"人类增强"不同层面的意思。一个基本含义是：现代技术是人类实现自身增强情结的重要手段，而当代新兴增强技术成为人类及其构成物实现自我提升的一种重要手段。

二、当代新兴增强技术的发展及其可能趋势

目前有关新兴增强技术的讨论出现一种"泛增强"观念，即任何技术都可以被看作增强技术，如汽车是一种交通技术，比人跑、马跑的速度要快。然而，这种观念有一定问题[4]。随着新一轮科技革命和第四次工业革命的蓬勃发展，增强技术不再是一种简单的技术，而是与科技发展战略联系在一起，这一点在全世界都有所体现。

2000 年，美国发布人类第一份增强技术的报告《用以增强人类功能的技术的汇合：纳米技术、生物科技、信息技术及认知科学（NBIC）》，提到利用会聚技术来提升人体机能。会聚技术主要指纳米技术、生物技术、信息技术与认知科学，其中信息技术是增强技术的底座；2016 年，美国陆军副总参谋部（Deputy Assistant Secretary of the Army，DASA）发布的一份《2016—2045 年新兴科技趋势》将人类增强（human augmentation）划分为三类：可穿戴技术、外骨骼和假肢，以及药物增强。可以看到，美国对未来 25 年左右的可穿戴、外骨骼技术极为看重。另外，欧洲也很重视人类增强技术的发展，不同于美国的是反思多于想象。它们早期的报告实际指向增强技术的风险与问题，但 2020 年北约组织（North Atlantic Treaty Organization，NATO）在《2020—2040 科学与技术趋势：探索前沿》的报告中指出，未来 20 年的生物科技与人类增强技术研究预计主要聚焦以下领域：生理和认知层面的人类增强［human augmentation（physiological & cognitive）］和社会层面的人类增强［human augmentation

---

① 目前对这类技术的社会伦理的问题研究已经引起了重视，理论层面的问题与现实层面的问题被揭示出来。

（social）]。这些技术无疑可以增加人类生理和神经学性能，使其超出人体的正常生理和认知范围。中国科学界也不甘落后，开始意识到人类增强的可能性突破。《中共中央关于制定国民经济和社会发展第十四个五年规划和二〇三五年远景目标的建议》明确提出，瞄准人工智能、量子信息、集成电路、生命健康、脑科学等前沿领域，实施一批具有前瞻性、战略性的国家重大科技项目。这一文件指出了重点瞄准的领域：脑科学和生命健康领域。以脑科学为例，中国科学院院士蒲慕明指出，脑科学包括"一体两翼"：一体指以研究脑认知的神经原理为基础，理解人类大脑认知功能是怎么来的；一翼是研发重大脑疾病的诊断和治疗方法，另一翼是如何利用脑科学推动通用人工智能（artificial general intelligence，agI）的发展[5]。此外，人机物融合的群智计算是计算机科学提出来的概念，强调人机物群智的写作计算与增强学习。人机物融合的群智计算被定义为：通过人、机、物异构群智能体的有机融合，利用其感知能力的差异性、计算资源的互补性、节点间的协作性与竞争性，构建具有自组织、自学习、自适应、持续演化等能力的智能感知计算空间，实现智能体个体技能与群体认知能力的提升[6]。

如果说人类增强的技术框架在 2000 年由上述 NIBC 四种技术构成，则其 20 年后发生了一些变化，即：AI 的维度更为突出，并且演变为一种新的主导性力量。这里的 AI 不仅是人工智能，也是增强智能，一种代表着人工智能发展趋向的技术类型。首先，N 原先是纳米材料，但是当前纳米材料并没有如预想中的那样发展，在 2001年后美国麻省理工学院（MIT）的 50 项突破性技术榜单中，几乎很少看到纳米材料的影子①，所以这一维度日渐萎缩。其次，I 不再是单一的信息技术维度，而是向着智能的方向变化，如增强智能（augmented intelligence）。再次，B 是生物技术，这一点在框架中依然有效，但在技术上出现了新发展，如基因编辑。最后，C 是认知科学技术，这一点现在已有所深入，如更多的与认知有关的技术被纳入，智能体的感知与认知能力受到重视。如果结合第四次工业革命的整体特点——智能化，人类增强的未来不可避免地和人工智能结合在一起。

那么何为增强智能呢？增强智能是一种设计模式，是用来实现在人与 AI 的合作中以人为中心的合作模式，它可以增强包括学习、决策和新经验在内的认知能力[7]。增强智能不是一种实体性的技术类型，不像 AI 那样去模拟人类的思维和行动，创造出一个类人的形象，而更多呈现出一种人与人工智能体的关系样态。增强智能的目标是让人 - 机实现合作，产生一种既不是机器也不是人类单独获得的积极后果[8]。国内有学者注意到这一新类型。中国工程院院士郑南宁指出，"混合增强智能"是 AI 的发

---

① 2016 年，由唐本忠团队提出的聚集诱导发光（aggregation-induced emission，AIE）纳米粒子被 *Nautre* 列为支撑和驱动未来纳米革命的纳米发光材料之一。

展趋向[9]。吴朝晖院士在 2019 年国际人工智能与教育大会提出三个判断：以 AI 为标志的智能增强时代正在加快到来，更加呼唤面向 21 世纪的通识教育；AI 科技正推动教育 1.0 转向学习 2.0——不断构建的教与学互动的新空间；AI 的赋能应用将成为基础教育、高等教育、社会教育联动的关键，加快形成终身教育共识[10]。

目前增强智能在商业、教育和医疗等领域呈现出特有的力量。在教育领域中的应用正如吴朝晖院士指出的，在智能增强时代，教育格局、学习模式和育人需求将发生深刻变革，教育教学创新的步伐不断加快。事实上，VR 技术运用到教育领域以来，已经形成一种技术辅助人类的教育模式，尤其是在某些特定的技术训练中。在这个过程中，人类的主体地位尽管有些改变，但最终还是占据主导地位。在医疗领域，人工智能是医生的辅助。2021 年 5 月，哈佛医学院（Harvard Medical School，HMS）Faisal Mahmood 团队开发出一种人工智能系统，该系统使用常规组织学切片就能准确查找转移性肿瘤的起源，同时对原发灶不明的癌症进行鉴别诊断。当然，目前在 AI 医疗领域存在一定的误诊，如《新英格兰医学杂志》（*The New England Journal of Medicine*）在 2019 年 12 月 12 日的一篇文章中指出，缺乏金标准（gold standard），将导致机器学习对癌症的过度诊断。机器的优点是诊断的速度和一致性，而人类医生诊断的优点是：病理学家在用手感觉到肿瘤时，能够给患者带来安慰。增强智能就是人类医生有效地利用算法的速度和一致性，弥补人类诊断的确定性，同时保留医生与患者交流带来的安慰感。增强智能应用的一个最大场景是商业领域。Gartner 的一份研究报告指出，随着人工智能技术的发展，增强智能（结合了人类和 AI 的能力）将为人类生活带来颠覆性变革，同时指出增强智能在商业领域中有着极大的应用前景和未来。增强智能专注于人工智能的辅助作用，强 AI 的目的是弥补自然人类的能力不足，同时又将人类智慧应用于 AI，使商业智能变得更加完善，实现人类跟机器的优势互补，发挥最大价值[11]。

三、人类增强的四个变化特征

从个体层面看，当代新兴增强技术已经给认知与体验带来极大变化，促进新的技术体验形式的出现；从集体层面看，已经给人类社会带来明显的社会问题，如造成可能的不公正。人类增强技术已显示出明显的四个变化特征。

1. 人类增强从外在增强走向内在增强

从外在增强（美容术、肌肉力量、反应速度等）逐渐进入内在增强（各种精神力量如认知、记忆等）。美容增强是典型的外在增强，通过对身体外部形态（如脸部、身体）的改变来达到美容效果。今天美容已成为重要的产业和流行趋势，但遇到了增强领域的一个悖论：作为产业的美容与作为价值的美容。前者是利用特殊的技术获利的产业，其主导价值理念是追求美，做更好的自己。后者与一些负面的价值判断联系在一起，整容之后的外貌不是自然产物，而是明显的人工产物，那么就会存在"欺骗"的价值判断，即不以真面貌示人。所以，这里的冲突主要表现为追求完美与虚假自我之间的冲突。此外，身体的增强还表现为身体机能的提升。这种机能提升与身体构成机制有很大关系，如特定的药物对于肌肉本身、神经元的刺激，注射药品赛增可以刺激大脑生长激素的分泌，进而刺激身体长高；还有高水平睾丸素与道德之间的关系，高水平的睾丸素会削弱慷慨[12]。各种精神的增强如认知增强、记忆增强也成为心理学、认知科学和神经科学关心的问题。

2. 人类增强从宏观增强发展到微观精准增强

以往的增强主要是非精准的，如身体增强是指肌肉力量的增强、身体高度的增高，没有进行到微观的细胞层面。目前新的人类增强技术已经做到精准化控制，从身体部分 - 整体功能增强逐渐做到神经元的调控，主要是利用光遗传学技术对活体的神经元进行控制。德赛若斯（Karl Deisseroth）在《光遗传学：神经科学中微生物视蛋白的 10 年》中指出，光遗传技术的核心是一种在时空意义上的对细胞信号的精确的因果控制，有助于科学家发现神经系统的功能甚至非神经系统的功能[13]。研究者可以利用这种技术以空前的细节来探究神经系统是如何工作的。它有望用于治疗失明、帕金森病以及缓解慢性疼痛[14]。传统的光遗传学技术具有侵入性，引发了诸多伦理问题。最近中国的一项技术基本实现了非侵入式的无线光遗传调控①。中国政府已经注意到增强技术的这种特征，习近平总书记在两院院士大会、中国科协第十次全国代表大会上的讲话指出："科技创新精度显著加强，对生物大分子和基因的研究进入精准调控阶段，从认识生命、改造生命走向合成生命、设计生命，在给人类带来福祉的同时，也带来生命伦理的挑战。"②

3. 人类性能增强的异质化

这是指身体增强与大脑增强的跃迁化。一般认为，人类增强是人类机能（如负载

---

① 这项研究成果由复旦大学张凡、张嘉漪合作完成，2021 年 9 月 27 日以《通过三色上转换对多个神经元集群进行近红外调控》在线发表在《自然·通讯》上。论文见 Near-infrared manipulation of multiple neuronal populations via trichromatic upconversion.Nat.Comm.，2021，DOI：10.1038/s41467-021-25993-7。

② 习近平. 在中国科学院第二十次院士大会、中国工程院第十五次院士大会、中国科协第十次全国代表大会上的讲话. https://baijiahao.baidu.com/s?id=1701009847590037191&wfr=spider&for=pc[2021-05-28].

力）的提升，这种提升是量的积累。根据中国国家技术监督局 1990 年的《体力搬运重量限值》规定，男子单次搬运推拉物体的重量小于 300 千克，女性小于 200 千克①。超过这个重量身体就会受损，而利用外骨骼技术，推拉物体的重量肯定会远远超过这个数值。这种增强方式属于量上的增强，而非质的飞跃，未必涉及生物结构的变化。未来人类增强可能会出现跨物种跃迁的现象。人体增强会使大脑生理发生结构性变化或者使功能也发生极大的变化或跃迁。比如，最近的一项研究表明：如果使用第六指，会对支配手指协调的大脑神经元链接产生影响。不借助望远镜，要使人看到很远的对象，就需要使人类眼睛的生物结构发生跃迁式的变化。

4. 人类精神增强的数据化，精神被封存成数据包

蒲慕明院士在一次"人类如何构建超级脑"的对话中提到："在未来，思想、记忆和意念会成为像数据一样的商品吗？我们应该人为地去强化大脑吗？"对于相关问题，目前神经科学领域关于人类意识的神经机制研究已经取得快速发展，如共情的研究。斯坦福大学神经科学和行为学系罗伯特·玛莱卡（Robert C. Malenka）研究团队揭示了共情行为的神经机制，在社交过程中，发现小鼠通过不同的神经环路传递疼痛或恐惧情绪。在人类和啮齿类动物中，控制共情行为最重要的脑区是前扣带皮层（anterior cingulate cortex，ACC）。该脑区与调节情绪和动机的丘脑、岛叶、杏仁核和伏隔核（nucleus accumbens，NAc）等多个大脑区域之间存在投射连接，可以进行信息交流；其中 ACC-BLA 环路对恐惧信息的共情行为进行编码，ACC-NAc 神经环路对疼痛和镇痛的共情行为进行编码，二者分工细致，各司其职[15]。如果关于精神的神经机制能够被数据化，精神极有可能成为数据包，并作为商品出售。

四、当代新兴增强技术的问题及其影响

上述分析表明了人类增强的四个变化特征，无论是从个体、种族还是人性上，这一技术类型产生了极强的冲击，进而带来了三类问题。

1. 社会问题

前沿新兴增强技术（如可穿戴技术、外骨骼以及药物增强等）带来了可能的社会风险。可穿戴技术可能会带来设备穿戴者个人信息的泄露，有的泄露问题不大，如将外骨骼设备用于帮助快递小哥爬楼或者抬举重物，但如果用于战争或者恶意行为的

---

① 1990 年 4 月 23 日由中国预防医学科学院劳动卫生与职业病研究所的李天麟、于永中起草该标准，1991 年 1 月 1 号正式实施。

话，的确需要加以约束；此外，还有增强各种能力的药物需要注意其副作用。例如，红景天中的阿魏酸二十烷基酯（FAE-20），能够有效提升记忆力，但它的副作用以及用药主体等问题都会引发社会公平问题。因此，需要制定有效的社会法律监管框架加以限制。

2. 伦理问题

前沿新兴增强技术（如人机融合、智能增强、记忆增强以及药物增强等）带来的伦理挑战。例如，人机融合中侵入式芯片会使主体产生认同的伦理问题；智能增强最终会引发人与机器之间何者占据主导的问题；药物增强亦会带来认同的问题。因此，需要建立必要的伦理理审查规则，以做到早期预防。

3. 哲学问题

特定增强技术（身体增强、智能增强、记忆增强等）还会带来各种哲学问题（如对象与体验构成、智能体与人工意识、后人类等）。从人文主义角度看，增强技术是对人类个体、族群以及人性产生重大影响的显著技术。从一般意义上来说，现代技术对人产生了革命性影响。韩水法指出，学术界目前公认的是：康德关于人的四个哲学追问（这四个方面带有方法论的意义）——我能认识什么？我应当做什么？我能期望什么？和人是什么？——可以用作迄今的人文主义诸多流派的核心指针[16]。增强技术已经对我能够认识到的对象、我的伦理对象、我的预期对象和人的本质产生了极大影响。以感知对象为例，眼球的神经结构让人们看到特定的对象，但是却看不到极远、极小的对象，而老鹰的眼睛可以从高空看清楚地面的物体。因此，视觉增强需要提升视觉机能甚至使眼球的结构发生变化。在高速运动或晃动的车辆上拍照或者摄像时难以保持平衡，拍出来的照片和影片会出行很大的晃动。如果给一只公鸡脖子挂上摄影机，公鸡特殊的脖颈结构让它们即便在高速运动的车辆上，也可以拍摄出稳定的图像。增强技术恰恰能够实现这一目的，如利用减速玻璃，人在高速运动的车辆上不至于感到眩晕，也可以拍摄出稳定的照片。对于其他的问题，如人的本质、我的伦理对象、预期对象等的影响需要深入研究。"超人""后人类""赛博格人类"等的出现，使得人的传统本质和定义随着人类增强技术特征的显现产生问题。

参考文献

[1] Souter A. Oxford-Latin Dictionary. Oxford：Oxford University Press，1968.

[2] Heidegger M. Brief an Takehiko Kojima，in Gesamtausgabe 11：Identität und Differenz：155-161.

[3] 王聚. 认知增强技术的知识论意蕴. 复旦学报（社会科学版），2021，63（4）：138-146.

［4］ 杨庆峰.人类增强的傲慢后果及其记忆之药.社会科学，2021（9）：109-116.

［5］ 蒲慕明.中科院院士蒲慕明：在科研无人区做"探险家".瞭望，2021，(6-7).http://lw.xinhuanet.com/2021-02/08/c_139729330.htm［2021-12-18］.

［6］ 郭斌，於志文.人机物融合群智计算.中国计算机学会通讯，2021（2）：36.

［7］ Gartner. Augmented Intelligence. https://www.gartner.com/en/information-technology/glossary/augmented-intelligence［2021-10-02］.

［8］ Judith Hurwitz et al. Augmented Intelligence—The business powcr of Human-Machine Collaboration. CRC Press，2020.

［9］ 郑南宁."混合增强智能"是人工智能的发展趋向.http://theory.people.com.cn/n1/2017/1113/c40531-29642072.html［2021-10-02］.

［10］ 吴朝晖.智能增强时代的学习革命.https://www.edu.cn/xxh/zt/gjrgzn/201905/t20190517_1659272.shtml［2021-10-02］.

［11］ Dave Aron . Svetlana Sicular.Leverage Augmented Intelligence to Win With AI. https://www.gartner.com/en/documents/3939714-leverage-augmented-intelligence-to-win-with-ai［2021-10-02］.

［12］ Ou J，Wu Y，Hu Y，et al. Testosterone reduces generosity through cortical and subcortical mechanisms. PNAS March 23，2021，118（12）：e2021745118.

［13］ Deisseroth K. Optogenetics：10 Years of microbial opsins in neuroscience. Nature Neuroscience，2015，18（9）：1213-1225.

［14］ 杨庆峰.记忆研究与人工智能.上海：上海大学出版社，2020.

［15］ Smith M L，Asda N，Malenka R C. Anterior cingulate inputs to nucleus accumbens control the social transfer of pain and analgesia. Science，2021，371（6525）：153-159.

［16］ 韩水法.人工智能时代的人文主义.中国社会科学，2019（6）：25-44.

5.3 Contemporary Emerging Enhancement Technology and Its Influence

Yang Qingfeng
（Fudan University）

Since 2000，contemporary enhancement technology based on NBIC has undergone transformation with gigantic intelligent revolution. New enhancement technology frame gradually becomes a reality and has AI core.AI has two implications，one is artificial intelligence based on simulation；the other is augmented intelligence based on mixture between human being and intelligent machine. Augmented intelligence also demonstrates that artificial intelligence has permeated production，life，education and commerce fields and has expressed a change from human-centered to human-machine combination.

5.4 基因增强技术的伦理担忧

朱慧玲

（首都师范大学）

纵观人类历史，人们试图从生物遗传的角度来延续好的基因、避免不良可能的努力从来都没有停止过。从柏拉图有关优生的思想到后来的限制婚姻、选择性生育和控制移民，再到 20 世纪 80 年代开始的孕检、基因诊断和扫描以及生育技术等，很多人都在试图不断提升下一代的基因优势、避免一些遗传问题。然而，这些手段都是试图借助于某种选择来保障和提升后代的基因优势，或者只是被动地规避一些不良遗传；人们并不能真正地掌控遗传的过程和结果。近些年，随着科学技术日新月异的发展，尤其是基因技术获得了突破性的发展；这种飞跃和突破不仅仅给人们带来了智识上的成就感和满足感，还给一些人带来了新的希望：既希望能够通过基因技术治疗疾病、改善生命的质量，甚至是延长生命的长度；也希望可以通过基因技术来参与、改变、甚至控制遗传及其相关的结果。这种具有革命性的可能性，极大地鼓舞了那些试图改变和提升后代基因的人们。

然而，与此同时，另一些人则为基因技术的发展和应用深感担忧，他们担心基因技术会给人类生活带来一系列的困扰，甚至是不可逆转的基因突变、改变人之为人的基因特质；从而一方面打破现有的伦理生活和政治秩序，造成人们在观念上和实际生活中的混乱，另一方面造成对人类自身特性丧失的恐慌。因此，很多人反对基因技术的发展和应用，并对此展开了激烈的批评。然而，当前对于基因技术的批评和质疑以及由此引发的争论，有一些是由于没有区分基因技术的类别及其在不同领域的应用；也有一些批评并没有切中要害。本文旨在指出基因增强技术有别于其他基因技术的独特之处，针对基因增强技术的应用进行反思，深入考察它在伦理道德层面所引发的担忧，进一步指出它所可能造成的、最值得我们警惕和反思的伦理道德问题。

一、基因增强技术的应用

粗略来看，以基因为核心的相关技术可以大致分为基因治疗（gene therapy）、预防疾病（disease prevention）和基因增强（genetic enhancement）几种，很多人会混淆基因治疗技术和基因增强技术，因为这两种都会利用相同的技术来改变我们的DNA[1]；基因治疗是为了治疗特定的疾病或找到病因，基因增强技术则主要被应用于以下几个方面：①增强人体生理功能，如提升运动员的肌肉力量、延缓衰老等；②增强人类心理功能，如改善人类情绪、改变人类性格等；③增强人体认知功能，如提高人类的记忆力、改善思维认知能力等；④增强人体外在体貌特征，如设计或选择肤色、发色、身高、体型等。

可见，基因治疗与基因增强这两种基因技术的应用有着根本性的不同。具体体现在以下几个方面：首先，基因治疗技术旨在通过基因干预的方式治愈疾病，试图借助新的技术手段找到病因并加以治疗。基因增强技术则是要改变原本健康个体的基因，使之具有更高的智商、更强的体育能力或更好的音乐天赋等。其次，基因治疗是要借助基因技术帮助人们恢复或修复已经丧失或部分丧失的能力，它所针对的对象为特定的个体并由于个体的状况不同而有不同的治疗方案。基因增强技术则并非为了治疗疾病，而是试图改变非病理性的人类遗传特征，并增强或增加诸多原本没有的能力。因此，从目的上来看，基因增强技术并不是为了减少人类个体的疾病痛苦，帮助人们战胜病魔；而是为了使人类更加完美。最后，基因治疗技术改变的是受某种疾病困扰的个体或少数群体的基因，而基因增强技术可能面向的是整个人类，它在改变人类基因并增强人类能力之后，这些基因特征可能会一直遗传。它所携带的风险、对于人类整体特性的改变都将一直延续；由此而来的基因变异的风险可能是不可控的，它对于人类的影响可能无法预估。

基因治疗技术和基因增强技术在以上几个方面的不同，也导致了人们的不同态度。对于大多数人而言，如果通过改变基因能够治愈人们的某些顽疾，是值得我们期待的；然而，旨在通过基因技术增加或增强个体某些优势或能力的应用，则引发了人们激烈的争议。有很多反对基因增强技术的人是由于担心基因技术尚且不够发达，可能会导致基因突变等不可控的状况发生。然而，这种技术层面的担心，并没有切中问题要害；因为好像只要基因技术发展到足够成熟的地步，基因增强技术在道德上就是可允许的。然而，实际上，真正困扰我们的是基因增强技术可能带来的伦理难题甚至是道德困境，这是科学技术的发展无法加以解决的；即便基因技术发展到我们完全可以保证不会出现基因突变或其他失败的状况，基因增强技术的应用在道德上也是可疑的。具体看来，这些担忧和争论又可以分为有关个体尊严、人类主体性和公平、正义等多个层面，因而值得我们更加深入地从伦理道德和政治哲学的层面加以剖析。

二、有关人类尊严与主体性的担忧

在思考基因增强技术的应用时，人们直觉上最容易感到困扰的是有关人类尊严的问题。尽管历史上的哲学家们就人类尊严的定义及其来源问题从来没有达成过绝对一致的意见，但当直面一种可以通过改变人类基因而获得各种特殊才能的技术时，人们都会容易感觉到一种冒犯；尤其是当人们看到某些宣传打出了"定制婴儿"（designing babies）的广告，父母可以根据自己的意愿设计子女的各种体貌特征、使之获得各种才能与优点时，人们会不自觉地发问：这将是一个人类婴儿还是一个"商品"？这样"定制"出来的人类与我们个性化定制出来的各种商品，又有什么不同？如此被"定制"出来的孩子，在长大后又该如何看待自己？当他/她凭借某些优点或特长而获得某种成就之后，该如何加以看待？当这种成就源自父母给他/她设计并植入的某种基因优势，那他/她会很容易认为这些成就并不直接与自己相关，并非自己选择和努力的结果，由此他们的自我价值感以及与之密切相关的自尊感会受到很大的打击。著名政治哲学家迈克尔·桑德尔（Michael Sandel）在反对基因工程时指出，基因增强技术违背了"赐予的伦理"（The Ethics of Giftedness），该立场认为孩子是上帝恩赐的礼物。如果生物技术消解了我们的这种被赐予感，那么，同时也就消解了我们人类由上帝而来的独特感与神圣感[2]。除却这种宗教背景的有关人类尊严的来源解释，我们也会认为，类似于"定制婴儿"的这种商品化（commoditization）和物化（materialization）的过程，会贬低人的价值与尊严。

与自尊相关的是自由意志（autonomy）的问题。很多人反对基因增强技术，是因为他们认为基因增强技术违背了人的自由意志。那些基因里被设计和加入了各种才能、被增强了各种基因优势的人，本身并没有选择要进行基因增强技术，也没有选择要加入这些或那些才能，而只是被动地接受这些经过精心设计的才能与特征。不过，在本文看来，基因增强技术违背了人的自由意志，这种道德指控并没有切中问题要害；因为每个人在出生的时候也都没有经过选择是否出生，更没有选择自己的各种天赋和才能，因此也谈不上是出于他们的自由意志。但与自由意志密切相关的对于主体性（agency）的腐蚀，确实是伴随着基因增强技术而来的道德问题，而且这种对于主体性的腐蚀在设计基因的父母与被动接受基因增强的孩子那里，体现为两种不同的向度。

　　一方面，正如桑德尔所指出的，当父母试图增强自己孩子的基因时，代表着一种超主体行为（hyperagency），也即一种普罗米修斯式的渴望（a Promethean aspiration）[2]。这种渴望旨在改变自然和人类本性并使之服务于人类、满足人们的欲望。这种强烈的控制欲，使人们无法认识到我们的能力和力量并不完全是我们自己作为的结果，因而并非完全为我们所有，更无法欣赏和感激人类的力量和成就所具有的天赋特征；同时也使人们无法意识到并不是世界上所有的事物都能够被我们设计或改变，尤其是具有内在尊严和价值的人类及其后代。可以说，基因增强技术之所以成问题并不在于父母侵犯了他们所设计出来的孩子的意志自由，而在于进行这种设计的父母是多么傲慢与自大；在于他们企图掌握生育奥秘的野心。即使这种设计安排并没有使得父母成为孩子的统治者，它也误导了父母与孩子之间的关系，在某种程度上使亲子关系成为一种设计者与被设计者的关系，形成一种超亲子养育（hyperparenting）的趋势；这种超亲子养育的趋势体现出人们过分的掌控欲，并促使人们产生焦虑感，进而衍生出与优生学相近的思想，逐步往更加危险的方向发展。

　　另一方面，对于获得基因增强的人而言，由于他们从基因里就被设计或增强了各种能力或特长，因而出生时就具有了一些人为造成的优势或特征。这种优势可能会让他们觉得不需要付出太多的努力和训练，不需要发挥太多的主观能动性就能获得较好的成就，由此对他们的主体性造成腐蚀；也容易让一些人以自己出生时没有获得相应的基因增强技术为由，而不愿意付出努力来培养自己的才能。这两种倾向都会对人的主体性造成损害。吊诡的是，这种由于基因增强技术而来的优势，也有可能反过来让获得成功的人或他们的父母，认为自己的能力与成就全部是自己行为的结果，因此会自鸣得意，丧失了谦卑的美德，进而无法为穷人或共同体做出牺牲或贡献。

　　主体性的缺失还会进一步导致一个更为重要的问题，那就是：谁来为自己的行为负责？一般而言，人们的道德责任源自自由意志，当人们出于自己的自由选择并付诸努力时，就应当为相应的后果承担责任。这也是当代平等主义的自由主义者主张选择责任论以及在分配社会财富和收入、权力与机会时要"敏于抱负、钝于禀赋"（ambition-sensitive, endowment-insensitive）的理论基础[3]。然而，基因增强技术由于在很大程度上削弱或减免了人类的努力和奋斗，腐蚀了人们的主体性，因而也会在很大程度上减少他们的责任感。行为主体会认为特定的行为及其结果是他/她自己的基因特征导致的，而相关基因是外在于他/她另行设计加入或增强的，因此他/她并不需要为此行为承担相应的责任。此外，在基因增强技术的情形中，谁来为基因增强技术及其所产生的后果负责呢？这个过程涉及多个行为主体：父母、研究者、相关机构甚至是与此过程相关的任何人，却没有明确的责任主体来为此承担相应的责任[4]。例如，是由要求给自己孩子增强基因的家长负责（毕竟是这种行为是出于他们的自由选择），还是要由负责实施的相关技术人员或技术机构负责（毕竟这是他们承诺要提供的技术服务），还是共同负责？这些模糊之处在实际中会导致更为严重的责任主体缺失的问题。

三、有关公平、正义的忧虑

从政治哲学的角度来看，基因增强技术所可能导致的有关社会公平和分配正义的问题更加值得我们忧虑。这主要体现在以下几个方面。

首先，有关基因增强技术的分配、使用及其后果的问题。如果这项技术得以成功应用，那么，谁能够使用它呢？不难推想，在一个共同体内部，首先使用该技术的必然是掌握该技术的人员和有钱能够购买该技术的群体。因此，基因增强技术只会首先对部分人有利，由此造成一部分人比另一部分人具有更多的能力和优势。即便在能够保障形式的机会平等（formal equality of opportunity）的社会，一些人也会借助由基因增强技术而获得的优势来获得更多的财富和社会地位，从而加剧社会既有的不平等。更为严重的是，基因增强技术还会由此进一步扩大和固化代际不平等。因为富人会利用财富上的优势首先使用基因增强技术来使自己的后代具有更好的基因、从而使他们日后更容易获得成功。穷人及其后代与富人之间的差距会进一步扩大。出于同样的理由，在不同的共同体、不同的国度之间，贫富差距和不平等也会由于基因增强技术而进一步加剧，从而强化国际不平等。

其次，基因增强技术还会带来与健康正义相关的问题。如果穷人无法利用基因增强技术来规避某些疾病的风险；或者假设该技术已经普及到人人都可以使用的情况，而有些人不愿意选择利用基因增强技术来改变基因，那么，当他们由于某些疾病而陷入困境时，社会和医疗保障系统很可能会因为他们当初没有选择基因增强技术、事先加以规避而不给他们提供帮助。如此也会形成和强化健康和医疗保障方面的不公正对待，因而基因增强技术会导致健康正义问题。

最后，基因增强技术与优绩主义的理念相结合，会导致更为严重的社会正义问题。人们之所以要通过基因增强技术来植入或增强某些基因优势，与我们的社会中流行的优绩主义理念密切相关。按照优绩主义的基本理念，社会中的物质财富和政治权力，要依据个体的才能、努力或成就，而非出身、家庭财富或社会阶层，来加以分配。它具有两个核心分配观念：①严格根据才能（merit）来分配工作；②严格根据生产效率（productivity）来分配收入[5]。也就是说，个人在社会中获得地位上升和经济报酬的机会与数量，与自己的努力和才能直接相关。我们可以简单将优绩主义所依赖的功绩归结为这样一个等式：才能（智力）+努力=功绩。根据优绩主义的核心主张，人们应该获得与自己所取得的功绩相匹配的报酬和机会。并且，与当代其他几种平等主义的自由主义分配观念不同，优绩主义认可人们由于天赋和才能方面的差异而获得不同的收入、机会和地位，认为这更加符合人们的道德直觉。因此，优绩主义才能在社会财富和资源的分配当中占据至关重要的地位。一直以来，才能的获得依赖于天赋和后天的教育与努力；现在，当一些人可以通过基因增强技术来获得各种才能和特长时，也就更加容易获得相应的功绩进而获得更多的社会财富、资源和机会。因此，在优绩主义理念引导下的基因增强技术，会进一步加剧社会不平等、固化社会等级。处于社会上层的人会利用基因增强技术提升后代的基因，使之具备更多的才能和优势，以便维持自己在社会中的优势地位；处于社会下层的人则由于缺乏基因增强技术而导致自己的后代与富人的后代之前的差距进一步扩大。在没有基因技术介入的情况下，由于自然天赋的随机性和偶然性，社会中会出现生活贫困但智力较高、潜能较大因而具有上升机会的人，也会有出身高贵但天赋能力一般的人；因此，在强调机会平等的当代社会，不同的社会阶层之间会具有流动的可能性。但由于基因增强技术的应用，富有的人或掌握权势的人可以掌控后代的基因、增强他们的才能优势，从而使他们的后代更加容易获得更多的社会财富和机会，因此他们这个阶层在社会上的优势地位也将得到进一步的固化。相应地，穷人和底层人士向上的流动性就会降低，他们的社会地位也由此固化。更进一步地，人们很容易通过基因增强技术获得相应的才能与优势，并由此获得更多的专业知识和专业技能；出于维持自身优势地位的考虑，他们很容易给各行各业设定更为苛刻的专业知识和技术标准，并掌握该行业的准入门槛和晋升标准。同时，在社会治理层面，他们也会借助自己的优势与专家统治相结合，提高参与政治生活和公共话语的专业要求，使得处于底层的人、缺乏相应知识或未达到他们标准的人难以参与公共治理，从而形成对于自由民主的戕害。这些都是我们从政治哲学的层面必须要加以反对的。

四、结论与思考

综上所述，当人们可以通过基因技术来治疗疾病并为此欢呼时，与此相关的基因增强技术却值得我们警惕。它的应用可能会带来个人尊严、个体自主性的贬损，会对我们的伦理道德观念产生冲击；更为严重的是，会造成社会公平和正义方面的问题，给公共生活和社会治理造成极大的冲击。因此，在面对基因增强技术所可能带来的对于人类能力界限的突破时，我们应当保持警醒。科学技术的发展代表了人类在智识上的不断进步，给人们带来了极大的自我满足感。然而，如果我们不加限制地发展并应用各种科学技术手段，那么，这给人类带来的可能更多的是混乱而非满足与骄傲。例如，2019 年惊动全球的"基因编辑婴儿事件"，它并没有让人们为可能会从此避免艾滋病而兴奋，相反，它造成了普遍性的、人类由于科学技术发展和应用而感到的恐慌和愤怒。科学技术及其发展本身并没有善恶之分，但它的应用却能导致极为严重的，甚至是不可逆的后果；因此应当有其伦理道德上的限制。基因增强技术也是如此，它的发展可能会是人类科学技术发展的一次重大突破，但它的应用也有可能会导致人类社会的灾难，因此要从伦理道德上加以限制。

参考文献

[1] Macpherson I，Roqué M V，Segarra I. Ethical Challenges of Germline Genetic Enhancement. https://frontiers in Genetics[2019-09-03].

[2] Sandel M. The Case against Perfection：Ethics in the Age of Genetic Engineering. Cambridge，Massachusetts，and London：The Belknap Press of Harvard University Press，2007：27-30.

[3] Dworkin R. Sovereign Virtue. Cambridge：Harvard University Press，2000.

[4] Thompson C. Human embryos：collect reliable data on embryo selection. Nature，2017，551（7678）：33.

[5] Mulligan T. What's Wrong with Libertarianism：A Meritocratic Diagnosis，Routledge Handbook of Libertarianism. Routledge，2017.

5.4　The Moral Concerns of Genetic Enhancement

Zhu Huiling
（Capital Normal University）

The rapid development of the genetic technology brings people the promise of curing diseases as well as the debate of whether we should use it. This article tries to elaborate the difference between genetic therapy and genetic enhancement，and to reflect the moral concerns which could be brought by genetic enhancement.

5.5　跨越边界：新冠病毒疫苗研发中的社会协作①

张理茜　杜　鹏

（中国科学院科技战略咨询研究院）

解决气候变化、流行疾病、环境恶化等全球问题，迫切需要科学技术发挥更大的作用。2019 年初，美国科学促进会年会以"科学跨越边界"（Science Transcending Boundaries）为主题，强调通过跨越实际和人为的界限，来解决人类社会面临的重大难题。科学跨越边界需要更为深度的社会协作，不同专业研究人员及大量非科学人士的参与，在一定程度上模糊了学科之间乃至科学与社会之间的边界，并重塑科学的边界[1]。

2019 年暴发的新冠肺炎疫情呈现出传播范围广、传播速度快、病毒变异快等特征，是世界范围内的重大公共卫生威胁。疫情暴发后，疫苗及相关研究以共享合作形式在全世界迅速展开。按照世界卫生组织（WHO）公布的数据，截至 2021 年 11 月 26 日，全球共有 132 种新冠病毒疫苗品种进入临床试验阶段，其中包括：重组蛋白亚单位疫苗（含多肽疫苗及病毒样颗粒疫苗）47 种；核酸疫苗（包括 DNA 疫苗和 RNA 疫苗）36 种；病毒载体疫苗 21 种；灭活疫苗 17 种；减毒活疫苗 2 种[2]。在不到两年的时间产出如此众多的成果，是人类科技史上的奇迹，其中有效的社会协作是其关键要素。本文试图通过剖析新冠病毒疫苗研发中的社会协作，揭示科学跨越边界的内涵，提出未来以合作创新促进科技发展的基本思路。

一、疫苗研发的漫漫长路

自 18 世纪人类发现接种牛痘可以预防天花以来，疫苗已成为人类抵御病原体感染、预防疾病发生的重要手段[3]，病毒疫苗的研发已成为公共卫生及医学领域的研究热点和国家重大战略需求[4]。疫苗研制是一个极其复杂的过程。具体来看，疫苗从研

---

① 本文受国家自然科学基金应急管理项目"我国科学基金学科布局现状及演变脉络研究"（L1924006）；中国科学院科技战略咨询研究院 2020 年度院长青年基金 A 类项目"网络时代科学交流发展态势研究"（E0X3771Q01）资助。

发到使用大致可以分为五个阶段：研发阶段、注册阶段、生产阶段、流通阶段、使用阶段。这五个阶段涵盖了疫苗从基础研究到临床应用的各个环节，涉及众多的创新主体。

通常情况下，疫苗的研发阶段、临床研究的审批和疫苗注册都需要花费很长时间。一款新疫苗的研发过程从最初的设计、开发到获得国家许可，通常需要 15～20 年，在 COVID-19 暴发之前，颇受国际关注的埃博拉疫苗，最快花 5 年时间才获得许可[5]。为了保证疫苗的安全性和有效性，疫苗需要经历严格的科学过程。疫苗研发过程中的不确定性使得疫苗研发具有较大的风险，同时，疫苗研发也是和疫情进行赛跑的过程，挑战和难度可想而知。例如，2009 年 H1N1 甲型流感席卷全球，德国到 2009 年底提供了 3500 万份的疫苗，但由于疫情已经过去，大众没有动力去接种，最终因为过期进行销毁，花费达 5 亿欧元[6]。因此，对于突发、严重的传染病疫情，疫苗研发的速度就成为战胜疫情的关键要素。

二、社会协作促进新冠病毒疫苗快速研发

面对突如其来的新冠肺炎疫情，我国率先展开了疫苗研发的科技攻关，并展现出强势的竞争力。习近平总书记强调，要推进疫苗研发和产业化链条有机衔接，加快建立以企业为主体、产学研相结合的疫苗研发和产业化体系[7]。我国成为世界上为数不多的能够依靠自身力量解决全部免疫规划疫苗的国家之一[8]。这些都得益于我国政府强有力的顶层设计和宏观引导，多种主体参与、最大程度发挥各自优势的协同创新，以及公众的积极参与。

1. 顶层设计和宏观引导

新冠病毒是一个新发病毒，科学家对其认识还不够全面，是否会出现自然环境下自行消失的情况也未可知。同时，病毒在传播过程中不断发生变异，表现出很大的不稳定性。这些都给疫苗的研发带来很大的挑战。

国务院应对新冠肺炎疫情联防联控机制科研攻关组（以下简称科研攻关组）第一时间将疫苗研发作为主攻方向之一，为保证疫苗产品顺利投入使用，最大限度地提高疫苗研发的成功率，在研究前期确定了多种技术路线并行推进的总体研发策略，遴选确定了 5 条疫苗研发的技术路线，包括灭活疫苗、腺病毒载体疫苗、重组蛋白疫苗、减毒流感病毒载体疫苗以及核酸疫苗，每条技术路线支持包括企业、科研院所、高等级生物安全实验室等主体在内的 1～3 个研究团队同时开展研究，共支持 12 支国内顶尖的科研团队开展应急攻关。攻关团队制定了详细的策略和严格的疫苗研发计划表，

从实验设计、质量控制、工艺流程，到车间建设，每一步都统筹安排，对标国际及国家相关要求。

2. 不同创新主体协同创新

加强不同创新主体的合作，是新冠病毒疫苗研发成功的重要路径[9]。在此次疫苗研发过程中，党中央集中统一领导，进行顶层设计和科学布局；中国科学院、军事科学院、中国医学科学院等多家科研院所充分发挥科技国家队的作用，对疫苗研发中的基础科学问题进行联合攻关；拥有丰富研发经验和产业化技术平台的大型科技企业，及时加快产能建设，开展产业链供需对接。多个创新主体优势互补，协同集成，共同完成了从疫苗研究开发到应用的全过程。

从参与主体来看，此次新冠病毒疫苗的研发模式体现为典型的合作研发。从世界范围内来看，166项候选疫苗中，两个及以上研发主体参与进行的候选疫苗有66个，占比达40%，其中包括企业与企业的合作开发、企业与研究所的合作开发、企业与大学的合作开发等多种形式，有些甚至是三家以上机构进行合作，占比约13%[9]。我国新冠病毒疫苗研发任务由政府、科研院所、医院、企业等主体共同参与，各参与主体资源和优势互补。其中，政府除进行顶层设计和宏观引导之外，还提供政策支持和资金，为新冠病毒疫苗临床试验的审批提供绿色通道，并引导、协调相关主体之间的协作关系；医院是新冠患者的集中收治场所，是病患特征、临床表现、病原体等数据和信息的来源地，也是疫苗临床试验和验证的重要途径；科研院所是疫苗研发的核心力量，具有大量的科研创新人才和先进的科研仪器设备、平台，新冠病毒疫苗的研发阶段主要由科研团队展开攻关；企业主要负责疫苗的产品化。此外，我们也应当注意到，在此次新冠病毒疫苗研发中，大型企业（如国药和科兴）都是由自己企业的科研团队进行研发，这充分反映了企业自身创新能力在近年来得到显著提升。

2020年12月31日，国药集团中国生物新冠病毒灭活疫苗作为我国首款获批上市的新冠病毒疫苗符合条件上市，从项目批准到上市仅用时335天。灭活疫苗的研制必须与活病毒为伍，高等级生物安全实验室是必备条件，而国药集团不具备该等级的实验室。因此，国药集团与中国科学院武汉病毒研究所展开合作，在其P4、P3实验室开展研发活动。多方的协同努力使得新冠病毒疫苗研发进展顺利。

从任务协同方面来看，新冠病毒疫苗研发以项目形式进行组织和运行，项目任务的分解和分工是研发活动有序推进的前提和条件。此次研发攻关对科研任务进行了清晰界定，明确研发任务的边界和范围，锁定研发目标，即疫苗的最终使用；此外，对研发任务进行了结构分解，在任务分解和分工过程中，重视团队成员权利与责任的平衡与对等、知识产权的合理分配。此次疫苗研发任务涉及多个学科领域，需要多学科的知识和技术进行汇聚，信息交互和数据共享也是疫苗研发成功的关键要素。

协同机制是疫苗研发协同创新系统有序、高效运行的稳定器，包括沟通机制、协调机制、利益机制等。在此次新冠病毒疫苗研发过程中，企业和科研单位建立了良好的沟通机制，从任务初期的研究路线设计，到知识产权分配等，都有良好的沟通，使得整个合作过程顺畅进行。在疫苗研发阶段，临床试验许可的获得要经历一个漫长的过程。按照常规的疫苗审评审批流程，临床研究者要向国家药监部门提出疫苗一次性临床基地申请，经核发批件后方可进行临床试验。临床样品必须经中国食品药品检定研究院检定合格。临床方案需通过第三方伦理委员会通过和国家药审临床专家认可，方可开展临床试验[10]。在这种程序下，疫苗的研发时间通常为5～18年。耗时最短的纪录来自腮腺炎疫苗，也需要4年[11]。新冠病毒疫苗研发打破了这一纪录。在此次新冠病毒疫苗研发过程中，相关部门建立应急审批机制，审批和生产环节并行推进，以往"串联式"过程转变为"并联式"，极大地提升了疫苗研发的效率。由国家卫生健康委员会、科学技术部等十多个部门组成的国务院联防联控机制科研攻关组疫苗研发专班，24小时协调疫苗研发过程中的任何环节和问题。从2020年1月19日国药集团中国生物开始对新冠病毒疫苗展开科研攻关，到2020年4月12日，获得新冠病毒灭活疫苗的临床试验批件，同时启动Ⅰ、Ⅱ期临床试验，历时仅80余天。2020年12月30日，在向国家药品监督管理局提交上市申请一个多月后，国药集团新冠病毒疫苗通过上市审批。在利益分配方面，合作各方在初期即通过契约，对知识产权等收益进行了合理的分配。

三、科学跨越边界的内涵

新冠病毒疫苗研发中的社会协作反映了科学跨越边界的现实意义，但将重大公共卫生威胁应急机制转化为科技发展的常态化机制依然是一个重要的课题。

1. 科学的边界在哪里

"边界"一词本意指国家之间或地区之间的界线，是一个地理名词。如今，"边界"一词可运用于各种领域，指各个细分单元之间的界线，如组织边界、认知边界等。组织边界源自分工和精细化管理的线性结构，边界能在一定程度上提升效率，但是，过于细分和明确的边界则会阻碍组织的发展和任务的完成。科学研究中的边界，大致有三个层面的含义。

首先，作为地理名词的边界，更多地指国家之间的界线。虽然我们强调"科学无国界"，但在实际中，科学的国家界线却一直存在。随着中国科技的迅猛发展，发达国家为了保持在国际分工中的核心优势与地位，通过管控、封锁等各种手段打压、遏制中国高科技企业以及相关技术的发展。

其次，从参与主体来看，科学的边界体现在科学共同体与公众之间。长久以来，科学共同体和公众之间存在着明显的鸿沟，虽然这一现象随着近年来"公众理解科学""开放科学"等运动的展开而有所改善，但由于科学本身的专业性和较高的壁垒，公众对科学的理解和对科学活动的参与还是在一个极为有限的范围内。

最后，从任务来看，科学研究相关的任务多以学科为边界展开。传统的科学研究强调分科而制，这就有了学科。学科分类不仅在培养人才方面发挥着重要的作用，而且在科研项目的管理和组织等方面发挥作用，如教育部为培养专业人才而设的《学位授予和人才培养学科目录》、国家自然科学基金委员会为项目组织和管理而设的"国家自然科学基金申请代码"，都以学科为基础来进行划分。然而随着复杂的科学问题的不断涌现，打破学科界线，实现学科融合的需求愈发强烈。

"跨越边界的科学"，既是科学精神的彰显，也是当今科学与社会关系变化的表现。科学对社会发展不仅带来积极的影响，也带来伦理、法律和社会问题以及负面效果，需要科学共同体、政府和社会各界共同负起责任，协同治理；同时，社会的各方面因素也对科学的发展产生了很大的影响，科学共同体需要与各方建立有益的互动[12]。

2. 如何跨越科学的边界

（1）国际合作是科学跨越边界的有效途径

如果将边界作为一个地理名词，跨越边界就是建立多渠道、多形式的国际合作。从西方国家的实践来看，国际合作的形式多种多样，由政府主导、市场主导、社会组织主导的不同类型国际科技合作相得益彰。科学研究的全球化趋势日趋明显，从事科学研究的科学家将更多地在全球化和网络化的开放环境中相互竞争、相互交流与合作，使得各国科技交流与合作增强，国际战略也成为多国科技发展战略的重要组成部分[13]。在此次新冠肺炎疫情中，我国疫苗研发中的Ⅲ期临床试验主要在国外开展，疫苗生产后也提供给国外使用，这在一定程度上体现了国际合作的重要性。有数据显示，我国向全球100多个国家、地区和国际组织出口援助了超过5亿剂新冠病毒疫苗[14]。

（2）开放科学是科学跨越边界的内在逻辑

科学知识的生产是科学家的责任。尽管如此，公民所具有的经验知识、地方性知识等发挥了越来越大的作用[15]。早在2013年，欧洲委员会副主席尼利·克洛斯（Neelie Kroes）指出，我们正在步入开放科学时代[16]。

开放科学具有以下三个主要特征[17]：高度开放性、社会化、共享合作。在开放科学的语境中，科学具有超乎以往任何科学时代的高度开放性，公众可直接或间接地参与科学研究过程，同时，各种科研数据和成果免费公开，从而实现科学研究内容、过程与基础设施的开放。开放科学既要求传统封闭、隐性的科学研究过程实现面向社会大众的可视化，也鼓励非科学专业人士参与科学研究过程，从而使那些传统上被拒于科学领域之外的普通大众逐步成为科学研究的重要参与者，增强公众对科学研究过程的认知[18]。

开放科学对于科研人员来说，借助广泛的公众力量，可以用更短的时间获取更翔实的数据，提高科学研究的效率；对于公众来说，可以通过数据观测等形式参与到科学研究项目中，增强公众的科学意识，提高公众对科学的认识，提升公民的科学素养，并在学生群体中发现潜在的科研爱好者；对于科研资助者来说，公众科学可以使其在投入不变的情况下，有可能获得更多的成果和更大的影响力。因此，如果未来我们走入复杂性与不确定性持续增加的后常规社会，那么毫无疑问，相较于知识分工的解决方案，扩大公民参与更能符合情境化的决策要求，因为它寄托了一种改善科学与科学决策的期望[15]。

（3）学科交叉与融合是科学跨越边界的落脚点

学科交叉与融合往往能产生新的学科增长点，解决科学难题。当科学"分科而治"发展到一定阶段后，学科交叉和融合的需求便日益强烈。当前的学科融合是对传统意义上的交叉学科研究的新拓展，更多的是一种"愿景驱动"研究，强调对复杂情境下的愿景和目标的共同认知，以及在学科交叉汇聚中形成的共同概念和话语体系[1]。

针对新冠病毒疫苗研发展开的科研攻关，既有明确的应用需求，又有探索未知的研究需求；既要基于基础科学的研究来进行技术创新和产品开发，又要从实际应用需求中去发现基础科学问题以展开更有针对性的科技攻关，必须打破学科界限，强调对多个学科领域的思想、方法和技术的高水平整合。在此过程中，科学研究和技术应用之间发生相互作用、相互促进、相互转化，才能使我国新冠病毒疫苗研发取得阶段性胜利[19]。

科学跨越边界强调打破学科、主体、地域等要素之间的界限，学科交叉与融合是其重要落脚点。促进学科交叉与融合，需要在顶层设计层面努力，也需要在人才培养模式等方面进行相应创新。

参考文献

[1] 杜鹏，王孜丹，曹芹.世界科学发展的若干趋势及启示.中国科学院院刊，2020，35（5）：555-563.

［2］ WHO. COVID-19-landscape of novel coronavirus candidate vaccine development worldwide. https://www.who.int/publications/m/［2021-11-26］.

［3］ Katz I T，Weintraub R，Bekker G，et al. From vaccine nationalism to vaccine equity-Finding a path forward. The New England Journal of Medicine，2021，384（14）：1281-1283.

［4］ Lancet Commission on COVID-19 Vaccines and Thera-peutics Task Force Members.Operation Warp Speed：implications for global vaccine security.Lancet Global Health，2021，S2214-109X（21）：00140-00146.

［5］ Black S，Bloom D E，Kaslow D C，et al. Transforming vaccine development. Seminars in Immunology，2020，50：101413.

［6］ 信号SIGNAL. 疫苗研制一般的流程. https://baijiahao.baidu.com/s?id=1664769722484878885&wfr=spider&for=pc［2021-12-08］.

［7］ 习近平. 为打赢疫情防控阻击战提供强大科技支撑. 求是，2020（6）：1-5.

［8］ 胡颖廉. 协同应对未知：国家疫苗产能储备制度构建探析. 中国行政管理，2020（5）：26-31.

［9］ 王秀芹. 谁在参与新冠疫苗研发“竞赛”——从参与主体特征到研发模式. 中国科技论坛，2021（2）：1-8.

［10］ 多项技术并行助力疫苗研发 新冠疫苗不会成为“马后炮”科技界携手加速推进新冠肺炎疫苗研发进程. 中国科技产业，2020（3）：1-3.

［11］ 莫庄非. 新冠疫苗研发为何可以如此迅速. 世界科学，2020（9）：11-13.

［12］ 樊春良. 跨越边界的科学——美国科学促进会（AAAS）2019年会的观察与思考. 科技中国，2019（5）：18-29.

［13］ 杜鹏，张理茜. 科技自立自强与新时代的开放创新和国际合作. 科技导报，2021，39（4）：74-78.

［14］ 朱敏. 我国已有5类24个新冠病毒疫苗进入临床试验阶段. https://baijiahao.baidu.com/s?id=17119289447205099011&wfr=spider&for=pc［2021-09-26］.

［15］ 刘然. 跨越专家与公民的边界——基于后常规科学背景下的决策模式重塑. 科学学研究，2019，37（9）：1537-1542，1569.

［16］ Kroes N. Opening up scientific data. http://europa.eu/rapid/press-release_SPEECH-13-236_en.htm［2021-11-13］.

［17］ The Royal Society. Science as an Open Enterprise. London：The Royal Society，2012.

［18］ 武学超. 开放科学的内涵、特质及发展模式. 科技进步与对策，2016，33（20）：7-12.

［19］ 张新民. 从新冠病毒疫苗研发看我国战略科技力量建设. 中国科学院院刊，2021，36（6）：709-715.

5.5 Social Collaboration in Research and Development (R&D) of COVID-19 Vaccine

Zhang Liqian, Du Peng
(Institutes of Science and Development, Chinese Academy of Sciences)

In recent years, global issues such as climate change, epidemic diseases and environmental deterioration have continuously emerged. Consequently, the world's challenges are changing faster, involving more fields, and solving larger and more complex problems. Therefore, science urgently needs cross-boundary and integration to solve these problems. Research and development (R&D) of COVID-19 vaccine in China has achieved a phased victory, which is a typical successful case of scientifically crossing borders. By summarizing the collaborative innovation experience in COVID-19 vaccine's R&D in China, the connotation of science transcending boundaries is revealed in this study, and the basic ideas of promoting scientific development through collaborative innovation in the future are also proposed.

第六章

专家论坛

Expert Forum

6.1 关于我国生物信息安全的战略思考

鲍一明 娄晓敏 肖景发 章 张 赵文明 薛勇彪

［中国科学院北京基因组研究所（国家生物信息中心）］

一、生物信息安全已经成为国际社会高度关注的安全领域

生物信息是人类认识利用生物界的信息载体，是一种战略性资源，蕴含巨大的军事应用价值、经济价值和社会价值[1]。近年来，随着生物信息爆炸性增长，生物信息安全已经成为国际社会高度关注的安全领域。所谓生物信息，主要包括生物体遗传信息和非生物体遗传信息[2]。为加强对生物信息数据的管理，保障生物信息数据安全，国际社会很早就启动了生物信息保护的相关工作。20 世纪 80 年代，以美国、欧洲和日本为代表的西方国家或地区竞相在生物信息资源建设领域投入大量资金，大规模采集生物信息，陆续成立了具有世界权威性、数据同步更新的国家级的国家生物信息中心，包括美国国家生物技术信息中心（National Center for Biotechnology Information，NCBI）、欧洲生物信息研究所（European Bioinformatics Institute，EBI）和日本 DNA 数据库（DNA Data Bank of Japan，DDBJ），这些生物信息中心成为国际生物信息存储、交换和获取的核心机构，在保障本国生物信息安全方面发挥了重要作用（表 1）。2005 年，三者共同成立了垄断全球生物大数据的国际核酸序列数据库联盟（International Nucleotide Sequence Database Collaboration，INSDC）。INSDC 每天更新数据和信息，每年召开年会，讨论有关建立和维护序列存档的问题，并制定了一系列统一的数据标准和政策。INSDC 在国际生命与健康大数据收集上有着巨大的影响力。作为惯例，研究人员在主流生物医学期刊发表论文前都要将相关数据上传到 INSDC 的成员数据库并公开。据估计，INSDC 数据库中约 20% 的数据和用户均来自中国，跟美国相当。

表 1　国际主要生物信息中心概况

机构名称	成立年份	主要内容与数据类型	人员规模 / 人	数据量 / 拍字节	计算存储能力
NCBI	1988	多维组学数据、文献信息以及医学数据资源	约 700	约 50	约 600TFlops/170PB
EBI	1992	基因组、转录组、蛋白质组、表观组等多维组学数据和文献信息	约 780	约 30	约 500TFlops/273PB
DDBJ	1984	以基因组数据为主	约 50	约 10	—

相比较，我国在生物信息软件工具与数据库资源发展方面积累薄弱，孤岛现象严重，数据"再利用率"低，对国际生物信息资源高度依赖。我国由于没有国家级的生物信息中心，缺乏数据积累，生命科学研究时常受到影响。2006 年 12 月，受强烈地震影响，多条国际海底通信光缆发生中断，造成国内用户无法访问国际生物信息中心；2018～2019 年，美国政府非核心部门几次停摆，美国 NCBI 暂停数据更新服务，影响国内科研人员使用。2018 年 4 月，"中兴事件"让我们进一步意识到，过于依赖他国会严重制约我国生物技术领域研究与产业创新。同时，重要遗传资源数据的外流对我国生物安全、医药产业发展等造成巨大威胁和损失。2019 年 7 月，《中华人民共和国人类遗传资源管理条例》施行，对我国生物信息安全和管理提出了新的要求。因此，建设国家级的生物信息中心不仅是维护我国生物信息主权和生物资源安全的重要保障，也是保护国家生物遗传资源的重要手段。

二、我国生物信息安全的发展现状

1. 生物信息安全逐渐受到重视

我国高度重视生物信息安全所面临的问题和挑战，政府陆续出台了《科学数据管理办法》、《国家健康医疗大数据标准、安全和服务管理办法（试行）》和《中华人民共和国人类遗传资源管理条例》等。2020 年 10 月，国家正式通过《中华人民共和国生物安全法》，其中第六十八条指出，加快建设生物信息、人类遗传资源保藏、菌（毒）种保藏、动植物遗传资源保藏、高等级病原微生物实验室等方面的生物安全国家战略资源平台。在"软实力"层面，国家在"十三五"和"十四五"期间相继部署和启动系列生物信息相关的重点研发计划专项，如"精准医学研究"、"生物安全关键技术研发"和"生物与信息融合"等，旨在推动我国生物大数据的新理论和新方法的研究，发展具有自主知识产权的生物信息分析技术、算法、软件，以及数据安全存储和管理等。在硬件层面，国家部署一系列数据中心及基础设施建设，建立了多个能支撑公益性科学研究的国家级平台。国家蛋白质科学中心（北京）于 2015 年正式运行，致力于建设国际一流的集蛋白质组科学研究与开发、人才培养、技术创新与服务于一体的国家级研究中心和基地。深圳国家基因库于 2016 年 9 月正式运营，着眼于为我国生命科学研究和生物产业发展提供基础性和公益性服务，储存和管理我国特有的遗传资源。2019 年 6 月，科学技术部和财政部联合批复中国科学院北京基因组研究所建设国家基因组科学数据中心，着力解决我国生物信息大数据流失严重、分散隔离、数据安全等问题。各个平台和中心在数据管理与共享、数据分析与挖掘、算法软件研发以及硬件能力建设方面均取得长足的进步。

我国早就意识到国家级生物信息中心的重要性与必要性，几代科学家一直呼吁建设自己的生物信息中心。郝柏林院士 1999 年在《院士建议》里提出建设一个国家级的"生物医学信息中心"，顾孝诚教授与罗静初教授牵头在 1998 年建立了"北京大学生物信息中心"，李亦学教授负责于 2002 年成立上海生物信息技术研究中心。陈润生院士于 2014 年牵头撰写了关于中国"国家生物医学信息中心"的调研报告与建议。中国科学院北京基因组研究所于 2015 年底成立生命与健康大数据中心，2019 年 11 月 13 日由中央机构编制委员会办公室批准加挂"国家生物信息中心"牌子，承担我国生物信息大数据统一汇交、集中存储、安全管理与开放共享以及前沿交叉研究和转化应用等工作。

2. 生物信息中心建设的进展与成效

目前国家生物信息中心的建设没有实质性落地，国内各部门有关的数据中心的建设工作仍然存在零散、重复的问题，难以形成合力。尽管如此，我国生物信息中心仍在加快建设，在维护数据主权、保障生物信息数据安全和加速数据应用方面取得实质性进展。

（1）可实现生物数据安全汇交管理的国家中心数据资源体系建成，获得国际同行高度认可

当前，我国国家生物信息中心建成了组学原始数据归档库（Genome Sequence Archive，GSA）[3]、基因表达数据库（Gene Expression Nebulas，GEN）[4]、基因组变异数据库（Genome Variation Map，GVM）[5]、表观基因组数据库（Methylation Bank，MethBank）[6] 等 55 个数据库和知识库，形成涵盖数据、信息、知识三个层次的国家中心数据资源体系和可实现统一汇交、安全管理和高效共享的多维组学服务平台[7-11]。国家生物信息中心连续 4 年被国际生物大数据领域权威期刊《核酸研究》（*Nucleic Acids Research*）评为与美国 NCBI 和欧洲 EBI 并列的全球核心数据中心[12-15]，获得国际同行的高度认可。这不仅满足了我国组学数据"存管用"的实际需求，而且改变了

我国产出组学数据必须汇交到国外数据库的局面，保障了我国生物信息数据的主权和安全。

（2）建成 GSA 和 GSA-Human，保障了我国生物数据的主权和安全

GSA（https://ngdc.cncb.ac.cn/gsa/）是组学原始数据汇交、存储、管理与共享的系统，是国内首个被国际期刊认可的组学数据发布平台[3]。人类遗传资源组学原始数据归档库（GSA-Human）（https://ngdc.cncb.ac.cn/gsa-human/）是 GSA 的子库，遵循《中华人民共和国人类遗传资源管理条例》，是专门用于人类遗传资源组学原始数据汇交、存储和受控访问的管理系统[16]。GSA 和 GSA-Human 系统自建成以来，不断丰富和完善系统功能，为全球的生命科学研究人员持续提供数据汇交和共享服务，尤其为我国科研人员提供了极大便利。GSA 和 GSA-Human 已通过 FAIRsharing 认证，被国际著名出版商爱思唯尔（Elsevier）指定为亚洲唯一的基因数据归档库，获得 Wiley、Taylor & Francis 和 Springer Nature 等国际著名出版集团的认可，这表明 GSA 和 GSA-Human 已经获得领域内几乎所有国内外期刊的认可。截至 2021 年 10 月 21 日，GSA 和 GSA-Human 的用户递交数据量超过 10 拍字节，收录生物样本信息 352 635 个，涵盖物种超过 1300 个，支撑科研人员发表研究论文 800 余篇，为我国生命组学大数据的汇交、存储、管理与共享提供了重要的基础平台，为解决国内生物组学数据孤岛问题、提高数据共享率和利用率、保障我国生物数据主权与安全等做出了重要贡献。

（3）开发运行 2019 新型冠状病毒信息库，为疫情防控的科学决策提供重要支撑

2020 年 1 月 22 日国家生物信息中心正式上线运行 2019 新型冠状病毒信息库 RCoV19（https://ngdc.cncb.ac.cn/ncov/）[17, 18]，实时跟踪与整合国内外最新病毒基因组数据，动态监测新冠病毒的变异、传播与演化。截至 2021 年 10 月 21 日，已收录全球公开的新型冠状病毒基因组数据 4 607 353 条，收集新型冠状病毒相关文献情报 201 664 篇，为全球 178 个国家 / 地区近 120 万访客提供了数据服务，累计数据下载超过 13.5 亿次。RCoV19 相关工作已被 *The Lancet*、*Nature Reviews Cardiology*、*Nature Reviews Microbiology*、*Nature Communications* 等期刊的 300 余篇高水平期刊论文所引用，美国国立卫生研究院、Elsevier、韩国国家生物信息中心等 20 余家国际知名生物信息机构网站已添加数据库链接。基于 RCoV19 和新型冠状病毒基因组数据整合挖掘等研究工作，中国科学院北京基因组研究所（国家生物信息中心）向国家相关部委报送《新冠病毒变异及演化动态监测报告》等科技报告 400 余份，为疫情防控科学决策提供重要支撑。

（4）开发跨库检索与整合工具（BIG Search）和在线序列比对工具（BLAST），实现国际主流数据中心核心功能

中国科学院北京基因组研究所（国家生物信息中心）已建立统一的门户系统

（https://cncb.ac.cn），基于 Elasticsearch 等前沿信息技术，建立统一的数据索引标准，研发了一站式数据快速搜索引擎 BIG Search。目前，BIG Search 已整合中国科学院北京基因组研究所（国家生物信息中心）重要的数据资源库以及包括北京大学、华中科技大学、哈尔滨医科大学等多个合作伙伴的 39 个数据资源库，同时还整合了 EBI 和 NCBI 的数据资源，能够实现高性能、灵活的全文索引和检索，帮助用户更有效、快速、准确地获取知识。基于全球已知物种的核酸、蛋白质等序列信息，构建序列比对参比数据库，并完成在线序列比对工具 BLAST 的部署，提供公共应用服务，可完成已知和（或）未知基因序列的快速鉴定与信息定位，该工具实现了 NCBI 序列比对的核心功能[13]。

三、我国生物信息安全面临的挑战

生物信息不仅有助于推动精准医学研究和医疗模式变革，也是关系到国家人口健康和生物安全的重要基础资源。随着健康中国战略的实施和健康医疗技术的不断发展，生命健康领域数据迎来爆发式增长，预计今后五年我国将产生 300 拍字节以上的基因组数据[19]。但是，我国在生命信息的统一汇交、国际影响和安全管理方面仍存在一些问题，面临一些挑战。

1. 缺乏生物数据及其所衍生的关联信息的统一汇交

由于我国缺乏强制性的数据统一汇交与共享政策，我国产出的生物信息（包括人类遗传资源数据和生物多样性资源数据）大多提交至国际三大生物信息中心（NCBI、EBI 和 DDBJ）等国外数据库中，或者散落在研究人员及科研单位的计算机中，严重威胁我国重要科学数据资源的数据安全和数据主权。同时，生物信息所衍生的关联信息，包括但不限于文献成果（期刊论文、学位论文、预印本等）、算法工具、分析流程等，未能统一汇聚进而造成无法开放获取，严重影响我国生命健康领域的大数据整合挖掘和知识共享利用。因此，我国生物信息及其关联信息存在"数据流失"、"数据孤岛"和"共享匮乏"等现象，给国家生物信息安全和有效利用带来严峻挑战。

2. 缺乏自主研发的生物大数据资源体系

由于数据未有效统一汇聚，绝大部分的生物大数据及其衍生出的生物信息算法工具、文献资料等都存放在国际主要生物数据库中，造成国内科研人员高度依赖国外生物数据库，不可控因素多，对我国的科学研究带来潜在巨大威胁。除此之外，受国际网络带宽的限制，数据访问获取周期长、成本高，严重影响我国生命科学研究进展。近年来，我国虽然在数据库资源体系方面取得了一定成绩，但与欧美发达国家相比，仍存在数据审编质控程度低、开放共享效果差、可持续更新升级少等问题，未形成具有国际影响力的全链条数据库资源体系。因此，亟须建立我国自主研发的生物大数据全链条资源体系。该资源体系不仅涵盖生命科学领域的多维异构数据，以及衍生的算法工具、分析流程、文献成果等关联信息，也包括研发生物大数据审编质控、整合分析、交互访问等标准规范和关键技术，可以为科研人员提供自主安全可控的 FAIR（可发现、可访问、可互操作、可重用）生物数据服务。

3. 缺乏生物大数据的安全管理和有效利用

生物信息安全是国家生物安全的重要组成部分，一方面需要推动出台生物大数据安全管理相关政策，支持建立生物大数据分级管理、安全可控的机制和平台；另一方面需要推动数据的充分挖掘和有效利用，最大限度地保障数据的开放共享，从而确保国家资助的科研项目所取得的数据被及时公开和有效使用。生物数据在国内有效积累与安全管理的缺乏，严重制约了我国生物医学领域大数据深度挖掘方法研发以及知识发现和转化利用，极大地影响了我国生物技术领域科学研究与产业创新发展。因此，亟须开展生物大数据的安全管理和挖掘利用研究，建立数据分级管理、受控访问、隐私保护、规范使用、可查可溯、可控可用的安全管理机制和访问平台，助推大数据驱动的重大科学发现与新型大数据高技术产业发展。

四、对策建议

1. 加强生物信息基础设施建设和核心软件开发

生物信息大数据是国家重要的战略资源，直接关系着当前及未来生命科学研究、生物产业发展和生物安全防范。据不完全统计，我国生物信息数据年产量可达 100 拍字节，井喷式增长的生物信息大数据存储、管理和共享离不开规模化的大数据基础设施。一方面，要加快建设中国科学院北京基因组研究所（国家生物信息中心），完善生物信息大数据基础设施，加快生物数据资源的整合和开放共享，推动我国生物信息大数据汇交、存储、管理和生物信息前沿交叉研究，以此确保我国的生物信息数据留得住、存得下，提升我国在生物信息领域的"硬"实力；另一方面，加快生物信息数据库系统和核心软件研发，加强对生物信息算法、模型、软件、工具、数据库等各方面能力建设的投资，形成综合、权威的生物信息数据库和具有自主知识产权的核心软件，提升我国在生物信息领域的"软"实力。

2. 加快完善生物信息资源共享的政策措施

生物信息数据是科学数据的重要组成部分。2018 年《科学数据管理办法》出台和 2019 年"国家重点研发计划"要求结题汇交数据后，科学数据的管理进一步规范，极大地促进了国内生物信息数据的汇交管理。但是，目前关于数据汇交还缺乏相关的管理细则，导致科研数据只汇交不共享，亟须出台明确的、可操作的管理规定。一方面，需要做好顶层设计，推动建立科技信息公开制度，提升科学数据存储与应用相关技术，推动公益性科研活动获取和产生的科学数据开放共享，避免科研单位和个人的科学数据保护主义；另一方面，创造良好的科研数据共享氛围，健全科学数据共享管理过程中的保障机制，在数据产权保护和科学数据共享之间寻求平衡，激发科研人员汇交与共享生物信息数据的积极性，保障科研人员在共享过程中获得良好的体验。

3. 加大生物信息学学科建设及人才队伍的培养

生物信息作为生命科学研究的重要基础及组成部分，在生命过程解析、生命规律揭示、生物现象探索等方面承担着重要角色，生物信息人才一直是领域内急缺和急需的人才。因此，亟须在生物信息领域培养和储备一大批人才。建议国家尽快加大生物信息学的学科布局和整体规划，提升生物信息学的学科级别，成立生物信息学学会，在有较好基础的大学设立生物信息学院，以此加强基础人才培养，为未来我国生命科学领域的可持续发展提供人才储备。

4. 加强生物信息数据与资源的国际合作

秉持开放、合作、团结、共赢的合作理念，坚定不移地开展国际科技合作，促进全球生命健康、食品安全、生态环境等人类命运共同体的协同发展。一方面，在"一带一路"倡议的指引下，加强与相关国家的科技合作和技术探讨，在生命科学领域开展联合研究，扩大我国生物信息数据体系的影响力；另一方面，加强国内外科学共同体的交流合作，探索与国际社会的数据交换与合作交流，保障资源的全球化利用，最大限度地发挥数据的价值。

参考文献

[1] 王小理，阮梅花，刘晓，等．生物信息与国家安全．中国科学院院刊，2016，31（4）：414-422.

[2] 吴红月．生物大数据：中国能否与世界同步？科技日报，2014-02-26，第 1 版.

[3] Wang Y Q, Song F H, Zhu J W, et al. GSA: genome sequence archive. Genomics, Proteomics & Bioinformatics, 2017, 15（1）: 14-18.

[4] Zhang Y S, Zou D, Zhu T T, et al. Gene Expression Nebulas（GEN）: a comprehensive data portal integrating transcriptomic profiles across multiple species at both bulk and single-cell levels. Nucleic Acids Research, 2021. https://doi.org/10.1093/nar/gkab878.

[5] Song S, Tian D, Li C, et al. Genome Variation Map: a data repository of genome variations in BIG Data Center. Nucleic Acids Research, 2018, 46（D1）: D944-D949.

[6] Li R, Liang F, Li M, et al. MethBank 3.0: a database of DNA methylomes across a variety of species. Nucleic Acids Research, 2018, 46（D1）: D288-D295.

[7] BIG Data Center Members. The BIG Data Center: from deposition to integration to translation. Nucleic Acids Research, 2017, 45（D1）: D18-D24.

[8] BIG Data Center Members. Database Resources of the BIG Data Center in 2018. Nucleic Acids Research, 2018, 46（D1）: D14-D20.

[9] BIG Data Center Members. Database Resources of the BIG Data Center in 2019. Nucleic Acids Research, 2019, 47（D1）: D8-D14.

[10] National Genomics Data Center Members and Partners. Database Resources of the National Genomics Data Center in 2020. Nucleic Acids Research, 2020, 48（D1）: D24-D33.

[11] CNCB-NGDC Members and Partners. Database resources of the National Genomics Data Center, China National Center for Bioinformation in 2021. Nucleic Acids Research, 2021, 49（D1）: D18-D28.

[12] Rigden D J, Fernández X M, et al. The 2021 Nucleic Acids Research database issue and the online molecular biology database collection. Nucleic Acids Research, 2021, 49: D1-D9.

[13] Rigden D J, Fernández X M, et al. The 27th annual Nucleic Acids Research database issue and molecular biology database collection. Nucleic Acids Research, 2020, 48: D1-D8.

[14] Rigden D J, Fernández X M, et al. The 26th annual Nucleic Acids Research database issue and Molecular Biology Database Collection. Nucleic Acids Research, 2019, 47: D1-D7.

[15] Rigden D J, Fernández X M, et al. The 2018 Nucleic Acids Research database issue and the online molecular biology database collection. Nucleic Acids Research, 2018, 46: D1-D7.

[16] Chen T, Chen X, Zhang S, et al. The genome sequence archive family: towards explosive data growth and diverse data types. Genomics, Proteomics & Bioinformatics, 2021. https://doi.org/10.1016/j.gpb.2021.08.001.

[17] Zhao W M, Song S H, Chen M L, et al. The 2019 novel coronavirus resource. Yi Chuan, 2020, 42（2）: 212-221.

［18］Song S H，Ma L，Zou D，et al. The global landscape of SARS-CoV-2 genomes，variants，and haplotypes in 2019nCoVR. Genomics，Proteomics & Bioinformatics，2021，18（6）：749-959.

［19］薛勇彪. 加快建设国家级共享平台 存、管、用好生命健康大数据. http://www.xinhuanet.com/2018-03/08/c_1122508122.htm［2021-11-03］.

6.1 Strategic Thinking on Biological Information Security in China

Bao Yiming，Lou Xiaomin，Xiao Jingfa，Zhang Zhang，Zhao Wenming，Xue Yongbiao
（Beijing Institute of Genomics，Chinese Academy of Sciences；China National Center for Bioinformation）

Through the development over 30 years，international biological big data centers，represented by the International Nucleotide Sequence Database Collaboration，have built comprehensive data resources，powerful data management capabilities，broad user services as well as substantial stable support. China has established national biological data centers such as National Genomics Data Center and China National Center for Bioinformation，and made preliminary progress in data archiving，sharing，mining and analyses. However，there are still gaps when compared to top international centers，especially in areas of data security and data usage. There are urgent needs to build bioinformatics big data infrastructure，strengthen the R&D of core software for bioinformatics，establish the discipline construction and talent training for bioinformatics，and actively carry out international collaborations.

6.2 传染病防控领域健康医疗大数据应用存在的问题及对策建议

刘 民[1] 梁万年[2]

（1. 北京大学；2. 清华大学）

传染病特别是新发突发传染病具有突发性、不确定性、传染性和流行性等特点，已成为威胁公众健康、影响社会经济发展和国家安全的重要问题。随着大数据领域的发展，健康医疗大数据在传染病预防控制中的应用越来越广泛，特别是在新冠肺炎疫情防控中发挥了重要作用。但我国健康医疗大数据在传染病防控中的应用尚处于起步阶段，相关理论方法和技术还不够完善，在实际应用中存在诸多问题，无法满足新形势下疫情防控全方位、精准化和实效性的需求。本文将从传染病防控领域健康医疗大数据的应用重点、存在的问题以及政策建议等方面进行阐述，以期为传染病防控、大数据应用等提供借鉴。

一、健康医疗大数据的内涵

健康医疗大数据是指在人类疾病防治、健康管理等过程中产生的与健康医疗相关的数据，是国家重要的基础性战略资源[1]。健康医疗大数据包含范围较广，有医务人员对患者诊疗产生的数据，如患者个人的基本信息、诊疗数据、检查数据、电子病历数据、行为数据以及管理数据等；也有健康领域的各类监测数据，如国家法定传染病监测数据、妇幼健康监测数据以及职业健康监测数据等；还有一些健康领域专项调查产生的数据等。另外，与健康医疗相关的社交媒体、职业信息、地理位置以及经济和环境等领域的数据信息也属于健康医疗大数据的范畴[2]。健康医疗大数据是个人健康和疾病防控的数据宝藏，涵盖健康保健、常见疾病预防与治疗、传染病防控、临床医药等多个领域，其应用发展将推动健康医疗模式的革命性变化[3]。

二、健康医疗大数据在传染病防控领域中的应用

目前，传染病防控领域大数据应用主要体现在监测预警、精准防控、趋势预测和

效果评估方面。

（1）监测预警

传染病监测和症状监测的数据是健康医疗大数据的最重要组成部分。通过对监测大数据进行分析，可以探索传染病流行的规律，做到早期识别和预警新发突发传染病疫情，提出防控建议，这是全球传染病防控最重要的手段[4,5]。在健康医疗大数据方面，通过对病媒生物的监测、症状监测以及对时空监测大数据进行分析，可以实现传染病疫情的自动预警。例如，分析传染病暴发前的早期病例、病原体、媒介昆虫等监测数据，再利用预测模型对疫情可能发生的性质、规模、地域、影响因素和危害程度等进行综合评估和预测，识别出传染病暴发的迹象，并发出警示信号，有助于及时采取应对措施，阻断传染病疫情的扩散，降低发病率和死亡率[6]。

我国建立的全国传染病报告系统和脊髓灰质炎、肺结核、HIV/AIDS、流感等20余种传染病的专病监测系统收集了全国范围内的法定报告传染病疫情数据，通过分析数据，可以了解不同种类传染病流行的现状和流行的规律，为传染病的预防控制提供决策依据。2004年建立并运行的不明原因肺炎病例监测，为不明原因传染病的识别和防控提供了基础[7]，该监测系统在2014年人感染H7N9禽流感早期发现和报告、有效防控等方面发挥了重要作用。2014年9~12月，我国确诊人感染H7N9禽流感病例31例，其中28例肺炎或重症肺炎病例是通过不明原因肺炎监测或重症肺炎疑似人禽流感病例监测发现和报告的；此后对病例进行的流行病学特征分析，为后续防控措施的制定提供了科学参考依据。

（2）精准防控

在传染病疫情防控中，健康医疗大数据可提供新发传染病从发生、发展到控制的全程实时监测信息[8]。大数据技术的应用有助于确定首发病例、传播途径、感染人群、临床治疗、扩散风险等关键信息，为精准防控决策提供支持[9]。以我国暴发的新冠肺炎疫情的精准防控为例[10,11]，全国不同省份利用健康大数据平台，从公安、医保、环保、电信运营商、交通部门、互联网、医院、疾控中心等获取实时监测信息，精准锁定确诊病例、疑似病例的位置和流动轨迹；利用时间关联、数据挖掘等大数据处理技术，推断密切接触者、预测高风险地区和潜在风险地区；采用疫情暴发早期数据和疫情期间人员流动信息，构建传染病实时预测模型，精准判断疫情未来一段时间的发展趋势；在疫情常态化防控阶段，各地通过"健康码"、"行程码"和"核酸检测证明"等个人健康信息申报平台，为地方政府精准施策提供重要依据。政府根据上述大数据提供的信息指导社区疫情防控，实现不同地区、场所分级分类管理，进而实现了国内各地区的精准防控，疫情大数据信息共享也为全球精准防控和治疗新冠肺炎提供了参考依据[12]。

（3）趋势预测

2020 年，在新冠肺炎大流行期间，全球的科学家通过互联网搜索、社交媒体、移动定位等大数据与疫情数据相融合，利用大数据分析技术，在疫情预测、传播风险评估、风险区域划定等方面进行了很好的探索[6,9]。有研究[4]发现，新冠肺炎流行期间，基于互联网搜索和社交媒体等大数据构建的预测模型，可提前 2～3 周捕捉到新冠肺炎确诊病例数的指数型增长趋势，提前 3～4 周获取新冠肺炎患者死亡人数的变化情况。利用客运、互联网、地图和移动等流动人口大数据及流行病学参数，构建时空风险预警模型，对及时评估风险、发出预警、封堵或减缓疫情蔓延有重要意义。

（4）效果评估

利用健康医疗大数据，建立新冠肺炎时空预警模型，对不同干预措施效果进行分析，预测不同干预措施下新冠肺炎疫情的变化趋势，并对需要调整防控策略的地区发出预警，可以实现疫情早期及时有效防控；进一步结合人口流动、环境及疫情防控大数据，还可以对全球疫情防控措施进行评估[13]。也有学者[14]利用深圳匿名和聚集性人群手机定位数据，建立 COVID-19 易感—暴露—感染—恢复传播模型，以模拟不同传播阶段限制出行类型、程度对控制 COVID-19 暴发的影响。研究显示，该模型可帮助决策者在 COVID-19 大流行期间建立出行限制的最佳组合，做到既能考虑到潜在的负面经济和社会影响，亦可评估出行限制在公共卫生方面的潜在积极影响。

三、健康医疗大数据应用存在的问题

当前我国健康医疗大数据具有良好的发展基础，在传染病防控领域中具有很好的应用前景，但其应用仍然存在以下问题[15,16]。

（1）相关法律体系不健全

当前，关于大数据应用与共享的政策主要以行政法规、部门规章和地方性法规为主，在立法方面尚处于空白，没有形成法律框架体系。大数据的获取、传输和使用规范缺乏法律依据，数据的采集、管理、使用制度还不健全，数据公开及隐私保护等方面的监管体系亟待加强，数据隐私、共享、安全等涉及的伦理学问题未得到解决。

（2）数据间缺乏互联互通

传染病防控领域中使用的健康医疗大数据不仅具有种类多、来源多、类型复杂等特点，还需要多源大数据的实时更新和互联互通。但目前部门间、部门内或系统内的数据互通共享并未实现，不同来源间的数据并未完全互联互通，仍存在"数据孤岛"。卫生健康、出入境检验检疫、医保、农业、环境保护、气象、交通等部门间的数据并未实现互通共享，即使在卫生健康系统内部，医疗机构信息化平台数据与疾控部门的监测数据也未能实时对接。

（3）相关理论和关键技术不成熟

健康医疗大数据已应用在传染病防控领域，特别是新发突发传染病的监测预警中，但相关的预警理论、方法、技术还未成熟，仍需进一步探索。一方面，疫情的早期识别和预警需要多学科、多领域的知识进行融合，需进一步探索相关的融合技术；另一方面，传染病预测领域进行大数据分析的关键技术的应用不足，降低大数据噪声的关键技术尚待研究，智能化预警中的高效算法尚不成熟。

（4）复合型专业人才缺乏

健康医疗大数据在传染病防控领域的应用，需要复合型专业人才的支撑。复合型专业人才不仅需要掌握大数据、人工智能的知识和技能，更需要掌握医学、公共卫生和传染病防控的专业知识和技能。目前，我国医疗机构、疾控机构和高等院校在相关领域均缺乏能够承担此项工作的复合型专业人才队伍。

四、对策建议

随着大数据技术的发展，未来健康医疗大数据在传染病防控领域将有更多的应用，将在传染病预防控制中发挥更大的作用。因此，本文在总结我国传染病防控中大数据使用经验和不足的基础上，提出如下建议。

一是建立健全大数据管理应用的法律法规和标准，探索解决数据安全和数据隐私保护等的法律和伦理问题，研究数据共享和成果共享的机制。

二是推动不同部门之间数据的互联互通，实现新发突发传染病的多点触发预警。应总结推广我国传染病防控中大数据的应用经验，将疫情应急状态下大数据的共享机制用于日常的传染病防控，打破数据壁垒；应打通现行的疾控、医院、基层卫生机构等卫生健康系统内部的数据壁垒，联通卫生健康、医疗保险、农业农村、公安、市政、环境等部门间的数据资源。在此基础上，利用大数据和人工智能等技术，提高疫情发现的灵敏度，实现早期预警、精准防控，为重大疫情防控提供数据支撑。

三是加强科研攻关，强化健康医疗大数据在传染病防控领域应用中的相关理论研究，加强关键技术问题的攻关。推动建立基于大数据的传染病监测系统以及智能化多点触发风险识别与预警体系，做到提前发现新发突发传染病的苗头，为有效采取防控措施、减少新发突发传染病的危害提供科技支撑，提高传染病的防控效率。

四是加快培养和建设复合型人才队伍，在高等院校设立医－工交叉学科，大力培养健康医疗大数据的专业人才，在人才使用和职业发展方面给予政策支持，为健康医疗大数据在健康中国建设和保障人民健康方面发挥作用提供人才储备。

参考文献

[1] 宋运娜, 贾翠英, 谢维. 大数据在医疗卫生领域的应用. 理论观察, 2017 (5): 67-69.

[2] 许培海, 黄匡时. 我国健康医疗大数据的现状、问题及对策. 中国数字医学, 2017, 12 (5): 24-26.

[3] 王忠, 陈伟. 我国健康大数据发展的障碍及对策. 卫生经济研究, 2017 (11): 54-57.

[4] 赖圣杰, 冯录召, 冷志伟, 等. 传染病暴发早期预警模型和预警系统概述与展望. 中华流行病学杂志, 2021, 42 (8): 1330-1335.

[5] 王树坤, 赵世文, 伏晓庆, 等. 传染病暴发或流行的探测、监测和预警. 中华流行病学杂志, 2021, 42 (5): 941-947.

[6] Davgasuren B, Nyam S, Altangerel T, et al. Evaluation of the trends in the incidence of infectious diseases using the syndromic surveillance system, early warning and response unit, Mongolia, from 2009 to 2017: a retrospective descriptive multi-year analytical study. BioMed Central, 2019, 19 (1): 1-9.

[7] 王宇. 不明原因肺炎监测系统评价. 北京: 中国疾病预防控制中心, 2017.

[8] Dolley S. Big data's role in precision public health. Frontiers in Public Health, 2018, 6: 68.

[9] 张翼鹏, 黄竹青, 陈敏. 公共卫生大数据应用模式探讨. 中国数字医学, 2019, 14 (1): 33-35.

[10] 孙烨祥, 吕筠, 沈鹏, 等. 健康医疗大数据驱动下的疾病防控新模式. 中华流行病学杂志, 2021, 42 (8): 1325-1329.

[11] 中国信息通信研究院. 疫情防控中的数据与智能应用研究报告. https://www.baidu.com/link?url=A2jzdgCymrAYH9QVPbp96ghUvemch5H4U3ZpuW7_fD3xGVFnNzE5GkfjdAIhdxTw2GznFpziRF0I8AuhSIdo5_&wd=&eqid=f327cf5000100e0f0000000361b6d7eb[2020-03-09].

[12] 谢文澜, 孙雨圻. 基于大数据的公共卫生事件精准应对策略探讨. 医学与社会, 2021, 34 (6): 119-123.

[13] Wang M H, Xia C, Huang L, et al. Deep learning-based triage and analysis of lesion burden for COVID-19: a retrospective study with external validation. The Lancet Digital Health, 2020, 2 (10): e506-e515.

[14] Zhou Y, Xu R Z, Hu D S, et al. Effects of human mobility restrictions on the spread of COVID-19 in Shenzhen, China: a modelling study using mobile phone data. The Lancet Digital Health, 2020, 2 (8): e417-e424.

[15] 张世红, 史森, 杨小冉. 健康医疗大数据应用面临的挑战及策略探讨. 中国卫生信息管理杂志, 2018, 15 (6): 629-632, 658.

[16] 陈翠霞, 王小龙, 蒋太交, 等. 基于多源异构大数据挖掘的流感病毒防控预测预警平台构建研究. 中国生物工程杂志, 2020, 40 (1): 109-115.

6.2 Problems and Countermeasures in the Application of Healthcare Big Data in Infectious Disease Prevention and Control

Liu Min[1], Liang Wannian[2]

（1.Peking University；2.Tsinghua University）

Big data in healthcare has been widely used in the prevention and control of infectious diseases, and has played an important role in the prevention and control of COVID-19. Big data in healthcare is mainly applied to the monitoring and early warning, precise prevention and control, trend prediction and effect evaluation of infectious diseases. At present, there are still some problems including incomplete legal system, lack of interconnection between data, immature relevant theories and key technologies, and shortage of talents. It is suggested to establish and improve laws, regulations and relevant systems for the application of big data, promote the interconnection between data, strengthen scientific research, and cultivate interdisciplinary professionals, thereby providing a broader prospect for the application of big data in the field of disease prevention and control.

6.3 关于我国新冠病毒疫苗发展的战略思考

施 一

（中国科学院微生物研究所）

18 世纪末，英国医生爱德华·詹纳（Edward Jenner）通过在人身上接种牛痘的方式，成功使人类免受天花病毒的感染，开创了人类历史上通过疫苗接种预防传染病的先河。几个世纪以来，随着医学和病原微生物学等学科的进步，疫苗的种类和类型不断丰富，并逐渐成为预防传染病的重要手段。新冠肺炎疫情暴发以来，疫苗成为新冠肺炎疫情防控的关键，对遏制病毒传播起到重要作用。本文将对新冠病毒疫苗的发展现状、未来发展趋势进行综述，并提出中国疫苗发展的对策建议。

一、新冠病毒疫苗发展现状

新冠病毒引起的新冠肺炎疫情已形成全球大流行，至 2021 年 10 月已造成超过 5000 万人死亡。全球新冠病毒疫苗的研发及临床试验进展迅速，已有多款疫苗上市。根据世界卫生组织统计，截至 2021 年 11 月 19 日，全球共研制 326 种疫苗，其中 132 种处于临床试验阶段[1]。常见的疫苗类型主要有灭活疫苗、减毒活疫苗、亚单位疫苗、病毒载体疫苗、mRNA 疫苗、DNA 疫苗和病毒样颗粒疫苗 7 种。

1. 灭活疫苗

灭活疫苗是利用细胞等介质将病毒扩增培养后，用物理或者化学方法对其进行灭活处理，使病毒在保留免疫原性的同时失去感染性。作为最传统的疫苗制备方式，灭活疫苗原理简单，技术较为成熟，且保持了病毒的完整性，有利于免疫应答的产生，因此仍然是新冠病毒疫苗研发中重要的技术路线。但是，灭活疫苗的有效保护期与其他疫苗相比通常较短，且经常不能很好地引起 T 细胞免疫和免疫记忆[2]。

新冠病毒 S 蛋白上的受体结合区（receptor binding domain，RBD）通过与细胞表面的血管紧张素转化酶 2（angiotensin converting enzyme2，ACE2）结合进而入侵细胞，是主要的疫苗和药物靶点。我国研发的新冠病毒灭活疫苗生产过程为：使用 Vero 细胞进行病毒扩增，然后进行病毒灭活，再使用氢氧化铝作为佐剂以提高疫苗的免疫原性（图 1）[3]。

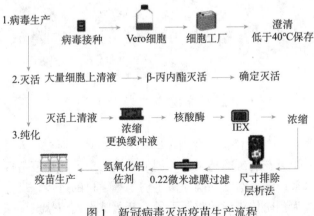

图 1　新冠病毒灭活疫苗生产流程

2. 减毒活疫苗

减毒活疫苗是将病毒在特定条件下进行培养，或者用化学或分子生物学等方法进行改造，从而得到减毒毒株。减毒毒株通过在宿主体内复制来引发体液与细胞免疫，在体内存在的时间较长，通常需要接种的次数也较少，但也存在由于病毒毒力返强而导致疾病发生的可能。活病毒由于存在一定的不可控性，因而对于免疫缺陷或者免疫力低下的人群具有潜在的危险性[4]。减毒活疫苗对生产设备的安全性要求较高，生产人员面临一定的生物安全风险。

据世界卫生组织统计，目前处于临床试验阶段的新冠病毒减毒活疫苗共两款。其中印度血清研究所（Serum Institute of India）与美国 Codagenix 公司合作研发的减毒活疫苗（COVI-VAC）正处于Ⅲ期临床试验阶段，由 Meissa Vaccines 公司研发的减毒活疫苗（MV-014-212）正在进行Ⅰ期临床试验。

3. 亚单位疫苗

亚单位疫苗是将病原抗原蛋白进行修饰后，再利用原核或真核蛋白表达系统进行蛋白表达纯化，以获得亚单位疫苗蛋白组分。亚单位疫苗由于不含完整病原，其生产过程不需要进行病毒培养，故与灭活疫苗相比具有较高的安全性。另外，对于一些培养困难、难以大量获得的病原而言，亚单位疫苗技术的出现使相应疫苗的研发成为可能[5]。为提高疫苗免疫原性，亚单位疫苗经常采用蛋白多聚体的形式。2021 年 3 月，中国科学院微生物研究所高福院士团队与安徽智飞龙科马生物制药有限公司联合研发的新冠重组蛋白疫苗（智克威得®）获得紧急授权使用。该疫苗采用 DNA 重组技术，由重组中国仓鼠卵巢细胞（Chinese hamster ovary cells，CHO）细胞表达新冠病毒 RBD 蛋白后，再加入氢氧化铝佐剂制成，接种后可以有效诱导机体产生中和抗体[6]。

4. 病毒载体疫苗

病毒载体疫苗的基本原理是以非致病性病毒作为载体，将目标病原抗原基因片段整合到载体基因组中，使重组后的载体病毒进入宿主体内，再利用宿主细胞蛋白表达系统表达目标病原抗原，从而诱导机体产生免疫应答。病毒载体疫苗具有研发和生产速度较快、适宜大规模生产、对运输和储藏温度要求不高等优点。疫苗将目标抗原以基因的形式输入宿主体内，有利于抗原的高效表达。但是病毒载体疫苗存在载体病毒与人类基因组整合的潜在风险，且当机体已对载体病毒存在免疫反应时，病毒载体疫苗的免疫效率会受到影响[7]。

军事科学院军事医学研究院陈薇院士团队以腺病毒为载体，将新冠病毒 S 蛋白插入腺病毒基因组中，构建了腺病毒载体新冠病毒疫苗 Ad5-nCoV。该疫苗具有良好的安全性且能够高效地诱导机体产生免疫反应[8]。2021 年 2 月，Ad5-nCoV 疫苗被附条件批准紧急上市。陈薇院士团队进一步改进腺病毒载体疫苗接种方式，将注射改为雾化吸入。雾化吸入性疫苗表现出良好的安全性、耐受性和免疫原性，且能以更低的剂量诱发与肌肉注射用疫苗相同水平的免疫反应[9]。

5. mRNA 疫苗

mRNA 疫苗是近年兴起的新型疫苗技术，其原理是将编码抗原蛋白的 mRNA 直接导入宿主细胞，再利用宿主细胞合成相应的抗原蛋白，从而引发机体的免疫反应（图 2）[10]。与灭活疫苗和减毒活疫苗等传统疫苗相比，mRNA 疫苗具有多方面优势：①高效性。mRNA 在宿主细胞质中即可进行蛋白表达，具有更高的表达效率。②安全性高。mRNA 疫苗的生产过程不涉及病原体的培养，生物安全风险较低且不存在外源基因与宿主基因组整合的风险。③快速，低成本。mRNA 疫苗具有通用的平台和标准化的制备流程，制备过程较为简单，在新发突发传染病暴发后可快速响应，研发周期短，易量产，生产成本较低。但 mRNA 疫苗也存在 mRNA 不稳定和递送效率低等问题。针对这些问题，研究者通过对 mRNA 结构元件进行设计升级和化学修饰，以及优化 mRNA 纯化工艺等，提高 mRNA 的稳定性；同时，通过构建 mRNA 递送系统，避免 mRNA 在进入机体细胞过程中被降解，从而提高了 mRNA 递送效率。目前常用的 mRNA 递送系统主要有鱼精蛋白、纳米脂质颗粒、高分子聚合物等，其中纳米脂质颗粒的应用范围最广。

研究者对新冠病毒 S 蛋白序列进行优化，并将合成的 mRNA 用纳米脂质颗粒包裹，制备出针对新冠病毒的 mRNA 疫苗[11]。该 mRNA 疫苗可有效引起机体免疫反应，产生中和抗体。2020 年底，辉瑞公司和莫德纳公司（Moderna）合作生产的针对新冠病毒的 mRNA 疫苗在美国获得紧急使用授权。截至 2021 年 11 月底，我国已有多款针对新冠病毒的 mRNA 疫苗进入临床试验阶段，其中云南沃森生物技术股份有限公司、军事科学院军事医学研究院和苏州艾博生物科技有限公司联合开发的针对新冠病毒的 mRNA 疫苗已经进入Ⅲ期临床试验。

6. DNA 疫苗

DNA 疫苗是将真核细胞启动子和抗原基因整合到质粒中，作为疫苗接种进入机体，并诱发免疫应答的新型疫苗。DNA 疫苗制备过程较为简单，不需要使用佐剂，且在常温中可以稳定存在，这使得 DNA 疫苗的大范围运输与使用成为可能。与 mRNA 疫苗类似，DNA 疫苗的通用平台和标准化制备流程，使其能够快速响应新的

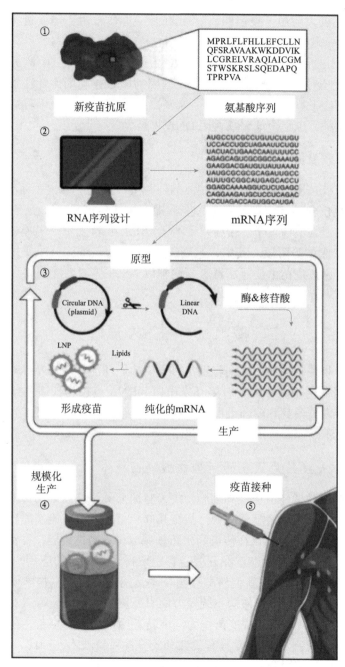

① 新疫苗抗原　氨基酸序列

MPRLFLFHLLEFCLLN
QFSRAVAAKWKDDVIK
LCGRELVRAQIAICGM
STWSKRSLSQEDAPQ
TPRPVA

② RNA序列设计　mRNA序列

AUGCCUCGCCUGUUCUUGU
UCCACCUGCUAGAAUUCUGU
UACUACUGAACCAAUUUUCC
AGAGCAGUCGCGGCCAAAUG
GAAGGACGAUGUUAUUAAAU
UAUGCGCGCGCAGAUUGCAC
AUUUGCGCAUGAGCACCU
GGAGCAAAAGGUCUCUGAGU
CAGGAAGAUGCUCCCUCAGAC
ACCUAGACCAGUGGCAUGA

原型

③ Circular DNA (plasmid)　Linear DNA　酶&核苷酸

LNP　Lipids

形成疫苗　纯化的mRNA

生产

规模化生产

④

疫苗接种

⑤

图 2　mRNA 疫苗研发流程

疫苗研发需求，极大缩短了疫苗的研发周期[12]。但质粒由于需要进入细胞核中进行复制和转录，因此存在与宿主细胞基因整合的潜在风险。

2021 年 8 月，针对新冠病毒的 DNA 疫苗 ZyCoV-D 在印度获批紧急使用。ZyCoV-D 包含整合有启动子和新冠病毒 S 基因的质粒，利用无针注射器通过皮肤按压将疫苗接种到皮下[13]。ZyCoV-D 是全球多款在研的针对新冠病毒的 DNA 疫苗中第一个被批准使用的，也是全球首款人用 DNA 疫苗。

7. 病毒样颗粒疫苗

病毒样颗粒疫苗由与病毒相同或相似的外壳蛋白构成，不含病毒基因和非结构蛋白。病毒样颗粒包含的抗原种类齐全，能够提高机体免疫反应。由于不含病毒核酸，不会在体内复制，其生物安全性较高[14]。截至 2021 年 11 月底，共有 5 款新冠病毒样颗粒疫苗进入临床试验阶段。其中，进展最快的是 Medicago 公司研发的植物来源的病毒样颗粒疫苗，该疫苗由新冠病毒 S 蛋白辅以 AS03 佐剂系统构成[15]，已进入Ⅲ期临床试验阶段。

二、疫苗技术未来发展趋势

随着疫苗学相关领域的发展，特别是对重要病原功能性靶点及针对病原的保护性免疫应答机制研究的不断深入，有望开发出以 mRNA 疫苗为代表的新型核酸疫苗技术、应对新发突发传染病和耐药细菌传染病通用疫苗技术和佐剂及递送系统等疫苗增效新技术，从而不断提高疫苗的安全性和保护效力。

1. 以 mRNA 疫苗为代表的新型核酸疫苗技术

mRNA 疫苗能激活体液免疫和细胞免疫，且研发灵活快速。与传统的疫苗技术相比，其研发时间可从几年缩短至几个月甚至几周，是未来疫苗研发需要布局的重要方向。目前 mRNA 疫苗技术不仅在传染病预防领域取得突破性进展，在治疗性疫苗（主要为癌症疫苗）领域的应用也正在开展，有望取得更为广泛的应用[16]。当前，我国发展以 mRNA 疫苗为代表的新型核酸疫苗技术，亟须在合成生物学设计与优化、无机/有机纳米颗粒载体、物理递送系统等方面有所突破，从而获得具有独立自主知识产权的 mRNA 疫苗。但 mRNA 疫苗作为一项新近用于临床的疫苗，还需要阐明其配方导致过敏反应的机制[17]，研发其有效性和安全性评价技术。因此，发展 mRNA 递送系统体内代谢途径检测技术，研究 mRNA 抗原与递送系统的互作模式，阐明 mRNA 及其递送系统在体内的作用过程，分析各项参数对 mRNA 疫苗有效性和安全性的影响规律,是确保 mRNA 疫苗安全高效的重要保障。其中,发展整合免疫细胞的人体类器官 3D 仿生体系,建立能够模拟人体器官免疫应答及黏膜特征的免疫评价系统,实现更接近人体的免疫评价,在提升免疫原和递送系统的筛选效率、完成质量控制与安全性评价方面潜力巨大。

2. 应对新发突发传染病和耐药细菌传染病通用疫苗技术

全球新冠肺炎疫情的持续流行,特别是多种流行突变株的出现,现有疫苗对流行突变株的防护效果大大降低,这对疫情防控提出了巨大挑战。病原微生物的演变历史表明,通用疫苗在未来疫苗设计与研发路线中具有重要地位。理想的通用疫苗是一类针对病原体重要保护性抗原低频变异部位而设计的广谱疫苗,应具有在抗原发生变异后仍能有效保护免疫人群的特性。目前,研究者采取的策略包括开发靶向病原体保守区域和设计能够编码广谱中和抗体的疫苗。例如,疫苗靶向流感病毒血凝素颈部区域[18],以及冠状病毒的受体结合域(RBD)[19]、颈部区、复制-转录复合体(RTC)[20]、融合肽(FP)[21]等保守位点和结构。生物医学和生物信息学等的共同发展,为基于大数据和人工智能的疫苗开发策略提供了方法基础。根据病原微生物多样性和系统进化规律挖掘保守靶点,基于病毒特异性的广谱中和抗体发现交叉反应抗原,以及利用计算生物学技术对新疫苗蛋白进行结构预测和优化,有助于为通用疫苗设计提供思路[22]。mRNA 疫苗、重组蛋白疫苗和病毒样颗粒疫苗等技术,均可作为未来通用疫苗的实现途径。例如,通过将多个 mRNA 传递到同一细胞,产生多蛋白复合物[23]或来自不同病原体的蛋白质抗原,可以制造针对多个靶点的广谱 mRNA 疫苗。通过理性设计针对主要流行突变株的通用疫苗免疫原,获得结构稳定、广谱表位合理排布的新型抗原,可以开发重组蛋白通用疫苗。通过筛选和鉴定通用抗原及优势抗原表位,同时呈递多个抗原分子,评估不同优势抗原组合的保护效果,构建纳米颗粒并呈递不同优势抗原表位,可以表达重组纳米颗粒疫苗[24]。

3. 研究佐剂及递送系统等疫苗增效新技术

佐剂及递送系统作为新型疫苗研发的重要组成部分,可以发挥增强免疫效果、降低抗原用量、减少免疫针次、增强细胞免疫以清除胞内感染等作用。在新冠病毒疫苗研发的全球竞争中,mRNA 疫苗的纳米脂质体(LNP)递送系统和诺瓦瓦克斯医药公司(Novavax)在重组纳米颗粒蛋白新冠病毒疫苗 NVX-CoV2373 中采用的 Matrix-M佐剂[25]等疫苗增效技术,对提高免疫效果起到了重要作用。然而,由于受到安全性和作用机制缺乏等因素的制约,目前临床使用的佐剂及递送系统类型仍然非常有限,远不能满足疫苗发展的需求。近年来,现代免疫学的发展和积累促进了疫苗增效技术的新发展，国外多家医药公司已有多种获批的新佐剂，包括 MF59、AS01、AS03 等。国外科研机构及大学在佐剂和递送系统方面进行全面布局，包括多种靶向模式受体类佐剂（如 Toll 样受体 9 激动剂 CpG、Toll 样受体 7 激动剂 Imidazoquinoline[26]）、颗粒类佐剂[27]以及多种佐剂的复配使用等。然而我国目前批准使用的人用佐剂仅有铝佐剂一种，多种类型疫苗主要采用将抗原与氢氧化铝简单混合的方式。铝佐剂在适用抗原范围及细胞免疫和黏膜免疫效果增强方面均存在局限性，难以发挥疫苗的最优免疫效果。为此，迫切需要研究增强抗体和细胞应答的新型佐剂、针对呼吸道感染传染病的新型黏膜免疫佐剂以及多组分佐剂间的复配设计。此外，研究疫苗增效技术的机理，对佐剂和递送系统的作用提升、开发和复配设计均具有重要的指导意义。基于模式识别受体或共刺激和炎症效应的方法学，为近年来的新型佐剂研究奠定了基础。未来通过继续挖掘其他能够促进病原体多肽抗原被获得性免疫识别的过程因素[28]，有望发展相应新型佐剂分子和递送技术。

三、政 策 建 议

当前，疫苗技术领域的主要专利大部分集中在欧美发达国家或地区，这些专利技术成为制约我国疫苗研发的难题。我国要实现新型疫苗的国产化研制和生产，需要做好以下几方面的工作。

1. 强化疫苗研发的前瞻性布局

疫苗技术是实现传染病防控从"暴发即响应"转变到"未见已可控"模式的重要技术手段。我们必须把握疫苗领域的前沿趋势，实现从基础研究到试验生产的全面突破。应加强重大科研项目在病毒学、病原微生物学、免疫学以及动物模型等领域的布局，推动发展病毒学及病毒与免疫系统互作的前沿理论与技术；打造我国传染病疫苗自主研发生产平台与"平急结合"的新型疫苗开发战略平台，在疫苗设计、疫苗制备先进技术、疫苗增效技术、疫苗生产工艺等环节进行系统布局，优化配置人力资源、平台、资金等创新要素，促进全链条研发能力的提升。

2. 加快建设疫苗公共研发平台

为应对现在及将来可能发生的新发突发传染病，需要从生物安全科研平台、生物信息数据库及应用系统、公共卫生监测等多方面加强疫苗研发平台的建设。通过完善实验动物平台、生物安全实验室等基础科研条件，保障疫苗自主研发和生产的快速响应与安全开展；应加强生物信息中心的建设，围绕微生物资源、人类遗传资源、病毒抗体资源等建立数据库，开发高水平的生物信息分析工具，提升生物信息系统应用能力，为疫苗设计提供基础数据支撑；应优化公共卫生监测系统，利用数据基础设施主动收集监测疫苗接种者的医疗保健数据，支撑疫苗有效性和安全性的评估，促进免疫计划的成功实施和优化完善。

3. 优化疫苗技术创新生态环境

应发挥政府部门的统筹协调职能，在确保重大科技任务体现国家目标的同时，为研发环节的不同主体协调保障政策、资金、人才、平台等资源条件，为优先发展的关键技术方向集中配置资源；应强化产学研合作，打通科技成果转化通道，突破产业化"最后一公里"瓶颈，促进面向临床应用的学术成果转移转化；应鼓励社会资金投入疫苗研发和产业化，支持企业加强核心技术攻关，提升产业创新水平。

参考文献

[1] Word Health Organization. COVID-19 vaccine tracker and landscape. https://www.who.int/publications/m/item/draft-landscape-of-covid-19-candidate-vaccines[2021-11-22].

[2] 桓瑜, 毕玉海. 2019新型冠状病毒疫苗研究进展及展望. 中国科学：生命科学, 2021：1-12.

[3] Gao Q, Bao L L, Mao H Y, et al. Development of an inactivated vaccine candidate for SARS-CoV-2. Science, 2020, 369 (6499): eabc1932.

[4] Minor P. Live attenuated vaccines: historical successes and current challenges. Virology, 2015, 479-480: 379-392.

[5] Tan M, Jiang X. Recent advancements in combination subunit vaccine development. Human Vaccines Immunother, 2017, 13 (1): 180-185.

[6] Yang S, Li Y, Dai L, et al. Safety and immunogenicity of a recombinant tandem-repeat dimeric RBD-based protein subunit vaccine (ZF2001) against COVID-19 in adults: two randomised, double-blind, placebo-controlled, phase 1 and 2 trials. Lancet Infectious Diseases, 2021, 21 (8): 1107-1119.

[7] Rauch S, Jasny E, Schmidt K E, et al. New vaccine technologies to combat outbreak situations. Frontiers in Immunology, 2018, 9: 1963.

[8] Zhu F, Li Y, Guan X, et al. Immunogenicity and safety of a recombinant adenovirus type-5-vectored COVID-19 vaccine in healthy adults aged 18 years or older: a randomised, double-blind, placebo-controlled, phase 2 trial. Lancet, 2020, 396 (10249): 479-488.

[9] Wu S, Huang J, Zhang Z H, et al. Safety, tolerability, and immunogenicity of an aerosolised adenovirus type-5 vector-based COVID-19 vaccine (Ad5-nCoV) in adults: preliminary report of an

open-label and randomised phase 1 clinical trial. Lancet Infectious Diseases, 2021, 21（12）: 1654-1664.

[10] Gebre M, Brito L A, Tostanoski L H, et al. Novel approaches for vaccine development. Cell, 2021, 184（6）: 1589-1603.

[11] Corbett K S, Edwards D, Leist S R, et al. SARS-CoV-2 mRNA vaccine design enabled by prototype pathogen preparedness. Nature, 2020, 586（7830）: 567-571.

[12] Liu S, Wang S, Lu S. DNA immunization as a technology platform for monoclonal antibody induction. Emerging Microbes &Infections, 2016, 5（4）: e33.

[13] Momin T, Kansagraa K, Patel H, et al. Safety and Immunogenicity of a DNA SARS-CoV-2 vaccine（ZyCoV-D）: results of an open-label, non-randomized phase I part of phase Ⅰ/Ⅱ clinical study by intradermal route in healthy subjects in India. eClinicalMedicine, 2021, 38: 101020.

[14] US National Library of Medicine. Study of a Recombinant Coronavirus-Like Particle COVID-19 Vaccine in Adults. https://clinicaltrials.gov/ct2/show/NCT04636697[2021-09-09].

[15] Kushnir N, Streatfield S J, Yusibov V, et al. Virus-like particles as a highly efficient vaccine platform: diversity of targets and production systems and advances in clinical development. Vaccine, 2012, 31（1）: 58-83.

[16] Xie W, Chen B, Wong J, et al. Evolution of the market for mRNA technology. Nature Reviews Drug Discovery, 2021, 20（10）: 735-736.

[17] Chaudhary N, Weissman D, Whitehead K A, et al. mRNA vaccines for infectious diseases: principles, delivery and clinical translation. Nature reviews Drug Discovery, 2021, 20（11）: 817-838.

[18] Nachbagauer R, Liu W, Choi A, et al. A universal influenza virus vaccine candidate confers protection against pandemic H1N1 infection in preclinical ferret studies. npj Vaccines, 2017, 2: 26.

[19] Dai L, Zheng T, Han Y, et al. A Universal Design of Betacoronavirus Vaccines against COVID-19, MERS, and SARS. Cell, 2020, 182（3）: 722-733.

[20] Swadling L, Diniz M O, Schmidt N M, et al. Pre-existing polymerase-specific T cells expand in abortive seronegative SARS-CoV-2. Nature, 2021. https://doi.org/10.1038/s41586-021-04186-8

[21] Maeda F, Tian D, Yu H, et al. Killed whole-genome reduced-bacteria surface-expressed coronavirus fusion peptide vaccines protect against disease in a porcine model. Proceedings of the National Academy of Sciences, 2021, 118（18）: e2025622118.

[22] Koff W C, Berkley S F. A universal coronavirus vaccine. Science, 2021, 371（6531）: 759.

[23] John S, Yuzhakov O, Woods A, et al. Multi-antigenic human cytomegalovirus mRNA vaccines that elicit potent humoral and cell-mediated immunity. Vaccine, 2018, 36（12）: 1689-1699.

[24] Cohen A, Gnanapragasam P, Yu E, et al. Mosaic nanoparticles elicit cross-reactive immune

responses to zoonotic coronaviruses in mice. Science, 2021, 371 (6530): 735-741.

[25] Novavax. Novavax Announces COVID-19 Vaccine Booster Data Demonstrating Four-Fold Increase in Neutralizing Antibody Levels Versus Peak Responses After Primary Vaccination. https://ir.novavax.com/2021-08-05-Novavax-Announces-COVID-19-Vaccine-Booster-Data-Demonstrating-Four-Fold-Increase-in-Neutralizing-Antibody-Levels-Versus-Peak-Responses-After-Primary-Vaccination[2021-09-09].

[26] Bhagchandani S, Johnson J A, Irvine D J, et al. Evolution of Toll-like receptor 7/8 agonist therapeutics and their delivery approaches: from antiviral formulations to vaccine adjuvants, Advanced Drug Delivery Reviews, 2021, 175: 113803.

[27] Li Y, Su Z, Zhao W, et al. Multifunctional oncolytic nanoparticles deliver self-replicating IL-12 RNA to eliminate established tumors and prime systemic immunity. Nature Cancer, 2020, 1 (9): 882-893.

[28] 夏赟, 武梦玉, 张永辉. 免疫佐剂的发展现状与未来趋势. 中国科学基金, 2020, 34 (5): 573-580.

6.3　Strategic Thinking on the Development of COVID-19 Vaccine in China

Shi Yi

(Institute of Microbiology, Chinese Academy of Sciences)

Vaccination is the most effective way to prevent the spread and reduce the impact of infectious diseases. At present, common vaccine types include inactivated vaccine, live attenuated vaccine, subunit vaccine, viral vector vaccine, DNA vaccine, RNA vaccine, and virus-like particles. In order to rapidly and effectively respond to the threat of emerging infectious diseases, it is important to make strategic plans to drive the development of prospective vaccine technologies such as mRNA vaccines, universal vaccines and vaccine enhancement strategies. Further, it is essential to coordinate with efforts from different sectors to improve the technology innovation system, strengthen the development of public research platforms and reservation of strategic resources, and promote the generation and industrialization of innovative technologies.

6.4 新时期开展科技外交的影响因素和政策建议

罗 晖

（中国国际科技交流中心）

科技外交正在成为新时期国际关系的新维度[1]。一方面，科技作为外交的促进者发挥着日益显著的作用，广泛深入的国际科技合作不断丰富和发展双边多边关系的内涵；另一方面，外交在支持科技发展方面发挥更加重要的作用，科学交流的便利化、国际大科学计划的发起、国际科技组织的运行和国际技术规则的制定等，都离不开外交的推动。同时，科学家越来越多地参与到外交活动和外交决策，其中最具代表性的是气候变化的国际磋商，科学的证据和结论促进了外交决策的科学化。可以认为，科技外交的兴起，根本原因在于国际社会已经深刻认识到科技对全球化的影响以及在国际关系中的重要作用。今后一个时期将是全球科技外交格局形成的关键阶段，我国应坚持推动构建人类命运共同体，着眼世界科技强国建设目标，切实加强科技外交的顶层设计和战略谋划，推动科技外交工作进入新阶段。

一、科技全球化的新趋势和新特点

进入 21 世纪以来，新一轮科技革命和产业变革深入发展，全球科技创新格局加快调整，科技全球化呈现出一些新趋势和新特点。

第一，全球研发经费总量大幅度提升。根据经济合作与发展组织（Organization for Economic Co-operation and Development，OECD）数据，2018 年全球研发经费投入总额为 20 141 亿美元，而 1996 年全球研发经费总额刚超过 5000 亿美元[2]。全球研发投入的增长速度明显高于 GDP 的增速。

第二，科学研究活动日益国际化。2018 年全球国际论文合作发表量为 575 857 篇[3]，反映了不同国家的科研人员的合作成效。以中美两国科研人员合著论文为例，2019 年合著论文数量为 50 330 篇，是 2000 年的（2231 篇）的 22 倍多[4]。

第三，国际大科学计划或工程建设加快。国际热核聚变实验堆（International Thermonuclear Experimental Reactor，ITER）计划、平方公里阵列射电望远镜（Square Kilometre Array，SKA）、人类基因组计划（Human Genome Project，HGP）、欧洲大型强子对撞机（Large Hadron Collider，LHC）等大科学计划的实施和基础设施的建

设，推动国际社会更加重视对大科学研究国际合作的支持；各国通过汇聚高水平的科研资源，分担大科学研究经费投入，共同建设和维护大科学装置，致力于解决重大、复杂的科学问题。

第四，全球知识生产中心多极化正在形成。亚洲正在成为知识生产中心，中国表现最为显著。从出版物看各国的科学产出贡献，1995 年美国和欧洲合计占世界科学产出的 69%，2014 年则下降到 65%，而亚洲的份额从 14% 上升到 40%，其中中国占20%[2]。2000～2017 年，中国研发支出年均增长 17% 以上，而美国研发支出年均增长 4.3%[3]，2018 年中国的研究开发投入 19 677.9 亿元，已接近美国总量①。中国的科技人力资源总量达 10 154.5 万人，位居世界首位[5]。

第五，国际科技合作更注重应对全球重大挑战。联合国可持续发展目标（Sustainable Development Goals），以及气候变化、水和食物、人类健康、重大传染病防治、生物多样性、减灾防灾、能源供应、网络安全等重大挑战，都关系到人类社会的共同命运，需要科学技术提供问题的解决方案。新冠肺炎疫情的暴发，进一步凸显了国际合作应对全球重大挑战的紧迫性和必要性。

第六，开放科学和全球科技治理面临新挑战。近年来逆全球化风潮兴起，贸易保护主义和科技战干扰了开放科学和科技全球化进程，全球科技竞争愈加激烈。联合国积极倡导国际科学界一同参与开放科学事业，推动普遍获取科学知识，以适应 21 世纪数字时代的变化、挑战、机遇和风险。

这些趋势和特点也是世界"百年未有之大变局"的具体体现，既带来新的机遇，也带来风险和挑战。准确把握这些变化带来的影响，有利于我们正确预判国际环境的变化，主动谋划推动科技外交工作，做好应对风险挑战的准备。

二、科技外交的主要影响因素

外交活动从来都不是孤立的，科技外交同样如此，涉及政治、经济、军事、文化、科技及国际法、国际组织等诸多方面，影响科技外交的因素也主要集中在这些方面。

第一，国家利益。科技外交的实质是国家之间对科技所带来的利益在一定范围内再分配的协调。因此，科技外交不可能脱离国家利益而独立存在。在科技外交实践中，需要通过科技外交战略、政策和双边多边的合作，最大限度地把战略对手转化为战略伙伴，从而实现国家利益最大化。正如马克思指出的，民族独立不仅是国际合作的基础，也是世界和平的重要保障[6]。民族独立和自决是马克思、恩格斯一贯坚持的外交原则，也是科技外交的基本原则。只有建立独立自主的科技体系，才具备开展科

---

① 数据来自 OECD 数据库，网址为 https://stats.oecd.org/。

技外交的平等地位和主动权。

第二，政治制度。外交是内政的延伸，外交的实质就是国际政治活动。因此，政治制度对外交制度起着决定性的作用。政治制度对科技外交政策所产生的影响也是决定性的。不稳定的科技外交政策会干扰正常的国际科技合作。例如，民主党总统奥巴马执政时期，科技外交比较有代表性的是能源与气候变化领域的全球合作，共和党总统特朗普在执政时期则宣布退出全球已有超过 190 个国家签署的《巴黎协定》（*The Paris Agreement*）。我国政治定力牢固，经济实力、科技实力、国防实力、国际影响力不断迈上新台阶，中国智慧、中国经验和中国理念为解决全球治理难题提供了系列中国方案。

第三，外交理念。外交理念是影响国家间关系，产生冲突和合作的重要原因。理想主义和现实主义、新现实主义和新自由主义、建构主义等是对西方国家影响较大的理念。马克思和恩格斯关于世界革命、世界市场、阶级、阶级斗争、战争、国际政治合作等方面的论述，为社会主义国家的外交提供了基本原理、方法和立场。第二次世界大战以来，特别是进入 21 世纪，尽管世界趋势错综复杂，但总的来看，合作与发展越来越成为人类社会的主旋律，今天的人类社会比以往任何时候都更有条件共同朝着和平与发展的目标迈进。

第四，科学原则。科学界公认的信仰、理论、模型、模式、事例、定律、规律、应用、工具仪器等，不仅是科学界所遵循的理论框架和规则，而且促使人们基于科学价值来构建一切认识价值，这是科学更为重要的内涵所在。科学家拥有共同兴趣和目标，使得科学家之间的合作更容易实现。科学家由于被理想驱使而愿意分享知识，这使得开放科学在科技界获得广泛支持。由于科学界普遍认同在科学原则基础上应该无障碍地开展广泛的国际科技合作，即使是在国际政治关系错综复杂甚至传统外交无法发挥作用的情况下，国家间科技领域的合作依然能够保持。

第五，科技实力。由于科技革命能够极大地提高生产力水平，因此一国的科技水平高低直接决定了竞争实力和综合国力，并直接影响其外交能力。科技实力越强，外交战略的空间就越大，外交手段也越丰富。技术出口管制是科技外交的重要工具。冷战期间，美国联合其盟国制定了技术出口管制规定，用来阻止技术出口到共产主义国家，并设定了 Z、S、Y、W、Q、T、V 7 个类别，给中国设定的级别从最初的 Z 发展到 1983 年的 V，1989 年之后再次收紧。2011 年，美国商务部实施《战略贸易许可例外规定》（*Strategic Trade Authorization License Exception*），而中国不属于可以享受贸易便利措施国家之列 [7]。这些管制规定直接影响到科技外交的回旋空间。同时，知识产权主导权也是科技外交的重要工具。美国始终把知识产权主导权摆在与金融、投资主导权同等重要的位置，一方面要求其他国家降低准入门槛，扩大市场开放，严格保护美国企业的知识产权；另一方面设置技术性贸易壁垒巩固其垄断地位，运用世界贸易组织（World Trade Organization，WTO）争端解决机制，把知识产权作为打击潜在竞争者的手段。

第六，地缘政治。科技外交服从地缘政治的需要是其特点之一。美国在第二次世界大战前对外关系保持"光荣孤立"，极少与其他国家签署科技合作协定，甚至与英国、法国等传统友好国家都没有建立正式的政府双边科技合作协定。第二次世界大战后，美国为保障其全球利益开始建立科技外交关系，与英国、法国、德国等国家签订了政府双边科技合作协定。冷战结束之后，美国与俄罗斯、独联体国家等建立了政府间科技合作关系，这些科技合作关系都附加了政治意图。在中东地区，美国发展与以色列等国的科技合作关系，以维护其在中东地区的传统盟友关系并提升在这一地区的威望。在拉丁美洲地区，美国对参与贸易协定的国家给予各类援助，与巴西、乌拉圭等国家签署了科技合作协定。

第七，意识形态。向世界传播、输出西方价值观，一直是美国及其盟友对外战略的重要手段。把"共同的科研价值观"作为科技外交的前提，是近年来美国和一些西方国家的政策导向。面对中国科技创新实力的迅速提升，以美国为代表的一些国家指责中国违背科研价值观，质疑甚至抹黑中国科技界的科研诚信。

清晰辨识影响科技外交的因素，需要思考哪些因素、在什么条件下、在什么程度上影响科技外交战略与政策。同时，需要辩证地分析科技外交战略与政策如何反过来推动内外部环境因素的变化。在此基础上，应进一步认识科技外交中的合作与斗争规律，更加积极地推动有利于维护国家利益、公平合理处理全球事务的科技外交格局。

三、新时期我国开展科技外交工作的政策建议

当前，中国已经全面开启建设社会主义现代化国家的新征程，向第二个百年奋斗目标迈进。科技外交工作必须以习近平外交思想为指导，以构建人类命运共同体为思想纲领，于危机中育新机，在变局中开新局，服务国家发展，多方统筹、整体推进，更好地发挥中国科技界的作用，加快塑造国际合作和竞争新优势。

第一，明确面向未来的科技外交战略目标。科技外交的战略目标要以维护世界和平、促进共同发展为宗旨，围绕国际社会共同利益，增进彼此理解和信任，推动构建人类科技创新共同体，为实现世界和平、繁荣、开放、合作提供中国方案、中国道路。应在网络空间、核安全、海洋、减灾、卫生健康和小行星防御等领域持续推进构建人类命运共同体，共同保护人民的生命安全，保护人类共同的家园。突出"一带一路"倡议的重要地位，把建设21世纪的"数字丝绸之路"摆在科技外交的重要位置，

加强与沿线国家在数字经济、人工智能、纳米技术、量子计算机等前沿领域的合作，推动大数据、云技术和智慧城市的建设，建立政治互信、经济融合、创新引领、文化包容的利益共同体、命运共同体和责任共同体。广泛开展科技人文交流，展示中国科技界的良好科学道德和科研文化。

第二，构建中国特色大国科技外交理论体系。应加快发展中国特色科技外交理论，使科技外交工作更具科学性、系统性和持续性。以习近平新时代中国特色社会主义思想为指导，立足历史经验和实践探索，不断丰富和完善中国特色科技外交理论。注重从马克思主义理论中传承红色基因，从中国优秀传统文化中汲取科学成分。借鉴世界其他国家科技外交的经验，对其中符合人类命运共同体价值导向的内容予以吸收，丰富科技外交的理论基础。从以政府间正式交往为主的官方科技外交、以政府推动非正式交往为主的公共科技外交，以及科技界发起或主导的民间外交三个方面总结实践经验，找准规律特点，构建科技外交理论体系。

第三，打造适应新型国际关系的全球科技合作版图。科技外交要围绕全方位外交布局，打造平等相待、互商互谅的全球科技伙伴关系。既要丰富对美合作的层次架构，推动对美科技合作回到正常轨道，更要大力发展与俄罗斯的高水平、全方位科技合作；既要深化与日本、欧盟中的科技强国的科技合作，更要密切与瑞士、以色列、荷兰、瑞典、韩国等具有突出科技优势国家的科技合作。重视同发展中国家的科技合作，发挥中国在信息技术、卫生健康和航空航天领域的技术优势，加大对发展中国家的技术援助力度。针对新冠肺炎疫情仍然肆虐的形势，要按照习近平总书记的要求，务实推进全球疫情防控和公共卫生领域国际科技合作，开展药物、疫苗、检测等领域的研究合作。要聚焦气候变化、人类健康等共性问题，加强同各国科研人员的联合研发。

第四，维护公平正义推动全球科技治理体系变革。随着国际力量消长变化和全球性挑战日益增多，加强全球治理、推动全球治理体系变革是大势所趋。要推动国际治理机制改革，维护和弘扬公平正义，全面参与制定海洋、极地、网络、外空、核安全、气候变化、数字经济等新兴领域治理规则的制定，抓住机遇提出新倡议、发起新议题、建立新组织，推动改革全球科技治理体系，重视保护广大发展中国家的利益。要高度重视民间科技外交工作，改变以往偏重组织实施科技交流计划、签订政府间合作协定等传统方式，发挥企业、研究机构、科技社团和科学家的作用，为国家间关系和多边合作建立广泛、稳固的社会基础。落实习近平总书记提出的"要逐步放开在我国境内设立国际科技组织、外籍科学家在我国科技学术组织任职的要求"[1]，抓紧修订相关法规政策，大力支持全国学会和顶尖科学家发起国际科技组织，吸引国际一流科

---

[1] 习近平. 在科学家座谈会上的讲话. https://baijiahao.baidu.com/s?id=1677549460006891757&wfr=spider&for=pc[2020-09-11]。

学家在各级学会任职，使中国成为全球科技开放合作的广阔舞台。

　　当今世界，新一轮科技革命和产业变革方兴未艾，给人类发展带来了深刻变化，为解决和应对全球性发展难题和挑战提供了新路径。科学技术应该造福全人类。我们要传递人类命运共同体的思想理念，加强对科技外交的战略谋划与战略协调，不断增进世界各国科学家之间的信任，这是中国对世界的积极贡献，也是为世界可持续发展提供的中国智慧和中国方案。中国科技界应坚持价值引领、主动作为、精准施策、机制共建、对话交流，自觉践行人类命运共同体思想，促进国际科技界互信合作，以科技支撑人类可持续发展。

参考文献

[1] Ruffini P B . Science and Diplomacy—A New Dimension of International Relations. Cham：Springer，2017.

[2] Baskaran A. UNESCO Science Report：Towards 2030. Paris：UNESCO Publishing，2015.

[3] National Science Board，National Science Foundation. 2020 Science and Engineering Indicators. https://ncses.nsf.gov/pubs/nsb20201/downloads[2021-11-03].

[4] 数据不会说谎：从文献统计看中美科技合作 20 年（2000-2019）. https://baijiahao.baidu.com/s?id=1674259688896259872&wfr=spider&for=pc[2021-11-03].

[5] 中国科协调研宣传部，中国科协创新战略研究院 . 中国科技人力资源发展研究报告（2018）——科技人力资源的总量、结构与科研人员流动 . 北京：清华大学出版社，2020.

[6] 李晨媛，姜琳 . 浅析马克思恩格斯外交思想的基本原则 . 秦亚青，孙吉胜 . 外交学院 2016 年科学周论文集，2017：1-15.

[7] 罗晖 . 中国科技外交 40 年：回顾与展望 . 人民论坛·学术前沿，2018（23）：55-65.

6.4　Influencing Factors and Policy Suggestions of Developing Science and Technology Diplomacy in the New Era

Luo Hui

（China Centre for International Science and Technology Exchange）

　　Science and technology diplomacy is not only an activity to deal with the scientific and technological cooperation between countries，but also a new dimension in international relations in the new era. With the deepening impact of science and technology on economic and social development and even international relations, science and technology diplomacy has gradually become an important direction of national strategy. This paper focuses on the main factors affecting science and technology diplomacy, discusses the characteristics of the globalization trend faced by science and technology diplomacy, and puts forward some suggestions on strengthening the theoretical research and strategic planning of science and technology diplomacy, building a global science and technology partnership, and promoting the reform of the global science and technology governance system, in order to give some enlightenment to the work of science and technology diplomacy.

6.5 "十四五"时期促进生物经济发展的思考与建议

姜 江

（中国宏观经济研究院）

一、我国正处于生物经济时代的快速发展期

生物经济是以生命科学与生物技术的研发与应用为基础的、建立在生物技术产品和产业之上的经济，是一个与农业经济、工业经济、信息经济相对应的新的经济形态[1]。生命科学与生物技术的发展对经济社会的发展产生了革命性影响，推动了生物经济的形成，催生了生物经济时代。

20世纪90年代末，生物经济时代的临界点、阶段划分与特征等问题引发各界热议[2-4]。1953年DNA双螺旋结构的发现和2000年人类基因组序列的破译是生命科学技术发展的里程碑，也是生物经济孕育重要的里程碑。值得指出的是，有研究认为生物经济时代到来的重要标志是瘟疫、生物恐怖、生化战争、重大癌症诊疗技术的突破等给人类社会带来根本性影响的重大事件，抑或是人类可预期平均寿命的大幅度延

长。事实上，更多的研究认为，生物经济时代快速发展的主要驱动力是生命科学领域长期积累的系统性重大技术突破。近年来，生命科学技术的系统性突破加速了生物经济的发展，许多国家和国际组织提出了生物经济发展的战略和政策。例如，欧盟在2005～2012年陆续发布了《基于知识的生物经济新视角》（2005年）、《迈向基于知识的生物经济》（2007年）、《基于知识的欧洲生物经济：成就与挑战》（2010年）、《为可持续增长创新：欧洲生物经济》（2012年）等战略报告。美国相继出台《促进生物经济革命：基于生物的产品和生物能源》（2000年）和《国家生物经济蓝图》（2012年）。近年来，随着生命科学和生物技术的快速发展，主要国家加强生物科技领域的战略布局。2019年，美国将生物经济确定为政府联邦机构重点研发的关键领域之一，加拿大发布首个国家生物经济战略，英国发布《英国生物科学前瞻》，日本提出到2030年建成世界最先进的生物经济社会。

新冠肺炎疫情的全球蔓延对生物经济发展产生了深刻影响。一方面，生物经济作为国家发展战略被广泛提及。2020年，美国国家科学院、工程院与医学院发布《保护生物经济》，界定了生物经济的范围及其衡量方式，认为生命科学、生物技术、工程学、计算机与信息科学是美国发展生物经济的驱动力。欧盟委员会在《欧洲制药战略》中提出，提高欧盟制药业的竞争力、创新能力和可持续发展能力，支持和推动制药企业开发高质量、安全、有效和环保的药物。德国联邦政府内阁新版《国家生物经济战略》提出支持生物经济相关研究、改善生物经济发展的框架条件和采取综合性措施三大战略。另一方面，公众对生物技术产品和服务的认知度、接受度和需求量快速上升，生物技术产品和服务加速以更加亲民的价格、更加贴近市场的形态走进千家万户。例如，10年前绝大多数孕妇和患者对于基因检测胎儿情况、癌症早期发现等的准确性还将信将疑，今天已有数百万的消费者愿意为此买单。再如，5年前人们对核酸检测的效用还懵懵懂懂，今天核酸检测已经广泛普及并成为确诊新型冠状病毒感染的"第一道门"，其成本及价格也大幅降低。这一系列的变化标志着人类社会进入生物经济时代。

二、以科技创新引领生物经济发展

基于生物技术开发的产品和服务，通常具有知识、资本密集的特征，生物经济发展高度依赖技术、人才、资金及生物资源等要素的数量和质量。当前，我国生命科学领域的科学进步和技术创新仍然存在短板，必须加大力度夯实科技基础。

一是以需求为牵引明确发展重点。生物经济发展需要面向人民生命健康、经济社会高质量可持续发展需求，聚焦人民群众的"医""食""美""安"需求和生物经济强国建设目标,发展面向人民生命健康的医药健康领域、面向农业现代化的生物农业领域、面向环境友好的生物资源可持续利用领域和确保国家安全的生物安全领域,重点发展生物医药、生物育种、生物制造、生物环保、生物技术服务等行业。

二是集中力量加强生物技术研发。生物经济的繁荣和可持续发展需要坚实的科学技术基础。面向生命科学领域前沿,应加大生命科学基础研究、应用研究的投入力度,持续推动产学研探索合作新机制、新模式。应支持建设一批重大创新平台和基础设施,创新资金投入方式和运营管理模式,多方式、多渠道引入医院、企业、第三方检测机构等共同参与测试反馈。面向健康中国战略实施的紧迫要求,尤其是面向制约生物技术领域发展的关键核心技术难题,加快部署一批生物技术攻关计划。

三是强化生命健康领域创新主体的协同。应加快生命健康领域国家战略科技力量的布局;创新组织模式和协调机制,调动多主体以多种形式参与重大技术攻关"揭榜挂帅"的"拉榜""揭榜""挂帅"等,积极吸引创新型企业参与;确保生命健康科技创新设施在更广范围内更深层次惠民,加速推动国家重点实验室、工程研究中心、大科学设施等硬设施向企业、民间资本、科研院校、创业团队、新型研发机构等社会公众开放。

四是坚持生物经济发展的开放合作与创新。生命科学、生物技术、资金、专业化人才等是生物经济发展不可或缺的创新资源。在当前国际合作的新形势下,更要坚定不移地坚持开放合作与创新,避免我国生命科学领域与国际科学前沿、产业前沿等出现各种形式的"脱钩"。应以开放、包容、共享的理念,推动更大格局、更多维度、更广空间的开放合作,广纳海内外各类人才、团队,更好地吸引海内外专业化的创新创业资本,加强跨境科技合作,降低创新要素合作的制度性障碍。

五是以体制机制改革推动产业集群的发展。产业集群是生物经济率先发展的"引航标"。我国生物产业集群发展的实践表明,集聚化发展符合生物产业发展的规律,也满足生物经济时代在部分区域率先实现局部突破的要求。在我国发展生物产业集群已有工作的基础上,突出特色化、差异化、专业化、多元化,在部分有条件的区域大胆尝试制度改革和突破。在准入、监管、定价、保险、税收、安全、重大问题争端解决机制等方面,允许突破现有的法规和政策,积极探索体制机制和政策的先行先试;在知识产权、科技成果转移转化、人才引进、金融扶持等方面设立绿色通道,给予更大力度的政策倾斜。

三、以强大内需推动生物经济发展

我国生物资源丰富,是全球第一大原料药出口国、第二大药品医疗器械消费市场和重要的药品研发服务贸易出口国，超级稻、基因检测等生物技术产品和服务水平已经处于世界第一梯队。同时，我国城镇化进程、人口老龄化的加快，大幅提升了人民对生命健康的需求，生物经济发展显示出广阔的发展潜力。以强大内需带动生物经济市场规模化发展，是"十四五"乃至中长期我国生物经济发展的重要抓手。

一是赋予生物技术经济属性[5]。改变以往在生物经济监管方面唯安全至上而忽略效率、唯需求侧至上而忽略企业经济效益的情况，赋予生物技术经济属性，最大限度地确保从事研发的企业能够获取合理的经济回报[5]。创新生物技术产品和服务的准入及定价机制，除涉及国家安全、公共安全的技术、产品和服务外，需大幅度放开生产准入限制，绝大部分产品和服务应交由市场确定价格，激励企业安心从事高附加价值产品和服务的开发。

二是激发企业的创新活力。企业是生物技术创新活动的主体。生物技术企业准确把握我国超大规模市场的需求，是企业实现盈利和可持续发展的关键，也是企业应对国际科技创新环境不确定性的"王道"。企业应发挥贴近市场需求的优势，面向行业细分市场挖掘内需潜力。需营造消费者对创新产品和服务"勇于尝鲜""消费得起"的政策环境，从生产准入、定价、质量监督、配套服务和舆论引导等多环节促进产品和服务的创新，加快形成"创新企业盈利—消费者买单—企业再创新"的良性循环。

三是发挥政府采购的作用。从深圳、苏州等地区生物经济发展的经验看，地方政府在通过政府采购带动新技术、新产品和新服务走进千家万户方面发挥了显著作用。例如，将产前基因检测筛查等项目纳入地方医保范围，有条件的企事业单位在员工体检中增加癌症早筛检测等，会带动相关行业的发展。通过出台多元化的政府采购政策工具，激励有条件、有潜力的地方实施更多采用生物产品和服务的政府应用示范带动项目，实施多样化的生物技术惠民工程，实现以应用促发展，以小市场带动大市场。

四是鼓励需求侧的科学消费。生物技术被公众熟悉、认可并理性对待和使用是一个漫长的过程。生物技术的应用涉及对人类自身在内的生物体的改造，其伦理特征、安全程度等容易受到公众的质疑。因此，为提高公众对生物技术产品和服务的认知度与接受度，一方面，要营造相对宽松的环境，加大宣传力度，建立健全涉及伦理、安全底线的重大问题争端公共辩论决策机制；另一方面，以提高生物技术产品和服务的性价比为目标，规范产品和服务市场秩序，通过政府适度补贴、创新商业保险进入等手段，引导消费者积极尝试、购买各类生物技术产品和服务。

四、发展生物经济的政策建议

加快培育发展生物经济，既顺应了全球生物技术变革趋势，也满足了我国创新驱动发展转型和人民美好生活的迫切需求。"十四五"时期大力发展生物经济，必须从管理的宏观统筹、核心技术攻关、平台建设和体制机制等多方面发力，为发展生物经济提供良好的政策环境。

一是加快建立促进生物经济发展的统筹协调机制，研究成立生物经济发展领导小组，围绕生物资源开发、利用、生产、分配、交换、消费和生物安全等方面，构建前瞻性制度框架，不断完善构建具有较强适应性和针对性的生物经济法律体系，以及适应国情的生物安全和伦理风险防控体系。

二是推动生物经济领域核心技术攻关。推动政产学研一体化加速发展，支持政府、高校、科研机构、企业共同组建研发平台，选择3～5个亟须突破、能长远地产生经济社会效益的生物技术领域，集中优势力量持续开展技术攻关。支持高校、科研机构、国家实验室和企业等创新主体共建若干生命科学领域大科学装置，强化颠覆性技术研发。支持企业与国际一流的科研机构、跨国公司联合建立开放实验室和创新中心，开展前沿技术攻关和产业化。

三是打造生物产业创新示范平台。在生物医药、生物医学工程、生物服务、生命健康等主要产业方向，建立国家级生物技术研究合作平台，打造集聚生物经济总部企业、前沿医学研发机构、检验监测机构、医学中心等的载体，构建在全国有影响力、知名度的创新平台。支持行业领军企业、医疗卫生机构共建转化医学中心，打造一批促进生物医药、医疗器械及相关产业发展的公共服务平台。

四是创新生物经济发展体制机制。从供给侧和需求侧同时发力，破除制约生物经济发展的体制机制障碍。在供给侧，持续深入推进市场准入和监管制度改革，着力推动生物技术产品和服务的市场准入环节的改革，进一步明确产品准入标准、监管机构及相关时限。在需求侧，着力深化招标采购和定价制度改革。以医药行业为例，强化药品价格、医保、采购政策的衔接，促进药品市场价格的合理形成，积极稳妥地推进医疗服务价格的改革。

参考文献

[1] Smyth S J，Aerni P，Castle D，et al. Sustainability and the bioeconomy：policy recommendations from the 15th ICABR conference. AgBioForum，2011，14（3）：180-186.

[2] 杰里米·里夫金. 生物技术世纪——用基因重塑世界. 付立杰，陈克勤，昌增益，译. 上海：上海科技教育出版社，2000.

[3] 理查德·W. 奥利弗. 即将到来的生物科技时代 全面揭示生物物质时代的新经济法则. 曹国维译. 北京：中国人民大学出版社，北京大学出版社，2003.

[4] 王宏广. 发展生物技术 引领生物经济. 北京：中国医药科技出版社，2005.

［5］姜江．生物经济发展新趋势及我国应对之策．经济纵横，2020，3：87-93．

6.5 Thinkings and Recommendations on Promoting the Development of Bioeconomy in the 14th Five Year Plan Period

Jiang Jiang

（Chinese Academy of Macroeconomic Research，Beijing）

The curtain of the bioeconomy era is gradually rising. Related technological advances and applications are accelerating the transformation of health care, manufacturing, agriculture, energy and other industries. China has the advantages of good endowment of biological resources, large market space, sufficient talent reserve and relatively perfect industrial system. However, the strength of biotechnology is not strong, the overall competitiveness of the industry is weak, and the system design lags behind. There is an urgent need to consolidate the scientific and technological foundation, improve innovation ability, actively reform and explore, and give full play to the advantages of domestic demand market and resource endowment, and strive to achieve new development and achieve new leaps in the era of bioeconomy.